▸ 国家卫生和计划生育委员会“十二五”规划教材
▸ 全国高等医药教材建设研究会规划教材
▸ 全国高等学校医药学成人学历教育（专科起点升本科）规划教材
▸ 供医学检验专业用

检验仪器分析

主　　编　贺志安

副 主 编　潘洪志　李雪志

编　　者（以姓氏笔画为序）

马晓露（大连医科大学第一临床学院）
李平法（新乡医学院）
李光迪（兰州大学第二临床医学院）
李雪志（南方医科大学珠江医院）
肖　竦（贵阳医学院）
张学宁（昆明医科大学第二临床学院）
易　斌（中南大学湘雅医院）
侯毅鞠（吉林医药学院）
贺志安（新乡医学院）
秦　雪（广西医科大学第一临床学院）
潘洪志（哈尔滨医科大学公共卫生学院）

秘　　书　李平法

人民卫生出版社

图书在版编目（CIP）数据

检验仪器分析 / 贺志安主编 .—北京：人民卫生出版社，2013

ISBN 978-7-117-18294-2

Ⅰ.①检… Ⅱ.①贺… Ⅲ.①医用分析仪器－仪器分析－成人高等教育－教材 Ⅳ.①TH776 ② 0657

中国版本图书馆 CIP 数据核字（2013）第 256683 号

检验仪器分析

主　　编： 贺志安
出版发行： 人民卫生出版社（中继线 010-59780011）
地　　址： 北京市朝阳区潘家园南里 19 号
邮　　编： 100021
E - mail： pmph @ pmph.com
购书热线： 010-59787592　010-59787584　010-65264830
印　　刷： 廊坊一二〇六印刷厂
经　　销： 新华书店
开　　本： 787 × 1092　1/16　**印张：** 23　**插页：** 4
字　　数： 574 千字
版　　次： 2013 年 12 月第 1 版　2022 年11月第 1 版第 8 次印刷
标准书号： ISBN 978-7-117-18294-2
定价（含光盘）： 48.00 元
打击盗版举报电话：010-59787491　E-mail：WQ @ pmph.com
质量问题联系电话：010-59787234　E-mail：zhiliang @ pmph.com

全国高等学校医药学成人学历教育规划教材第三轮

修订说明

随着我国医疗卫生体制改革和医学教育改革的深入推进，我国高等学校医药学成人学历教育迎来了前所未有的发展和机遇，为了顺应新形势、应对新挑战和满足人才培养新要求，医药学成人学历教育的教学管理、教学内容、教学方法和考核方式等方面都展开了全方位的改革，形成了具有中国特色的教学模式。为了适应高等学校医药学成人学历教育的发展，推进高等学校医药学成人学历教育的专业课程体系及教材体系的改革和创新，探索医药学成人学历教育教材建设新模式，全国高等医药教材建设研究会、人民卫生出版社决定启动全国高等学校医药学成人学历教育规划教材第三轮的修订工作，在长达2年多的全国调研、全面总结前两轮教材建设的经验和不足的基础上，于2012年5月25～26日在北京召开了全国高等学校医药学成人学历教育教学研讨会暨第三届全国高等学校医药学成人学历教育规划教材评审委员会成立大会，就我国医药学成人学历教育的现状、特点、发展趋势以及教材修订的原则要求等重要问题进行了探讨并达成共识。2012年8月22～23日全国高等医药教材建设研究会在北京召开了第三轮全国高等学校医药学成人学历教育规划教材主编人会议，正式启动教材的修订工作。

本次修订和编写的特点如下：

1. 坚持国家级规划教材顶层设计、全程规划、全程质控和“三基、五性、三特定”的编写原则。

2. 教材体现了成人学历教育的专业培养目标和专业特点。坚持了医药学成人学历教育的非零起点性、学历需求性、职业需求性、模式多样性的特点，教材的编写贴近了成人学历教育的教学实际，适应了成人学历教育的社会需要，满足了成人学历教育的岗位胜任力需求，达到了教师好教、学生好学、实践好用的“三好”教材目标。

3. 本轮教材的修订从内容和形式上创新了教材的编写，加入“学习目标”、“学习小结”、“复习题”三个模块，提倡各教材根据其内容特点加入“问题与思考”、“理论与实践”、“相关链接”三类文本框，精心编排，突出基础知识、新知识、实用性知识的有效组合，加入案例突出临床技能的培养等。

本次修订医药学成人学历教育规划教材医学检验专业专科起点升本科教材6种，将于2013年9月陆续出版。

全国高等学校医药学成人学历教育规划教材医学检验专业（专科起点升本科）教材目录

教材名称	主编	教材名称	主编
1. 临床检验基础	杨红英　郑文芝	4. 病原生物学检验	崔　昱
2. 免疫学检验	刘　辉	5. 血液学检验	岳保红
3. 生物化学检验	钱士匀　李　艳	6. 检验仪器分析	贺志安

第三届全国高等学校医药学成人学历教育规划教材

评审委员会名单

前 言

21世纪以来，临床检验诊断学迅猛发展，日新月异，医学检验已步入自动化、标准化、信息化的新阶段，成为临床医学疾病诊断、病情监测和预后判定的必要手段。现代化的医学检验离不开各种检验分析仪器。检验分析仪器的广泛使用，不仅提高了工作效率，提升了检验水平，保证了检验质量，也推动了医学检验的进步，促进了医学检验教育事业的发展。因此，通晓检验技术、熟知操作仪器，既是现代医学检验的需求，也是医学实验室工作人员必备的基本技能。这就要求高等医学院校医学检验专业教育必须适应社会的发展，满足社会需求。经全国高等医药教材建设研究会研究决定，在本轮成人学历教育规划教材修订中增加了《检验仪器分析》教材。

本教材的编写紧紧围绕"一个目标"，即学生能力培养和素质提高；力求做到"两个体现"，一是体现现代教育理念，适应现代医学发展，满足检验医学人才培养需求，二是体现专业特点，强化能力培养，重视个性发展；使课程教学达到"三个适应"，即适应现代检验医学的发展，适应医学实验室的实际应用，适应该层次学生的技能培养和专业素质提高。

《检验仪器分析》以近年来医学实验室常用的基本检验仪器和先进的专业检验仪器为主线，重点介绍了仪器的分类、工作原理、基本结构、性能指标与评价、使用与校准、仪器维护与常见故障处理等内容，重视仪器的质量控制和管理，反映了快速发展的医学实验室检验仪器的现状，对学生的上岗能力、临床应用能力和专业拓展能力的培养有重要作用。

全书共13章，包括绪论、显微镜、离心机、光谱分析相关仪器、色谱与质谱分析相关仪器、生化分析相关仪器、免疫分析相关仪器、血液分析相关仪器、尿液检验相关仪器、微生物检验相关仪器、细胞分子生物学检验相关仪器、即时检验相关仪器以及实验室自动化系统与实验室信息系统等。内容新颖、务实、针对性强，在仪器的工作原理和基本结构等描述上，大量使用简图、线图、实物图；在不同分型仪器的表述上强调使用图表进行比较；章前有学习目标，章后有学习小结和复习题，并配有"教学光盘"，使学生好学、教师好教、临床好用。本教材供高等医药院校成人学历教育专升本医学检验专业学生使用，也可作为从事各专业检验工作技术人员的参考用书。

本教材得到了十余所参编院校的大力支持，由十一位长期从事医学检验专业教学和临床工作的一线教师组成的“双师型”团队辛苦劳动编写而成；教学光盘得到了新乡医学院临床检验仪器学教研室和新乡医学院三全学院现代教育技术中心张昊老师的鼎力相助。在此，一并致谢！

由于检验医学发展迅速，检验仪器日新月异，加之编者的水平有限，不妥与不足之处在所难免，恳请同行专家、广大师生和读者朋友批评指正，使教材持续改进和不断完善。在此诚表谢意！

贺志安

2013年5月

目　录

第一章

绪　　论

学习目标

1. 掌握　检验仪器的基本结构；检验仪器的常用性能指标。
2. 熟悉　检验仪器的分类；检验仪器的特点。
3. 了解　学习检验仪器分析的必要性；检验仪器的选购和验收；检验仪器的保管和使用；检验仪器的维护和维修。

第一节　医学实验室与检验仪器

医学实验室是随着医学及相关学科的发展而建立起来的一类专业实验室，从它诞生的那一天起就与各类仪器密不可分。医学实验室的工作人员每天都要与各种检验仪器打交道。没有相关的检验分析仪器，医学实验室就无法开展工作，临床医学的实验诊断就没有可能完成；离开了医学实验室，检验仪器也失去了很好的发展平台。

一、检验仪器在检验医学发展中的作用

早期的临床实验室只有一些简单的仪器，如离心机、恒温箱、目测比色计、显微镜等，开展的项目也比较简单。近二十年来，随着计算机技术、生物传感技术、信息技术等现代科技不断发展，很多新型检验仪器已广泛应用于医学检验。因此，医学实验室的发展史就是一部检验仪器的发展史。检验仪器的发展提高了检验效率，保证了检验的质量，也推动着检验的快速发展。

（一）提高了检验效率

随着计算机的应用，生物物理技术、光电信号转化技术的发展，特别是，大量新型检验仪器进入临床实验室，逐步实现了检测分析的自动化、微量化、人性化，改变了工作模式，大大缩短了检验时间，提高了工作效率。

现代化的检验仪器有如下优点：①自动化程度高。大多数检验仪器都有自动化装置，降低了检验人员的劳动强度。②检测过程迅速。检测标本所需时间短，较手工法工作效率提高

20%～50%。③改进的检验技术方法。可以进行一些手工方法无法做到的精密试验，如连续监测法等。④样本和试剂用量少。如生化检验，手工法一般需1～2ml试剂，自动生化分析仪仅需0.1～0.2ml，从而降低了检验成本。⑤使用安全，操作简便，效率高。如大型检验仪器流水线的自动离心与开盖装置等，不仅提高了检验的质量和效益，而且更加注重生物安全防护，保护了工作人员。

（二）提升了检验水平

现代医学表明：医院检验科的检验水平是一个医院医疗技术水平的标志，而检验仪器是提高检验水平的条件和保证。具体表现在以下几个方面：

1. 检验仪器大大增加了检验项目　早期大型医院的实验室因设备简单、实验室简陋，只能做“三大常规”、一般肝功能、一般肾功能、普通细菌鉴定等简单项目的检查，而现代大型医院的检验科配置了价值数千万的各种检验仪器，组成了现代化的检验大工厂，开展的检验项目达千余项，为临床各种疾病的诊治提供了丰富的、极有价值的实验诊断信息。

2. 检验仪器使检验诊断水平显著提高　过去的实验室只有显微镜、光电比色计、恒温箱等简单设备，无法达到“细胞水平”和脏器功能的简单评定。随着现代化检验仪器如流式细胞仪、荧光定量PCR仪、荧光免疫分析仪在临床中的应用，不仅显著提高了检测的敏感度和特异性，而且将医学传统的表型诊断提高到基因诊断水平。

3. 检验仪器为医疗信息的标准化和国际化提供了必要条件　几乎所有的自动化检验仪器都配有计算机或有计算机接口，易与实验室信息系统（laboratory information system，LIS）和医院信息系统（hospital information system，HIS）连接，有利于检验信息的传送，为检验信息化、标准化、规范化提供了可能。所以，检验仪器不仅提升了检验水平，更是一个医院硬实力的体现。

（三）保证了检验质量

自动化检验仪器在实验室的应用，使传统的手工检验方法成为了历史，大大提高了检验效率，保证了检验质量。表现在：①自动化检验仪器有严格的质量控制程序，与手工法相比，更易使检验工作标准化、规范化、系统化，可显著减少随机误差，增加实验室间的可比性，明显提高检验质量。如减少人为差错率，手工法差错率>0.22%，自动化仪器的差错率比其低上百倍。②现代化的全自动分析仪器可同时进行数十项甚至上百项的常规和特殊检验项目，为患者的诊断、鉴别诊断、疗效和预后判定提供了重要依据，是临床医疗质量的重要保证。③自动化检验仪器多使用规范的商品化试剂盒，更有利于保证检验质量。

当然，检验仪器从选购到临床使用的各个环节（如仪器的校准、比对及试剂的使用），影响因素较多，必须有高素质的检验人员操作，才能确保检验质量，若管理或操作不当，造成的误差是成批的，将直接影响医学实验室的检验质量。

（四）推动了检验发展

20世纪70年代前，检验仪器以紫外可见光谱仪器为主，以后自动分析仪器种类大增，生化检验仪器基本实现了自动化，随后出现自动免疫分析仪。20世纪90年代以来，更多种类的检验仪器和设施，如全自动荧光定量PCR仪、蛋白质测序仪、检验仪器分析流水线等开始应用于临床。因此，二十多年来，实验室医学是现代医学中发展最快的学科之一。可以说，任何一项先进的实验技术都有可能促成一种先进的实验仪器进入到医学实验室，使检验项目不断拓展，检验效率与检验结果的准确性大大提高，成为临床医学诊断疾病、监测病情、判断预后不可缺少的重要手段。所以，未来医学实验室的发展离不开检验仪器的不断更新，只有及时调整和更新实验室的技术和仪器，才能保持实验室的先进水平，充分满足临床医学的需要。实验室的现代化、自动化、信息化、标准化是当代临床实验室的潮流，不断创新，引进和使用更先进的检验仪器，已成为未来医学实验室的发展方向。

（五）促进了医学检验教育的进步

检验医学是一门多专业交叉性学科。随着现代医学的不断发展，检验医学已经不再是单纯地辅助临床诊断。各种检验项目的检测结果为临床医生和患者提供了真实可靠的实验室数据，对疾病的诊断、治疗、病情监测、预后判断和健康评价起着指导性作用。因此，医学检验专业教育必须为检验医学的发展提供强有力的人力资源。

二、检验人员学习检验仪器分析的必要性

（一）开展检验仪器分析课程是社会的要求

近年来，随着医学实验室各种现代化检验仪器的不断涌现和广泛应用，临床医学对检验医学的依赖性不断增强，对检验工作者的专业知识、检验技能和检验质量的要求越来越高。

检验结果准确、及时、可靠是防病治病和提高人类健康水平的基本要求，也一直是检验医学工作者的工作目标。因此，检验工作人员技术水平的高低也往往体现在能否熟练地操作检验仪器，充分发挥检验仪器的最大效率。所以，通晓实验技术、熟练操纵仪器，是从事医学实验室工作人员必备的基本功，医学检验专业开设检验仪器分析相关课程是社会的基本需求。

（二）开设检验仪器分析相关课程是医学检验专业教育的责任

目前，检验医学在实验室自动化、新技术及新项目的临床应用、循证检验医学的应用、POCT 的开展以及分子诊断学等方面均取得了巨大的进展。检验医学的进步已改变或正在改变检验医学及临床实验室的原有面貌、工作模式及服务形式，从而使检验医学更好地为疾病的诊治、病情监测、疗效评价及预后判断做出更大的贡献。检验仪器是实现这一目标的前提和条件，这就要求广大的检验医学工作者要具备相关的知识和技能，以适应检验医学的发展。

（三）开设检验仪器分析相关课程是大学生就业竞争的需求

临床实验室拥有各种检验仪器，管理者常把具有熟练操作临床常用检验仪器的能力作为大学生上岗的基本能力和基本职业素质进行考量，在大学生就业试工时作为重要参考。所以，通过《检验仪器分析》相关课程的学习，使医学检验专业学生掌握各种常用检验仪器的工作原理、基本结构及使用方法；熟悉其分类、性能指标与评价、常见的故障及排除方法，检验仪器中的计算机技术；了解一些检验仪器的组合联用，关注其发展趋势及特点，以使有限的仪器得到综合应用；同时培养学生的检验技术应用能力、综合分析能力、仪器工程技术能力等，为从事医学实验室工作打下坚实的基础是当前检验医学教育的重要任务。

第二节 常用医学检验仪器的基本特征与性能

现代检验医学发展迅速，日新月异，医学实验室的检验仪器种类繁多，所涉及专业技术范围广、技术含量高、结构复杂、功能多样、特点也各不相同。本节就常用检验仪器的基本特征与性能作一概要介绍。

一、检验仪器的分类

目前，检验仪器种类繁杂，用途不一，分类也比较困难，不同领域的专家对此争议较大。有的主张以检验的方法进行分类，分为目视检查、理学检查、化学检查、自动化技术检查仪器等；有的主张以工作原理进行分类，分为力学式检验、电化学式检验、光谱分析检验、波谱分析检验仪器等；还有按仪器的功能进行分类，分为定性分析、定量分析、形态学检查、功能检查仪器等。无论哪种分类方法，都有其优点，但也具有一定的局限性及交叉性。本书介绍常用的三种检验仪器分类方法。

（一）国家管理部门对检验仪器的分类

根据国家《医疗器械监督管理条例》，临床实验室仪器设备属医疗器械管理范畴。为了便于对医疗器械的管理，参照国际通行的分类方法，把使用风险作为制定产品分类目录的基础，制定了《医疗器械分类目录》，将医疗器械分为三类：

1. 第一类管理的仪器　指通过常规管理足以保证其安全性、有效性的医疗器械。如检验的全自动电泳仪、医用离心机、切片机等。

2. 第二类管理的仪器　指对其安全性、有效性应当加以控制的医疗器械。如检验的自动血细胞分析仪、自动生化分析仪等。

3. 第三类管理的仪器　指植入人体，用于支持维持生命或对人体具有潜在危险，对其安全性和有效性必须严格控制的医疗器械。如检验的血型分析仪、自动免疫分析仪、药敏分析仪、生物安全柜等。

《医疗器械分类目录》将临床检验仪器分为血液分析系统、生化分析系统等十个系统（附录1）。

（二）基层设备管理部门对检验仪器的分类

基层设备管理部门依据医疗器械的性质和价值及固定资产管理的方便，将医疗器械分为一般仪器设备、大型精密贵重仪器设备和工程项目三类：①一般仪器设备。指单台设备价格低于10万元人民币或单价低于5万元人民币的软件。②大型精密贵重仪器设备。指单台设备价格在10万元人民币及以上或单台价格不足10万元人民币，但属于成套或配套购置使用；整套价格达到或超过10万元人民币的仪器设备或单价达到或超过5万元的软件。③工程项目。指成套设备安装工程等，如检验流水线、大型实验室的空气净化工程等。

（三）临床应用习惯对检验仪器的分类

临床实验室根据仪器的功能和应用习惯，将其分为基本检验仪器和专业检验仪器两大类。

1. 基本检验仪器　指实验室最基本的实验仪器。包括各种移液器、天平、酸度计、恒温箱和培养箱、干燥箱、各种离心机及超净工作台等。

2. 专业检验仪器　指医学实验室中根据专业性质不同，进行相关项目检验的专用仪器。分为以下几类：

（1）形态学检查仪器：包括普通生物显微镜、荧光显微镜、紫外线显微镜、偏光显微镜、相衬显微镜、透射电子显微镜及扫描电子显微镜等。

（2）临床常规检验仪器：血液检验相关仪器，如血细胞分析仪、血液凝固分析仪、血液黏度分析仪、血沉分析仪；体液排泄物检验相关仪器，如尿液干化学分析仪、尿液有形成分分析仪、计算机精液辅助分析系统、粪便分析工作站等。

（3）生物化学分析相关仪器：包括紫外－可见分光光度计、原子吸收光谱仪、原子发射光谱仪、荧光光谱仪、气相色谱仪、高效液相色谱仪、半自动生化分析仪、全自动生化分析仪、电解质分析仪、血气分析仪及电泳仪等。

（4）细胞分子生物学技术相关仪器：包括流式细胞仪、基因扩增仪、全自动DNA测序仪和蛋白质自动测序仪等。

（5）临床微生物检验相关仪器：自动血培养仪、微生物快速检测仪、微生物鉴定与药敏分析系统。

（6）临床免疫检验相关仪器：酶免疫分析仪、特种蛋白分析仪、化学发光免疫分析仪、时间分辨荧光分析仪及γ计数器等。

（7）其他临床检验仪器：包括各种即时检测仪器，如血红蛋白测定仪、血糖分析仪等。

目前，在临床检验中还常常联合使用不同类别的检验仪器，称为多机组合联用检验流水线，进一步提高了为临床服务的质量和效率。

二、检验仪器的基本特点

临床检验仪器大多是集光学、电子学、机械物理于一体的综合仪器，其自动化、智能化程度越来越高。一般来说，现代临床检验仪器具有以下特点。

（一）涉及的技术领域广

临床检验仪器不仅涉及机械、电子、光学、计算机、材料学等工学学科，还涉及生物传感、生物化学、生物物理、免疫学等多项生物技术领域，是多学科技术相互结合和渗透的产物。

（二）结构复杂

医学检验仪器种类繁多，结构复杂。电子技术、计算机技术和光电器件的不断发展和功能的完善，各种自动检测、自动控制功能的增加，使仪器更加紧凑、结构更加复杂。

（三）技术先进

临床检验仪器始终跟踪各相关学科的前沿。光纤技术、电子技术和计算机的应用，新材料、新器件的使用，新的检验技术等都会在医学检验仪器中体现出来。

（四）精度高

临床检验仪器是用来测量某些组织、细胞、体液的存在与组成、结构及特性，并给出定性或定量的分析结果，要求精度非常高。检验仪器多属于较精密的仪器。

（五）对使用环境要求严格

检验仪器的高精度、高分辨率、自动化、智能化以及其中某些关键部件的特殊性质，决定了检验仪器对使用环境条件要求很严格。

（六）对使用人员的要求高

检验工作者除了要掌握检验专业知识和检验技能外，还要掌握各种现代化检验仪器的基本原理、基本结构、性能用途、日常维护和常见的故障及处理，具备一定的电子电工学基础和英语基础等。

三、检验仪器的基本结构

检验仪器的主要部件是保证仪器功能和性能的前提和条件。临床检验的仪器品种繁多，结构复杂，各种仪器的工作原理，对检测标本的要求、显示功能以及检测结果记录均不相同，具体将在以后各部分加以具体讨论。不过，因同属实验室仪器，共同的工作目标使大部分检验仪器的主要部件的功能及技术要求有不少共同之处。简要地介绍这些共性的主要部件，以便大家能更好地从整体上去掌握和认识各种仪器。

（一）取样装置

取样装置（sampling equipment），也称加样装置，是把待检测的样品或试剂加入分配仪器的相关位置。对于实验室分析仪器来说，其取样装置就是进样器。不同仪器的检测目的对样品的要求各不相同，所以，进样器有手动和自动之分。有些检测项目要求进样量控制得十分精确，需使用微量进样器。例如在高效液相色谱仪中其进样器就是一个微量注射器。

仪器对取样装置的材料要求很高，既要能经受住高压、高温或化学腐蚀等恶劣条件的考验，还要保证不会与样品中的任何成分发生化学反应或携带污染，以免样品失真。如全自动生化分析仪上的加样针。

最新开发的加样系统，可实现超微量加样，结合高精可靠的光学测光技术及全数码化技术实现超微量检测。

（二）预处理系统

预处理系统（system of pretreatment）是将检测的样品先进行一系列处理，以满足检测系统对样品的分析要求。其作用就是要使进入仪器检测器的样品是一份符合检测技术要求、有代表性、洁净、没有任何干扰成分的样品，如在全自动血凝仪上安装的对样品的预温装置；有的仪器还需对样品进一步除去水分和杂质等。预处理系统一般包括恒温器、冷却器、过滤器、净化器和保持仪器选择性的某种物理方法、化学方法、生物学方法的处理装置，如气化转化、呈色反应、裂解、抗原抗体反应、酶促反应等。

（三）分离装置

分离装置（separating equipment）是将样品各个组分加以机械分离或物理区分的装置。这里所指的“分离”，既包括样品本身各化学组分的分离，也包括能量的分离。对分离装置的要求，主要是分辨率。检测仪器对各组分分辨率的高低主要取决于分离装置。在各种能同时检测多种组分的检测仪器中基本都设有分离装置，如色谱分析中的色谱柱。

（四）检测器

检测器（detector）是检验仪器的核心部分。它能根据样品中待检测组分的含量发出相应的信号，该信号多数以电参数的形式输出。如光电比色计中的光电池；分光光度计和核辐射探测器中的光电倍增管；血细胞分析仪上的“小孔管”；电解质分析仪上的电极等。一台检验仪器的技术性能，特别是单组分检验仪器的技术性能，在很大程度上取决于检测器的优良程度。

（五）信号处理系统

信号处理系统（signal processing system）是信号从检测器发出到显示出来过程中的系列中间环节。

从检测器输出的信号是多种多样的，一般有电压、电流、电阻、电感、频率、压力和温度的变化等，其中以电参数的变化最为普遍。检测器只要测量出这些变化，信号处理系统便可间接地确定待检样品中组分含量的变化。通常把测量这些变化的装置称为测量装置。

在检测仪器中，由于待测成分和含量变化所引起的各种物理量的变化通常很小，往往要经过放大器放大后才能显示出来。

由于从测量装置输出的信号大多是模拟信号，为了提高显示精度并和计算机联用，需转换成数字显示。所以，系统中还必须设置模-数转换装置。

上述这些都属信号处理系统，对它们的要求是确保信号不失真地传输给显示装置。

（六）补偿装置

补偿装置（compensatory equipment）的作用是消除或降低客观条件或样品的状态对检测的影响，特别是样品的温度、湿度、环境压力等的波动对检测结果的影响。

补偿装置多是在信号处理系统中引入一个与上述条件波动成正比例的负反馈来实现。精密检测仪器都有很好的补偿装置，否则仪器的精度和可靠程度就会降低。如电阻抗型血细胞分析仪进行红细胞检测时，对非单个通过“检测器微孔”的粘连红细胞所产生的高或宽大波形，须由补偿装置校正后再显示检测结果。有些检测仪器精度不高的主要原因就是由于补偿不好。

（七）显示装置

显示装置（display equipment）的功能是把检测的结果显示出来。最常用的是模拟显示和数字显示两种。

1. 模拟显示装置　是在刻度盘上由指针模拟信号大小的变化连续地指出结果或由记录笔描绘出信号的变化曲线。这种显示装置多采用电压表、电流表或带自动记录的电子电位差计等。这种传统显示方法的优点是：直观性好，可以同时比较，并可表示时间差距；缺点是：精度较差，读数误差较大。

2. 数字显示装置　是将信号处理后直接用数字显示检测数据。这是目前大力发展的一种显示方式。另外，还有其他显示装置，如感光胶片、示波管及显像管（即波形显示和图像显示）等。

对于显示装置的要求是能精确显示出检测器发出的信号，响应速度快，能及时显示检测数据。

（八）辅助装置

辅助装置（assistant equipment）是指为了确保仪器测量的精度，保证操作条件而设置的附加装置。如稳压电源、电磁隔绝装置及稳压阀等。不同仪器根据不同的情况选择合适的辅助装置。

（九）样品前处理系统

样品前处理系统（pre-analytical modular，PAM）是采用模块组合或其他多种技术方式，执行特定的功能。如条形码识别、样品分类、离心、脱盖、在线分注、非在线分注、进样、样品闭塞模块及存储等。如实现了全实验室自动化（total laboratory automation，TLA）后的全自动生化分析仪流水线中的样品前处理系统，其作用是将收集的标本进行分类、编排、离心、分装、运送及存储等，不仅用于生化分析的样品处理，还可以用于免疫血清、血液常规分析和尿液分析等各种标本样品的分类和运送。它的进样和样品存储是核心装置。

样品前处理系统使实验室的自动化进入了一个新的历史时期。由于其完美的模块型设计可节省放置空间，并且可以根据实验室的自动化要求进行系统组合、自由扩充并支持升级。一体化的模块系统设计使得检验操作更简单、更方便、更人性化，节约了开支，减轻了劳动强度，是现代化实验室发展的必然趋势。

四、检验仪器的性能指标

理想的检验仪器应具备良好的性能，才能真实准确地记录和传输检测信号，执行设定的功能。判定检验仪器性能的指标主要包括误差、精度、重复性、噪声、分辨率、灵敏度与最小检测量、线性范围宽和响应时间等。

（一）误差

当对某物理量进行检测时，所测得的数值与标称值（即真值）之间的差异称为误差（error）。误差的大小反映了测量值对真值的偏离程度。

任何检测仪器无论精度多高，其误差总是客观存在的，永远不会等于零。当多次重复检测同一参数时，每次的测定值并不相同，这是误差不确定性的反映。真值是一个变量本身所具有的真实值，它是一个理想的概念，一般是无法得到的。所以在计算误差时，一般用约定真值或相对真值来代替。实际值是根据测量误差的要求，用更高一级的标准器具测量所得之值。

1. 误差的表示方法　误差通常有两种表示方法：

（1）绝对误差（absolute error）：它是实际测得值与被检测物真值（理论值或标称值）之差。绝对误差具有量纲。绝对误差只能说明检测结果偏离真值的情况，即能反映出误差的大小和方向，但不能反映出检测的精细程度。

$$\text{绝对误差} = \text{测得值} - \text{真值}$$

（2）相对误差（relative error）：它是绝对误差与被测物真值之比。相对误差只有大小和符号，无量纲，但它能反映检测工作的精细程度，即反映检验仪器分析的可靠程度。

$$\text{相对误差} = [(\text{测得值} - \text{真值}) / \text{真值}] \times 100\%$$

2. 误差的分类　按性质可分为系统误差、随机误差、过失误差。

（1）系统误差（systematic error）：在重复测定条件下，对同一被测量进行无限多次测量所得结果的平均值与被测量的真值之差。系统误差又叫做规律误差、确定性误差和可测误差。系统误差常用来表示仪器检测的正确度。系统误差越小，则正确度越高。

1）特点：①具有单向性、可测性、重复性，即正负、大小都有一定的规律性，重复测定时会重复出现；②通过增加平行测定次数不能消除；③可以预测并可通过调节和校准来修正。

2）产生原因：①仪器误差，这是由于仪器本身的缺陷或没有按规定条件使用仪器而造成的。如仪器的零点不准，仪器未调整好，滤光片精度不好，外界环境（光线、温度、湿度、电磁场等）对测量仪器的影响等所产生的误差。②理论误差（方法误差），是由于测量所依据的理论公式本身的近似性或实验条件不能达到理论公式所规定的要求，或者是实验方法本身不完善所带来的误差。如分析过程中，干扰离子的影响没有消除。③操作误差，是由于观测者个人感官和运动器官的反应或习惯不同而产生的误差，它因人而异，并与观测者当时的精神状态有关。如滴定分析时，每个人对滴定终点颜色变化的敏感程度不同，不同的人对终点的判断不同。④试剂误差，指由于所用蒸馏水含有杂质或所使用的试剂不纯所引起的测定结果与实际结果之间的偏差。如自动生化分析试剂不纯或混合试剂的配方不同等。

（2）随机误差（random error）：也称偶然误差，是指在相同测试条件下多次测量同一样本时，由于某些难以控制、无法避免的偶然因素造成的绝对值和符号都以不可预知的方式变化的误差。

1）特点：①大小、正负都不固定；②可以通过增加测定次数予以减小，但不能通过校正或校准来减小或消除；③随机误差比系统误差更具偶然性，每次测量值的偏大或偏小无法确定，但它并非毫无规律，其规律性是在大量观测数据中才表现出来的统计规律；④大多数随机误差服从正态分布；⑤随机误差反映了仪器检测的精密度，随机误差越小，检测结果的精密度越高。

2）产生原因：电压变化、温度变化、湿度变化、甚至灰尘等都会引起测定结果波动。

（3）过失误差：指在一定的测量条件下，由于分析者操作时粗心大意或违反操作规程，所造成的测量值明显偏离实际值的一种误差。该误差无规律可寻，也称为坏值，应予剔除。消除过失误差的最好办法是提高测量人员对实验的认识水平，要细心操作，认真读、记实验数据，实验完后，要认真检查数据，发现问题，及时纠正。

（二）精度与准确度

1. 精度（accuracy） 曾称精确度，是对仪器检测可靠程度或检测结果可靠程度的一种评价。在计量学上，精度是指仪器设备的读数能读到的最小位数，精确到哪一步，而准确度是指读数后与真实值相差的程度。在检验分析中常称准确度，是指一次的测量结果与被测物"真值"之间的一致程度或与"真值"相接近的程度。从仪器测量误差的角度来讲，精度是仪器测得值随机误差和系统误差的综合反映，其大小用不确定度来衡量。

不确定度 = 总误差 = 仪器的随机误差 + 仪器的系统误差

测量结果的不确定度越小，准确度越高，即仪器的精度就越高，这时测量数据比较集中在真值附近，即精度包含了正确度和精密度。

2. 准确度（trueness）

（1）定义：又称真实度，是ISO近年来新提出的术语。指仪器对同一被测物进行多次测试结果的平均值与被测物"真值"相接近的程度。即检测仪器多次实际测量的均值与理想测量的符合程度，是对仪器系统误差大小的评价，常以偏倚（bias）来表示。偏倚（系统误差的总和）越大，测量的正确度就越差。

（2）验证方法：①有证的标准物质或合适的参考物质进行验证（生化、免疫可采用第三方校准物）。②采用中国合格评定国家认可委员会（CNAS）认可的室间质评结果（如国家卫生和计划生育委员会临床检验中心的室间质评）进行验证。③采用公认的、性能已确定的检验方法进行比对试验来验证准确性。④利用回收试验来进行验证（该法需要标准物质）或利用国家卫生和计划生育委员会室间质评结果经统计计算获得。

（3）验证过程：标本分析前，对检测系统状态和试剂进行检查，确保无误后标本按照常规样品检测方法进行检测，按公式计算：

$$偏差 = 测量值的平均值 - 真值$$

$$相对偏差 = \frac{检测平均值 - 真值}{真值} \times 100\%$$

$$总偏倚 = \pm \sqrt{\frac{\sum(每次相对偏差)^2}{n}}$$

（4）结果判定：用相对偏差进行结果有效性的判定，相对偏差≤1/3 CLIA88 允许范围为合格。

（三）精密度

精密度（precision）是在完全相同条件下连续进行多次检测时，所得检测结果间彼此接近的程度。精密度指的是一组平行实验的数据的分散程度，所谓“平行实验”，强调的就是在完全相同的条件下同时完成的测定。精密度是对仪器随机误差大小的评价，常以标准差（SD）或变异系数（CV）来表示。随机误差越小，测量值分布越密集，SD 或 CV 就越小，测量的精密度越高，说明仪器的稳定性就越好。

精密度和正确度的关系：两者是检验分析仪器两个不同的精度指标。前者表示仪器实际检测曲线对其平均值的分散程度，即工作的精细程度或可靠程度；后者表示仪器的实际检测曲线偏离理想检测曲线的程度。任何检验分析仪器必须有足够的精密度，而正确度不一定要求很高，因为首先要保证仪器工作可靠，而正确度可以通过调整或加入修正量来校准。正确度和精密度的综合构成了检验分析仪器的精度。

（四）重复性

1. 重复性（repeatability） 是指在同一检测方法和检测条件下，在一个不太长的时间间隔内，多次检测同一样本的同一参数，所得到的数据分散程度。它与精密度不同，“重复性”强调的是在其他条件完全相同（仪器、设备、检测者、环境和样本前处理条件）的情况下完成，但中间相隔的时间则可能是 1 小时、1 天等，视情况而定。

2. 重复性测定的条件　相同的测量环境；相同的测量仪器及在相同的条件下使用；相同的位置；在短时间内的重复测定但“非平行测定”。如用反相高效液相色谱法测定血液精氨基酸测定的重复性试验是将一血样按同样方法制备 20 份样品，按要求间隔一定时间，每份样品都进样一次，计算结果的 SD；而精密度试验是取同一血样连续进样进行“平行测定”，计算结果的 SD 值。

做重复性试验的样品一定要稳定，它的组成应尽可能相似于实际检测的患者标本；样品中的分析物含量应在该项目的医学决定水平处；尽可能地做 2 个以上水平的重复性试验。

3. 重复性与精密度的关系　二者密切相关，精密度主要考察检验仪器的稳定性，重复性主要是考察方法的稳定性（当然也包括仪器的稳定性），它包含从样品处理到仪器检测的全过程。重复性试验可用于方法学评价和比较，及仪器性能的评价。在方法学验证方面，重复性试验是精密度的一部分，考察的是在仪器精密度（分析的前提）良好的基础上来评价方法批间差异的程度，只不过我们习惯把精密度与重复性分开来表述。

在临床检验工作中进行精密度验证时，应同时采用高、中、低值质控品或新鲜样品进行测定。检测过程：质控品在同一天内按常规方法连续测定20次，计算出平均值和批内CV值；然后累计20天重复（方法重复性试验）测定1次，计算出平均值和批间CV值。结果判定：通过CV值进行精密度结果有效性的判定，CLIA88允许范围批内的合格CV值≤1/3；批间合格的CV值≤1/2。

（五）分辨率

分辨率（resolving power）是仪器设备能识别或探测的输入量或能产生、响应的输出量的最小值。例如光学系统的分辨率就是光学系统可以分清的两物点间的最小间距。

分辨率是检验仪器设备的一个重要技术指标，它与精度紧密相关，要提高检验仪器检测的精密度，必须相应地提高其分辨率。

（六）噪声（noise）

是分析仪器在没有加入被检验物品（即输入为零）时，仪器输出信号的波动或变化范围。

1. 引起噪声的原因　①外界干扰因素，如环境条件（温度、湿度、气压等）的变化，电网波动，周围磁场的影响等。②仪器内部的因素，如仪器内部的温度变化，元器件不稳定，调高仪器的灵敏度等。

2. 噪声的表现形式　①“抖动”即仪器指针以零点为中心作无规则的运动；②“起伏”即指针沿某一中心做大的往返波动；③“漂移”为当输入信号不变时，输出信号发生改变，此时指针沿单方向慢慢移动。噪声的3种表现均会影响检测结果的准确性，应力求避免。

（七）灵敏度与最小检测量

1. 灵敏度（sensitivity）　是指检验仪器在稳态下输出量变化与输入量变化之比，即检验仪器对单位浓度或质量的被检物质通过检测器时所产生的响应信号值变化大小的反应能力，它反映检验仪器能够检测的最小被测量。

稳态（被检测量x不随时间变化，即dx/dt=0）下检验仪器输出量变化△y与输入的量变化△x之比，定义为灵敏度，即被观测到的变量的增量与其相应的被检测量的增量之比为检验仪器的灵敏度（S）。即：

$$S=\frac{\text{输出量的变化量}\ \Delta y}{\text{输入量的变化量}\ \Delta x}=\lim_{\Delta x\to 0}\left(\frac{\Delta y}{\Delta x}\right)=\frac{dy}{dx}=f'(x)$$

显然，当灵敏度为定值时，检验仪器系统为线性的。一般地，随着系统灵敏度的提高，容易引起噪声和外界干扰，影响检测的稳定性而使读数不可靠。

2. 最小检测量（minimum detectable quantity）　指检验分析仪器能确切反映的最小物质含量。它也可以用含量所转换的物理量来表示。如含量转换成电阻的变化，此时最小检测量就可以说成是能确切反映的最小电阻量（灵敏度）的变化量了。

检验仪器的灵敏度越高，在同样的噪声水平时其最小检测量就越小。同一台仪器对不同物质的灵敏度不尽相同，因此，同一台仪器对不同物质的最小检测量也不一样。在比较仪器的性能时必须取相同的样品。

在实验室工作中可分析同一物质至少4个浓度水平的校准品、能力验证标本、线性标准和空白，将结果作图。仪器分析的最小检测量是线性的最低点，称最低检测限。如果该直线通过“0”，最小检测量即为“0”；如果最小检测量不是“0”，由最低临界值确定该仪器的最小检测量水平。

（八）线性范围

1. 线性范围（linear range） 指输入与输出成正比例的范围，也就是反映曲线呈直线的那一段所对应的物质浓度最低值到最高值含量的范围。在此范围内，灵敏度保持定值。线性范围越宽，则其量程越大，并且能保证一定的测量精度。

2. 线性范围验证 验证时应选择高浓度新鲜标本进行检测。在考虑稀释效应的前提下，对标本进行稀释处理后，用仪器从低值到高值每份标本连续测定 3 次，然后将检测结果通过方差回归分析和回归方程进行分析，进行线性有效性的判定。

一台分析仪器的线性范围，主要由其使用的原理和技术的先进性所决定。临床检验分析仪器中，大部分所应用的原理都是非线性的，其线性度也是相对的。当所要求的检测精度比较低时，在一定的范围内，可将非线性误差较小的近似看作线性的，这会给检验分析带来极大的方便。

（九）测量范围和示值范围

1. 测量范围（measuring range） 指在允许误差范围内仪器所能测出的被检测值的范围，即仪器能直接测定样本中的待测物质而不需进行稀释或浓缩或其他预处理时的范围。检测仪器指示的被检测量值为示值。

2. 示值范围（range of indicating value） 指由仪器所显示或指示的最小值到最大值的范围，也称可报告范围。该范围是样本可通过稀释或浓缩或其他的预处理，以扩展其准确测定的范围。示值范围亦称仪器的量程，量程大则仪器检测性能好。

（十）响应时间（response time）

指从被检测量发生变化到仪器给出正确示值所需要的时间。一般来说希望响应时间越短越好，如果检测量是液体，则它与被测溶液离子到达电极表面的速率、被测溶液离子的浓度、介质的离子强度等因素有关。如果作为自动控制信号源，则响应时间这个性能就显得特别重要。因为仪器反应越快，控制才能越及时。

响应时间又称时间常数，常用仪器反应出到达指示值 90% 所经历的时间来表示。例如，假定被检测量从 80% 变到 85%，则响应时间从检测初始量开始变化时计时。响应时间指示值到 90% 所经历时间的计算方法：

$$80\%+(85\%-80\%)\times 90\%=84.5\% \text{ 时所经历的时间}$$

第三节　医学实验室检验仪器的管理

医学实验室检验设备管理的目的是利用科学有效的管理理念、方法、措施及程序，做好医学检验仪器的选购、使用、维护和保养，在设备失去使用和维修价值后进行报废处理，通过科学化管理控制，确保检验质量，促进检验工作，提升检验水平，充分发挥设备的投资效能。

检验仪器在疾病的诊断、治疗、预防和健康检查等方面发挥着越来越重要的作用。检验仪器的管理是医疗单位和医学实验室管理的重要组成部分。一个实验室仪器的管理水平在一定程度上影响着检验质量，检验仪器设备的管理包括以下几个方面。

一、医学实验室检验仪器的选购

优质的检验仪器是提供优良的医疗服务质量的基础，没有良好的硬件基础，优良的检验服务质量只是一句空话。随着检验医学的进步和科学技术的发展，对检验仪器质量的评估越来越严格，选用的标准也越来越全面。选用检验仪器的标准应着眼于“全面质量”。全面质量是指仪器精确度和性价比的总体评价或者说是通过用户满意度调查而获得的总体评价。它涉及各个方面，从不同的角度出发，选用的标准也不一样。一般可从以下几个方面加以考虑。

（一）检验仪器的选购原则

医学实验室必须以“质量原则、实用原则、价格原则、服务原则、规范原则”作为检验仪器选购的基本原则。

1. 质量原则　即要认真执行国家《医疗器械监督管理条例》，严格审核拟购仪器的《医疗器械生产企业许可证》、《医疗器械经营企业许可证》和《医疗器械注册证》，实施质量一票否决制。

2. 实用原则　即必须以临床和患者及医院发展的需求挑选最适合实际需要的设备。

3. 价格原则　即在保证质量的前提下，争取合理的价格，努力降低医疗成本，减轻患者负担，提高医院经济效益。

4. 服务原则　即供应商的服务具有两重性：一是为医院服务；二是对患者服务。供应商必须做到全方位服务、及时到位，确保仪器的正常运行。

5. 规范原则　即加强从检验仪器的申购开始到安装验收及报废处理等整个过程中的规范管理，使其符合实验室检验仪器申购与使用的管理流程（图 1–1）。单位应重视检验仪器招标采购整个过程中的管理，真正体现出公平、公正、公开、合理、透明，使单位真正买到“质量好、用得好、服务好”的检验仪器。

（二）对检验仪器性能的要求

要求仪器的精度等级高、稳定性好、灵敏度高、噪声小、检测范围宽、检测参数多等。要注意选购公认的品牌机型，最好有标准化系统可溯源的机型。中、小型实验室应该重点选择在当地或邻近地区市场占有率较高的产品，这类产品一般技术相对成熟，可靠性强，经销商有足够的信心，售后服务也相对有保障。

（三）对检验仪器功能的要求

要求仪器的应用范围广，检测速度快，结果准确可靠，重复性好，有一定的前瞻性；用户操作程序界面全中文显示，操作简便、快捷；仪器能与医院的信息系统链接等。

（四）对检验仪器售后的要求

供应商对拟选购的检验仪器需保证：①国内有配套试剂盒供应。②仪器的不失效性能好，可维修性和仪器的保存性能好等，如仪器的装配合理、材料先进、采用标准件及同类产品通用零部件的程度高等。③公司实力强，售后维修服务良好是仪器发挥效益的保证。

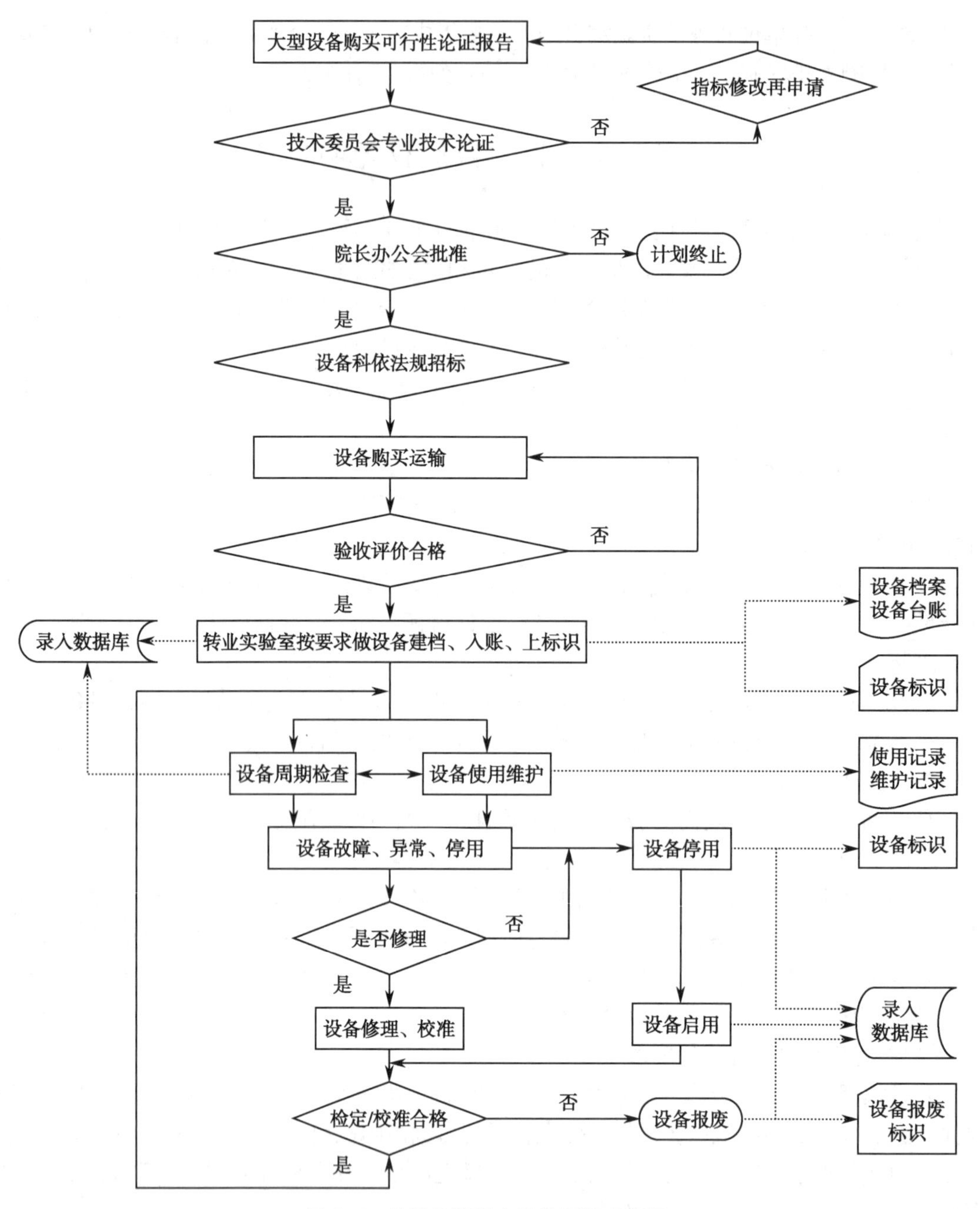

图 1-1 检验仪器的申购使用管理流程

（五）单位对检验仪器的要求

实验室是单位的一部分，单位对实验室的基本要求是能最大限度地体现高效益、高质量、低成本。因此，仪器选购时，在注意前面几个要求的前提下，还必须站在对实验室、所在单位和对历史负责的态度去选择仪器。具体应考虑以下几个方面问题：

1. 与单位的规模相匹配　选择的仪器要和所在单位规模的大小相适应，特别是仪器的速度和档次，如大型医院、中心医院样本量非常大，首先考虑的是仪器速度和服务效率问题，其次才是仪器成本问题；而大多数中、小型医院，特别是检测样本量有限的医院，首先要考虑的应是成本回收问题。

2. 要有前瞻性　①要考虑医院的潜力和发展速度，至少要考虑近三年的发展需求，如运用速度要保留一定的潜力，比当前工作能力多20%～30%进行预算。②要考虑其他需求，如特大型医院和教学附属医院实验室仪器的选择一定要考虑科研需求。

3. 单位的可行性　①要考虑单位的财力状况，切忌不考虑单位情况，而过高、过大、过超前的选择仪器。②在检验仪器采购前要组织相关人员进行充分的筛选和论证工作。

选择检验仪器不是实验室的经常性工作，但十分重要。所以，上述各个要求是否都需要以及相对重要程度如何，可以结合临床检验的需求与发展及各方面的要求综合分析后进行选择。

二、医学实验室检验仪器的验收与培训

（一）仪器的验收

为加强仪器设备管理，确保购置仪器设备的质量和使用，把好验收关，仪器的验收应从以下几方面做起：

1. 验收前的准备　仪器设备合同签订后，使用单位必须确定相对固定的管理操作人员，专人负责，通过培训尽快熟悉厂商提供的技术资料，按照仪器设备对环境条件的要求，做好装机前的准备工作。确定组织验收小组制订验收方案，验收小组由资产或设备管理部门与使用单位根据所进设备情况，聘请相关专业人员组成。

2. 设备的外观检查验收　检查仪器设备的内外包装是否完好，有无破损、变形、碰撞创伤、雨水浸湿等情况；检查仪器设备和附件外表有无残损、锈蚀、碰伤。对进口仪器设备，合同规定由外商安装调试的，必须在外商技术人员和商检人员在场时，共同开箱验收。大型精密贵重仪器设备的验收，必须做好现场记录和在场人员的签字，发现问题时，应拍照留据。

3. 设备的数量验收　数量验收应以合同和装箱单为依据，检查主机、附件的分类和数量，并逐件清点核对；清点时应仔细核查主机和所附配件的型号、编号与装箱单是否一致。检查随机资料是否完备，如仪器设备的检修手册、出厂质量检验报告、产品合格证、说明书、操作规程、保修单、光盘等技术文件和配套教学资料等。做好数量验收记录，写明箱号、品名与编号、应到和实到数量，以备必要时向厂家索赔。

4. 仪器设备的质量验收　质量验收要严格按照合同条款、仪器说明书、操作手册的规定和程序进行安装试机。按照仪器说明书和操作手册，认真进行各种参数的测试，检查其性能指标是否与说明书相符（如检验分析仪器要重点检查仪器的稳定性和重复性，参数检查与设置无误等），检查仪器配置是否符合合同的规定。质量验收时须认真做好记录，若发现仪器质量问题，根据情况确定是否退货、更换或要求厂方派员检修等。若仪器的验收需有第三方提供验收测试报告的应审核其资质。

5. 验收程序　仪器到货后，设备管理部门应通知使用单位对仪器设备的品名、规格、型号、数量进行验收，随后根据订货合同，准备验收前的各项工作。

（1）一般仪器设备的验收：可由使用部门或设备管理部门负责组织，由科室负责人和设备使用者代表，及设备管理部门代表进行现场开箱验收，验收人员应为3人及以上。

（2）大型精密贵重仪器设备和工程项目的验收：由设备管理部门或资产管理部门负责组织，成立专门验收小组。组成人员包括：用户负责人和设备使用的专业技术人员代表，设备管理与维修人员，纪检和审计部门的委派人员，厂家或经销商的技术人员，必要时请院外专业技术人员参加，在安装现场开箱验收。当所有验收项目均达到要求时，可以通过验收。验收结果实行一票否决制，大型精密贵重仪器设备技术验收报告必须由验收小组成员集体确认、逐一亲笔署名方可生效。

（3）仪器设备验收后的工作：使用单位会同设备管理人员办理入库等手续。验收不合格或存在其他问题的仪器设备，设备管理部门在1周之内持设备验收报告单与厂商联系退货、维修、更换等事宜。注意进口仪器设备的索赔期为90天，从仪器设备到达我国港站之日算起。

（二）人员的培训

仪器的验收之前要确定培训人员（包括使用、维修和管理人员）、培训方式和培训内容。培训方式可依据仪器的性质和要求，采取不同的培训形式，如大型检验仪器可在验收之前派人到该种仪器的培训基地进行培训，以缩短适应周期，提高使用效率。

培训内容主要是培训仪器的安装与运行条件、仪器的安全要求、仪器的基本原理、仪器的基本结构与功能、仪器的性能参数与要求、仪器的校准和质控、仪器的软件操作和仪器的规范使用（如开机程序、检测程序、关机程序、保养程序）、仪器的维护和常见故障处理等相关知识。大型精密复杂的检验仪器须有培训合格证后方可上岗。即强化职业操守，重视规范使用，确保检验质量，提高使用效率，增强安全意识。

三、医学实验室检验仪器的保管与使用

（一）检验仪器的保管

仪器设备的保管包括起草仪器购置申请、验收、建档、校准、使用、标识、维护与定期检定。实验室应建立仪器的保管、使用和赔偿制度，仪器设备的保管应有专人负责，规定有关仪器的适用范围，重视仪器的使用和开发。保管者应有高度的责任心，熟悉仪器的性能、使用方法及保养要求；协助主任做好仪器的操作规程和仪器的校准及仪器比对；负责新仪器验收和报告仪器损坏情况及安排维修工作。

1. 大型精密贵重仪器档案　此类仪器应建立专门的技术档案，保存对检测或校准具有重要影响的设备及其软件的资料。至少包括：设备及其软件的名称、制造商名称、型式标识、系列号或其他唯一性标识；对设备符合规范的核查记录（如果适用）；当前的位置（如果适用）；制造商的说明书；所有检定/校准报告或证书；设备接收/启用日期和验收记录；设备使用和维护记录；设备的任何损害、故障、改装或修理记录等。

2. 检验分析仪器的标识　所有检验分析仪器（包括标准物质）都应有明显的标识来表明其状态。仪器设备的状态标识分为“合格”、“准用”和“停用”3种，通常以“绿”、“黄”、“红”3种颜色表示。

（1）合格标志（绿色）：经计量检定或校准、验证合格，确认其符合检测/校准技术规范规定的使用要求的。

（2）准用标志（黄色）：仪器设备存在部分缺陷，但在限定范围内可以使用的（即受限

使用的），包括多功能检测设备，某些功能丧失，但检测所用功能正常且检定校准合格者；测试设备某一量程准确度不合格，但检验（检测）所用量程合格者；降等降级后使用的仪器设备。

（3）停用标志（红色）：仪器设备目前状态不能使用，但经检定校准或修复后可以使用的，不是实验室不需要的报废品；停用包括仪器设备损坏、仪器设备经检定校准不合格、仪器设备性能无法确定、仪器设备超过周期未检定校准、不符合检测 / 校准技术规范规定的使用要求等。

3. 在用检验仪器的固定资产盘点　按设备管理部门要求定期对全实验室的检验仪器进行固定资产清查盘点；对每台仪器重新贴上设备标签进行清点；如发现缺少、转移、借出、维修等做出记录，双方签字确认。

（二）检验仪器的使用

按照实验室仪器的使用和损坏赔偿制度，有关仪器设备使用和维护的技术资料应现行有效且便于相关人员取用，并保证仪器设备处于良好的工作状态。使用者须培训合格并得到保管人同意时方可允许独立使用仪器。使用者须精心爱护仪器，严格遵守仪器操作规程和质控制度；用前检查仪器状态，用后及时清理废物，按要求管好、收好仪器，并填写使用记录，接受保管人的检查验收；使用仪器时发现故障请及时报告保管人，如实填写损坏记录。

（三）检验仪器的校准

临床检验标准化是保证检验结果准确可靠的基础，对检验分析仪器的核心要求是准确性和溯源性。临床检验实验室测量结果的可靠性是由临床检验仪器的精度、测量方法的准确度及可比性所决定的。在仪器测量结果精密度良好的前提下，仪器校准是保证测量结果准确的关键步骤。当临床检验仪器进行了维护或者更换了重要部件，有可能影响到仪器检验性能时，应特别重视并必须进行校准工作。

仪器校准应满足的基本要求：①环境条件：校准在检定（校准）室进行时，则环境条件应满足实验室要求的温度、湿度等规定；校准如在现场进行，则环境条件以能满足仪表现场使用的条件为准。②仪器：作为校准用的标准仪器其误差限应是被校表误差限的 1/3 ~ 1/10。③人员：进行校准的人员须经过合格培训，并获得相应的证书，否则，出具的校准证书和校准报告无效。

四、医学实验室检验仪器的维护与维修

检验仪器无论其设计和使用的技术多么先进、完善，在使用过程中都避免不了产生这样或那样的故障。为加强检验仪器的管理，确保检验仪器工作状态正常，保证检验工作秩序稳定，及时对仪器进行正常维护和修理非常重要。

（一）检验仪器的维护

检验仪器维护工作的目的是减少或避免偶然性仪器故障的发生，该工作是一项贯穿整个检验过程的长期工作，须根据各仪器的特点、结构和使用过程，针对容易出现故障的环节，制定出具体的维护保养措施，由专人负责执行。检验仪器的维护工作分为一般性维护和特殊性维护。

1. 一般性维护　一般性维护工作是那些具有共性的，几乎所有仪器都需注意到的问题，

主要有以下几点：

（1）仪器工作环境：环境因素对精密检测仪器的性能、可靠性、测量结果和寿命都有很大影响，使用过程中应注意以下几方面：

1）防尘：仪器中的各种光学元件及一些开关、触点等，应保持清洁。但由于各种光学元件的精度很高。因此，对清洁方法、清洁液等都有特殊要求，在做清洁之前需认真仔细阅读仪器的维护说明，不宜草率行事，以免擦伤、损坏其光学器件。

2）防潮：仪器中的光电元件、光学元件、电子元件等受潮后，易霉变、损坏。因此，须定期进行检查，及时更换干燥剂，长期不用时应定期开机通电以驱赶潮气，达到防潮目的。

3）防热：检验仪器对工作和存放环境要求有适当的温度范围。因此，一般需配置温度调节器（空调），使温度保持在20～25℃最为合适，并远离热源、避免阳光直接照射。

4）防震：震动不仅会影响检验仪器的性能和检测结果，还会造成某些精密元件损坏。因此，仪器要放在远离震源的水泥工作台或减震台上。特别是血液黏度计等仪器。

5）防蚀：在仪器的使用过程中及存放时，应避免接触有酸碱等腐蚀性气体和液体的环境，除已报废仪器外严禁用84、过氧乙酸等消毒剂擦拭仪器，以免各种元件受侵蚀而损坏。

（2）正确使用：操作人员使用前应进行上岗前的合格培训，认真阅读仪器操作说明书，熟悉仪器性能，严守操作规程，掌握正确的使用和保养方法，这是使仪器始终保持在良好运行状态的前提。要重视配套设备及设施的使用和维护检查，如电路、气路、水路系统等，避免仪器在工作状态发生断电、断气、断水情况发生。

（3）仪器的接地：接地的问题除对仪器的性能、可靠性有影响外，还关系使用者的人身安全。因此，所有接入市电电网的仪器必须接可靠的地线。

（4）电源电压：①多数检验仪器属精密分析仪器，良好的稳定供电对于检验仪器的精度和稳定性极为重要。因市电电压波动较大，可能超出仪器所要求的范围，损坏电子元件，造成信号图像畸变，还会干扰前置放大器、微电流放大器等组件的正常工作。不稳定的电源会引起气相色谱仪、液相色谱仪等工作时基线不稳定，测试难以得到正确的结果。为确保仪器处于良好的运行状态，必须配用交流稳压电源，要求高的仪器最好单独配备稳压电源。②为防止仪器、计算机在工作中因突然停电而造成损坏或数据丢失，可配用可靠性好的UPS电源，这样既可改善电源性能又能在非正常停电时做到安全关机。③使用时应注意插头中的电线连接应良好，切忌把插孔位置搞错，损坏仪器。所有仪器在关机停用时，要关掉总机电源，并拔下电源插头，确保人员和仪器安全。

（5）定期校验：检验分析仪器用于测试和检验各种样品，所提供的数据已成为疾病诊断、预后判定、治疗效果评价和健康状况监测的重要依据，应力求结果准确可靠。因此，需定期按有关规定进行检查、校正，同样，在仪器经过维修后，也应校准合格后方可重新使用。

（6）做好记录：包括仪器申请购置、安装调试、性能评价与比对、校准、仪器保养与维修等工作内容及其他值得记录备查的内容。一方面可为将来的统计工作提供充分的数据；另一方面也可掌握某些需定期更换的零部件的使用情况，有助于辨别是正常消耗还是故障。

2. 特殊性维护　这部分内容主要是针对检验仪器所具有的特点而言，由于各种仪器有其各自的特点，这里只介绍一些典型的有代表性的维护工作。

（1）定标电池：多数检验分析仪器中有定标电池，最好每半年检查一次，如果电压不符合要求则予以更换，否则会影响测量准确度。

（2）光电转换元件与光学元件：如光电源、光电管、光电倍增管等在存放和工作时均应避光，它们受强光照射易老化，缩短使用寿命，灵敏度降低，情况严重时甚至会损坏这些元件。同时应定期用小毛刷清扫光路系统上的灰尘，用沾有无水乙醇乙醚混合液的纱布擦拭滤光片等光学元件。

（3）管道系统：检验分析仪器的管路较多，构成管路系统的元件也较多，它分为液路和气路，它们都要保持密封、通畅。因此对样品、稀释液、参比液的要求比较高，应定期冲洗，并视污染程度定期更换管路。

（4）机械传动装置：仪器中机械传动装置的活动摩擦面需定期清洗、加润滑油，以延缓磨损或减小阻力。

（二）检验仪器的维修

检验仪器种类繁多、结构复杂、技术先进、精度高、涉及面广。因此要维修检验仪器必须具备一定的知识基础和技能基础，本节仅就常见检验仪器故障出现的规律、种类和原因，仪器维修的程序和模式等内容做一简单介绍。

1. 检验仪器维修人员应具备的知识基础和技能基础

（1）应具备的知识基础：①电子电工学基础、医学检验技术、光学和机械基础等知识；②检验仪器的基本原理和基本结构；③微型电子计算机技术；④电子仪器设备可靠性知识；⑤电子仪器设备的结构设计知识；⑥仪器分析方面的知识。

（2）应具备的技能基础：①能熟练掌握各种基本元器件的性能和测试方法；②灵活熟练地焊接技术；③能熟练使用测试设备对整机性能进行测试；④具有熟练地阅读原理图能力和反读印制版图的能力；⑤能灵活运用各种故障的检查方法；⑥能够掌握医学检验仪器的基本操作。

2. 检验仪器故障发生的规律

（1）早期故障发生期：仪器出现故障的一般统计规律是在仪器使用的早期，出现故障的可能性较高，其原因主要是由于元器件的质量不佳，筛选老化处理不严格，装配工艺上的缺陷，设计不合理以及人为的操作失误等因素引起。因此，这一时期的可靠性较低或者说故障发生率较高。这一时期称为仪器的早期故障期，早期故障多发生于电子元件上。

（2）有效使用期故障发生期：经过一段时间的运行后，仪器的元件、机构经过全面的调整磨合，已逐步适应正常的运行状态，仪器进入稳定使用期，此时仪器处于最佳工作状态，这一时期称为有效使用期。这一时期故障的发生率较低，而且一般都是偶然性故障居多。

（3）损耗故障发生期：经过长时间地运行以后，随着各种元件，尤其是易损元件、结构的磨损，损耗程度逐渐增加，仪器的故障率又逐渐上升，这个时期为仪器的损耗故障期。损耗故障期则多发生于机械零部件或光学零部件。

3. 故障发生的原因　检验仪器的故障可分必然性故障和偶然性故障。前者是各种元器件、机械部件经长期使用后，其结构和性能发生老化、变质、器件磨损等变化，导致仪器不能正常运行。后者是指各种元器件、结构等受外界条件的影响，出现突发性质变、损伤，致使检验仪器不能正常运行。按故障发生的原因可分为人为因素引起的故障和仪器设备质量缺陷引起的故障。

（1）人为因素引起的故障：由于人为操作不当引起的，多由操作人员未经培训上岗，对仪器使用程序不熟练或不注意所造成的。这类故障轻者导致仪器不能正常运行，重者可能损坏仪器。因此，必须对操作人员进行上岗前的规范培训，做到持证上岗，规范使用，避免该类故障的发生。

（2）仪器设备质量与性能改变引起的故障

1）元器件质量与性能改变引起的故障：多因元器件本身质量不过关所致，同一类元器件发生的故障具有一定的规律。检验仪器常用元器件的常见故障见表 1-1。

表 1-1　检验仪器常用元器件故障表

部件名称	逐渐形成故障的原因	突然形成故障的原因
光学元件	环境潮湿、灰尘大	剧烈震动造成损坏
光电转换元件	易老化，性能改变	开机时受强光照射，引起损坏
光电耦合器件	灰尘	发光二极管烧坏
炭膜电阻		因螺旋炭层烧坏而断路
合成电阻	因温度改变引起阻值漂移	少见
线绕电阻	两端接点、活动触点与绕线间接触不良引起阻值变化	由于电阻丝烧断，引起开路
电位器	滑动触头与电阻片间磨损或灰尘发生接触不良	少见
电容器	容量改变	击穿或开路
电解电容	容量改变	击穿或开路，电压过高造成爆裂
电感		因电流过大烧断
二极管		因电流过大烧毁
晶体管	特性参数改变	基间击穿或开路
集成块	长期使用，性能改变	
显示器件	逐渐老化，显示质量下降	少见
机械零件	使用过程中机械磨损，精度下降	装配时固定、连接不良，卡死

2）设计原因造成的故障：多见于新产品因设计不合理导致有关元器件频繁损坏，有时则可能使仪器性能下降而无法正常工作。

3）装配工艺疏忽造成的故障：多是在仪器装配过程中因虚焊、插件接触不良以及各种原因引起的碰线、短路、断线、零件松脱而产生的。

（3）长期使用后的故障：该类故障与仪器元器件的使用寿命有关，多因各种元器件老化变质所致，所以多是必然性故障。从表 1-1 不难看出，多数元器件使用年久后，均会出现故障。例如光电器件老化，膜电极老化，显示器的老化，机械部件的逐渐磨损，通气通液管路和阀门的老化等。

（4）外因所致的故障：检验仪器使用环境的条件不符合要求，也是造成仪器故障的主要原因。一般环境条件指的是市电电压、温度、湿度、电场、磁场、振动等因素。

4. 仪器的维修程序和模式

（1）仪器的维修程序：检验仪器在医院医疗设备中占有了相当大的比重，这类仪器的结构涉及计算机、电路、光路、液路、气路等单元，相对其他医疗仪器，可谓种类繁多，结构复杂，故障率高，维修难度大。因此，实验室仪器发生故障后应及时进入仪器的维修程序（图 1-2）。一般仪器可由实验室仪器维修工程师或医院设备维修部门自行维修，大型精密贵重仪器一般需厂商或其委托的经销商技术部门维修。

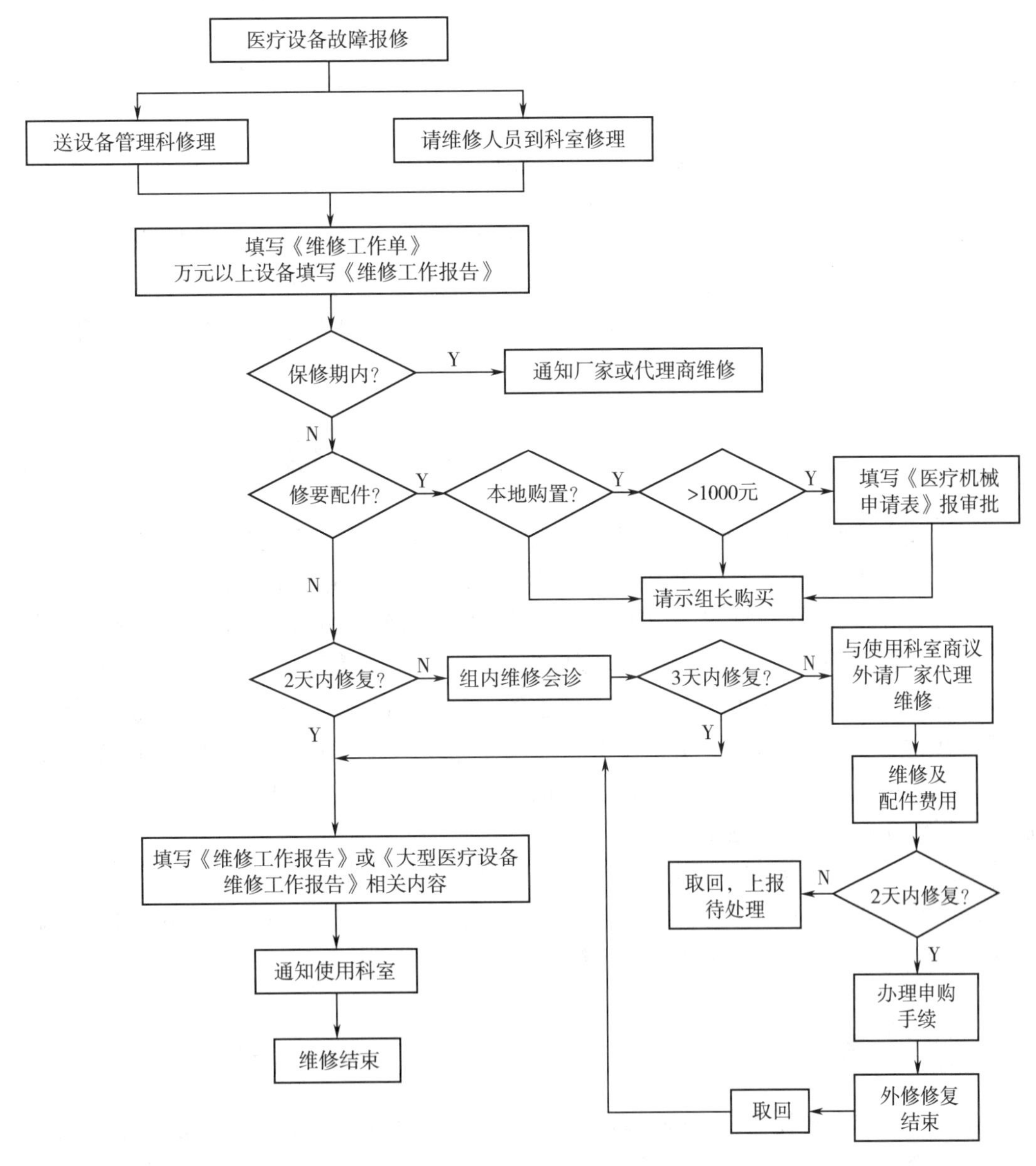

图 1-2 医疗设备维修流程图

（2）仪器的维修模式：主要有 3 种：①内部自行维修；②向厂商或其代理商购买仪器售后服务合同进行维护维修；③由销售代理商售后技术支持或第三方进行售后技术支持进行维护维修。

1）内部自行维修模式：多为一般检验仪器，如离心机等；对大型精密贵重仪器，如全自动生化分析仪的一般性故障也可以由受过培训的实验室仪器工程师维修。

2）向厂商购买仪器售后服务合同进行维护维修模式有两种方式可选择：

第一种是为在用仪器购买的年服务合同，可以是一年或连续多年的维护维修服务合同。优点：仪器的维护预算可预测；合同价格低于单次服务价格；连续多年的维护维修服务合同可享受打折优惠；降低管理成本和周转时间；享受维修服务后的校准和多项增值服务。不足：目前仅限于大型城市或相关仪器较集中的地区，边远地区因成本问题价格过高。

第二种是单次付费维修服务合同方式，即对在用仪器根据仪器情况和校准购买一次一结算的售后服务合同。优点：仅支付服务的费用而且灵活。不足：每次都需报价，等待派出和开发票等流程，若没有替代机则影响工作。

3）由销售代理商售后技术支持或第三方进行售后维修模式：这种方式对中小型医院实验室较方便，但须购置的仪器最好是品牌机型且在当地有足够的量。

不管何种维修模式均需要付费，而且费用相对昂贵。因此，实验室应引进少量生物医学工程专业毕业生担任科室专职仪器维修保养人员，在进行一定时间的技术、技能培训后，不难做到与销售代理商工程师同等水平的工作，解决常用仪器和普通仪器的日常维护和一般维修问题。

五、医学实验室检验仪器的报废

医学实验室检验仪器皆有一定的使用期限，由于使用年久，不能修复，配件无处购买或因技术落后无使用价值的，可作报废处理。凡达到以下标准可申请报废：①仪器确已丧失使用价值，反复维修仍不能恢复性能工作或质量不可靠。②短期内多次维修，其维修费用超过原价值 1/2；损坏过度，无更新零配件。③设备属于临床应用落后，现已被新型设备替代。

属固定资产类检验设备的报废，一般应达到或超过该设备的折旧年限方可考虑报废。仪器报废需填写《报废申请表》，由维修工程师或专业技术鉴定小组对照报废标准进行鉴定，设备管理部门负责人审批，交有关部门审核批复后，将检验仪器的表面、内部和管路彻底消毒后送入报废仓库，等待处理。

仪器的消毒：①仪器的表面用 0.2% ~ 1.0% 的次氯酸钠或戊二醛消毒液进行消毒处理。②仪器的内部用 2% ~ 3% 的次氯酸钠或戊二醛消毒液气雾胶进行消毒处理。③仪器的管路用 2% ~ 3% 的次氯酸钠或戊二醛消毒液进行消毒处理。

学习小结

检验仪器的发展提高了检验效率、保证了检验的质量，也推动着检验的快速发展，促进了医学检验教育的进步。国家《医疗器械分类目录》将检验仪器分为血液分析系统、生化分析系统等十个系统；基层设备管理部门依据医疗器械的性质和价值及固定资产管理的方便，将医疗器械分为一般仪器设备、大型精密贵重仪器设备和工程项目三类；临床实验室根据仪器的功能和临床应用习惯，将其分为基础检验仪器和专业检验仪器两大类。

检验仪器有涉及的技术领域广、结构复杂、技术先进、精度高、对使用环境要求严格、对使用人员的要求高等特点。检验仪器包括取样装置、预处理系统、分离装置、检测器、信号处理系统、补偿装置、显示装置、辅助装置、样品前处理系统等基本结构。判定检验仪器性能的指标主要包括误差、精度与准确度、重复性、噪声、分辨率、灵敏度与最小检测量、线性范围宽和响应时间等。

检验仪器的管理包括：仪器的选购、验收与培训、使用、维护和保养、维修和报废处理等几个方面。检验仪器故障发生的规律：早期故障发生期、有效使用期故障发生期、损耗故障发生期。检验仪器的故障可分必然性故障和偶然性故障；按故障发生的原因可分为人为因素引起的故障和仪器设备质量缺陷引起的故障。

复习题

1. 检验仪器在检验医学发展中的作用有哪几个方面?
2. 检验人员学习检验仪器分析的必要性有哪些?
3. 检验仪器的分类和特点有哪些?
4. 检验仪器的基本结构和常用的性能指标有哪些?
5. 如何选购和验收检验仪器?
6. 如何保管和使用好检验仪器?
7. 如何维护检验仪器?
8. 检验仪器故障发生的规律有哪些?

（贺志安）

第二章

显 微 镜

学习目标

1. 掌握　光学显微镜的成像原理；光学显微镜的基本结构和各主要部件的功能；光学显微镜的主要性能参数；光学显微镜的使用步骤。
2. 熟悉　物镜和目镜的类型及特点；显微镜的维护方法；荧光显微镜的工作原理、基本结构和使用；暗视野显微镜的工作原理、基本结构和使用；数码生物显微镜、粪便分析工作站及计算机辅助精子分析仪的工作原理。
3. 了解　光学显微镜的照明方式及像差的表现形式；光学显微镜的常见故障的类型及其排除方法；倒置显微镜、相衬显微镜和偏光显微镜的原理及特点；数码生物显微镜、粪便分析工作站及计算机辅助精子分析仪的基本结构；两种类型电子显微镜的工作原理。

在生物医学上，显微镜（microscope）常用于观察组织细胞和微生物，故常将其称为生物显微镜。随着光学技术、计算机技术、机械控制技术、数码成像技术等相关技术的发展，显微镜在自动化、数字化、多媒体化等方面取得了可喜的进步，广泛应用于生命科学、材料科学、基础科学、医药行业等众多领域中。本章主要介绍光学显微镜和与显微镜相关的检验仪器。

第一节　光学显微镜成像原理

自1665年虎克（Hooke）利用复合式显微镜观察植物上的微小细胞以来，显微镜发明至今已有三百多年的历史。显微镜按其发展历程大致可分为三代：第一代为光学显微镜，第二代为电子显微镜，第三代为扫描隧道显微镜。本节简要介绍光学显微镜和显微镜相关的检验仪器及电子显微镜。

一、显微镜的分类

根据其不同的成像技术原理可分为光学显微镜、电子显微镜、纳米显微镜。光学显微镜按目镜数目可分为单目显微镜和双目显微镜；按图像是否有立体感可分为立体视觉显微镜和非立体视觉显微镜；按观察对象可分为生物显微镜和金相显微镜；按光学原理可分为偏光显微镜、位相显微镜和微差干涉对比显微镜；按光源类型可分为普通光显微镜、荧光显微镜、紫外线显微镜、红外线显微镜和激光显微镜；按接收器类型可分为目视显微镜和数码（摄像）显微镜。常用的显微镜有双目体视显微镜、金相显微镜、偏光显微镜、荧光显微镜等。

二、光学显微镜成像原理

光学显微镜根据光学透镜的折射原理放大观察物像，主要由光学系统和机械系统两大部分组成。光学系统是显微镜的主体部分，经光学部件分辨微小物体并放大成像，通过观察者眼睛看到放大的物像；机械系统固定光学部件并保证其成像必须的位置及其变化。特殊类型的显微镜根据其成像特征有附加装置。

显微镜的成像原理：显微镜的光学系统是在放大镜的原理上设计的，通过两组放大镜两次放大所获的结果，第一次是实像，第二次是虚像，即由两组会聚透镜组成的光学折射成像系统，其成像原理如图 2-1。

第一次焦距较短，靠近观察物、成实像的透镜组称为物镜（object lens）；第二次焦距较长，靠近眼睛、成虚像的透镜组称为目镜（ocular lens）。被观察物体位于物镜焦点的前方靠近焦点处，被物镜第一次放大后成一倒立的实像，然后此实像再被目镜第二次放大，得到物体放大的倒立虚像，位于人眼的明视距离处，通过人眼观察到物体放大的像。

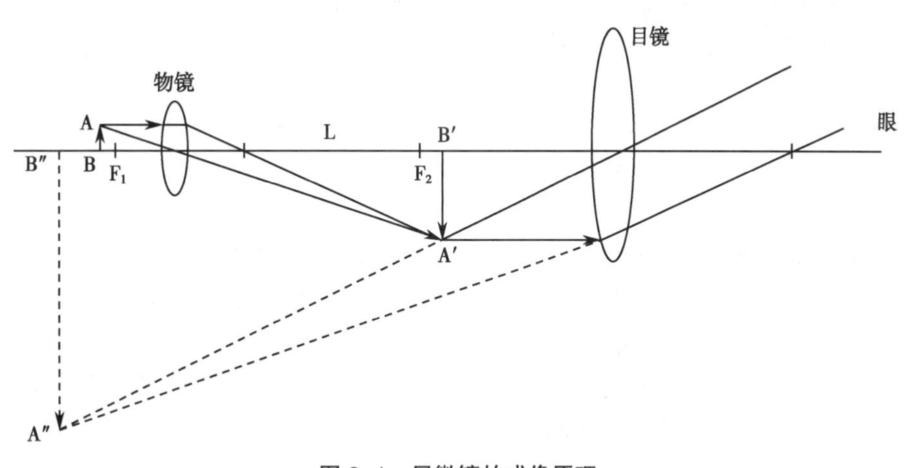

图 2-1 显微镜的成像原理

第二节 光学显微镜的基本结构

显微镜的种类很多，构造复杂，但任何一种光学显微镜的基本结构都包括光学系统和机械系统两大部分（图 2-2）。光学系统是显微镜的主体，由目镜、物镜、聚光镜及反光镜等组成；机械系统包含支持部件和运动部件两部分，前者包括镜筒、镜臂、底座等，后者包括物镜转换器、载物台、调焦装置等。

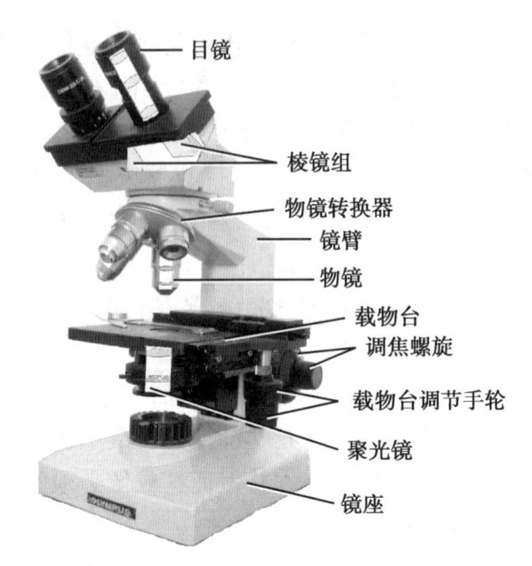

图 2-2 显微镜的基本结构

一、光 学 系 统

1. 物镜 是显微镜最重要的光学部件，利用光线使被检物体第一次成像，其性能直接关系到显微镜的性能和成像质量，它是决定显微镜分辨率和成像清晰程度的核心部件。

物镜结构复杂，制作精密，为了达到足够的分辨率，消除像差和色差，物镜由几个透镜集成在一个金属筒内组成（图 2-3）。同一台显微镜配置 3 个或 3 个以上不同放大倍数的物镜，它们安放在物镜转换器上。组合使用的目的是为了克服单个透镜的成像缺陷，提高物镜的光学质量。

（1）物镜的放大倍数与使用：根据放大倍数和数值孔径不同分为低倍镜、中倍镜、高倍镜和浸液物镜（表 2-1）。根据使用方法的差异，物镜可分浸液系物镜和干燥系物镜两大类。

浸液系物镜是在物镜与标本之间加入某种液体的物镜；根据浸液的种类，可分为油浸系和水浸系两种：油浸系物镜通常加入香柏油（折射率为 1.515）；水浸系物镜常加入水（折射率为 1.33）。干燥系物镜是在物镜与标本之间以空气层为介质，不加任何液体。干燥系物镜、水浸系物镜和油浸系物镜，各有特殊的用法。干燥系物镜不可用油浸，油浸系物镜不可用水浸。浸液有水、香柏油和甘油等，它们的折射率不同。

表 2-1 不同物镜的放大倍数与使用方法

物镜名称	放大倍数	数值孔径	使用方法
低倍镜	3 ~ 6 ×	0.04 ~ 0.15	干燥系物镜
中倍镜	5 ~ 25 ×	0.15 ~ 0.40	干燥系物镜
高倍镜	25 ~ 65 ×	0.35 ~ 0.95	干燥系物镜
浸液物镜	90 ~ 100 ×	1.25 ~ 1.40	浸液物镜

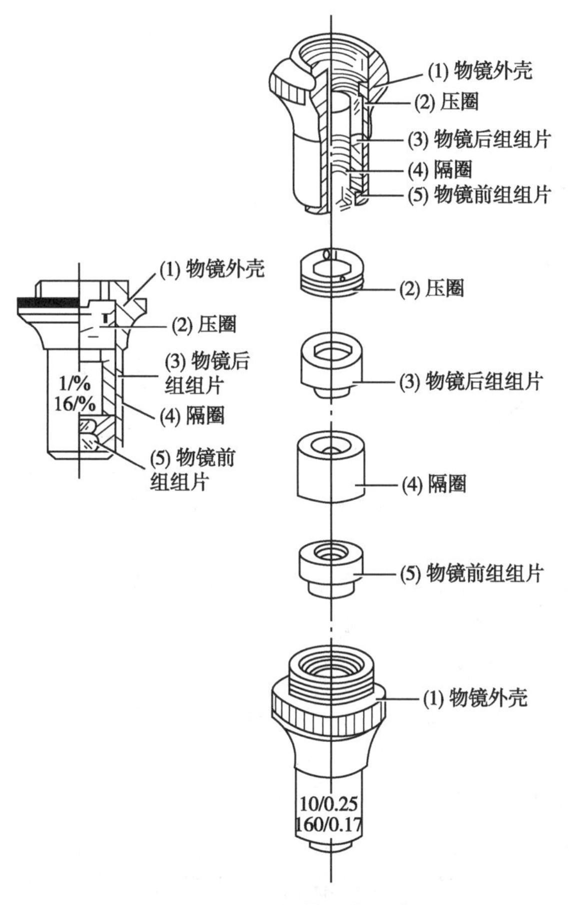

图 2-3 10× 物镜结构示意图

（2）物镜的成像质量：根据消除色差和像差的能力不同，物镜可分为消色差物镜、复消色差物镜、半复消色差物镜、平场物镜、平场消色差物镜和平场复消色差物镜（表 2-2）。前 3 种结构相对简单，存在不同程度的像差；后 3 种像差校正程度高，使映像清晰、平坦；但结构复杂，制造困难。

表 2-2 不同成像质量物镜的像差校正程度与使用

物镜名称	标志	色差	球差	场曲	使用
消色差物镜	ACH	红、蓝波区校正	黄、绿波区校正	存在	多与惠更斯目镜共用
复消色差物镜	APO	红、绿、蓝波区校正	红、蓝波区校正	存在	需要与补偿型目镜配合使用
半复消色差物镜	FL	红、蓝波区校正	红、蓝波区校正	存在	接近于复消色差物镜，多用于荧光观察，使用时最好与补偿型目镜相配合
平场物镜	PLAN	存在	存在	已校正	平场物镜的视场平坦，更适于镜检和显微照相
平场消色差物镜	PC	红、蓝波区校正	黄、绿波区校正	已校正	更适于镜检和显微照相及摄像
平场复消色差物镜	PF	红、绿、蓝波区校正	红、蓝波区校正	已校正	更适于镜检和显微照相及摄像

（3）物镜的技术参数：一般标示在物镜外壳上，主要有放大倍数、数值孔径、镜筒长度、盖片厚度，浸液物镜还注明使用的浸液。具体标示见图 2–4。

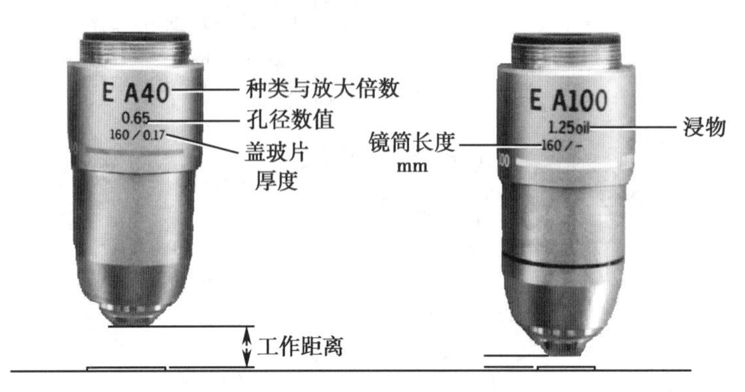

图 2–4 物镜镜筒上的技术参数

（4）物镜的齐焦合轴：物镜除了要放大并校正好像差外，另一个要求是齐焦合轴。①齐焦即在镜检时，当使用某一倍率的物镜观察图像清晰后，在转换另一倍率的物镜时，其成像亦应基本清晰。②合轴即在上述操作中，像的中心偏离也应该在一定的范围内。齐焦性能的优劣和合轴程度的高低是显微镜质量的一个重要标志，它与物镜本身的质量和物镜转换器的精度有关。

2. 目镜 观察标本时，目镜靠近眼睛，故而也称接目镜。目镜也是显微镜的主要组成部分，它的主要作用是将由物镜放大所得的实像再次放大，从而在明视距离处形成一个清晰的虚像映入观察者眼中，因此它的质量将最后影响到物像的质量。增加目镜的放大倍数不能提高显微镜的分辨率，只能放大物镜所成的物像。目镜结构相对简单，由两部分组成。通常由 2 ~ 3 个（组）透镜组成（图 2–5），位于上端的透镜称目透镜，起放大作用；下端透镜称会聚透镜或场透镜，使映像亮度均匀。在上、下透镜的中间或下透镜下端，设有一光栏，测

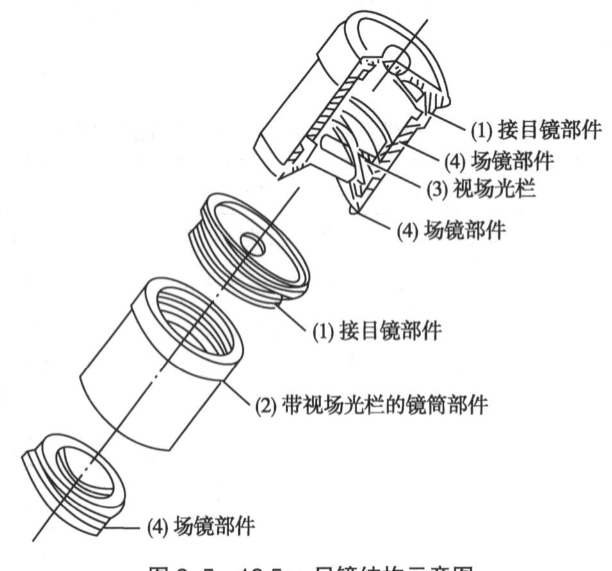

图 2–5 12.5 × 目镜结构示意图

微计、十字玻璃、指针等附件均安装于此。目镜的孔径角很小，故其本身的分辨率甚低，但对物镜的初步映像进行放大已经足够。

目镜的技术参数相对简单，主要包括放大倍数、最小视场宽度等，标示在目镜外壳上。一台显微镜通常配置有 5×、10×、15× 等放大倍数的目镜，根据要求选用。

（1）常用目镜：根据组成结构和质量的不同，常用目镜可分为如表 2–3 所示类型。

表 2–3 不同目镜的结构与用途

目镜名称	结构	用途
惠更斯目镜	由 2 块平凸透镜组成，平面朝向眼睛一方组成。焦点位于两透镜之间	使用最广泛，是生物显微镜最主要的目镜，一般用于低倍显微镜的目镜
冉斯登目镜	由 2 块平凸透镜组成，凸面相对	显微测量时常使用此种目镜
补偿目镜	在惠更斯目镜基础上把接目镜的单块平凸透镜改为三胶合透镜	除了有放大作用外，还能将物镜造像过程中产生的残余像差予以校正；它与复消色差物镜配合使用、补偿校正垂轴色差
平场目镜	其结构自身可以消场曲，开涅尔目镜（一个双胶合和一个单片构成）或者对称目镜（两个双胶合）都可以消场曲，因此像质较好，为平场目镜	其像散和场曲校正较好，具有较大的视场和平坦的视野。常与平场物镜和消色差物镜配合使用，可以用于高倍的显微系统
摄影目镜	它与普通目镜最大的不同点是装配有一个把虚像转变为实像的负透镜，同时保证更好的平坦视场。普通显微镜所成的像是倒立放大的虚像，虚像不能使感光材料感光，只有将虚像转为实像后才能进行摄影	此目镜专门用于摄影或近距离投影，不能用作显微观察或单独放大。其像差校正与补偿目镜基本相同，宜与平面复消色差物镜或半复消色差物镜配用，使其在规定放大倍数下具有足够平坦的映像

（2）特殊目镜：为满足不同用途，还有各种目镜，如凯纳尔目镜可校正倍率色差、像散和畸变，并因其出射光距瞳达 12mm，观察方便；广角目镜可增大视野而不引起场曲；测微目镜装有分划板并配有视度调节装置，方便进行显微测量。

3. 显微镜的照明方式 显微镜观测的标本大多数自身并不发光。因此，需要通过照明装置提供充分、适当的光照才能对标本进行观察。显微镜的照明方式按其照明光束的形成，可分为透射式照明和落射式照明。

（1）透射式照明：适用于透明或半透明的被检物体，绝大多数生物显微镜属于此类照明法，如反射照明、临界照明、柯拉照明、斜射照明等。

1）反射照明：使用自然光经过凹面镜反射（或者不经过），再由聚光镜会聚后照射标本。由于使用自然光，影响因素较多，稳定性差，仅在低档次生物显微镜中使用。

2）临界照明：使用电光源，光经过聚光镜会聚后照亮标本。该照明装置的优点是结构简单，光束狭而强。但是光源的灯丝像与被检物体的平面重合，这样就造成被检物体的照明呈现出不均匀性，在有灯丝的部分则明亮，无灯丝的部分则暗淡，影响显微镜的观察效果。不仅影响成像的质量，更不适合显微照相，这是临界照明的主要缺陷。其特点是：瞳对瞳，视场对视场。其补救的方法是在光源的前方放置乳白和吸热滤色片，使照明变得较为均匀，避免光源的长时间的照射而损伤被检物体。临界照明主要用于普通生物显微镜，其光路见图 2–6a。

3）柯拉照明：柯拉照明不同于临界照明的地方是它使用了 2 个聚光镜（图 2-6b），使照明系统略显复杂，但克服了临界照明的不均匀性、眩光现象。其特点：视场对瞳，瞳对视场。

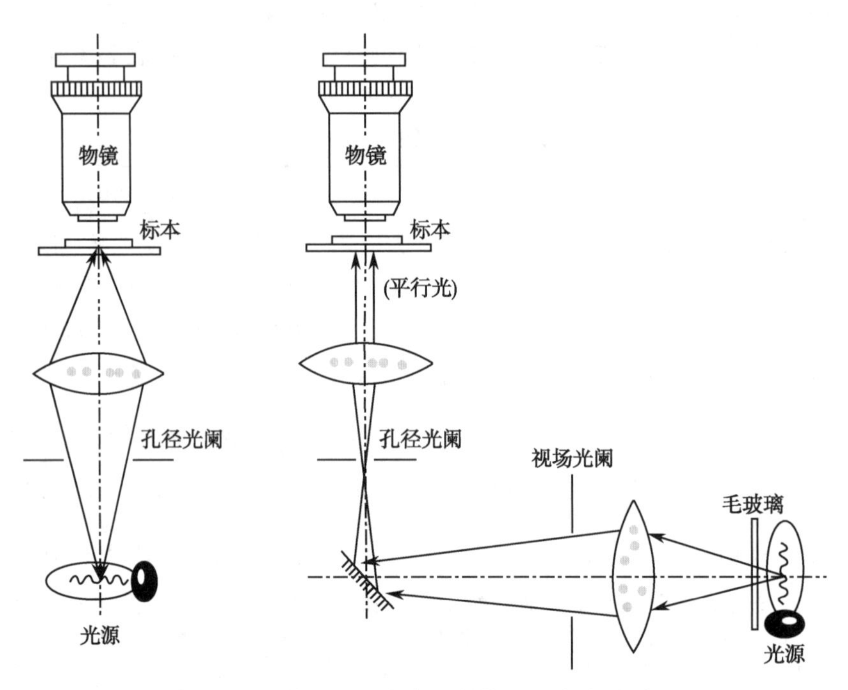

图 2-6 临界照明（a）和柯拉照明（b）光路

4）斜射照明：这种照明光束的中轴与显微镜的光轴不在一条直线上，而是与光轴形成一定的角度斜照在物体上。暗视野显微镜和相衬显微镜常采用斜射照明。

暗视野显微镜照明方式是在聚光镜中央设有挡光片，使主照明光线不能直接进入物镜，只允许被标本反射和衍射的光线进入物镜，因而视野的背景是黑的，物体的边缘是亮的（图 2-7）。这种照明法能提高对微小物体的分辨能力，对大小在 0.004μm 以上的微小粒子，尽管看不清楚其结构，但亦可清晰地分辨其存在和运动。

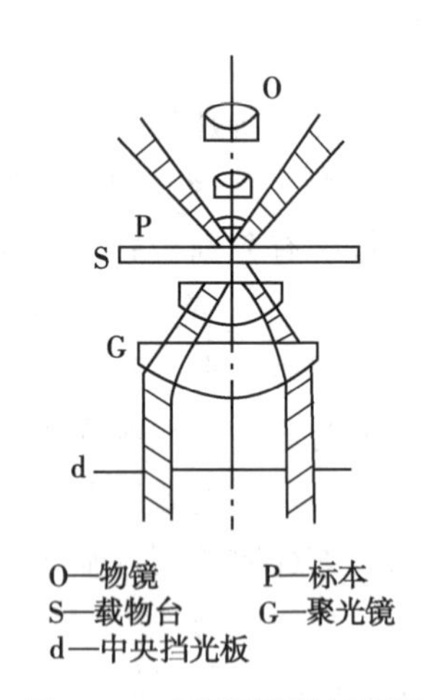

图 2-7 暗视场照明示意图

（2）落射式照明：照明光源的光束来自标本的上方，通过物镜后投射到标本上，物镜同时作为聚光镜使用，适用于观察非透明的被检物体。主要应用于金相显微镜或荧光显微镜。此部件质量要求高，加工难度大。

4. 显微镜照明装置的主要部件

（1）光源：显微镜对光源的基本要求有 3 个：一是发射光谱要接近自然光；二是对标本的照射要均匀、适中；三是传给标本和镜头的热量要少。满足要求的光源包括自然光源和电光源。因自然光影响因素较多，不能随时满足要求，故现在多数显微镜采用电光源。电光源质量可靠，亮度可调节。常见的人工电光源是卤素灯。

（2）滤光片：主要用于有效的选择入射光的光谱和强度，方便观察和满足一些特殊的用途。普通滤光片用有色玻璃制成，在普通显微镜中用于调整背景色彩，在显微摄影时调节色温，在荧光显微镜中用不同的滤光片来选择和阻挡激发光。

（3）聚光镜：又名聚光器，其作用是集合照明光线，聚焦于样品上，并增强其亮度，以得到最好的照明，使物象获得明亮清晰的效果，保证物镜（NA）的充分利用。在使用数值孔径 0.40 以上的物镜时，则必须具有聚光镜。

聚光镜一般位于载物台的下方，由 2 块或多块透镜组成，聚光镜下端近光源处有可变孔径的光阑（光圈）。此光阑由十几张金属薄片组成，其外侧伸出一柄，推动它可调节光圈开孔的大小，以调节光量。使用时通过升降聚光镜和调节光阑，使聚光镜与物镜（组）相适配，以适应物镜的 NA，满足成像要求。

聚光镜的结构有多种，根据物镜数值孔径的大小，相应地对聚光镜的要求也不相同。常用的聚光镜有低孔径聚光镜、消色差聚光镜、广视场聚光镜。特殊用途的聚光镜有荧光聚光镜、暗场聚光镜、相差聚光镜和偏光聚光镜等。

（4）玻片：大多数生物显微镜的标本是夹在 2 块玻片之间观察的，上面的称为盖玻片，下面的称为载玻片。由于它们处于光路中，其质量对照明有较大影响，因此，玻片的光学性质参数（如折射率、几何尺寸等）有统一要求，应选用符合显微镜要求的玻片。

二、机 械 系 统

1. 镜座　包括底座和镜臂，是显微镜的支架。为了显微镜放置稳定，常用铸铁、铸铝等材料制作。

2. 镜筒　用于连接目镜，容纳抽筒，保证光路通畅和光亮度不减弱。镜筒分为单目、双目和三目，还有直筒式、斜筒式之分。双目镜筒为斜筒式，由左右 2 个目镜镜筒组成，下端装有一组分光反射透镜，以便在 2 个目镜内得到相同的像，调整目镜的距离可使像重合方便观察。三目镜筒由双目镜筒和一个直筒式镜筒组成，直筒式镜筒连接相应设备进行显微摄影。镜筒下端与物镜转换器相连。

3. 物镜转换器　是可装数个物镜并能依次转到显微镜光轴上的装置。物镜转换器是显微镜机械系统精密度要求最高的部件，结构为一旋转圆盘，上有 3～6 个同一规格的螺孔，安装配套使用的一组物镜，通过旋转变换，使不同倍率的物镜进入光路。

物镜转换器应满足物镜交换使用时保持“合轴”和“齐焦”。合轴是指用某一放大倍数物镜观察样本后，旋转物镜转换器转换至另一放大倍数物镜，使需要的物镜对准聚光镜中央的通光孔时（可感到阻力变化或听到“咔”声），确保光线无偏转。齐焦是指用某一放大倍数物镜调焦清晰后转换其他放大倍数物镜时，基本满足观察焦距，不调焦或仅做轻微细调节就能清晰观察样本。

4. 载物台　也称工作台或镜台，用于放置被观察的标本片，并保证标本片能在视场内平稳移动。不同显微镜载物台结构复杂程度相差较大。常用生物显微镜的载物台大致可分为 2 种：一种是固定式载物台，另一种则是活动式载物台。

固定式载物台由简单的一个固定平台和一个可移动的玻片夹持装置组成，通过机械传动可实现沿前后和左右平面移动玻片，变换观察视野。活动式载物台由固定台座、活动台面和可移动的玻片夹组成，旋转纵横两向调节手轮，通过相对复杂的机械装置，前后移动台面，左右移动玻片夹，实现观察视野的变换。活动式载物台上有横向和纵向坐标刻度，可确定视野位置，方便重复观察。

5. 调焦装置 用于调节标本与物镜两平面之间的距离，保证成像条件（标本位于物镜焦点外靠近焦点处），充分利用放大倍率，实现物像清晰。

根据显微镜结构的不同，调焦装置有升降镜筒和升降载物台 2 种方式。根据使用的需要，显微镜的调焦过程，要分为 2 个步骤来完成，包括粗调节和微调节 2 个调节系统。粗调节螺旋每旋转一周距离变化 2mm 左右，也称快速调焦，是以较快的速度，使光学系统接近工作位置。微调节螺旋用于粗调得到物像后的清晰度调整，每旋转一周距离变化 0.1mm 左右。调焦装置在手轮旋转过程中要求转动舒适，无松动、空程小，距离变化后稳定不下滑。

第三节 光学显微镜的基本参数

光学透镜是光学显微镜放大物像的基础，光学部件的性能参数，如数值孔径、放大率、分辨率、视野等反映显微镜的性能特点。透镜的像差影响光学显微镜成像质量。

一、显微镜的性能参数

1. 数值孔径（numerical aperture） 又称镜口率，是物体与物镜间媒质的折射率 n 与物镜孔径角的一半（β）正弦值的乘积，用 NA 表示。即：

$$NA=n\times\sin\beta \tag{2-1}$$

孔径角又称镜口角，是物镜光轴上的物体点与物镜前透镜的有效直径所形成的角度。孔径角越大，进入物镜的光通量就越大，它与物镜的有效直径成正比，与焦点的距离成反比。

显微镜观察时，若想增大 NA 值，孔径角是无法增大的，唯一的办法是增大介质的折射率 n 值。基于这一原理，就产生了水浸物镜和油浸物镜，因介质的折射率 n 值大于 1，NA 值就能大于 1。介质空气、水、香柏油的折射率分别为 1、1.33、1.515，β 不可能超过 90°，所以，NA 数值范围在 0.05 ~ 1.40 之间。

数值孔径最大值为 1.4，这个数值在理论上和技术上都达到了极限。目前，有用折射率高的溴萘作介质，溴萘的折射率为 1.66，所以 NA 值可大于 1.4。

这里必须指出，为了充分发挥物镜数值孔径的作用，在观察时，聚光镜的 NA 值应等于或略大于物镜的 NA 值。

数值孔径是评价显微镜性能的重要参数。它与其他技术参数有着密切的关系，几乎决定和影响着其他各项技术参数。数值孔径与分辨率成正比，与放大率成正比，与焦深成反比，它的平方与图像亮度成正比。NA 值增大，视场宽度与工作距离都会相应地变小。

2. 放大率（amplification） 显微镜的放大率常称为放大倍数，指显微镜经多次成像后最终所观察到的物像大小相对于原物体大小的比值，常记作 M。

$$M=maq \quad (2-2)$$

M 是显微镜的总放大倍数；m 是物镜的放大倍数；a 是目镜的放大倍率，一般表达为明视距离（正常视力者为 25cm）与目镜焦距之比；q 是在双目显微镜中所增设的棱镜产生的放大倍数，一般取值为 1.6 倍（单目显微镜 q 值为 1）。用不同倍数的物镜与目镜组合，就可使显微镜得到大小不等的放大率。

在实际应用中放大率多用位置放大率估算。观察时，显微镜的物距（物体到物镜透镜的距离）接近其物镜的焦距 f_1，最后成像于目镜的第一焦点 f_2 附近，焦距 f_1 和 f_2 相对于镜筒长度 L 较小，故近似取 L 为第一次成像的像距，L 是物镜的后焦点与目镜的前焦点之间的距离（称为光学筒长）。因此，$m \approx L/f_1$，$a \approx 250/f_2$。用位置估算放大率的公式如下：

$$M=\frac{250Lq}{f_1f_2} \quad (2-3)$$

式中 L 为镜筒长度（单位为 mm），f_1、f_2 分别为物镜和目镜的焦距。

由上式可知，镜筒越长，物镜和目镜的焦距越短，越有利于提高显微镜的放大率。但较小的物镜焦距需要有足够小的工作距离，工作中使用不方便。

显微镜配有放大倍数不同的物镜和目镜，它们的放大倍数与焦距成反比。在实际观察时，常用目镜放大倍数与物镜放大倍数的乘积表示 M。如物镜为 40×，目镜为 10×，则放大 400 倍。

3. 分辨率（resolution） 又称为分辨能力（resolving power），是指分辨物体细微结构的能力，用显微镜能分辨的 2 个物点间的最小距离表示。显微镜分辨率的大小由物镜的分辨率来决定的，而物镜的分辨率又是由它的数值孔径和照明光线的波长决定的。分辨率与光波波长和数值孔径有关，计算公式如下：

$$\delta=0.61\lambda/NA \quad (2-4)$$

由于可见光波长 λ 为 400 ~ 760nm，物镜 NA 最大值为 1.40，故光学显微镜分辨率 δ 最高值接近 200nm（0.2μm），小于此值时就不能清晰分辨。

显微镜的分辨率和放大率是 2 个相互联系的参数，分辨率与显微镜的数值孔径和照射光的波长有关。当选用物镜的数值孔径不够大、分辨率不够高时，显微镜不能分清物体的细微结构，此时若过度增加放大倍数，得到的是一个大轮廓而模糊的图像，此种情况称为无效放大。反之，若分辨率较高而放大倍数不够时，虽然图像清晰但因太小也可能不被人眼清晰地观察。

要观察到清晰的物像，应合理匹配显微镜物镜的数值孔径与显微镜总的放大倍数，才能保证放大率的有效性。有效放大率（Me）用肉眼分辨率 $\delta_{眼}$与显微镜分辨率 δ 的比值表示。即：

$$Me=\delta_{眼}/\delta \quad (2-5)$$

人眼在可视距离（25cm）处的分辨率 $\delta_{眼}$约为 0.2mm，显微镜分辨率 δ 的最高值接近 200nm（0.2μm），因此，普通目视显微镜的有效放大率最高为 1000 倍。

4. 工作距离（work distance） 是指显微镜正常观察标本时物镜表面到被观察标本表面（若使用盖玻片时，为物镜与盖玻片顶面）间的距离（图 2-4），它与物镜的数值孔径成反比。使用显微镜时习惯所说的“调焦”指的就是调整物镜的工作距离。在物镜数值孔径一定的情况下，工作距离短，则孔径角大。数值孔径大的高倍物镜，其工作距离小。所以定义显微镜工作距离大小，主要看物镜的参数。工作距离一般不超过 1mm，特殊显微镜，如倒置生物显微镜可达几个毫米。若需要长工作距离的显微镜进行观察，可选择长工作距离物镜。如观察细胞培养时一般选配倒置显微镜进行观察。

5. 视野（visual field） 又称视场，是指通过显微镜所能看到的标本范围，即被目镜的视场光阑所局限而成的圆形范围。

视野大小决定于物镜的倍数及目镜光阑的大小，小的放大倍数和大光阑可获得较大的视野。受视野的局限，工作中一般均要通过机械装置移动、分区观察标本。

6. 景深（depth of field） 又称焦点深度（简称焦深），是指在成一幅清晰物像的前提下，像平面不变，景物沿光轴前后移动的距离。

根据透镜成像原理，焦点只有一个，唯有调焦目标才能在感光片上结成清晰的像，在调焦目标前后会出现一个清晰区——焦深，数值孔径越大，焦深越小。在使用显微镜时，当焦点对准一物体点时，不仅位于该点平面上的各点都能看清楚，而且在此平面上下一定厚度内，也能看得清楚，这个清晰部分的厚度就是焦深，数值孔径越大，焦深越小。焦深与总放大倍数及物镜的分辨率成反比。

7. 镜像亮度与清晰度 镜像亮度是指显微镜中所看到的图像的亮暗程度，与照明条件及物镜的性能参数有关。镜像亮度与总放大率的平方成反比，与物镜数值孔径的平方成正比。例如，在物镜放大倍数相同的情况下，使用 5 倍的目镜比使用 10 倍的目镜的镜像亮度要大 4 倍，要想使镜像亮度大，就要使用大孔径的物镜，配以低放大率的目镜。高倍率工作条件下的暗场、偏光、摄像类型的显微镜需要足够的亮度。

镜像清晰度是指观察时图像的轮廓清晰、衬度适中的程度，既与显微镜的光学系统设计和制作有关，也与使用方法是否正确有关。

二、显微镜透镜的像差

像差（aberration）是指在光学系统中，由于透镜材料的特性、折射或反射表面的几何形状引起的实际像与理想像的偏差。像差一般分两大类：单色像差和复色像差。

1. 单色像差 指显微镜在使用单色光时产生的像差。按产生的效果，又分成使像模糊和使像变形两类。前一类有球面像差、彗差和像散。后一类有像场弯曲和畸变。像差是物点进入透镜系统的光线不可能全部沿高斯光学成像理论（近轴成像光学理论）而成一个点像，可表现为透镜所成的像与理想像在形状、颜色等方面存在差异（表 2–4）。影响显微镜成像最大的 3 种像差是球面像差、色相差和像场弯曲。

2. 复色像差 简称色差。照明使用复色光（如白光）时，由于透镜材料的折射率是波长的函数，由此产生的使成像与原物形状之间的差异。复色像差除会造成单色光所致的 5 种像差外，还会造成位置色差和放大率色差 2 种：①位置色差是由于复色光中不同波长的光，因折射率不同，经过透镜材料后会聚在不同的焦点所致的色差；②放大率色差是由于复色光中不同波长的光，因放大率不同，经过透镜材料后所致的色差。

色差会造成物像的颜色不同、位置不重合、大小不一等缺陷使所成物象颜色失真或模糊。用不同的玻璃材料制成的凹凸镜组合（如平场复消色差物镜）可以消除色差。

表 2-4 不同单色像差的表现形式

像差名称	像差表现
球面像差	物像中间亮而边缘成逐渐模糊的弥散斑
彗差	物像在成像平面上面形成一个顶端小而亮、远离光轴方向形成逐渐增宽且亮度减弱、模糊的尾部呈彗星样的像差
像散	主光轴以外的物点发出的光与主光轴有夹角，它经透镜折射后在不同面上成像，形成弥散斑或与光轴平行、垂直的亮线等
像场弯曲	平面物体成像后形成一个弯曲的面称为场曲。场曲对显微摄影成像质量影响较大
畸变	由于像平面上各处放大率不同而形成的物体成像缺陷称为畸变。畸变不影响像的清晰度但使被观察物形状失真

第四节 常用的光学显微镜

光学显微镜是利用光学原理，把人眼所不能分辨的微小物体放大成像，供人们获取微细结构信息的光学仪器。光学显微镜类型繁多，根据用途和原理不同可分为生物显微镜和金相显微镜两大类。前者主要用于生物医学方面，观察对象多为透明或半透明物体；后者主要用于材料学、制造业等方面，观察对象不透明。本节简要介绍检验医学中常见显微镜的基本原理和基本结构及使用。

一、普通生物显微镜

普通生物显微镜广泛应用于生物医学中，以可见光为照明光源（自然光或电光源），采用透射照明，在明视场中进行观察。普通生物显微镜根据目镜结构的不同，有单目显微镜和双目显微镜之分。

单目显微镜只有 1 个目镜，观察时容易疲劳。目前工作中普遍使用双目显微镜，它有 2 个目镜，利用一组复合棱镜把透过物镜的光分成 2 束并经 2 个目镜放大成像，分开的光束光程相同、强度一致，利于双眼同时观察。使用双目显微镜时应调整目镜间距以适应观察者瞳距，在重合视野中观察物像。在调整目镜间距时会破坏光学成像条件，为此，在双目显微镜的镜筒上设有调节补偿装置。较先进的双目显微镜在滑动目镜过程中可自动得到补偿，有的还考虑观察者两眼屈光度不同而设有目镜调节装置。

1. 工作原理 通过供检物体的光被两个光学部件（物镜和目镜）放大。首先物镜产生一个放大、倒立的实像，人眼通过目镜观察到了一个放大、正立的虚像。

2. 基本结构 显微镜上安装有不同规格的物镜、目镜、聚光镜和光源等光学构件，它们通过镜筒、物镜转换器、镜座、载物台和调焦装置等机械部件构建连接、固定、调节和放大物体，观察研究生物物体的细微结构。

3. 显微镜的使用

（1）显微镜取镜放置：①移取时右手握住镜臂，左手托住镜座，保持显微镜平直。

②显微镜应放置在稳定的台面上，离台边一定距离（6cm 以上）。③正确连接接地良好的电源。④普通光学显微镜的基本观察步骤见图 2-8。

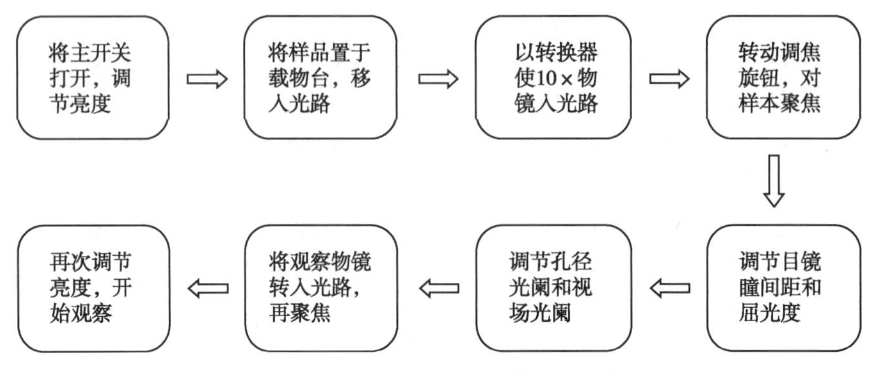

图 2-8 普通光学显微镜的基本观察步骤

（2）标本安装：①打开电源，调节电压获得适当照明亮度。②旋转粗调焦旋钮增大物镜与载物台间距。③打开夹片器，放好标本片。④转动物镜转换器使低倍镜或中倍物镜进入光路。⑤侧面观察，把标本片要观察的部位移到聚光器通光孔上方，调节粗调焦旋钮使标本片尽可能接近物镜，若有锁紧装置要求锁紧，以免在使用过程中压碎标本片。

（3）对光调焦：①转动转换器，使低倍物镜对准通光孔。注意要使物镜的前端与载物台保持 2cm 的距离。调整双目目镜适合观察者瞳距并使两视野重合。②旋转粗调焦旋钮使标本片缓慢离开物镜，当观察到图像时停止，用细调焦旋钮调整得到清晰图像。在此过程中可适当调整聚光器的位置和光阑大小得到最佳照明，必要时调节光亮度的旋钮。③使用单目显微镜时，一般用左眼观察，在观察过程中不能闭右眼。

（4）有序观察：①先用低倍物镜，旋转载物台的双向调节手轮，按顺序移动观察标本，当发现某结构需要放大观察时，先把该结构移到视野中心，旋转物镜转换器使高倍物镜进入光路。②调整聚光器的位置和光阑大小（一般先升高聚光器、开大光阑），适当调节细调焦旋钮，使高倍物镜得到清晰的图像。③需要用油镜观察时，先用低倍镜及高倍镜将被检物体移至视野中央，再旋转物镜转换器移开高倍物镜，然后在标本片上滴加香柏油。降低镜筒并从侧面仔细观察，直到油镜浸入香柏油并贴近玻片标本，调整聚光器光圈充分开大，然后用目镜观察，并用细调焦旋钮抬升镜筒，直到看清晰标本时停止并调节清晰。

（5）清洁收镜：①观察完毕，移去标本片，扭转转换器，使镜头 V 字形偏于两旁。②用擦镜纸擦净油镜镜头（可滴加镜头擦拭液于擦镜纸上），绸布擦拭镜身。③使有张力的部件处于松弛状态（如放低聚光镜，放下载物台等），用防尘罩盖好。④若使用的是带有光源的显微镜，需要调节亮度旋钮将光亮度调至最暗，再关闭电源按钮，以防止下次开机时瞬间过强电流烧坏光源灯。

二、暗视野显微镜

暗视野显微镜是一种利用丁达尔效应，使观察标本和背景间形成强烈明暗对比度，提高分辨率，用于观察微小的活菌体及其运动状态的显微镜。

1. 工作原理　基于丁达尔效应现象，暗视野显微镜的聚光镜中央设有挡光片，使光源发射出的光线不直接进人物镜，只允许被标本反射和衍射的光线进入物镜，因而视野的背景是黑的，物体的边缘是亮的。利用这种显微镜能观察到小至4～200nm的微粒子，研究其形态和运动，分辨率比普通显微镜高50倍。但暗视野显微镜观察到的物像只是物体的轮廓，不能分辨细微结构。

2. 基本结构　暗视野显微镜与普通显微镜的主要区别在于聚光器，将普通显微镜的聚光器更换为暗视野聚光器，即可改装成暗视野显微镜。暗视野显微镜的聚光器由校正像差和色差透镜组与暗视野光阑组成，由聚光镜射出的光线经暗视野聚光器后以斜光束照射标本，其视野是暗的，只有照射样本产生散射，才能形成暗背景下明亮的、放大的物像。

3. 使用方法　①把暗视野聚光器装在显微镜的聚光器支架上。②打开显微镜电源，调整光源至最强。③在聚光器和标本片之间加一滴香柏油，不要使照明光线于聚光镜上面进行全反射，达不到被检物体，而得不到暗视野照明。④升降聚光器，将聚光镜的焦点对准被检物体，即以圆锥光束的顶点照射被检物。如果聚光器能水平移动并附有中心调节装置，则应首先进行中心调节，使聚光器的光轴与显微镜的光轴严格位于一条直线上。⑤选用与聚光器相应的物镜，调节焦距，找到所需观察的物像。

三、倒置显微镜

倒置显微镜依据用途可分为生物倒置显微镜，金相倒置显微镜，偏光倒置显微镜，荧光倒置显微镜等；按目镜类别可分为单目倒置显微镜，双目倒置显微镜，三目倒置显微镜等。

1. 工作原理　和普通显微镜一样，只不过是结构顺序有差异，即物镜与照明系统颠倒，前者在载物台之下，后者在载物台之上，用具有相差的物镜来观察培养瓶或培养皿中的活体标本。

2. 基本结构　和普通显微镜的结构大致相同，主要分为三部分：机械部分、照明部分和光学部分。主要的区别是物镜与照明系统倒置来观察标本。

倒置显微镜受工作条件的限制，物镜的放大倍数一般不超过40倍。由于观察物多是无色透明的活体标本，该类型显微镜可以选配其他附件，如相差、荧光、偏光等部件，常配有摄像装置。由于这种方法不要求染色，是观察活细胞和微生物的理想方法，可选择各种聚光器来满足需要，这种方法提供带有自然背景色的、高对比度的、高清晰度的图像。

3. 倒置显微镜的使用　基本操作步骤：①打开电源。②准备：将待观察对象置于载物台上。旋转三孔转换器，选择较小的物镜调焦。③调节光源：推拉亮度调节器至适宜；通过调节聚光镜的光栅来调节光源的大小。④调节像距：转三孔转换器，选择合适倍数的物镜；更换并选择合适的目镜；同时调节升降，以消除或减小图像周围的光晕，提高图像的衬度。⑤观察：通过目镜进行观察；调整载物台，选择观察视野。⑥关机：取下观察对象，推拉光源亮度调节器至最暗；关闭镜体电源。旋转三孔转换器，使物镜镜片置于载物台下侧，防止灰尘的沉降。

四、荧光显微镜

生物细胞中的有些物质，如叶绿素等，受紫外线照射后可发荧光；另有一些物质本身虽不能发荧光，但若用荧光染料或荧光抗体染色后，经紫外线照射亦可发荧光，通过观察荧光物质在组织和细胞内的分布，研究组织和细胞的细微结构。荧光显微镜就是对这类物质进行精确定位、定性和定量研究的工具之一，它不仅可观察固定的标本，也可观察活体荧光染色的标本。

1. 工作原理　是利用一定波长的光激发标本发射荧光，通过物镜和目镜系统放大以观察标本的荧光图像。按物镜与照明系统的颠倒与否，分为正置荧光显微镜和倒置荧光显微镜。

2. 基本结构　荧光显微镜由光源（激发光源）、滤色系统和光学系统（包括反光镜、聚光镜、物镜、目镜、照明系统）等主要部件组成。荧光显微镜和普通显微镜主要的区别：①照明方式通常为落射式，即光源通过物镜投射于样品上；②光源为紫外线，波长较短，分辨力高于普通显微镜；③有两组特殊的滤光片，光源前的用以滤除可见光，目镜和物镜之间的用于滤除紫外线，用以保护人眼。

（1）光源：通常用高压汞灯，可发出紫外线和短波长的光，照射标本，激发荧光物产生荧光。

（2）滤光片：有两组：①激发光选择滤片组，位于激发光源和标本之间，用于选择紫外线；它根据光源和荧光色素的特点，选用特殊的激发滤板，提供一定波长范围的激发光（表 2–5）。②阻断滤片组，位于标本与目镜之间，其作用是完全阻挡紫外线而让荧光通过，与激发滤板相对应。

表 2–5　荧光显微镜激发光选择滤片与激发光波长及发射光波长

选择滤片组	光的类型	激发光波长	发射光波长
紫 + 紫外组	紫外线（UV）	330 ~ 400nm	425nm
	紫光（V）	395 ~ 415nm	455nm
蓝 + 绿组	蓝光（B）	420 ~ 485nm	515nm
	绿光（G）	460 ~ 550nm	590nm

（3）照射方式：有透射式和落射式两种，透射式的缺点是低倍镜下视野明亮而高倍镜视野较暗，不易观察，现在荧光显微镜几乎都采用落射式照明。

3. 使用　由于厂家不同，设计理念不同，荧光显微镜的使用会有差异，但都包括了以下如图 2–9 所示的几个基本步骤。

荧光显微镜使用时应注意以下几个问题：①观察对象必须是可自发荧光或已被荧光染色的标本。②载玻片、盖玻片及聚光镜等不能含有荧光杂质。③须在暗室中进行观察，注意眼睛的防护。④高压汞灯的使用：严禁频繁开启，打开后 15 分钟内不能关闭，关闭后必须等其冷却后方可重启，否则将缩短其寿命。应注意高压汞灯工作时的散热和安全。⑤控制观察时间，每次以 1 ~ 2 小时为宜。否则，汞灯发光强度逐渐下降，荧光也减弱。荧光标本一般不能长期保存（尤其是经紫外线照射），对可疑标本最好先照相存档。

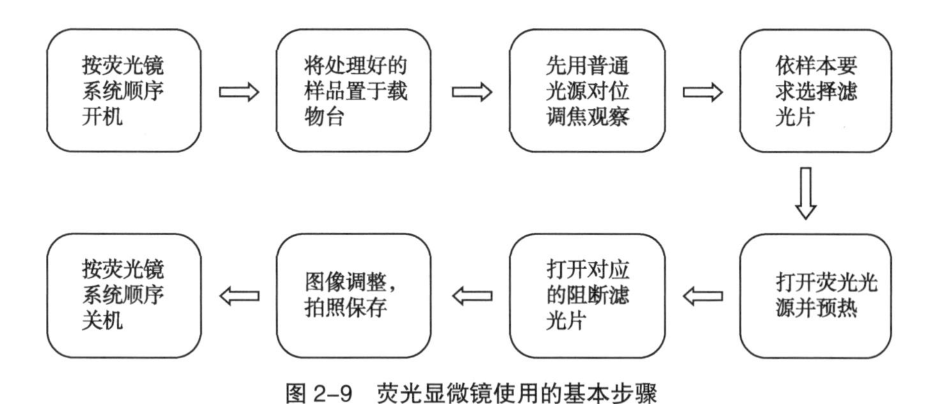

图 2-9 荧光显微镜使用的基本步骤

五、相衬显微镜

相衬显微镜也称相差显微镜，是一种将光线通过透明标本细节时所产生的光程差（相位差）转化为人眼可观察的光强差的特种显微镜。相差是指同一光线经过折射率不同的介质其相位发生变化而产生的差异。相位指在某一时间上，光的波动所达到的位置。相衬显微镜就是利用被观察生物体的光程之差来进行镜检的显微镜。

1. 工作原理 人的视觉中，可见光波长的不同表现为颜色差异，振幅变化表现为明暗不同，而相位（振幅差）变化不能被肉眼观察到。活细胞和未染色的生物标本，因其各部位细微结构的折射率和厚度的不同，光波通过透明的细胞时，波长和振幅并不发生变化，仅相位发生变化，这种振幅差人眼无法观察。而相差显微镜通过改变这种相位差，并利用光的衍射和干涉现象，把相差变为振幅差使肉眼能观察活细胞和未染色的标本。

2. 基本结构 相差显微镜和普通显微镜相比有 4 个特殊结构：①用环状光阑代替可变光阑：该光阑位于光源与聚光镜之间，作用是使透过聚光镜的光线形成空心光锥，聚焦到标本上。②用带相位板的物镜代替普通物镜：它是在物镜中加了涂有氟化镁的相位板，可将直射光或衍射光的相位推迟 1/4λ，并能减弱直射光（背景光）的强度，使直射光与衍射光的强度趋于一致，更好地突出干涉的效果。③合轴用的望远镜，用于调节环状光阑的像使与相板共轭面完全吻合。④绿色的滤光片，其作用是缩小照明光线波长范围，减少由于照明光线的波长不同引起的相位变化。

3. 相衬显微镜的使用 该镜除聚光镜和物镜有特殊设计外，虽其他结构和普通生物显微镜没有太大差别，但在操作方面却比较复杂。大致可分为以下几个步骤：①将标本放置在载物台上。②转动转盘聚光器使环形光阑与物镜配套，使光阑像与相位板暗环的中心重合。③合轴调整：合轴、对焦、使两环大小相等。④相差观察。为了获得满意的相衬效果，要求标本较薄，并尽可能应用单色光。

六、偏光显微镜

偏光显微镜被广泛地应用于矿物、化学、药物化学、生物学等领域。在人体及动物学方面，常利用偏光显微技术观察纤维丝、纺锤体、胶原、染色体、卵巢、骨骼、毛发，活细胞的结晶或液晶态的内含物，神经纤维、肌肉纤维、植物纤维等细微结构，分析细胞、组织的变化过程等。

1. 基本工作原理　通常说的偏光是指线偏振光。线偏振光是指振动（传播）面只限于某一固定方向的光。偏光显微镜是利用光的偏振特性，将普通光改变为偏振光进行镜检，对晶体、液晶态物质进行观察和研究，以鉴别某一物质是单折射性（各向同性）或双折射性（各向异性）的光学仪器。

2. 基本结构　偏光显微镜是在一般显微镜的基础上配置了起偏器、检偏器、旋转载物台、移相装置、补偿器、专用无应力物镜等物件。①偏光显微镜的光源和标本之间有起偏器（偏振片），使进入显微镜的普通光转变为偏振光。②镜筒中有检偏器（一个偏振方向与起偏器垂直的起偏器）。③偏光显微镜的载物台可以绕光轴旋转，当载物台无样品时，由于两个偏振片是垂直的，无论如何旋转载物台，显微镜里都看不到光线。而放入旋光性物质后，由于光线通过这类物质时发生偏转，因此旋转载物台便能检测到这种物体。④移相装置是偏光显微镜在使用过程中不可缺少的附件。全波片、半波片及 1/4 波片可以使通过波片的偏振光分别延迟 2π、π 和 $\pi/2$ 的相位。⑤补偿器则连续调节使通过的偏振光相位发生连续改变。⑥专用无应力物镜使像质更好、清晰度更佳，保证了偏光观察的效果。

3. 偏光显微镜的使用　基本的操作步骤包括：照明装置和焦距的调节；偏光镜和物镜中心的校正；低倍和高倍物镜观察等。

第五节　显微镜的维护与常见故障处理

显微镜是一类精密仪器，正确使用，做好日常维护，及时排除故障，保持各旋钮转动平顺，可动部件平稳顺畅，光学部件洁净完好，机械部件与光学部件配合紧密，不仅是发挥其功能的基础，也是延长其使用寿命的关键。

一、显微镜的维护

1. 保证良好的使用环境　①显微镜的光学部件由不同品质的光学玻璃组成，怕震动、怕霉变，故要求放置台面水平、平整、稳固，工作环境通风良好、干燥、洁净、无阳光直射，温度一般在 5～40℃，相对湿度小于 80%。②电源电压稳定，波动范围不超过 ±10%，特殊类型显微镜应配备稳压设备。

2. 保持正确的使用方法　①使用显微镜时应保持动作的轻巧和舒缓，可移动、可旋转部件不能超过极限，注意定期涂以适当的润滑油。②标本观察结束立即取下，不要长期放在载物台上。③油镜使用后要及时擦去香柏油，不得长时间将油镜镜头浸在其中。④不要频繁开关电源，使用间歇时应调低照明亮度。

3. 定期进行清洁维护　①每次使用结束均应做好物镜、载物台的清洁，可用无腐蚀性液体（如无水乙醇乙醚混合液 =30：70）进行擦拭。②光学部件应避免污染，若有灰尘可用洗耳球吹气或用软毛刷刷除，有污渍时使用专用擦镜纸擦拭。③暂时不用的显微镜要定期检查和维护。

目前，显微镜种类繁多，型号复杂，在使用前应认真仔细阅读说明书，全面了解显微镜的工作原理、基本结构、性能特点、维护要求等，根据显微镜操作规程，正确掌握各类显微镜的使用和维护方法，确保显微镜处于良好的工作状态。

二、显微镜常见故障及排除

显微镜的故障有一些较为严重，如精细运动的机械部位脱除、透镜位置变化（如胶合部位脱开或移位）、运动部件严重磨损等，这需要专业技术人员进行维修或更换。而在使用过程中多数是一些较为常见的故障（表2-6），有时单独出现，有时几种故障同时出现，但一般都可自行排除。

表2-6 显微镜常见故障及排除方法

常见故障	原因	排除方法
机械故障引起的动作困难	1. 转动部件润滑油干涸、脏污	用二甲苯清洗污渍后，重新加润滑油；注意勿腐蚀镜身油漆
	2. 受到撞击、强烈震动使零件变形或零件锈蚀	更换配件
	3. 器件长期使用磨损后而引起的松动	更换配件
视场模糊、视场亮度不均、不能看到完整视场	1. 物镜转换器未能正确定位，使物镜未与光路同轴	1. 旋转物镜转换器直至选用物镜完全对中
	2. 聚光器位置太低	2. 调整（升高）聚光器位置得到良好物像
	3. 视场光阑未对中	3. 调整视场光阑使其良好对中
	4. 视场光阑开得太小	4. 适当开大光阑
视场内有污迹或灰尘	1. 目镜、物镜、聚光镜和其他光学部件上有污迹和灰尘；旋动目镜时污物转动说明目镜上有污物，否则污物在物镜或聚光镜上	1. 正确擦拭显微镜的光学部件。擦拭目镜和物镜时必须使用合格的拭镜纸、蘸取无水乙醇乙醚擦拭。要避免二次污染
	2. 标本片上有污迹和灰尘	2. 正确擦拭标本片
观察效果差、看不清细节、视场不均匀（反差过大）	1. 标本片正反面错放	1. 翻转标本片使盖玻片向上
	2. 盖玻片太厚	2. 使用标准厚度（0.17mm厚）的盖玻片
	3. 油镜观察时未浸油	3. 使用合格浸油并将油镜浸入
	4. 油镜浸油内有气泡	4. 可用牙签等挑破而除去；加浸油时避免空气进入
	5. 干型物镜上有浸油或其他污物	5. 用专用擦镜头液擦拭物镜
	6. 光阑未能调整好，如过大或过小	6. 适当调整光阑
成像倾斜或光轴不平行；物镜常见	1. 各光学镜片间连接因受到撞击或震动使位置变化	请专业人员做光学系统的校正
	2. 光学镜片与金属零件间连接因受到撞击或震动使位置变化	请专业人员做光学系统的校正

（贺志安）

第六节 光学显微镜相关检验仪器

近年来，随着数码成像技术、计算机技术、自动化技术的飞速发展，显微镜检查技术得到了长足的进步。一些全新形式的显微镜，如数码显微镜、影像式尿液有形成分分析仪（见第九章）、粪便分析工作站和计算机辅助精子分析仪等在临床中的应用，不仅提高了工作效率，也提高了临床检验诊断水平。

一、数码生物显微镜

数码生物显微镜（digital biological microscope）是利用光学显微镜技术、光电转换技术、液晶显示技术，对生物细胞和活体组织培养物进行观察分析的高科技产品。

数码显微镜种类很多，根据图像传感器的不同，可分为电荷耦合器件（charge coupled device，CCD）图像传感器和互补金属氧化物半导体（complementary metal oxide semiconductor，CMOS）传感器；根据传输接口的不同可分为通用串行总线接口（universal serial bus，USB）和“火线”接口两种；根据数据显示方式不同可分为自带屏幕数码显微镜和计算机显示的数码显微镜；根据装配形式不同，又可分为台式和手持式。

（一）数码生物显微镜工作原理

CCD 型数码生物显微镜成像原理见图 2-10，样品反射的光线通过镜头透射到 CCD 上。CCD 曝光后，光电二极管受到光线激发释放电荷，生成电信号。CCD 将产生的电信号传送到放大器，经过放大和滤波后传送到 ADC（放大兼类比信号转换器），由 ADC 转换为数字信号并传输到 DSP（数字信号处理器）。在 DSP 中，这些图像数据进行色彩校正、白平衡处理，以图像文件形式存储。

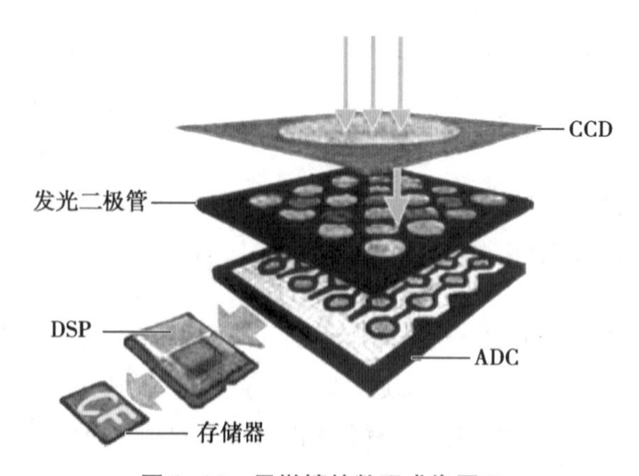

图 2-10 显微镜的数码成像原理

（二）数码生物显微镜基本结构与功能

1. 基本结构 数码生物显微镜由生物显微镜、CCD 摄像系统、图像采集卡、计算机和显微图像分析软件等构成。它包含 4 个功能模块：光学成像模块、图像采集模块、传输接口模块和图像存储显示模块。

2. 模块与功能

（1）光学成像模块：指传统光学显微镜。配备 4 种放大倍率的物镜以及 10 倍双目镜。

（2）图像采集模块：指图像传感器。可以将入射到传感器光敏面上的光强信息转换为视频信号，该视频信号能够再现入射的光学图像。目前常用图像传感器有 CCD 和 CMOS 两类，其性能见表 2-7。

表 2-7 CCD 与 CMOS 性能特点比较

性能指标	CCD	CMOS
图像获取	顺次扫描	同时读取
信噪比	优	良
集成状况	低，需外接芯片	单片高度集成
红外线	灵敏度低	灵敏度高
抗辐射	弱	强
电路结构	复杂	简单
系统功耗	高	低
电源	多电源	单一电源
成本	高	低

（3）传输接口模块：数据接口，目前使用的有 USB 接口和 IEEE 1394 接口。

（4）图像存储显示模块：计算机作为图像存储与显示处理终端。

（三）数码生物显微镜的使用保养及常见故障

1. 使用　操作简单，具体使用流程见图 2-11。

2. 保养

（1）电源：观察完毕时需及时关闭电源，避免内部元件仍处于工作状态。如若长期不使用数码生物显微镜，应将电源插头从电源插座中拔出并妥善保管。

（2）镜头保养：显微镜使用过后必须用擦镜纸将目镜和物镜擦拭干净，然后转动转换器，将两个物镜置于两侧，避免镜头碰到载物台而损坏。

（3）保持清洁：用清洁的软布擦拭显微镜体，待冷却后罩上防尘罩，放置于通风、清洁且无酸碱蒸气的地方。

（4）保管：数码生物显微镜长期不用或天气过于潮湿，应拆下镜头，放入已经存放有干燥剂的镜头盒内，保持镜头干燥，防止镜头发霉。

3. 常见故障处理　显微镜及电器部分的故障处理与普通生物显微镜相同，软件控制部分常见故障如下：

（1）电脑显示器中无图像：考虑 USB 线是否连接，驱动程序是否安装，控制盒电源是否打开等。否则重新启动计算机，重新安装驱动程序。

（2）图像不动：考虑控制盒电源是否打开，控制卡及信号线是否连接良好。若上述检查均正常，则需重新启动计算机，再次尝试。

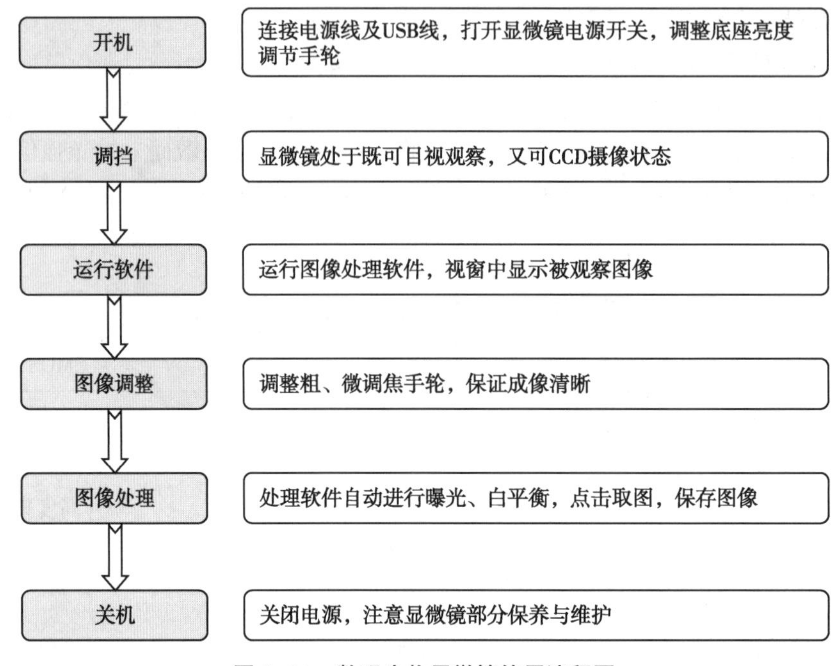

图 2-11　数码生物显微镜使用流程图

（3）找不到摄像头：考虑是否正确安装摄像驱动程序，菜单中是否设置相应摄像头设备，摄像头数据线是否连接好。

（4）不能自动调光：考虑数据线是否与计算机接触牢靠，检查计算机 CCD 是否正常工作，并未被其他程序占用。

二、粪便分析工作站

粪便检验是临床“三大常规”检查之一，特别对消化系统疾病和寄生虫感染的诊断与治疗具有重要价值。目前临床使用的粪便分析工作站（feces analysis work station），改变了传统的粪便检验模式和工作环境，有利于实验室生物安全防护。全自动化操作流程，在提高粪便检查效率的同时也规范了粪便常规检查方法，提高了检验质量，使粪便检查进入信息化、规范化、自动化时代。

（一）粪便分析工作站原理

粪便分析工作站是一个粪便检查平台，检查项目包括形态学镜检和免疫学检查两部分。

1. 形态学镜检　粪便分析工作站配置有数码显微镜，能利用光学原理提供相差和平场物镜两种视场来观察有形成分的立体和平面结构，从而实现对粪便中红细胞、白细胞、上皮细胞、真菌、寄生虫卵、淀粉颗粒、脂肪颗粒、植物纤维、夏科 - 雷登结晶等有形成分的识别。

2. 免疫学检查　利用免疫胶体金技术对粪便中的特殊成分（蛋白质或微生物）进行快速检查。目前，厂商常规配有隐血检验、轮状病毒检验和腺病毒检验 3 种试纸条。

（二）粪便分析工作站基本结构和功能

1. 基本结构　包括自动加样装置、内置数码显微镜、流动细胞计数板、胶体金检查装置、电脑控制分析平台、全封闭传动及废物处理装置。

2. 基本功能

（1）自动标本处理：将粪便标本装在密闭的“标本采集瓶”内（图 2–12）。然后注入专用稀释液，仪器自动将粪便标本由固态转为混悬液，经过滤膜阻止较大直径颗粒的通过，既适合镜检又不会引起仪器堵塞。

（2）形态学检查：仪器将粪便滤液吸入流动计数池，静置片刻即可进行镜检。检验人员通过显微镜或电脑读片，图片可存储。镜检完成后仪器自动冲洗，吸入下一个标本。经过处理的标本，背景清晰，便于更好观察。

（3）胶体金检查：全自动粪便分析工作站将胶体金试剂条制备成卡式试剂，并采用圆形胶体金检查盘（图 2–13）。仪器采用微量加样针分配样品滤液，自动控制反应时间，内置高清晰摄像头将结果图片传输到电脑，电脑自动判读，人工复核。

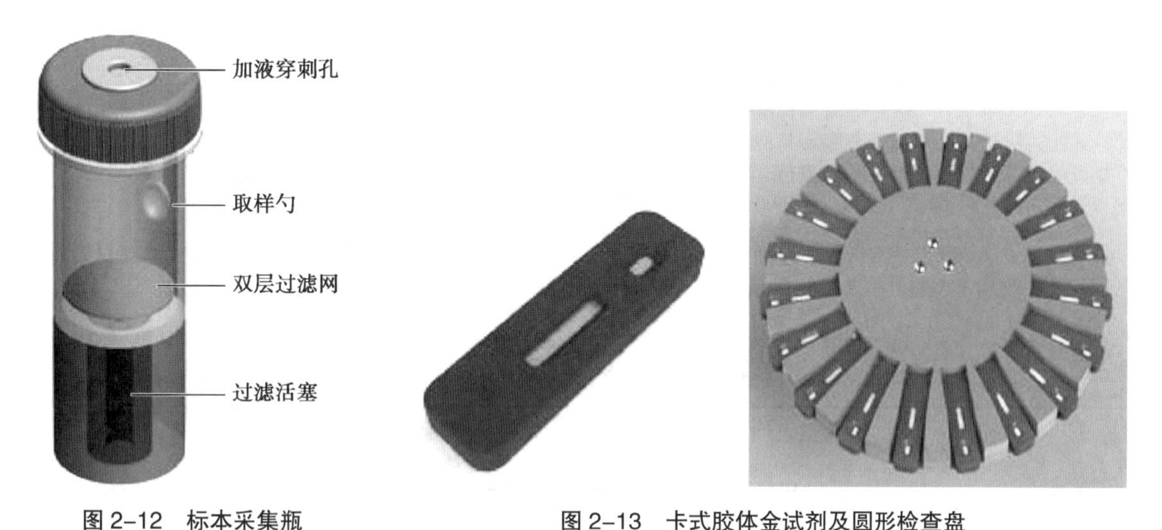

图 2–12 标本采集瓶

图 2–13 卡式胶体金试剂及圆形检查盘

（4）自动废物处理：粪便标本作为一种特殊的检验标本，在检查后需要进行相应的处理。粪便工作站设有自动废物处理程序，包括检验过程中产生的废物、废液、废气等。检查完毕，仪器自动将废物收集到仪器的垃圾袋。废液则被收集到废液瓶，处理后排入下水道。废气被吸入抽气泵内混入臭氧消毒后，排放下水道或室外。

（三）粪便分析工作站的性能评价

多功能全自动粪便分析工作站实现了粪便常规检查的自动化、标准化和规范化，改变手工涂片法的传统操作模式。两种检验方法的比较见表 2–8。

（四）粪便分析工作站的使用

1. 标本采集　患者将标本装入采集瓶送检。外观检查应在上机操作前由人工检查完成。

2. 样本测定

（1）主界面：开启电源，打开粪便工作站系统，进入主操作界面。

（2）基本界面：选择患者信息项，输入样本号、患者住院号、患者姓名、性别及床号等资料。输入完成后，保存。

表 2-8 手工涂片与分析工作站检验方法的比较

项目名称	手工法	多功能粪便分析工作站
样本容器	纸盒、普通塑料容器 特点：检查时需开盖处理标本 无条形码	密闭、透明、过滤功能的标本采集瓶 特点：闭盖操作，检查时不用开盖 实现条形码信息化管理 标本输送清洁，易保存
涂片 / 制片	洁净玻片上加等渗盐水 1 ~ 2 滴，选择挑粪便做涂片检查 特点：标本用量太少 挑样受人为因素影响大 接触标本，散发臭味 不符合生物安全要求	密闭样本瓶穿刺方式加入溶解液，自动旋转混匀，过滤，吸入式制片。无须人工操作 特点：标本用量大，提高阳性检出率 密闭混匀过滤，改善镜检背景 吸入式制片，自动化处理 减少主观因素影响
镜检	生物显微镜低倍、高倍观察 特点：敞开式玻片涂片 涂片厚薄非标准化 视野范围不易标准化 镜像不易保留	高清晰显微镜，使用流动密闭计数池 特点：密闭流动计数池，不散发气味 过滤后吸样，背景更清晰 仪器有倍比稀释、复检功能 电脑镜检，图像可永久保留 自动冲洗，速度快，高效率
化学检查	挑取粪便溶解后吸管加样 特点：挑样和溶解需手工完成 标本用量较难控制 容易散发臭气 人工判读结果	溶解过滤后滤液，自动加样，添加试剂，自动判断 + 人工判读，具有复检功能 特点：溶解过滤后的滤液，自动准确加样 标本用量大，提高检查阳性率 自动添加试剂、自动判读结果 观察时间准确，结果可保存 胶体金检查项目均可上机操作

（3）标本处理：将标本采集瓶放入仪器内，仪器阅读条形码后进行标本稀释、混匀、过滤。通过自动控制取样量、稀释液量、混匀时间和速度，取得的滤液浓度相对稳定、规范，适合镜检和胶体金检查。

（4）镜检：选“常规镜检”，进入检查界面。粪便滤液被吸入流动计数池内，静置片刻即可进行镜检。

（5）胶体金检查：选“胶体金检查”，进入检查界面。仪器自动识别，自动加样，自动检查，自动判读。结果图片在仪器内存储保留，以便人工复核。

（6）输入结果：在数据管理窗口中，可以进行相应的数据编辑、修改和换算。输入完成后，保存当前粪便分析数据和图像，序号自动跳到下一标本，即可继续进行检查分析。

（7）打印报告：分析完一批标本后选择“报告单打印”，既可打印出完整的粪便分析报告单，也可单个打印。

（8）查询报告单：根据检验日期、患者标识等资料可对患者检验结果进行查询。

（五）粪便分析工作站维护与常见故障

在日常使用过程中，注意常规维护是确保粪便分析工作站正常运行的保障，也减少了常见故障的发生。通常出现故障时仪器可自动报警并提示处理方法，不同型号仪器会有所不同。

1. 维护与保养

（1）每天开机检查：流动计数池是否有渗漏和堵塞现象。出现渗漏需及时更换新的计数池，出现堵塞则需要进行自动清洗。

（2）常规冲洗：每做完一批标本，需要进行管道、计数池冲洗，再进行下一批标本分析。

（3）泵管维护：是粪便分析工作站的主要维护项目。通常检查约5000个标本需要更换泵管一次。如果在计数过程中发生漏液应及时更换泵管。

2. 常见故障

（1）系统故障：吸样探针、连接管道、流动计数池堵塞是常见系统故障，可通过冲洗得到解决。此外，如果穿刺针取样时，穿刺位置偏差较大，应与厂家联系，对穿刺针重新定位。

（2）计算机故障：操作系统死机，可能是由于电压不稳或打开文件错误所致。一般是计算机故障所导致的错误，可重新启动计算机解决，如若不能解决，则需找专业工程师维修。

三、计算机辅助精子分析仪

精液分析是判断和评估男性生育能力最基本和最重要的检验方法。精子的密度、活动力、活动率和存活率的综合分析是了解和评估男性生育能力的依据。计算机辅助精子分析仪（computer-aided semen analysis，CASA）是计算机技术和图像处理技术结合发展起来的一项精液分析技术，主要包括灰度识别和DNA荧光识别两种方式。目前，国内大部分医院采用CASA进行精液常规分析，提高了精液检查结果的准确性。

（一）仪器的工作原理

以灰度识别CASA为例，精液标本通过显微镜放大后，用图像采集系统获取精子动、静态图像后输入计算机。根据设定的精子大小和灰度、精子运动移位及运动参数，对采集图像进行精子密度、活动力、活动率、运动特征等几十项检验项目动态分析，由计算处理后，打印出“精液分析检查报告以及精子动态特征分布图”。仪器分析流程见图2-14。

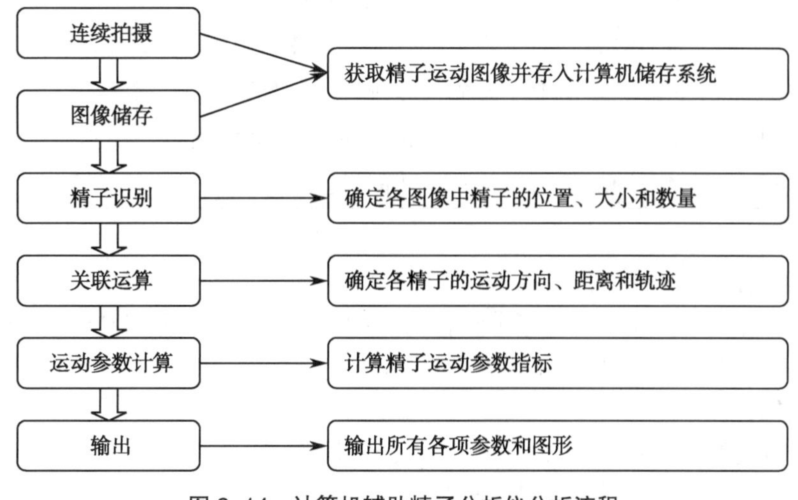

图2-14 计算机辅助精子分析仪分析流程

（二）仪器的基本结构和功能

计算机辅助精子分析仪由硬件系统和软件系统组成。

1. 硬件系统 主要由显微摄像、图像采集、温控、微机处理和显示等五大系统构成。

（1）显微摄像系统：由显微镜及 CCD 组成。可以将标本信号通过显微放大由 CCD 传输到计算机。

（2）图像采集系统：由图像卡构成，其功能是对 CCD 信号进行抓拍、识别、预处理后，将成熟信号输送到计算机。

（3）恒温系统：由加温设备和保温设备组成。加温是通过热吹风机不断将适宜的温度热风鼓入封闭保温罩内，提供稳定可靠检查环境。

（4）微机处理系统：是用功能软件对图像信号进行全面系统地加工处理，获得的数据可打印输出或存储。

（5）显示系统：由计算机显示器和彩色图像监视器组成。显示器的功能是对采集过程及运算过程中的信号进行显示，而彩色图像监视器是专门进行图像显示的。此外仪器一般配有专用样品盒，以确保单层取样。

2. 软件系统 采用专用的精子质量分析软件，CASA 软件主要参数及其含义见表 2–9。

表 2–9 CASA 软件主要参数及其含义

参数	含义
曲线速度（VCL）	轨迹速度，精子头部沿其实际行走曲线的运动速度
平均路径速度（VAP）	精子头沿其空间平均轨迹的运动速度，根据精子运动的实际轨迹平均后计算，不同型号仪器有所不同
直线运动速度（VSL）	前向运动速度，即精子头部直线移动距离的速度
直线性（LIN）	线性度，精子运动曲线的直线分离度，即 VSL/VCL
精子侧摆幅度（ALH）	精子头实际运动轨迹对平均路径的侧摆幅度，可以是平均值，也可以是最大值。不同型号 CASA 不一致
前向性（STR）	精子运动平均路径的直线分离度，VSL/VAP
摆动性（WOB）	精子头沿其实际运动轨迹的空间平均路径摆动的尺度，计算公式为 VAP/VCL
鞭打频率（BCF）	摆动频率，即精子头部跨越其平均路径的频率
平均移动角度（MAD）	精子头部沿其运动轨迹瞬间转折角度的时间平均值
运动精子密度	每毫升精液中 VAP>0μm/s 的精子数

（三）仪器的性能评价

目前临床采用的计算机辅助精子分析仪有两种：一种是灰度识别 CASA；另外一种是荧光染色 CASA。两种 CASA 的性能特点见表 2–10。

（四）仪器的使用

1. 开机 接通电源，打开计算机辅助精液分析系统。

2. 输入信息 输入患者信息及精液理学检查结果。

表 2-10 两种 CASA 法与传统精液分析法的比较

方法	性能比较	
	优点	缺点
灰度识别 CASA	1. 客观、高效、高精度	1. 根据人为设定的颗粒大小和灰度对精子识别，易受标本中其他细胞和非细胞颗粒影响
	2. 提供精子动力学参数的量化数据	2. 根据位移确定活动精子，原地摆动精子判为不活动且不能区分“死”精子和“活”精子
	3. 容易实现标准化和实施质量控制	3. 精子密度在（20 ~ 50）× 10^6/ml 范围内检查结果理想，否则受一定影响
		4. 测定单个精子运动，缺乏对精子群体了解，对畸形精子的识别还存在缺陷
荧光染色 CASA	1. 对精子 DNA 进行特异性活体染色，只有精子被染色，识别更准确；与活精子 DNA 结合呈绿色，与死精子 DNA 结合呈橙色，准确区分“死”精子和“活”精子	1. 使用荧光染剂，操作不当影响精子活力分析，并且荧光染剂造成检查成本增加
	2. 通过不同的荧光染色，可进行多项检查，如精子 DNA 完整性、精子顶体反应等	2. 测定单个精子的运动，缺乏对精子群体的了解且对畸形精子的识别还存在缺陷
	3. 提供精子动力学参数量化数据，更容易实现标准化和实施质量控制	
传统精液分析	WHO 推荐显微镜手工法检查精子密度、精子活动率和活动力	依赖于检验者的经验和主观判断，检查结果不易标准化和质量控制

3. 加样　取液化的精液 1 滴，滴入精子计数板的计数池中，置显微镜操作平台上，点击“活动显示”菜单，调节好显微镜焦距，显示器上即可显示待测标本的精子运动图像。

4. 分析　点击“计算分析”菜单，系统进入自动分析状态，图像显示区出现精子分割图像并进行分析。CASA 精子运动分析参数较多，主要为 3 类（表 2-11）。

表 2-11 CASA 精子运动分析参数

分析参数分类	检查项目
运动精子密度参数	前向运动精子密度；前向运动率；活动率
精子活动参数	平均跨径速度（VAP）；轨迹速度（VCl）；直线运动；鞭打频率（BCF）
精子运动方式参数	直线性（LIN）；前向性（STR）；精子侧摆幅度（ALH）；摆动性（WOB）；平均移动角度（MAD）

5. 打印报告　分析结束后，可根据需要打印出分析结果。

6. 注意事项

（1）样品制备：是 CASA 取得高质量检查结果的关键。CASA 采用深度为 10μm 样品池，能保证精子在单层界面内自由运动。取样分析前标本必须充分混匀，用微量取液器取 5 ~ 7μl 精液加入样品池中，用 0.5mm 厚血盖片盖紧。

（2）计数池洁净：不洁净的计数池可影响精子的活力，尤其影响灰度 CASA 精子计数的准确性。

（3）精子密度：样品密度过大时，造成图像处理上的粘连，无法分析每个精子的运动特性。精液中所含精子太少时，需增加检查视野数量或者使用低倍物镜观察，以提高样品检出率。

（五）仪器的维护与常见故障

1. 维护和保养

（1）标本：仪器使用前精液必须液化完全，无精子症和不液化精液不适用于仪器检查。

（2）清洁：拔掉电源线后使用微湿的棉布擦拭仪器表面，保证仪器清洁，干燥冷却后方可再次通电工作。

（3）电源：使用完毕后及时切断电源，尤其是关闭 CCD 电源，可以延长其使用寿命。

（4）放置：仪器长期不用时，应拔掉电源插头，放置在阴凉干燥处，盖好防尘罩。

2. 常见故障及处理

（1）视频窗口无图像：可能是视频连接不良或 CCD 故障，或是“视频设置”中“亮度”和“对比度”设置过低，可通过检查 CCD 电源指示灯或重新连接视频线解决。如若还不能解决，则需打开“视频设置”，适当调整“亮度”和“对比度”。

（2）图像模糊不清：可能物镜镜头被污染或者是聚光镜太高，可用无水乙醇擦拭物镜镜头，适当调整聚光镜位置解决。

（3）不能打印检查报告：检查打印机数据线与计算机连接，打印机驱动文件是否错误或者墨盒需要更换。重新连接计算机与打印机的连接线或者重新添加打印机程序。

第七节 显微镜的应用进展

显微镜广泛应用于生物医学实践中，随着光学技术、电子技术、计算机技术和机械自动化技术在显微镜中的应用，显微镜分析技术得到了长足的发展。主要表现为：一是改变光学特征成像，如暗视野显微镜、荧光显微镜、相衬显微镜、偏光显微镜等。二是光学成像技术的复合应用，进一步显示观察对象的立体结构图像，如激光扫描共聚焦显微镜、干涉相衬显微镜、近场扫描光学显微镜等。三是将多种技术整合，如将显微镜、数码成像、计算机、计算机控制等技术进行整合，形成专用仪器，如数码生物显微镜、影像式尿液有形成分分析仪、粪便分析工作站、计算机辅助精子分析仪器等。四是极大提高了分辨率，能观察小于 0.1nm，甚至直接观察样品表面原子排列，如按电子光学原理上设计的电子显微镜，根据量子力学隧道原理设计的扫描隧道显微镜等。本节简要介绍医学研究中常用的激光扫描共聚焦显微镜和电子显微镜。

一、激光扫描共聚焦显微镜

激光扫描共聚焦显微镜（laser scanning confocal microscopy，LSCM）是利用激光作为荧光的激发光，通过扫描装置对标本进行连续扫描，并通过空间共轭光阑（针孔）阻挡离焦平面光线而成像的一种显微镜。

LSCM 是在荧光显微镜成像基础上加装了激光扫描装置，利用单色激光束经过照明针孔扫描形成点光源，对标本内焦平面上逐点、逐行、逐面快速扫描成像，标本上的被照射点在检测器的检测针孔处成像，由检测针孔内的电荷耦合元件（CCD）图像传感或光电倍增管（PMT）逐点或逐线接收，经计算机记录整理，得到细胞或组织内部微细结构的荧光图像。

系统经一次调焦，扫描限制在样品的一个平面内，焦平面以外的点不会在检测针孔处成像，这样得到的共聚焦图像是标本的光学横断面。调焦深度不一样时，就可以对样品进行不同深度层次的断层扫描和成像，也可以无损伤地观察和分析细胞的三维空间结构，还可进行多重免疫荧光标记和离子荧光标记观察。这些图像信息都储存于计算机内，通过计算机分析和模拟，就能显示细胞样品的立体结构。

LSCM 既可以用于观察细胞形态，也可以对细胞内的生化成分进行定性、定量、定时和定位研究，目前已成为形态学、分子细胞生物学、神经科学、药理学、遗传学等领域中新一代强有力的研究工具。

二、电子显微镜

电子显微镜（electron microscope，EM）是用电子束代替光束，用电子透镜代替光学透镜，使样品的细微结构在非常高的分辨率和放大倍数下成像。根据成像原理分为透射电镜（transmission electron microscope，TEM）和扫描电镜（scanning electron microscope，SEM），它们与光学显微镜的性能比较见表 2-12。

表 2-12　光学显微镜和电子显微镜性能比较

项目名称	光学显微镜	透射电镜	扫描电镜
分辨能力	100 ~ 200nm	0.1 ~ 2nm（晶格）、0.3nm（点）	3 ~ 10nm
放大率	1 ~ 2000 ×	几万 ~ 几十万	几万 ~ 几十万
成像环境条件	各种各样	通常真空	通常真空
光源	可见光（400 ~ 700nm） 紫外线（200nm）	电子束（3.7pm）	电子束（3.7pm）
透镜	玻璃透镜	电磁透镜	电磁透镜
成像原理	利用样本对光的吸收形成明暗反差和颜色变化	利用样本对电子的散射和投射形成明暗反差	利用样本对电子的反射和激发形成明暗反差
信号处理	只能成像	一般只能成像	可做多种方法处理
透射图像	可以形成	可以形成	可以形成（但不好）
背散射图像	可以有	不好	较好
衍射图像	可以存在	可以存在	可以存在
其他图像	有一些	有一些	有很多
标本制备方法	一般容易	繁杂，易生假象	容易

续表

项目名称	光学显微镜	透射电镜	扫描电镜
标本厚度	很厚	薄	中等
标本大小	小	小	较大
操作维护	方便简单	比扫描电镜复杂	较方便简单

电子显微镜由电子光学系统、真空系统、供电系统、机械系统和观察显示系统五部分组成。电子光学系统包括照明系统和成像系统，是电镜的主体，主要作用是成像和放大；真空系统、供电系统和机械系统为电镜提供成像条件；观察显示系统用于显示和观察物像。

1. 透射电子显微镜　TEM是把经加速和聚集的电子束投射到非常薄的样品上，电子束透过样品时，电子与样品中的原子碰撞而改变方向，从而产生立体角散射。散射角的大小与样品的密度、厚度相关，由此可以形成明暗不同的影像，影像将在放大、聚焦后在成像器件（如荧光屏、胶片，以及感光耦合组件）上显示出来进行观察。

透射电镜的分辨率为0.1～0.3nm，放大倍数为几万～几十万倍，在生物医学中主要用于观察组织和细胞内的亚显微结构，蛋白质、核酸等大分子的形态结构及病毒的形态结构。

2. 扫描电子显微镜　SEM是用一束极细的电子束扫描样品，在样品表面激发出次级电子（主要是二次电子），次级电子的多少与样品的表面结构有关，次级电子由探测器收集并转变为光信号，再经光电倍增管和放大器放大，转变为电信号经数据处理后在显示器上显示出与电子束同步的扫描图像。

扫描电镜的分辨率一般为3～10nm，放大率为几万～几十万倍，放大率范围广，景深长，视野大，能够逼真反映出样品表面凹凸不平的三维立体结构。在生物医学上，扫描电镜主要用来观察组织表面，细胞表面或断裂面，较大颗粒样品的外层等显微和亚显微结构的表面立体形态。

学习小结

显微镜的成像原理：是在放大镜的原理上设计的，通过两组放大镜两次放大所获的结果，第一次是实像；第二次是虚像，即由两组会聚透镜组成的光学折射成像系统。基本结构：包括光学系统和机械系统两大部分。光学系统由目镜、物镜、聚光镜及反光镜等组成，起聚光、放大、成像作用；机械系统包含支持部件和运动部件两部分，前者包括镜筒、镜臂、底座等，后者包括物镜转换器、载物台、调焦装置等。显微镜的主要性能参数包括：数值孔径、放大率、分辨率、工作距离、视野、景深、镜像亮度与清晰度。使用步骤包括：取镜放置、标本安装、对光调焦、有序观察、清洁收镜等五步。

实验室常用的光学显微镜：普通生物显微镜、暗视野显微镜、倒置显微镜、荧光显微镜、相衬显微镜、偏光显微镜。

光学显微镜相关检验仪器有：数码生物显微镜、影像式尿液有形成分分析仪、粪便分析工作站、计算机辅助精子分析仪等。

CCD型数码生物显微镜：样品反射的光线通过数码显微镜的镜头透射到CCD，

CCD曝光后生成电信号，电信号被传送到ADC并转换为数字信号，再由DSP处理形成可储存图像文件。其基本结构由生物显微镜、CCD摄像系统、图像采集卡、计算机和显微图像分析软件等元件构成。

粪便分析工作站：包括形态学镜检和免疫学检查两部分。形态学镜检利用光学原理提供相差和平场物镜两种视场观察有形成分的立体和平面结构，从而实现对粪便有形成分有效识别。免疫学检查利用免疫胶体金快速检验技术对粪便中的特殊成分（蛋白质或微生物）进行检查。粪便分析工作站基本结构包括自动加样装置、内置数码显微镜、流动计数板、胶体金检查装置、电脑控制分析平台、全封闭传动及废物处理装置。

计算机辅助精子分析仪：系统采集精子的动、静态图像并输入计算机，根据设定的精子大小和灰度、精子运动轨迹等参数，对采集到的图像进行动态测定分析。其基本结构由显微摄像系统、图像采集系统、温控系统及微机处理系统、显示系统及专用的精子质量分析软件构成。

复习题

1. 光学显微镜的成像原理。
2. 光学显微镜的基本结构有哪些？
3. 光学显微镜的主要性能参数有哪些？
4. 如何使用光学显微镜？
5. 光学显微镜的物镜和目镜的类型及特点是什么？
6. 如何维护显微镜？
7. 荧光显微镜的工作原理，基本结构和使用。
8. 暗视野显微镜的工作原理，基本结构和使用。
9. 相差的表现形式有哪些？
10. 你使用过的光学显微镜相关检验仪器有哪些？其工作原理和基本结构是什么？

（侯毅鞠）

第三章

离 心 机

学习目标

1. 掌握 离心机的工作原理；离心方法和临床应用。
2. 熟悉 影响离心效果的因素；离心机的维护保养、常见故障及排除。
3. 了解 离心机的性能参数；离心机的基本结构。

离心是指物体在离心力场中表现的沉降运动现象。应用离心沉降进行物质的分析和分离的技术称为离心技术（centrifugal technique），实现离心技术的仪器称为离心机（centrifuge）。在现代生命科学中，离心技术主要应用于各种生物样品的分离、纯化和制备。离心机是现代实验室中的基础设备。在生命科学领域，特别是对于生物化学和分子生物学，随着科学研究对离心分离设备提出更高的要求，离心机技术的发展获得了很大的进步。在引入了微处理器控制系统后，各种转速级别的离心机已经可以分离纯化目前已知的各种生物体组分（如细胞、亚细胞器、病毒、激素、生物大分子等）。

第一节　离心机概述

一、离心技术原理

（一）液体中的微粒在重力场中的沉降

当颗粒密度大于液体时，将液体静置一段时间，液体中的微粒受重力的作用，使得较重的微粒下沉与液体分开，即重力沉降。颗粒在重力场的作用下移动的速度与颗粒的大小、形态、密度、重力场的强度及液体的黏度有关。

（二）液体中的微粒在离心力场中的分离

当溶液中颗粒密度小于或等于溶液密度时，重力沉降难以将溶液分离，在这种情况下可以采用离心技术进行分离。离心机利用离心转头高速旋转产生的强大的离心力，迫使液体中的颗粒克服扩散加快沉降速度，把样品中不同的颗粒分离开（图 3-1）。

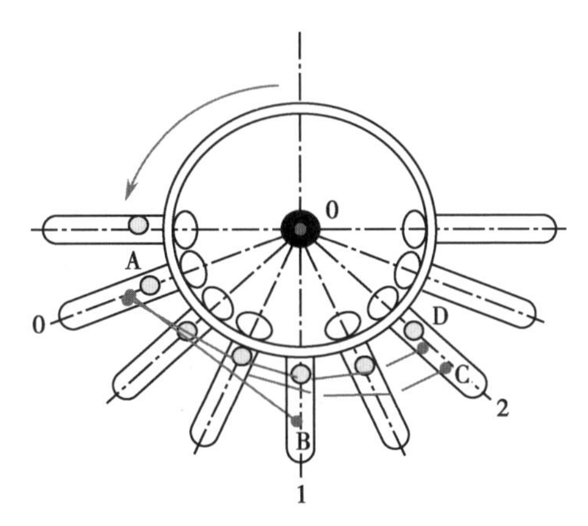

图 3-1 离心沉降示意图

二、影响离心沉降速度的因素

当离心机转子高速旋转时颗粒在介质中发生沉降或漂浮，它的沉降速度与作用在颗粒上力的大小和方向有关。颗粒在离心场中共受到5个力的作用：离心力（F）、与离心力方向相反的浮力（F_B）、摩擦阻力（F_f）、重力（F_g）和由重力产生的浮力（F_b）。各力的作用方向见图 3-2。

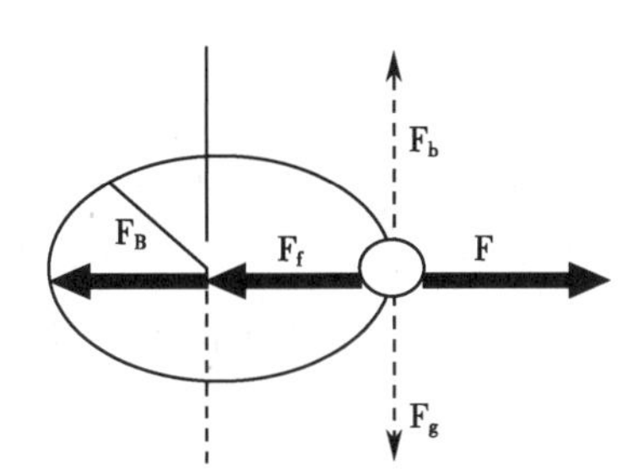

F：离心力；F_B：浮力；F_f：摩擦阻力；F_g：重力；F_b：由重力引起的浮力

图 3-2 离心场中各力的作用方向

（一）离心力

离心机的转头能够以稳定的角速度作圆周运动，从而产生一个强大的辐射向外的离心力场，它赋予处于其中的任何物体一个离心加速度，使之受到一个向外的离心力（F）。其大小等于 $F=mr\omega^2=\rho Vr\omega^2$（式中：m 为物体质量，r 为离心半径，ω 为角速度，ρ 为物体密度，V 为物体体积）。

（二）重力

重力（F_g）是颗粒质量（m）与重力加速度（g）的乘积（$F_g=mg$），同离心力相比显得十分小，由重力而产生的浮力（Fb）也非常小，均可忽略不计。

（三）相对离心力

离心力方向与重力方向垂直，离心场通常用相对离心力（relative centrifugal force，RCF），也就是离心力的大小相当于地心引力（即重力加速度 g，980.6cm/s^2）的倍数来表示即 $RCF=mr\omega^2/mg=r\omega^2/g=1.118\times10^{-5}\times n^2r\times g$［式中：n 为转头转速，以转 / 分（revolutions per minute），简写为 r/min 表示。一般在低速离心时（转速小于 5000r/min），相对离心力的大小常用 rpm 来表示，而超速离心时则用 ×g 来表示]。

（四）介质的摩擦阻力

介质对颗粒的摩擦阻力（F_f）用 Stocke 阻力方程表示：$F_f=6\pi\eta_m r_p dR/dt$ [式中 η_m 是介质的黏滞系数，r_p 是颗粒的半径（cm），dR/dt 是颗粒在介质中的移动速度（cm/s）]。

（五）浮力

在重力场中，浮力的定义是指被物体所排开周围介质的重量。但在离心场的情况下，颗粒的浮力与离心力方向相反，为颗粒排开介质的质量与离心加速度的乘积，即 $F_B=\rho_m(m/\rho)\omega^2 r=(\rho_m/\rho)m\omega^2 r$ [式中：m 为颗粒质量（g），ρ_m 为颗粒密度（g/cm^3），m/ρ 为颗粒的体积（cm^3），$\rho_m(m/\rho)$ 为颗粒排开介质的质量（g）]。

三、反映离心效果的指标

（一）*K* 因子

K 因子是转头离心效率的指标，与转速、转头形状等因素有关。每个出厂的转头都有 *K* 因子的参数，而 *K* 因子参数是按转头最高转速计算的。当然在实际应用过程中，都会获得实际的值，*K* 因子在离心过程中还可以用来估算沉降时间，*K* 因子越小，离心样品所需要的时间就越短，也就是离心效率越高；*K* 因子越大，离心样品所需要的时间就越长，转头的离心效率越低。

（二）沉降速度

沉降速度（sedimentation velocity，ν）是指在强大的离心力作用下，单位时间内物质颗粒沿离心半径方向移动的距离。被分离物质颗粒或大分子，在离心管中与转头一同旋转时承受着沿离心半径方向的直接离心力作用，同时受到介质的作用。

（三）沉降系数

沉降系数（sedimentation coefficient，*S*）是指单位离心场作用下颗粒沉降的速度。沉降系数 *S* 与颗粒的大小、形状和密度，以及离心所使用的介质的密度、黏度及摩擦系数有关。样品颗粒的质量或密度越大，它表现的沉降系数亦越大。许多生物样品的沉降系数差别很大，利用它们沉降系数的差别就可以应用离心技术来进行定性和定量的分析和分离制备。对某些生物高分子和亚细胞器组分的化学结构、相对分子质量还不了解时，我们可以用沉降系数对它们的物理特性进行初步描述，将它们区分开来。

综上所述，在离心场中作用于颗粒上的力主要有离心力 F、浮力 F_B 和摩擦阻力 F_f。当离心转子从静止状态加速旋转时，原来处于悬浮状态的颗粒如果密度大于周围介质的密度，则颗粒离开轴心方向移动，即发生沉降；如果颗粒密度低于周围介质的密度，则颗粒朝向轴心方向移动，即发生漂浮。

无论沉降或漂浮，离心力的方向与摩擦阻力和浮力方向相反。当离心力增大时，反向的两个力也增大，到最后离心力与摩擦阻力和浮力平衡，颗粒的沉降（或漂浮速度）达到某一极限速度，这时颗粒运动的加速度等于零，变成恒速运动。由此可见颗粒沉降速度与以下因素有关：①与离心时的转速和旋转半径成正比。②与颗粒的直径、形状与密度成正比。大颗粒比小颗粒沉降快，密度大的颗粒比密度小的沉降快。③当颗粒的密度 ρ

大于介质密度 ρ_m 时，颗粒发生沉降；当 ρ 小于 ρ_m 时，颗粒漂浮；当 ρ 等于 ρ_m 时，颗粒不浮不动。④与介质的黏度、密度成反比。介质黏度、密度大，则颗粒沉降慢，反之则沉降快。

四、离 心 方 法

离心机的分离方法可分为三类：差速离心法、密度梯度离心法与等密度离心法。

（一）差速离心法

采用不同的离心速度和离心时间，使沉降速度不同的颗粒分批分离的方法，称为差速离心法。其离心示意图见图 3-3，操作时采用均匀的悬浮液进行离心，选择好离心力和离心时间。通常要求先用低速使大颗粒先沉降，取出上清液，加大离心力以高速分离中等的颗粒，最后超速离心上清沉降小颗粒。如此多次离心，使不同大小的颗粒分批分离。需经过离心若干次，才能获得较纯的分离产物。差速离心主要用于分离大小和密度差异较大的颗粒。此种离心方法操作简单方便，但分离效果较差，因此该离心方法多用于粗提纯或初步浓缩样品。

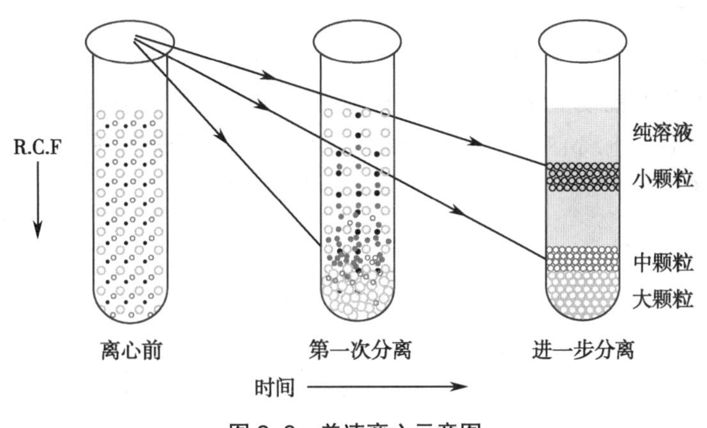

图 3-3　差速离心示意图

（二）密度梯度离心法

将样品在连续的密度梯度介质中进行离心，使密度不同的组分得以分离的一种区带分离方法称为密度梯度离心法（区带离心法）。密度梯度系统是在溶剂中加入一定的梯度介质制成的。通常要求梯度介质应有足够大的溶解度，以形成所需的密度，不与分离组分反应，而且不会引起分离组分的凝聚、变性或失活，常用的密度梯度介质为蔗糖等。使用最多的是蔗糖密度梯度系统，其梯度范围是：蔗糖浓度 5%～60%，密度 1.02～1.30g/cm^3。越靠近管底，浓度越高，形成梯度，用于离心。

密度梯度离心法原理见图 3-4。离心前把样品小心地铺放在预先制备好的密度梯度溶液的表面。离心后，大颗粒沉降快，小颗粒沉降慢。经过一段时间，相同的颗粒就在同一深度形成一条区带，不同大小、形状、沉降系数的颗粒在密度梯度溶液中形成若干条界面清晰的不连续区带，因此把各种组分区分开来，再分别收集处于不同区带里的各种组分。各区带内的颗粒较均一，分离效果较好。它适用于分离密度相同、而大小不同的物质，如不同的蛋白质组分密度都差不多，但分子量不一样，用本法很容易将其分开。但对密度不同、大小类似的物质则不易分离。在密度梯度离心过程中，区带的位置和宽度则随离心时间的不同而改变。随离心时间的加长，区带会因颗粒扩散而越来越宽。为此，适当增大离心力而缩短离心时间，可减少区带扩宽。

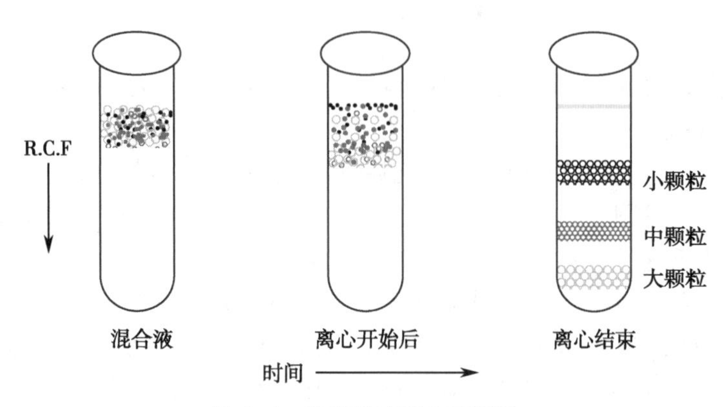

图 3-4 密度梯度离心示意图

（三）等密度离心法

将要分离的样本放在密度梯度液表面或混悬于梯度液中，通过离心，各组分以不同的速度下沉，不同密度的颗粒或上浮或下沉到与其各自密度相同的介质区带时，颗粒不再移动形成一系列区带，然后停止离心，从管底收集不同密度颗粒的分离技术称为等密度离心法。其离心示意图见图 3-5。

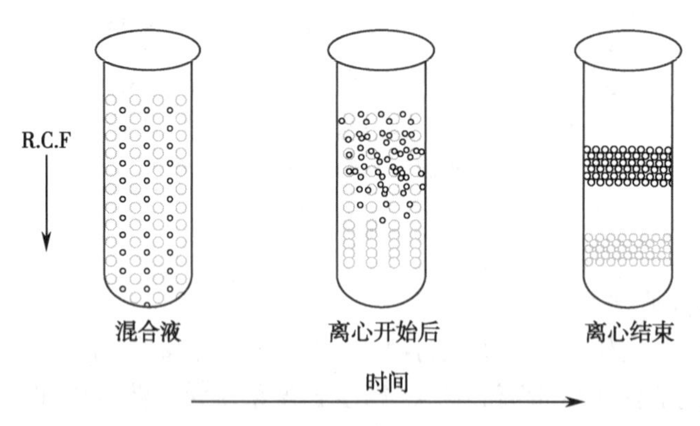

图 3-5 等密度离心示意图

这种方法适用于分离大小相似但密度不同的物质，如核酸等物质的分离。氯化铯梯度是常用于等密度离心的介质，分辨率很高，可区别密度相差 0.05 的组分，但离心时间需十几到几十小时，且价格很贵。现在聚蔗糖溶液可以代替氯化铯梯度，该介质能迅速形成梯度，使离心时间大大缩短到 1～2 小时而仍有很好的分离效果。并且有配套的标记珠（density marker bead）可以测定样品的密度。

第二节 离心机的基本结构与性能参数

一、离心机的基本结构

（一）驱动系统

驱动系统是提供离心机动力的重要组成部分。主要是由电动机和转轴构成，目前离心机采用的驱动方式有直接驱动和变速驱动。直接驱动又分为直流电机、变频电机、油透平和空气透平等。变速驱动又分为直流电机皮带变速、直流电机齿轮变速和变频电机皮带变速等。目前国内外最常用的是直流电机驱动（有刷或无刷）、交流变频电机驱动。油透平、空气透平直接驱动和齿轮变速驱动由于结构复杂已逐步被淘汰，下面主要介绍直流有刷、直流无刷、交流变频电机驱动。

1. 直流有刷电动机　直流有刷电动机中的 2 个刷（铜刷或碳刷）是通过绝缘座固定在电动机后盖上，直接将电源的正负极引入到转子的换相器上，而换相器连通了转子上的线圈，极性不断交替变换的 3 个线圈因与外壳上固定的 2 块磁铁形成作用力（安培力）而转动起来。由于换相器与转子固定在一起，而刷与外壳（定子）固定在一起，电动机转动时刷与换相器不断地发生摩擦产生大量的阻力与热量。因此有刷电机的效率低下，损耗非常大。但其具有制造简单，成本低廉的优点。

2. 直流无刷电动机　直流无动刷电机将输入的直流电源，转变为三相交流电源，为无刷电动机提供电源。空载阻力主要来自转子与定子的旋转接触点间的摩擦。控制部根据 hall-sensor 感应到电机转子所在位置，依照定子绕线决定开启（或关闭）换流器中功率晶体管的顺序，使电流依序流经电机线圈产生顺向（或逆向）旋转磁场，并与转子的磁铁相互作用，如此就能使电机顺时 / 逆时转动。具有免维护，无碳粉污染，噪声低的优点。

3. 交流变频电机　交流变频电机由变频电机直接驱动转头运转，转速由电源频率控制，能获得数万转的转速。变频电机直接驱动可在各种不同转速都能输出最大扭矩，为一机多用提供了有效的驱动方式，目前已有很多种高 – 低速兼用的型号。维护和日常维修周期延长，可使没有制冷设备的低速离心机和用油润滑的超速离心机的免维护周期达到十年以上。免除了碳刷与整流器摩擦产生的高频噪声，降低了运转噪声。免除了碳粉污染，使得这类离心机可以进入无菌、无尘实验室，这对某些生物样品（如注射用药、疫苗、生物制品）及血液（血库、血站、血液中心）的离心分离尤其重要。

（二）离心转头

离心机转头是分离样品的核心部件之一，转头的规格、品种的多少是衡量离心机生产技术掌握程度的重要标志。它的转速与转头的材料及强度有关。要达到良好的分离效果，转头的选择非常重要。离心转头均用高强度的铝合金、钛合金、超硬铝、锻铝及碳纤维制成。转头的改进突出表现在：经计算机优化后的碳纤维材料制造的超速和大容量超轻转头、适用于生物大分子（DNA、RNA、蛋白质等）离心分离用的小倾角转头（固定倾角 7° ~ 10°）、超高速、特大离心力转头等。

1. 角式转头　是各类离心机最基本和最广泛的应用转头。角式转头中离心管腔与转轴成一定夹角，一般在 15°～40° 之间（彩图 3-6）。它常用铝或钛合金制作，呈圆锥形，具有强度高、容量较大、重心低、运转平稳、离心时间短、寿命长、使用方便等优点。主要用于分离沉降速度有明显差异的颗粒样品。多用于差速分离、等密度分离及样品的浓缩。

2. 水平转头　由铝合金或钛合金制成，这种转头通常是由吊着的 4 个或 6 个自由活动的吊篮（离心套管）构成。在离心过程中，当转头静止时，吊篮垂直悬挂，在转头加速过程中由于旋转中心线由平行逐渐变为垂直（离心管方向与离心力方向一致），即离心管与轴之间的角度从开始的 0° 变成 90°，停止时又成为 0°。使得样品在离心过程中具有相对较长的粒子移动路径，同时减少了对流和涡旋而引起的壁效应，提高了分离纯度，可以得到最好的纯度，有利于离心结束后由管内分层取出已分离的各样品带。这种转头最适合做密度梯度与等密度的高纯度分离。其缺点是颗粒沉降间隔长，离心所需时间较长。

3. 垂直转头　通常将离心管密封后垂直插入转头内，这样样品颗粒的沉降间隔最短，离心所需时间短，比较适用于等密度区带与速率区带分离。垂直转头对离心管的密封要求严格，需要离心管帽或可热封的塑料离心管。

4. 区带转头　无离心管，含有转头帽、转头盖、轴核和转头腔。转头中央有一轴核及伸向四面的隔板，隔板把转头腔内划分为四个扇形室，梯度液或样品液从转头中心的进液管泵进，通过隔板内的导管分布到转头中心区及边缘区。转头内的隔板可保持样品带和梯度介质的稳定，提高了样品的处理量，也同时提高了离心机效率。区带转头的“壁效应”极小，可以避免区带和沉降颗粒的紊乱，有分离效果好、转速高、容量大以及不影响分辨率等优点。区带转头为大规模的密度梯度离心而设计，主要用于样品的纯化。其缺点是样品和溶剂直接接触转头，耐腐蚀要求高，操作复杂，要求操作人员进行专门的训练，以正确地使用仪器。

除了上面所涉及的转头外，还有用于血细胞、肝及其组织细胞、淋巴细胞、酵母以及其他单个核细胞的连续分离的细胞洗脱转头、血型分析专用转头、细胞学涂片离心转头、酶标板离心机转头、毛细管离心机转头、微孔板专用转头以及生物安全转头等。

（三）离心管

不同材质的离心管抗化学腐蚀、抗热、抗冻的性能各不相同，能承受的压力也不相同，因此在使用前必须根据样品的化学性质和离心转速选择合适的离心管。离心管主要用塑料或不锈钢制成。塑料离心管（彩图 3-7）常用材料有聚乙烯（PE）、聚碳酸酯（PC）、聚丙烯（PP）等，其中 PP 管性能较好。它的优点是透明或半透明，硬度小。缺点是易变形，抗有机溶剂腐蚀性差，使用寿命短。虽然不锈钢管强度大，不变形，抗热性，抗冻性，抗化学腐蚀性强，但也应尽量避免接触强腐蚀性的化学药品，如强酸、强碱等。

（四）速度控制系统

超速离心机对运转速度的稳定度一般要求 $<\pm 1\%$，分析超速离心机 $<\pm 0.5\%$。许多机型采用自动升速控制，它包括标准电压、速度调节器、电流调节器、功率放大器、电动机、速度传感器六部分。而速度传感器是其关键部件。

通常采用的速度传感器有测速发电机传感器、光电速度传感器以及电磁速度传感器等。但目前调速系统速度和位置反馈控制中应用较多的还是增量式光电编码器（一种传感器），它不仅可以检测电动机转速，还可以测定电动机的转向及转子相对于定子的位置

（彩图 3–8）。

速度传感器固定在电机底部，电机旋转后由速度传感器即光电耦合器产生与转速成线性的脉冲信号。经过频率电压变换器将脉冲信号变换成电压信号，其电压值反映速度高低。通过控制可控硅的导通角，控制了电机整流电源的电压。导通角变大，则电压高电机加速，例如加速过程中，速度设定值大于 F–V 变换值，当速度上升后 F–V 变换值也上升，差值变小，可控硅导通时间滞后。当速度达到设定值后，供电电压与电机感应电压平衡，电机匀速运转，从而达到控制电机速度的目的。

（五）温度控制系统

温度的高低对微粒的沉降速度影响较大，许多生物样品常常要求在较低温度下离心分离，这就要求对离心机进行温度控制。许多离心机的温度控制通过测温元件完成，如热电耦、半导体热敏电阻、红外线遥感元件等。比如通过安装在转头下面的红外线射量感受器连续地监测转头的温度，以保证准确、灵敏地温度调控，使其温度控制精度达到 ±1℃。

（六）制冷系统

离心机的制冷系统由制冷压缩机、冷凝器、干燥过滤器、膨胀阀、蒸发管等组成。其工作原理是制冷压缩机将制冷剂压缩成高压液体，流经冷凝器散热冷却，经干燥过滤器除水蒸气，膨胀阀使制冷剂减压气化，流经蒸发管对离心室制冷。为了降低噪声，冷凝器通常采用水冷却系统。用接触式热敏电阻作为控温仪的感温元件，在测量仪表上可选择温度和读出其温度控制值。为了充分发挥制冷效果，最佳环境温度为 5～20℃，此时可使离心室温度控制在 ±1℃的精度范围内。目前许多使用压缩机制冷的高速、大容量台式机都已实现了无氟制冷，在最高转速运转时样品温度可保持在 4～5℃甚至更低。

（七）真空系统

超速离心机的离心速度非常高时，通过制冷系统进行的制冷降温还不足以抵消转头与空气摩擦产生大量的热，需配备真空系统。大部分离心机采用机械旋转式真空泵、油旋转真空泵和油扩散泵真空系统，对离心室进行抽真空，大大地减少了空气的摩擦阻力，改善了因摩擦所产生的温度升高的现象。

（八）安全保护装置

在极高转速下工作时，当转头所承受的离心力超过转头材料的抗拉强度或转头材料有内部缺陷时，转头便有可能发生爆炸，毁坏设备，危及操作者的人身安全。因此每个转头都有所允许的最高工作转速，当转头产生的脉冲频率超过参考频率，安全保护装置将使离心机自动停止。超速离心机的安全保护装置包含：电源自动关闭系统、门锁防护系统、智能不平衡识别系统、转头自动识别系统、转头寿命自动管理系统以及超温、过速保护、操作安全保护系统等各种保护装置。

为确保离心机工作时有一定的生物安全度，为了预防可能具有危险性的生化物质在离心时从样品容器里逃逸出来，造成污染，有的离心机设计了密封转头；有的转头外表贴上一层透明的高分子树脂。操作者能检查转头在运转后是否有试样溢出或容器有否泄漏。一些离心机还增添了引流管，消除试样溢出和容器破损的影响，还有用于处理毒性或传染性试样的密封试杯。

离心室是转头进行运转的地方，通常是用厚度为不小于 2mm 的不锈钢板制成圆筒形，环绕离心室外壁四周，外周有一高强度的无缝钢管防护圈，以保证安全。防护圈上下均用厚钢板定位，上部有装甲机盖，组成一个能密封的钢制筒壳，确保意外事故发生后，能够有效地保护操作者的安全。

（九）操作系统

操作系统是全机的中枢。各系统的控制均由操作系统完成，它由开关、旋钮、指示灯、指示仪表等组成。操作者可由操作系统输入工作程序，并观察各部件的运行情况。可以提供给用户多个程序供日常使用，多种加速速率和减速速率供选择，以达到最佳的离心效果。

在一次离心过程中可连续改变N次不同的离心时间、速度、加速速率和减速速率。离心机速度可根据离心力大小直接设定，达到最佳重复性。还可以对转速、温度及真空度进行实时监测，并具有超速、过流及超温报警功能。总之，电脑控制系统可对运行情况进行监测、判断、储存、显示、模拟计算、打印等多功能的现代化管理，把离心机性能特点更加完善化，现代离心机具有故障自我诊断与自动提示的特殊功能，为排除故障提供了依据。

二、离心机与离心转头的主要技术参数

（一）离心机的主要技术参数

离心机的主要技术参数是反映离心机性能、状态的指标，为明确离心机的用途、监测其性能提供依据，离心机的主要技术参数见表3-1。

表3-1 离心机的主要技术参数

技术参数	意义
工作电压	一般指离心机电极工作所需的电压
电源功率	通常指离心机电机的额定功率
最大转速	离心转头可达到的最大转速，单位为r/min
最大容量	离心机一次可分离样品的最大体积，通常用m×n表示，m为可容纳的最多离心管数，n为离心管可容纳分离样品的最大体积，单位是ml
最大离心力	离心机可产生的最大相对离心力场（RCF），单位是g
调速范围	离心机转头转速可调节范围
温度控制范围	离心机工作时可控制的样品温度范围

（二）离心转头的常用标记及参数

离心转头是离心机的重要组成部分，离心转头的常用标记由英文字母符号、数字、转头制造材料三部分组成。离心机转头上的标记和转头参数是对转头分类及转头参数相应意义的规范，离心转头的常用标记及转头参数见表3-2。

表 3-2　离心转头的常用标记及参数

标记符号	意义	转头参数	意义
V	垂直转头	R_{min}	表示从转轴中心至试管最内缘或试管顶的距离
SW	水平转头	RPM_{max}	表示转头的最高安全转速
Z	区带转头	RCF_{min}	表示转头以 RPM_{max} 运转时，R_{min} 处的相对离心力
FA	固定角转头	R_{max}	表示从转轴中心至试管最外缘或试管底的距离
CF	连续转头	RCF_{max}	表示转头以 RPM_{max} 运转时，R_{max} 处的相对离心力
Ti	钛或钛合金制成的转头	*K*	是衡量转头相对效率的量，K 值愈小，效率愈高，所需离心时间就愈短

第三节　常用离心机的临床应用

一、离心机的分类

市面上运用的离心机型号各式各样，命名方式繁杂多样，为便于理解和准确反映离心机的基本功能和构造，有必要对离心机进行统一的分类和规范，目前国际上对离心机的分类方法有以下三种：

按转速分类：①转速在 10 000r/min 以内，相对离心力在 15 000 × g 以内者为低速离心机；②转速在 10 000 ~ 30 000r/min 以内，相对离心力在 15 000 ~ 70 000 × g 以内者为高速离心机；③转速在 30 000r/min 以上或相对离心力在 70 000 × g 以上者为超速离心机。

按用途分类：①仅能分离浓缩，提纯试样者为制备型离心机；②不但能分离浓缩、提纯试样，而且可以通过光学系统对试样的沉降过程进行观察、拍照、测量、数字输出、打印自动显示者为制备分析型离心机。

按结构分类：一般高速离心机和低速离心机可以根据结构和功能进行分类，但品种繁多，各厂家命名也无统一的标准。但通常可分为多管微量台式离心机、台式离心机、细胞涂片离心机、血液洗涤台式离心机、大容量低速冷冻离心机、高速冷冻离心机、低速冷冻离心机、台式高速冷冻离心机、台式低速自动平衡离心机等。另外国外还有三联式高速冷冻离心机、五联式高速冷冻离心机等。

二、低速离心机的临床应用

低速离心机的最大转速低于 10 000r/min，容量为几十毫升至几升，可连续调节。由于分离形式、操作方式和结构特点多种多样，可根据需要选择不同容量和不同型号转速的转头使用。低速离心机种类、型号很多，根据是否配有制冷系统分为普通（非冷冻）离心机和低速冷冻离心机。

普通（非冷冻）离心机结构较简单，体积小，重量轻，容量较大，能自动控制工作时间，操作简单，使用方便，配有驱动电机、调速器、定时器等装置，可以帮助分离多种临床样本，获得如血清、血浆、红细胞、尿液有形成分等。精确平衡对这种离心机极为重要，否则易损坏离心机。

低速冷冻离心机配有驱动电机、定时器、调整器（速度指示）和制冷系统（温度可调范围为 -20℃ ~ 40℃），最常用于实验室大量初级分离提取生物大分子、沉淀物、细胞、细胞核、细胞膜、细菌的沉淀和收集等。

低速离心机是临床实验室常规使用的一类离心机，分离形式是固液分离。在临床实验室主要用于全血中的血浆、血清的分离及尿液、胸腹水、脑脊液等有形成分的分离。

三、高速离心机的临床应用

高速离心机的转速为 10 000 ~ 30 000r/min，相对离心力在 15 000 ~ 70 000 × g 以内。为了防止高速离心过程中高速旋转转头与空气之间摩擦而产生的热量可能导致的温度升高以及酶等生物分子的变性失活，一般高速离心机装配了冷冻装置。转速、温度和时间都可以严格控制，并有指针或数字显示，离心室的温度可以调节和维持在 0 ~ 40℃。这类离心机多用于收集微生物、各种生物细胞、细胞碎片、较大的细胞器、硫酸沉淀物以及免疫沉淀物等样品的分离、浓缩和提取等制备工作，是细胞和分子水平研究的基本工具。

高速离心机的分离形式是固液分离。在临床实验室主要用于 PCR 分子生物学检测项目，如对乙型肝炎病毒及丙型肝炎病毒患者血清标本中 DNA 及 RNA 的提取。在基础实验室用于对各种生物细胞、无机物溶液、悬浮液及胶体溶液的分离、浓缩和提纯等。

四、超速离心机的临床应用

超速离心机的转速在 30 000r/min 以上或相对离心力在 70 000 × g 以上，可分为制备型超速离心机和分析型超速离心机两种。超速离心机的出现，使检验医学、生物学、化学、生物化学与分子生物学等研究领域有了新的扩展。

超速离心机对离心机的材料及各项质量要求极高。其转头由高强度钛合金制成，可根据需要更换不同容量和不同型号的转速转头。超速离心机驱动电机有两种：一种是以调频电机直接升速；另一种是通过变速齿轮箱升速。超速离心机的精密度相当高，为了防止样品液溅出，一般附有离心管帽；为防止温度升高，均有冷却驱动电机系统（风冷、水冷）和温度控制系统；为了减少空气阻力和摩擦，设有真空系统。此外还有一系列安全保护系统、制动系统及各种指示仪表等。超速离心机用于病毒、线粒体、染色体、溶酶体、质粒、大分子核酸、高分子蛋白质等物质分离、浓缩、提纯以及测定蛋白质、核酸的相对分子质量等。

与制备型超速离心机相比，分析型超速离心机一般都装备有特殊设计的转头、控制系统和光学系统，可以直接观察了解和分析样品的沉降情况。样品纯度检测时，在一定的转速下离心一段时间，用光学仪器测出各种颗粒在离心管中的分布情况，通过紫外吸收率或折光率等判断其纯度。若只有一个吸收峰或只显示一个折光率改变，表明样品中只含一种组分，样品纯度很高。若有杂质存在，则显示含有两种或多种组分的图谱。分析型超速离心机主要用于生物大分子的沉降系数（S）、相对分子质量测定，评估样品纯度和检测生物大分子构象的变化等。分析用超速离心机为遗传工程、生物工程、分子生物学工程、蛋白质工程提供了物质基础和强大的动力。

超速离心机分离形式是差速沉降分离和密度梯度区带分离。临床实验室基本不用。主要用于科研，分离样本中亚细胞器、病毒、核酸、蛋白质及多糖等。

五、专用离心机的临床应用

离心机的发展逐渐走向专业性专用离心机。目前生产的有输血用的交叉配血离心机、微量毛细管离心机、尿沉渣分离离心机、细胞涂片染色离心机等。

（一）输血专用离心机

输血专用离心机是在临床输血时用于血型鉴定、交叉配血的一种带有标准化操作规程及设定限制的专用离心机。工作转速设定为900r/min，离心2分钟，最大转速为1500r/min，最大相对离心力为182×g。在临床实验室用于患者输血前的血型（正、反定型）鉴定，交叉配血试验，Coombs不完全抗体的检查以及对输注血小板的患者进行血小板血型鉴定、血小板抗体的检查等。

（二）微量毛细管离心机

离心机最大转速为12 000r/min，最大相对离心力为14 800×g。操作程序为自动化控制，最大容量一次可离心24根毛细管。专用于血比容试验，微量血细胞比积值的测定及同位素微量标记物的测定等。

（三）尿沉渣分离离心机

离心机最大转速为4000r/min，最大相对离心力为2810×g。在低速离心机的基础上设定了专用水平转子。临床实验室专用于尿液常规有形成分的分析，通常与尿液分析工作站及尿沉渣流式细胞分析仪配套使用。

（四）细胞涂片染色离心机

离心机最大转速为2000r/min，设定了专用水平杯式转子，操作程序为自动化控制。临床实验室主要用于血液、微生物、脑脊液等涂片、染色。样品经梯度离心分离出杂质，利用离心力将细胞从液体悬浮物中分离出来，甩到载玻片上，自动干燥、固定，染色液自动喷射到装在转盘的载玻片上。染色液只和样品接触，用离心的方法除去过剩的染液。其优点是：细胞、细菌分布均匀，无重叠，染色效果好。

第四节　离心机的使用与维护及常见故障

一、离心机的使用

（一）离心机的安装

正确安装离心机需注意：①电压波动要符合±10%以内的国家标准，否则，一些厂家的离心机是不能正常运转的，对于电压波动在此之外则需要配备稳压器。②房间电源布线要符合要求，零线与地线分开，地线应可靠，以免漏电。③台式离心机使用时要放置在平稳、坚固的水平台面上。对大型离心机而言，牢固水平的安装在坚实的地面上，并有防尘、防潮设备。超速离心机安装时要有足够、合适的空间，最好有下水地漏。

（二）转头的使用

转头是离心机的关键构件，离心机转头安装和使用要遵循：①仔细阅读说明书，每个转头各有其最高限制转速和使用累积时限，选取合适的转头，不得过速使用。②正确安装转头、转头盖。③若要在低于室温的温度下使用，转头在使用前应放置在冰箱或置于离心机的转头室内预冷。④离心机的转头不能在不同离心机之间，特别是不同型号的离心机之间混用。⑤离心较高密度溶液时，应按要求减小最大速度，否则可能损伤转头。⑥检查离心机转头是否受腐蚀或缺损，如不慎跌落，应对转头进行 X 线拍片检查，确认无内部损伤后方可继续使用。

（三）离心管的使用

正确使用离心管应做到：①根据离心液体的性质及体积选用适合的离心管及装液量。有的离心管无盖，液体不得装得过多，以防离心时甩出，造成转头不平衡、生锈或被腐蚀。制备性超速离心机的离心管，则要求必须将液体装满，以免离心时塑料离心管的上部凹陷变形。②必须事先在天平上精密地平衡离心管及其内容物，重量误差越小越好，平衡时重量之差不得超过离心机说明书上所规定的范围。离心机虽然可以在较大的重量差值内运转，但应尽量找好平衡后再离心，这样可以延长离心机的使用寿命。③正确安装离心管、离心管盖、离心机的套筒。平衡后的一对离心管和内容物，以及离心管套筒应对称放置，转头中尽量不要装载单数的管子，带有离心管套筒的离心机平衡时应带上套筒。④检查离心管及管盖是否被样品、溶剂及梯度材料所腐蚀；对过期、老化的离心管及管盖应尽量不用或少用，试管破裂可引发断轴等恶性事故，因此严禁使用明显变形、有裂纹的离心管。⑤注意离心管及套筒的规格配套，不能在不同离心机之间，特别是不同型号的离心机之间混用。⑥离心器分离支架必须在安置离心管后运作，严禁空架运转。⑦在微量离心管沉淀 DNA/RNA 时，请将敞开的离心管管盖的铰链部分朝向外侧，会方便确定 DNA 的位置，甚至在肉眼看不到的情况下也很容易除去上清，并且不影响沉淀。⑧及时定期清理离心管或离心腔内的积水或冻结的液体。

（四）注意生物安全

离心机是可引发气溶胶污染的器材之一，使用前应注意：①检查离心室的密封性能。②选择带密封盖、配套的离心管。③如果要将离心机放入生物安全柜或超净工作台中使用，要充分考虑离心机的体积、重量、稳定性以及安全柜的承受能力等指标。④必须严格控制存在放射性或传染性物质的离心标本，一旦发现应立即除去这些物质并进行彻底消毒。

二、离心机的维护

（一）日常维护

日常维护主要涉及：①检查转子锁定螺栓是否松动。②用温水（55℃左右）及中性洗涤剂清洗转子，用蒸馏水冲洗，软布擦干后用电吹风吹干、上蜡、干燥保存。③如每天使用离心机后，要打开门盖、使潮气去掉，避免长期使用造成部件腐蚀。④离心机台面禁止放其他物品，以免板面划伤。⑤检查离心机的日常使用和维护记录是否详尽完整。

（二）定期维护

清洁整理离心室、套筒、天平、制冷系统的冷凝器、离心机外表面、离心散热系统的空气过滤器，对有传染性或放射性的样品进行消毒和灭菌：①每周定期用2%戊二醛消毒离心机转子、套管一次，最后用蒸馏水冲洗，软布擦拭后装好备用。②每月定期用温水（55℃左右）及中性洗涤剂清洗转子及离心机内腔等。③每月定期使用70%乙醇消毒液对转子进行消毒。④与当地经销商联系，每年定期请工程师系统检查离心机马达、转子、门盖、腔室、速度表、定时器、速度控制系统等部件，保证各部位的正常运转。

三、离心机常见故障及排除

一些故障在离心机使用过程中较为常见，实验室工作人员必须熟练故障的识别且为安全起见，务必在排除故障后方能继续使用离心机。离心机的常见故障及排除方法见表3-3。

表3-3 离心机的常见故障及排除

故障现象	故障原因	处理方法
转头损坏	转头可因金属疲劳、超速、过应力、化学腐蚀、选择不当、使用中转头不平衡及温度失控等原因而导致离心管破裂，样品渗透转头损坏	正确选用合适的离心管和离心转头，在转头的安全系数及保证期内使用
电机不转	1. 主电源指示灯不亮 保险丝熔断或电源线、插头插座接触不良	1. 重新接线或更换插头
	2. 主电源指示灯亮而电机不能启动 （1）波段开关、瓷盘变阻器损坏或其连接线断脱 （2）磁场线圈的连接线断脱或线圈内部短路	2. 更换损坏元件或重新焊接线
电机达不到额定转速	1. 轴承损坏或转动受阻，轴承内缺油或轴承内有污垢引起摩擦阻力增大 2. 整流子表面有一层氧化物，甚至烧成凹凸不平或电刷与整流子外沿不吻合使转速下降 3. 用万用表检查转子线圈中有某匝线圈短路或断路	1. 清洗及加润滑油或更换轴承 2. 清理或更换整流子及电刷，使其解触良好 3. 重新绕制线圈
冷冻机不能启动及制冷效果差	1. 电源不通、保险丝熔断或电源线、插头、插座接触不良	1. 重新接线或更换插头插座
	2. 电压过低，安全装置保护使冷冻机不能启动。可能是电网电压低或配电板配线过多	2. 恢复电网电压或减少配电板的配线
	3. 通风性能不好，散热器效果差，或散热器盖满灰层，影响制冷效果	3. 改善散热器的通风，或清理
机体震动剧烈、响声异常	1. 离心管重量不平衡，放置不对称 2. 转头孔内有异物，负荷不对称 3. 转轴上端固定螺帽松动，转轴摩擦或弯曲	1. 正确操作 2. 清除孔内异物 3. 拧紧转轴上端螺帽或更换转轴

学习小结

离心现象是指物体在离心力场中表现的沉降运动现象。应用离心沉降进行物质的分析和分离的技术称为离心技术，其实现离心技术的仪器称为离心机。离心机的离心原理是利用离心转头高速旋转产生的强大的离心力，迫使液体中颗粒克服扩散加快沉降速度，把样品中不同的颗粒分离开。颗粒在离心场中共受到5个力的作用：离心力（F）、浮力（F_B）、摩擦阻力（F_f）、重力（F_g）和浮力（F_b）。反映离心效果的指标主要有沉降系数、*k*因子和沉降速度。

离心机的离心方法可分为差速离心法、密度梯度离心法和等密度离心法。目前常用的离心机分为低速离心机、高速离心机、超速离心机和一些新发展起来的专用离心机。按照临床的具体要求选取适合的离心机进行生物样品及制剂的分离、纯化和制备。离心机在使用前要认真阅读使用说明书、检查离心机各结构和系统是否正常；注意使用中的安全防范和使用后的维护保养，当离心机出现异常或故障时，要注意及时停止，需掌握离心机的常见故障和排除方法，一些复杂的故障则请厂家工程师进行检修，只有在故障排除彻底的情况下方能恢复使用。

复习题

1. 离心机工作原理。
2. 离心机常用的离心方法有哪些？
3. 差速离心法和密度梯度离心法有何不同？
4. 常用离心机有哪些？在临床上有何应用？
5. 低速离心机的基本结构包括哪些？
6. 离心机使用过程中应注意哪些问题？

（秦 雪）

第四章

光谱分析相关仪器

学习目标

1. 掌握　光学分析基本知识，光吸收定律的应用；紫外－可见分光光度仪器的使用；分子荧光激发光谱、发射光谱，荧光光谱仪的使用；原子吸收分光光度计的使用。
2. 熟悉　紫外－可见分光光度仪器的基本工作原理，仪器组成；荧光光谱仪的基本原理，仪器组成；原子吸收分光光度法的工作原理，仪器组成。
3. 了解　紫外－可见分光光度计测量条件的选择；分子荧光的影响因素；非火焰及火焰原子化器的结构、工作流程；原子吸收分光光度法工作条件的选择、干扰及消除。

光谱分析（spectral analysis）是基于物质与辐射能作用时，测量由物质内部发生量子化能级之间的跃迁而产生的发射、吸收或散射等辐射的波长和强度进行分析的方法。常见的光谱分析法有吸收光谱分析法、发射光谱（包括荧光光谱）分析法、散射光谱分析法、X射线荧光光谱分析法，采用分子荧光、磷光光谱分析、化学发光分析、质谱分析技术以及与各分析技术相关的流动注射技术等。根据不同的分析方法，有不同的分析仪器，常见的有紫外－可见分光光度计、原子吸收分光光度计、红外光谱仪、原子发射光谱仪、荧光分析仪、原子荧光分析仪等。

本章主要介绍紫外－可见分光光度计、荧光分析仪和原子光谱分析仪的基本原理、结构、性能指标以及在临床检验中的应用。

第一节　概　　述

一、光谱分析技术基本原理

（一）光的基本性质

光是一种电磁波，具有波粒二象性。光的最小单位是光量子。光的波动性可以用波长（λ）、频率（υ）和波数（σ）来表征。光量子有一定能量，光子的能量大小与光波的频率或波长的关系可用普朗克（plank）方程表示为：

$$E=h\frac{c}{\lambda} \tag{4-1}$$

式（4-1）中：E为光子的能量（J或Ev）；h为普朗克常数（6.626×10^{-34}J·s）；c为光速（2.9977×10^{8}m/s）；λ为光波的波长（m或nm）。

式（4-1）表明，不同波长的光具有不同的能量，波长越短，频率越高，能量越大（图4-1）。

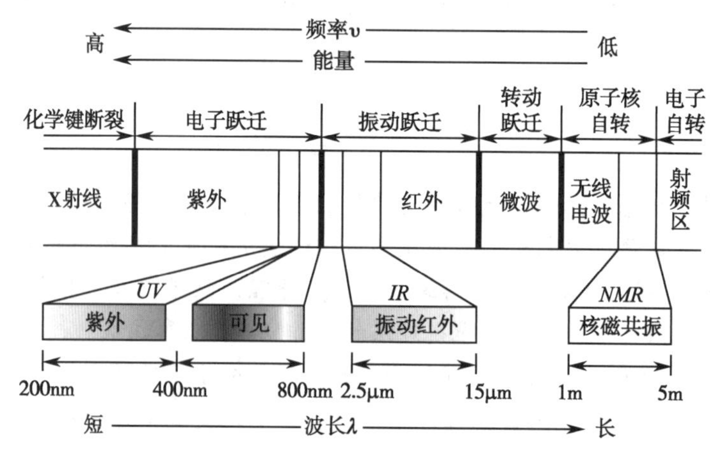

图4-1　光波谱区及能量相关图

（二）吸收光谱和发射光谱

1. 吸收光谱　当辐射能通过某些吸光物质时，物质的原子或分子吸收与其能级跃迁相对应的能量由低能态或基态跃迁至较高能态，这种基于物质对辐射能选择性吸收而得到的原子或分子吸收光谱称为吸收光谱。根据物质对不同波谱区辐射能的吸收，建立不同的吸收光谱法，如紫外－可见分光光度法和原子吸收分光光度法。

2. 发射光谱　物质的分子、原子或离子接受外界能量，使其由基态或低能态跃迁至较高能态，再由高能态跃迁回到基态或低能态而产生的光谱称为发射光谱，如荧光光谱和原子发射光谱。

（三）原子光谱和分子光谱

产生光谱的基本粒子是物质的原子或分子，由于原子和分子的结构不同，其产生的光谱特征也明显不同。

1. 原子光谱　原子核外电子在不同能级间跃迁而产生的光谱称为原子光谱。原子光谱是由数条彼此分离的谱线组成的线状光谱。每条谱线对应一定的波长，原子光谱可以确定试样物质的元素组成与含量，但不能给出物质分子的结构信息。

2. 分子光谱　比原子光谱复杂得多。在分子中，除了有原子的核能E_n、质心在空间的平动能E_t、电子运动能E_e、原子间的相对振动能E_v，还有分子整体的转动能E_r等。从图4-2中可以看出，转动能级的间距最小、振动能级次之、电子能级间距最大。由于电子能级跃迁所需的能量较高，在其跃迁的同时伴随着振动能级和转动能级的跃迁。同一电子能级跃迁中包含若干振动跃迁的光谱线，因此当能级发生跃迁时，得到的不是一条谱线，而是一组密集的谱线，当仪器分辨率不高时，得到很宽的谱带，比如紫外－可见光谱是电子能级跃迁，得到许多谱线密集而成的谱带，是复杂的带状光谱。分子光谱可以给出物质结构的相关信息。

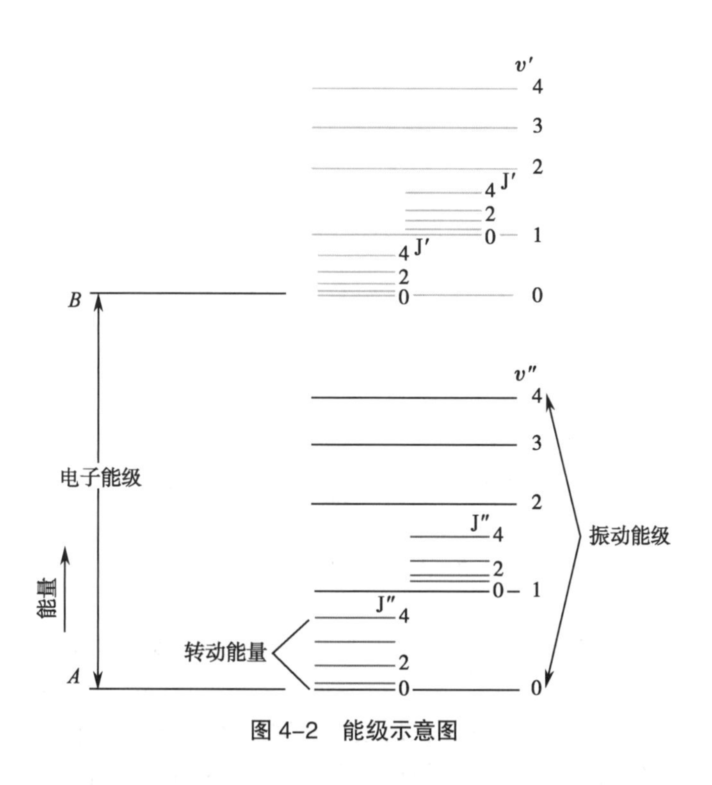

图 4-2　能级示意图

（四）物质对光的选择性吸收

当光照射到某物质或某溶液时，光与物质作用，物质对光会产生不同程度的吸收。分子、原子或离子的能级是量子化的、不连续的，只有光子的能量（$h\nu$）与被照射物质粒子的基态和激发态能量差相等时，才能被吸收。不同物质的基态和激发态的能量差不同，选择吸收光子的能量不同，所以吸收的波长不同。因此不同物质将选择性地吸收不同能量的辐射，这是吸收光谱分析的基础。

物质的颜色是因为它对光的选择性吸收所产生的。在白光的照射下，如果溶液对白光的各色光几乎不吸收，则该溶液呈无色透明；若各色光几乎都产生吸收，则呈黑色；若选择性地对某些波长的光吸收较多，溶液呈现出被它吸收光的互补色。例如：白光照射 $CuSO_4$ 溶液时，溶液将其中黄色的光大部分吸收了，而其他各色光均能透过溶液，透过光中除蓝色光外，其他颜色的光都两两互补成白光，所以 $CuSO_4$ 溶液呈现蓝色。同理，$K_2Cr_2O_7$ 溶液因吸收了白光中大部分蓝绿色光，透过其互补色光而呈橙色。

（五）物质的吸收曲线

要确定溶液对不同波长光的吸收程度，可以通过绘制吸收光谱来判断。即选择不同波长的单色光分别通过某一固定浓度的某物质溶液，测量溶液对各单色光的吸光度 A。以波长 λ 为横坐标，A 为纵坐标作图，所得 A-λ 曲线称为吸收光谱（absorption spectrum）或吸收曲线（absorption curve）。图 4-3 为 $KMnO_4$ 溶液的吸收光谱。

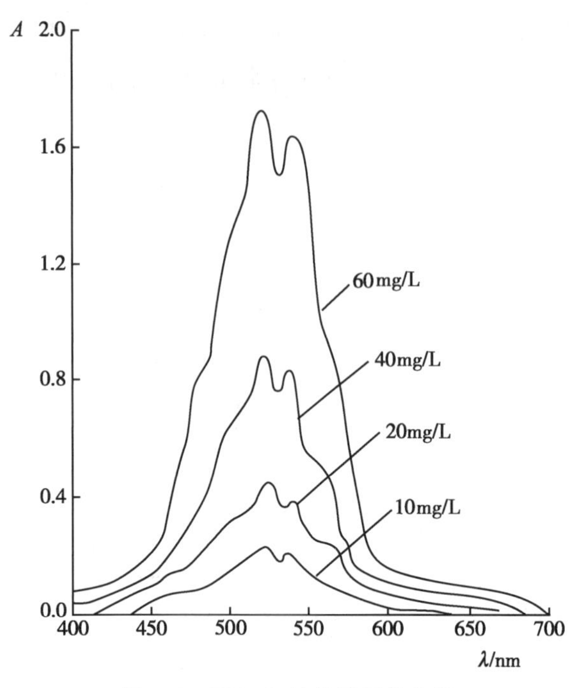

图 4-3　$KMnO_4$ 溶液的吸收光谱

由图 4-3 可见，不同波长下溶液的吸收强度各不相同，吸光度最大处（吸收峰）对应的波长称为最大吸收波长 λ_{max}，在 λ_{max} 处进行测定，灵敏度最高。相同波长下，溶液浓度愈大吸光度愈大。不同浓度的相同物质测得的吸收光谱形状相似，λ_{max} 均相同。$KMnO_4$ 溶液的 λ_{max} 均为 525nm，表明该溶液最容易特征性地吸收波长为 525nm 附近的光。由此可见，在分光光度分析中，应该选用被测溶液吸收光谱的最大吸收波长 λ_{max} 作为入射光。

（六）朗伯 - 比耳定律

1. 透光率和吸光度　当一束平行单色光垂直照射到盛装有色溶液的容器上时，光的一部分被溶液吸收，一部分透过溶液，见图 4-4。设入射光强度为 I_0，吸收光强度为 I_a，透射光强度为 I_t，则

$$I_0=I_a+I_t \qquad (4-2)$$

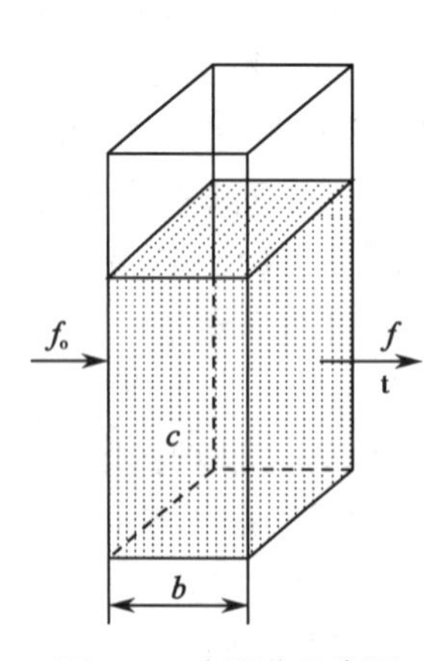

图 4-4　光吸收示意图

式（4-2）表明，I_0 一定时，I_a 越大 I_t 就越小；相反，I_a 越小则 I_t 就越大。因此，测量 I_t 的大小可以表示溶液对光的吸收能力。

透射光强度 I_t 与入射光强度 I_0 之比称为透光率 T（transmittance）或百分透光率 T%，即：

$$T=\frac{I_t}{I_0} \tag{4-3}$$

$$T\%=\frac{I_t}{I_0}\times 100\% \tag{4-4}$$

透光率的负对数称为吸光度 A（absorbance），即

$$A=-\lg T=-\lg\frac{I_t}{I_0}=\lg\frac{I_0}{I_t} \tag{4-5}$$

从式（4-3）、（4-4）和（4-5）可知，T 愈大则 A 愈小，溶液对光的吸收愈少；反之 T 愈小则 A 愈大，溶液对光的吸收愈多。当 T%=100% 时，A=0，光完全透过，溶液对光完全不吸收；而 T%=0 时，A=∞，光完全不透过，溶液对光完全吸收。

2. 朗伯 - 比耳定律　实验表明，在一定温度下，当一束平行单色光通过某一有色溶液时，吸光度 A 与液层厚度和溶液浓度 c 成正比，即

$$A=kbc \tag{4-6}$$

式（4-6）为朗伯 - 比耳定律（Lambert-Beer law）的数学表达式。朗伯 - 比耳定律是分光光度法定量分析的理论基础。式中 k 称为吸光系数，是有色溶液吸光能力的量度，与物质本性、入射光波长、溶剂、温度、溶液浓度表示方法等有关。k 数值上等于单位浓度和单位液层厚度时溶液的吸光度，k 值越大溶液对入射光越容易吸收，测定灵敏度越高。

根据所选用的溶液浓度单位和液层厚度单位不同，吸光系数通常有以下两种表示方法：

（1）摩尔吸光系数：溶液浓度用物质的量浓度（mol/L），液层厚度的单位为 cm 时，k 用 ε 表示，此时朗伯 - 比耳定律可写为：

$$A=\varepsilon \mathbf{bc} \tag{4-7}$$

式中 ε 称为摩尔吸光系数（molar absorptivity），单位为 L/（mol · cm）。ε 数值上等于一定温度下，溶液浓度为 1mol/L 和液层厚度为 1cm 时溶液的吸光度。

（2）质量吸光系数：溶液浓度用质量浓度 ρ（g/L）表示，当液层厚度单位为 cm 时，k 用 a 表示，此时 Lambert-Beer 定律可写为：

$$A=ab\rho \tag{4-8}$$

式中 a 称为质量吸光系数（mass absorptivity），单位为 L/（g · cm）。

设被测物质的摩尔质量为 M，则同一物质的 a 与 ε 之间的关系为：

$$\varepsilon=aM \tag{4-9}$$

（3）Lambert-Beer 定律应用时须注意以下几点：

1）朗伯 - 比耳定律仅适用于单色光和稀溶液。入射光单色性差，溶液浓度太高，都会偏离 Lambert-Beer 定律，降低测定结果精度和准确度。在可见光区测定时，被测溶液一定是有色溶液。

2）光度分析的灵敏度（sensitivity）。常用摩尔吸光系数 ε 表征，ε 数值愈大吸光物质对入射光吸收愈强，测定灵敏度愈高。一般 $\varepsilon \geqslant 10^3$ 即可进行分光光度法测定。

3）测定时，选择吸收池厚度恒定的吸收池，Lambert-Beer 定律可表达为：

$$A=kbc=k'c \tag{4-10}$$

即在一定波长下吸光度与溶液浓度成正比。

4）透光率与溶液浓度或液层厚度之间的指数函数关系为：

$$-lgT=kbc \text{ 或 } T=10^{-kb} \tag{4-11}$$

二、光谱分析技术的分类

光谱分析法按作用对象不同可分为原子光谱法和分子光谱法。

光谱分析技术利用待测定组分所显示出的吸收光谱或发射光谱，既包括分子光谱，也包括原子光谱。根据物质对不同波谱区辐射能的吸收和发射，可建立不同的光谱分析方法，见表 4–1 和表 4–2。

表 4–1 光谱分析技术分类

波长范围	波谱区名称	跃迁类型	光谱类型
0.0005 ~ 0.1nm	γ 射线	原子核反应	莫斯鲍尔谱
0.1 ~ 10nm	X 射线	芯电子	X 射线电子能谱
10 ~ 200nm	远紫外	外层电子	真空紫外吸收光谱
200 ~ 400nm	近紫外	外层电子	紫外可见吸收光谱
400 ~ 760nm	可见	外层电子	紫外可见吸收光谱
0.76 ~ 2.5μm	近红外	分子振动	红外吸收光谱、拉曼光谱
2.5 ~ 50μm	中红外	分子振动、转动	红外吸收光谱、拉曼光谱
50 ~ 1000μm	远红外	分子振动、转动	红外吸收光谱、拉曼光谱
0.1 ~ 100cm	微波	分子转动、电子自旋	电子自旋共振
1 ~ 1000m	无线电波	原子核自旋	磁共振

表 4–2 常见光谱分析方法及其主要用途

方法名称	辐射能作用的物质	主要用途
紫外可见分光光度法	分子外层价电子	微量元素或分子定量
原子吸收光谱法	气态原子外层电子	痕量单元素定量
红外光谱法	分子振动或转动	结构分析及有机物定性定量
原子发射光谱法	气态原子外层电子	痕量元素连续或同时定量
原子荧光光谱法	气态原子外层电子	微量单元素定量
X 射线荧光光谱法	原子芯电子	常量元素定性定量
分子荧光光谱法	分子外层价电子	微量元素或分子定量
光电子能谱法	原子或分子轨道电子	表面及表层定性定量

第二节　紫外 – 可见分光光度计

一、紫外 – 可见分光光度计的基本结构与功能

能从含有各种波长的混合光中将每一单色光分离出来并测量其强度的仪器称为分光光度计。因其使用的波长范围不同而分为紫外线区、可见光区、红外光区以及万用（全波段）分光光度计等。工作波段在 200 ~ 800nm 的称为紫外 – 可见分光光度计（ultraviolet-visible spectrophotometer），其中 200 ~ 400nm 为紫外线区，400 ~ 800nm 为可见光区，属于分子吸收光谱仪。分光光度计具有结构简单、灵敏度高、操作简便、准确性好、造价相对低廉、应用广泛等优点。随着计算机技术和微电子技术的不断发展，紫外 – 可见分光光度计的性能有了很大提高，目前，在分析化学、药物分析和临床医学检验领域的应用中占有重要地位。

紫外 – 可见分光光度计的商品仪器类型很多，质量差别悬殊，但基本原理相似。一般构造由五大部件组成（图 4–5）：

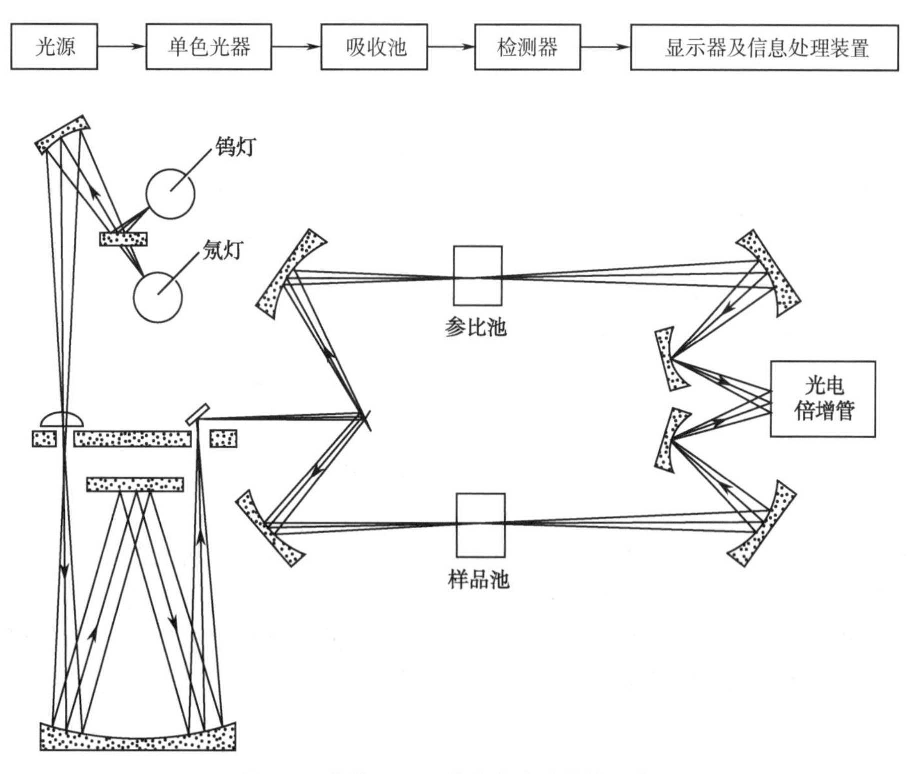

图 4–5　紫外 – 可见分光光度计结构示意图

（一）光源

光源（light source）是能够在广泛的光谱区域发射具有足够辐射强度和良好稳定性的连续光谱作为入射光的装置。在紫外 – 可见分光光度计中，常用的光源有两类：热辐射光源，如钨丝灯、卤钨灯等用于可见光区；气体放电光源，如氢灯、氘灯及氙灯等，用于紫

外线区。

1. 钨丝灯 波长范围为 320～2500nm，辐射能量随温度的升高而增大。钨丝灯的辐射强度对灯电压非常敏感，记录的光电流与工作电压的四次方成正比。因此，在使用时应严格控制钨丝灯的端电压。

2. 卤钨灯 是在钨丝灯中加入适量的卤素或卤化物而制成，其适用的波长范围与钨丝灯相同。由于工作时挥发的钨原子与卤素生成卤化物，卤化物分子受热分解使钨原子重新回到灯丝上，因此大大减少钨原子的蒸发，提高了灯的使用寿命。卤钨灯稳定性好，常用作可见光分光光度计的光源。常用的卤钨灯有碘钨灯和溴钨灯。

3. 氢灯和氘灯 适用波长范围为 185～375nm，是常用于紫外线谱区域的光源。氘灯的灯管内充有氢的同位素氘，其光谱分布与氢灯类似，但发光强度比氢灯高 3～5 倍。氢灯和氘灯采用直流稳压供电，灯管须采用石英玻璃窗且有固定的发射方向。安装时必须仔细校正，接触灯管时应戴手套以防留下污迹。

（二）单色器

单色器（monochromator）是将来自光源的复合光分解为单色光并分离出所需波段光束的装置，是分光光度计的关键部件。主要由入射狭缝、出射狭缝、色散元件和准直镜组成（图 4-6）。

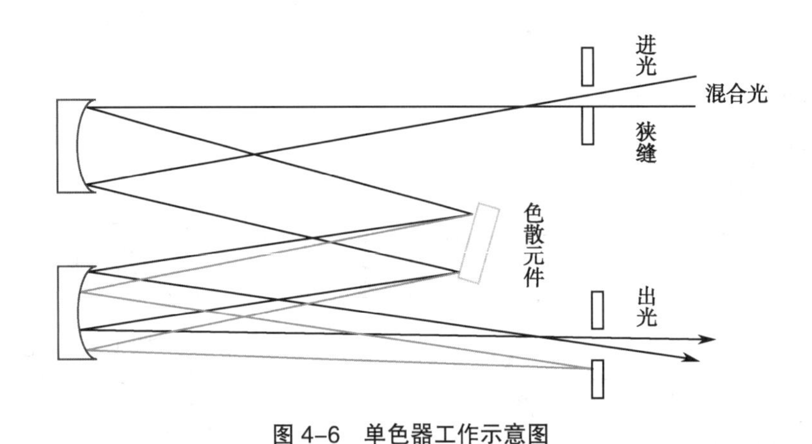

图 4-6 单色器工作示意图

入射狭缝的作用是限制杂散光进入；色散元件的作用是将复合光分解为单色光，有棱镜和光栅两种；准直镜的作用是将来自色散元件的平行光束聚集在出射狭缝上；出射狭缝可以控制通带宽度将固定波长范围的光射出单色器。单色器的性能直接影响射出光的纯度，从而影响测定的灵敏度、选择性及校正曲线的线性范围。单色器质量好坏，主要取决于色散元件的质量。

（三）吸收池

吸收池也称比色杯，用于盛放被分析的试样，让入射光束通过。吸收池一般由玻璃和石英两种材料做成，玻璃池只能用于可见光区，石英池可用于可见光区及紫外线区。

吸收池的大小规格从几毫米到几厘米不等，最常用的是 1cm 的吸收池。为减少光的反射损失，吸收池的光学面必须严格垂直于光束方向。在高精度分析测定中（紫外线区尤其重要），吸收池要挑选配对，使它们的性能基本一致，因为吸收池材料本身和光学面的光学特性，以及吸收池光程长度的精确性等对吸光度的测量结果都有直接影响。

（四）检测器

在分光光度计检测过程中，需将光信号变化转换成电信号的变化进行定量测量。这种把光信号转换为电信号的装置称为光电转换器即检测器。对检测器的要求主要有：产生的电信号与照射到它上面的光强有恒定的函数关系；波长响应范围大；灵敏度高；响应速度快，一般要求小于 10^{-8} 秒；产生的电信号易于检测、放大，噪声低。

1. 光电池　某些半导体材料受光照射时，背光面和受光面之间会产生电位差。在两面之间可检测到电流。这种光电转换元件即为光电池。有硒光电池、硅光电池等。光电池所产生的光电流与入射光强度成正比。现在已经很少使用。

2. 光电管（phototube）是以一弯成半圆柱且内表面涂上一层光敏材料的镍片作为阴极，以置于圆柱形中心的一条金属丝作为阳极，密封于高真空的玻璃或石英中构成的，当光照到阴极的光敏材料时，阴极发射出电子，被阳极收集而产生光电流。随阴极光敏材料不同，灵敏的波长范围也不同。可分为蓝敏和红敏两种光电管，前者是阴极表面上沉积锑和铯，可用于波长范围为 210 ~ 625nm；后者是阴极表面上沉积银和氧化铯，可用波长范围为 625 ~ 1000nm。

3. 光电倍增管（photomultiplier）实际上是一种加上多级倍增电极的光电管，其结构见图 4-7。所示外壳由玻璃或石英制成，阴极表面涂有光敏物质，在阴极 C 和阳极 A 之间装有一系列次级电子发射极，即电子倍增极 D_1、D_2 等。阴极 C 和阳极 A 之间加直流高压（约 1000V），当辐射光子撞击阴极时发射出光电子时，该电子被电场加速并撞击第一倍增极 D_1，撞出更多的二次电子，依此不断进行，最后阳极收集到的电子数将是阴极发射电子的 10^5 ~ 10^6 倍。

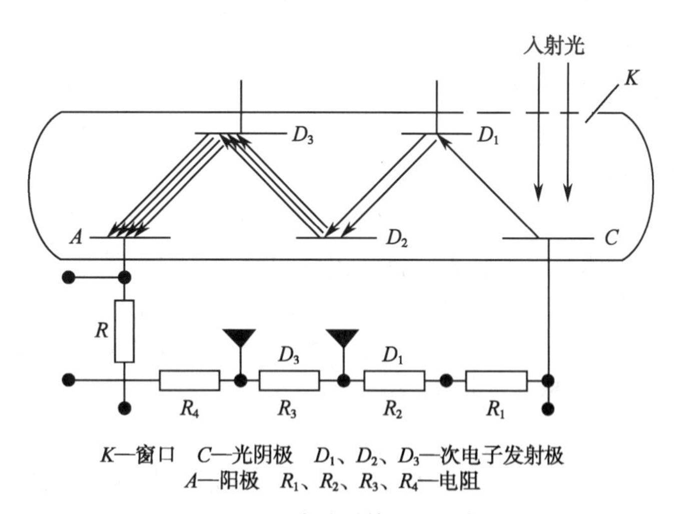

K—窗口　*C*—光阴极　D_1、D_2、D_3—次电子发射极
A—阳极　R_1、R_2、R_3、R_4—电阻

图 4-7　光电倍增管工作示意图

与光电管不同，光电倍增管的输出电流随外加电压的增加而增加且极为敏感。这是因为每个倍增极获得的增益取决于加速电压。因此，光电倍增管的外加电压必须严格控制。光电倍增管的暗电流愈小，质量愈好。光电倍增管灵敏度高，是检测微弱光最常见的光电元件，可以用较窄的单色器狭缝，从而对光谱的精细结构有较好的分辨能力。

4. 光电二极管阵列（photodiode array） 其检测器为多道光检测器，可同时检测多个波长的光强度。它是由一行光敏区和二行读出寄存器构成。光电二极管阵列不怕强光、耐振动、耐冲击、重量轻、耗电少、寿命长、光谱响应范围宽、量子效率高、可靠性高及读出速度快，以光电二极管阵列作为检测器的紫外－可见分光光度计不存在时间滞后问题，适合于做化学反应动力学研究（图 4-8）。

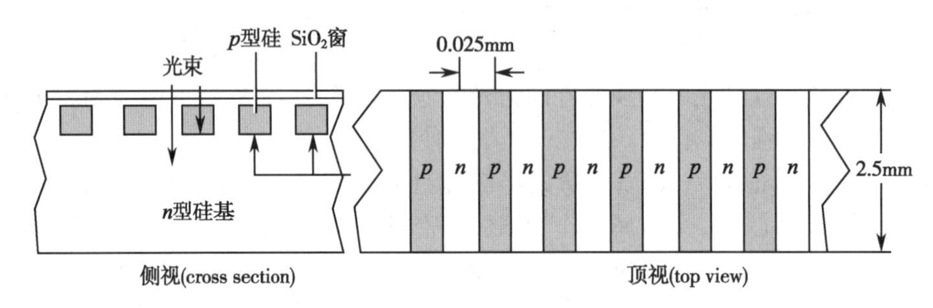

图 4-8 光电二极管阵列工作示意图

5. 电荷耦合器件（charge coupled devices，CCD） 是一种新型固体多道光学检测器件，它是在大规模硅集成电路工艺基础上研制而成的模拟集成电路芯片。它可以借助必要的光学和电路系统，将光谱信息进行光电转换、储存和传输，在其输出端产生波长－强度二维信号，信号经放大和计算机处理后，在末端显示器上同步显示出人眼可见的图谱，无须进行感光板那样的冲洗和测量黑度的过程。目前这类检测器已经在光谱分析的许多领域获得了应用。

在原子发射光谱中采用 CCD 的主要优点是：这类检测器具有同时多谱线检测能力和借助计算机系统快速处理光谱信息的能力，可极大地提高发射光谱分析的速度。采用这一检测器设计的全谱直读等离子体发射光谱仪，可在 1 分钟内完成样品中多达 70 种元素的测定。此外，它的动态响应范围和灵敏度均有可能达到甚至超过光电倍增管，加之其性能稳定、体积小、比光电倍增管更结实耐用，因此在发射光谱中有广泛的应用前景。

（五）信号显示系统

信号显示系统是把放大的信号以适当的方式显示或记录下来的装置。常用的信号显示装置有直读检流计、电位调节指零装置、自动记录和数字显示装置等。目前，许多精密的紫外－可见分光光度计装配有计算机系统，一方面可对分光光度计进行操作控制；另一方面可将检测数据直接显示在 CRT 或液晶显示屏上，并对数据进行记录、处理，可在打印机上直接打印，也可将数据传送至网络计算机。

二、紫外－可见分光光度计性能指标与评价

紫外－可见分光光度计是利用物质对光的有选择吸收现象，进行物质定性、定量分析的仪器。其分析结果的可靠性取决于仪器的性能是否达标。目前国家对分光光度计有强制检测的要求，每年由计量局组织对各医疗机构所用分光光度计进行强制性检查，对不合格仪器禁止使用，以保障仪器测定结果的准确。评价紫外－可见分光光度计的性能指标如下：

（一）波长准确度和波长重复性

波长准确度是指仪器波长指示器上所示波长值与仪器此时实际输出的波长值之间的符合程度。可用二者之差来衡量其准确性。

波长重复性是指在对同一个吸收带或发射线进行多次测量时，峰值波长测量结果的一致程度。通常取测量结果的最大值与最小值之差来衡量。

波长误差来源于色散元件传动机构的运动误差、波长度盘的刻划误差、狭缝中心位置偏移和装校误差等。而波长重复性则取决于上述各种机构中间隙的稳定性。波长误差对测量结果有很大影响，可以使定量分析造成误差，定性分析或结构分析判断错误。因此，在仪器安装完毕或使用一段时间后要进行一次检查校正。波长校正应在整个波长范围的不同区域进行，不能只在个别点进行波长校正。近年来生产的高档紫外－可见分光光度计通常都有自检和波长自动校准系统，可按仪器使用说明书规定的方法进行校正。

（二）光度线性范围和准确度

光度线性范围是指仪器光度测量系统对于照射到接收器上的辐射功率与系统的测定值之间符合线性关系的功率范围，也就是仪器的最佳工作范围。在此范围内测得的物质的吸光系数才是一个常数。这时候仪器的光度准确度最高。

评价时可配制适当浓度的溶液，按照一定的倍数逐步稀释，分别测定其吸光度。根据测得的吸光度计算吸光系数，以吸光度为横坐标，相应的吸光系数为纵坐标绘制吸光系数－吸光度曲线，曲线的平坦区域即为仪器的线性范围。

光度准确度是指仪器在吸收峰上读出的透射率或吸光度与已知真实透射率或吸光度之间的偏差。该偏差越小，光度准确度越高。

（三）分辨率

分辨率是指仪器对于紧密相邻的峰可分辨的最小波长间隔，它是分光光度计质量的综合反映。单色器输出的单色光的光谱纯度、强度以及检测器的光谱灵敏度等是影响仪器分辨率的主要因素。

（四）光谱带宽

光谱带宽（spectral band width）是指从单色器射出的单色光（实际上是一条光谱带）最大强度的 1/2 处的谱带宽度。它与狭缝宽度、分光元件、准直镜的焦距有关，可以认为是单色器的线色散率的倒数与狭缝宽度的乘积。

光谱带宽可以用测量钠灯的发射谱线，如钠双线（589.0nm、589.6nm）的宽度的方法来测量。由于元素灯谱线本身的宽度大大小于单色器的宽度，故测得的光谱带宽可以认为就是单色器的光谱带宽。

（五）杂散光

杂散光是测量过程中的主要误差来源，会严重影响检测准确度。可用截止滤光器测定杂散光，截止滤光器对边缘波长或某一波长的光可全部吸收，而对其他波长的光却有很高的透光率。因此测定某种截止滤光器在边缘波长或某一波长的透光率，即表示杂散光的强度。

（六）基线

基线（base line）是在不放置样品的情况下，扫描 100%T 或 0%T 时读数偏离的程度，是仪器的重要性能指标之一。如果基线稳定度差，光度准确度就低。以下列出几种常见紫外－可见分光光度计性能指标（表 4-3）。

表 4-3　几种紫外 - 可见分光光度计性能指标一览表

性能指标	仪器型号					
	Lambda18	8450	TU-1221	UV-2501	UV-3000	UV-500
波长范围（nm）	185 ~ 900	190 ~ 1100	190 ~ 900	190 ~ 900	190 ~ 900	190 ~ 900
波长准确度（nm）	± 0.2	± 0.5	± 0.3	± 0.3	± 0.3	± 0.3
光谱带宽（nm）	0.1 ~ 0.5	–	0.15 ~ 5.0	0.1 ~ 5.0	0.1 ~ 6.0	0.2 ~ 4.0
分辨率（nm）	–	–	0.15	0.10	0.15	–
杂散光（T）	0.0001%	0.05%	0.05%	0.003%	0.0015%	0.001%
光度准确度（A）	± 0.003	± 0.005	± 0.002	± 0.002	± 0.002	± 0.001
基线平直度（A）	0.001	0.001	0.002	0.001	0.001	0.001
基线稳定度（A）	0.0002/	0.002/	0.0004/	0.0004/	0.004/	0.0002/

三、紫外 - 可见分光光度计使用与维护

（一）使用

紫外 - 可见分光光度计种类繁多，一般普通紫外 - 可见分光光度计操作流程比较简单，使用按操作手册进行即可。对于高端扫描的紫外 - 可见分光光度计操作步骤相对复杂，基本操作流程见图 4-9。

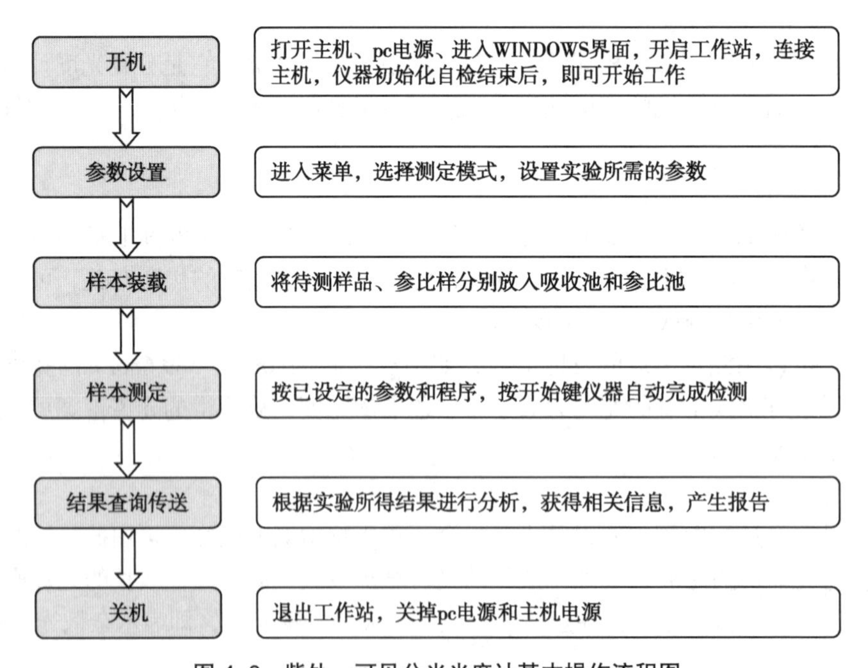

图 4-9　紫外 - 可见分光光度计基本操作流程图

（二）日常保养和维护

紫外 - 可见分光光度计是精密光学仪器。因此，使用者要注意日常保养和维护。除经常

做好清洁卫生工作外，还要注意以下几点：

1. 安装环境　安装紫外－见分光光度仪器的房间，应远离电磁场且干净、通风、防尘。安放仪器的桌子要注意防震，最好采用水泥制作，比较稳定，避免震动源的影响。同时仪器不能被太阳光直接照射。

2. 防潮　紫外－可见分光光度计不能受潮，否则将会使仪器性能变差或造成仪器损坏。在潮湿阴雨的气候条件下，特别是我国的南方春夏之交，更应该注意防止仪器受潮。如果仪器较长时间不使用，应每隔 7 天开机 1 ~ 2 小时。仪器的周围保持干燥，每次使用完毕后，比色皿暗箱内应放置防潮硅胶袋。并用塑料套罩严，同时在套子内也放置数袋防潮硅胶，注意及时调换或烘干防潮硅胶。

3. 检验仪器的技术指标　为保证仪器测试结果的准确可靠，新购进、使用和维修后的分光光度计都应该定期进行检验。国家技术监督局批准颁布 JJG178–1996 规定了检定各类紫外－可见分光光度计的检定周期，一般为半年。两次检定合格的仪器检定周期可延长至一年。通过检验发现技术指标出现问题的仪器，使用者自己不要轻易调整，应该马上联系制造厂的维修工程师来进行维修。经常检验的技术指标一般有比色皿的配套性、仪器波长准确性等。

4. 机械运动部件活动自如　紫外－可见分光光度计有许多转动部件，如光栅的扫描装置、狭缝的传动装置、光源转换装置等。使用者对这些活动部件，应经常添加一些钟表油以保证其活动自如。使用者不易触及的部件，可以请制造厂的维修工程师或有经验的工作人员帮助完成。

5. 仪器在使用前、后必须彻底清洗　在使用和清洗过程中，不能用硬质纤维和手指擦拭或触损透光面，只能拿其不透光的两个毛玻璃面。保持比色皿透光面的完好无损和清洁。清洗时，可浸泡在肥皂水中，然后再用自来水和蒸馏水冲洗干净。当被有色物质污染可以用 3mol/L 的盐酸和等体积乙醇的混合液浸泡洗涤。重度污染时可以使用超声波清洗。倒置晾干备用，绝对不能烘烤。比色皿外边沾有水珠或持测溶液时，可先用滤纸吸干，再用镜头纸拭净。

四、紫外－可见分光光度计常见故障及排除方法

分光光度计是由光、机、电等几部分组成的精密仪器，为保证仪器测定的数据正确可靠，不仅应注意正确安装调试，按操作规程使用、保养等，还应了解并能排除仪器的常见故障。紫外－可见分光光度计常见故障和排除方法见表 4–4。

表 4–4　紫外－可见分光光度计常见故障现象及排除方法

故障现象	故障原因及排除方法
接通电源后，指示灯不亮，仪器不工作	1. 电源线接触不良；接好电源线 2. 保险丝坏；检查保险丝，更换新的 3. 电路故障；整机检查，并与厂方联系
不能调零（即 0%T）	1. 光门不能完全关闭；检修光门盖 2. 微电流放大器损坏；放大器输入端在没有外界信号时，正反相都应接近于 0，对称性较好，属正常；如一端远远超出另一端不平衡，放大器坏，更换放大器

续表

故障现象	故障原因及排除方法
不能调置 100%T	1. 光能量不够；变换灵敏度开关，满足此条件，无反应，检查样品室内有否光亮，如偏离光电管接收光窗，能量微弱，检查灯源室及单色器，调整光源，使仪器正常工作 2. 光源（钨灯、氘灯）损坏；更换新的 3. 比色器架没落位；检查比色器架子，摆正位置 4. 光门未完全打开或单色光偏离；检修光门使单色光源完全进入接收器
测光精度不准	1. 由于仪器受振动等原因使波长位移；采用干涉滤光片或其他方法进行波长校正 2. 比色器受污染；使比色器保持清洁 3. 样品混浊，配制溶液不准确；应仔细操作每个步骤
噪声指标异常	1. 预热时间不够；需预热 20 分钟 2. 光源老化；更换光源 3. 环境振动过大，空气流速过大；调换仪器运行环境 4. 样品室不正；对正样品室 5. 电压低，强磁场；加稳压器，消除干扰
其他	1. 程序错误；正确操作，关闭其他无关程序，检查计算机是否有病毒 2. 不明故障原因；与厂家联系，说明故障现象

第三节　分子荧光光谱仪

物质分子在一定条件下能够吸收辐射能而被激发到较高电子能态，在返回基态的过程中将以不同的方式释放能量。在分子由基态激发跃迁至激发态的过程中，所需激发能可由光能、化学能或电能供给。分子吸收光能而被激发至较高能态，在返回基态时，会发射出与吸收光波长相等或不等的光辐射，这种现象称为光致发光。

分子荧光分析是利用光致发光现象，通过物质发光强弱情况来确定物质含量的发光分析法。荧光发射的特点是：可产生荧光的分子或原子在接受能量后即刻引起发光；而一旦停止供能，发光（荧光）现象也随之在瞬间内消失。

可以引起发射荧光的能量种类很多，由光激发所引起的荧光称为光致荧光，由化学反应所引起的称为化学荧光，由 X 线或阴极射线引起的分别称为 X 线荧光或阴极射线荧光。荧光免疫技术一般应用荧光物质进行标记。

一、荧光产生的基本原理

（一）荧光的产生

通过测定物质分子产生的荧光光谱的特性及强度进行分析的方法称为分子荧光分析。物质的基态分子受到激发光源的照射，被激发至激发态后，从激发态的最低振动能级返回基态时发射与入射光相同或较长的光，称为荧光。

一种物质分子能否发射出荧光取决于它本身的分子结构和它所在的环境条件。从分子结构来说，能发射荧光的物质一般都含有共轭双键，能吸收辐射能，产生电子跃迁。分子荧光通常利用某些物质受到紫外－可见光照射后，发射出比吸收的紫外－可见光的波长更长的荧光。通过测定物质分子产生的荧光光谱的特性及强度进行分析的方法称为分子荧光分析。

分子荧光分析可应用于物质的定性及定量，由于物质结构不同，所能吸收的紫外－可见光波长不同，所发射的荧光波长也不同，利用这个性质可以进行定性分析。对于同一种物质的稀溶液，其产生的荧光强度与浓度呈线性关系，利用这个性质可进行定量测定。

分子荧光分析的主要特点是灵敏度高，检出限为 10^{-6}～10^{-4}g/L，较紫外－可见分光光度法高 1～3 个数量级。由于能吸收紫外－可见光的物质并不一定产生荧光且不同物质由于结构不同，虽吸收同一波长的光，但产生的荧光波长也不尽相同，因而分子荧光分析的选择性强。此外，还有用量少、操作简便等优点。

（二）激发光谱和荧光光谱

任何荧光物质都具有两个特征光谱，即激发光谱（excitation spectrum）和发射光谱（emission spectrum）。它们是分子荧光分析中定性、定量的基础。

1. 激发光谱　荧光物质常用紫外线或波长较短的可见光激发而产生荧光。如果将激发光的光源用单色器分光，测定不同波长激发光照射下荧光强度的变化，以激发波长（λ）为横坐标，荧光强度（I_F）为纵坐标作图，便可得到荧光物质的激发光谱。

2. 发射光谱　固定激发光波长和强度，让物质发射的荧光通过单色器，然后测定不同波长的荧光强度。以荧光的波长（λ）作横坐标，荧光强度（I_F）为纵坐标作图，得到的是发射光谱。图 4-10 和图 4-11 分别为硫酸奎宁和蒽的激发光谱及荧光光谱。

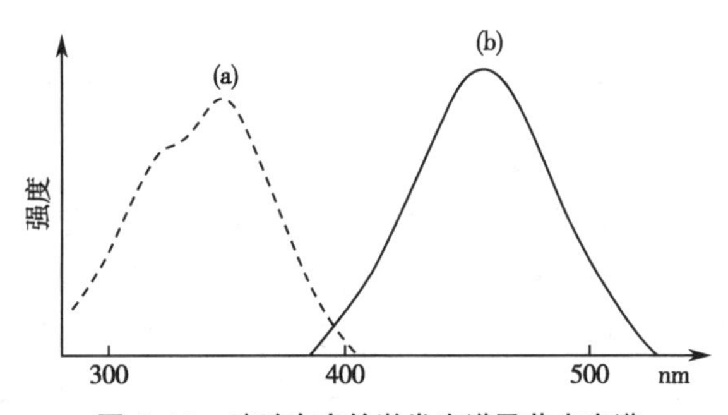

图 4-10　硫酸奎宁的激发光谱及荧光光谱

-----激发光谱　——荧光光谱

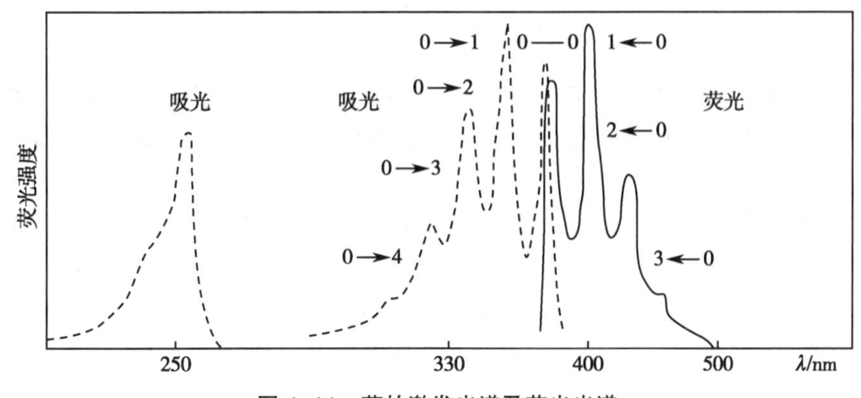

图 4-11　蒽的激发光谱及荧光光谱

-----激发光谱　——荧光光谱

荧光物质的最大激发波长（λ_{ex}）和最大荧光波长（λ_{em}）是鉴定物质的根据，也是定量测定时最灵敏的条件。

（三）物质结构和荧光强度的关系

在许多有机物和无机物中，只有小部分物质会发生强的荧光，它们的激发光谱、发射光谱及荧光强度与它们的结构有密切的关系。

1. π～π 电子共轭程度　大部分荧光物质都有芳香环或杂环，而芳香环越大，具有的共轭 π～π 双键结构越大。当 π～π 电子的共轭程度越大，就越容易被激发，分子的荧光效率越高，其荧光光谱红移的就越明显。因此，π～π 电子共轭程度越大的结构，比如以环己烷为溶剂对－苯基化、间－苯基化和乙烯基化的作用都会增大荧光强度，并使荧光光谱发生长波方向移动，见表 4–5。

表 4–5　不同共轭结构化合物对荧光效率与最大发射波长的影响

化合物	Φ_F	λ（nm）
苯	0.07	283
联苯	0.18	316
1，3，5- 三苯基苯	0.27	355
蒽	0.36	402
9- 苯基蒽	0.49	419
9- 乙烯基蒽	0.76	432

2. 刚性的不饱和的平面结构具有较高的荧光效率　分子刚性及共平面性越大，荧光效率越高，并使最大发射波长向长波长方向移动。比如酚酞和荧光素比较，尽管结构相似，但荧光素多一个氧桥，使分子的 3 个环形成一个平面，其共平面性增加，减少了分子的振动，能量降低，使 π 电子的共轭程度增加。所以荧光素有强烈荧光，而酚酞的荧光很弱。

3. 芳香烃及杂环化合物的荧光光谱和荧光量子产率与取代基的类型有关　取代基为给电子取代基，常使荧光强度增加。

二、荧光光谱仪的基本结构与功能

荧光分析使用的仪器主要分为荧光计（fluorometer）和荧光分光光度计（spectrofluorometer）两种类型，见图 4–12。它们通常都由激发光源、单色器或滤光片、试样池、检测器和放大显示系统组成。

由激发光源发出的光，经第一单色器（激发单色器）色散后，得到所需要的激发光波长，照射到试样池中的荧光物质上，产生荧光。让与光源方向垂直的荧光经第二单色器（发射单色器）滤去激发光所发生的反射光、溶剂的散射光和溶液中的杂质荧光，只让被测组分的一定波长的荧光通过。然后由检测器把荧光变成电信号，经放大后显示结果。

（一）激发光源

一般可见光区常用的光源有高压汞灯、氙灯、卤钨灯。高压汞灯常用在荧光计中，发射强度大而稳定，但不是连续光源，荧光分析中常用365、405、436nm 3条谱线。而荧光分光光度计大都采用150W和500W的高压氙灯作光源，发射强度大，能在紫外、可见区给出比较好的连续光，可用在200～700nm波长范围，在250～400nm波段内辐射线强度几乎相等，但氙灯需要稳定电源以保证光源的稳定。

高能闪烁光源是较好的荧光光源，荧光物质的荧光强度与激发光源的强度成正比，高能闪烁光源采用了不需要预热、脉冲输出能量相当于75kW的闪烁氙灯。利用电子技术控制其只在发出测量指令后才闪烁。这给使用者带来极大的方便：可以开着样品室测量省去了不停开、关盖的烦琐；由于室内光线的强度不足光源的千分之一，不会对测定造成干扰；尤其方便在测量反应动力学的过程中往吸收池中添加反应试剂，有效避免光敏物质的降解（传统的连续氙灯光源开机后一直处于发射状态，许多荧光物质在其长时间的照射下会发生光降解，引起测量误差）；大大延长了光源的使用寿命，可连续工作20 000小时，基本上不用更换。

（二）单色器

大部分荧光分光光度计采用光栅作为单色器，用来分离出所需要的单色光。仪器中具有两个单色器：一是激发单色器，用于选择激发光波长；二是发射单色器，用于选择发射到检测器上的荧光波长。

由于荧光分析测量的是分子的绝对发光强度，背景荧光和散射光的干扰越低，灵敏度就越高，有效克服了背景干扰。在其激发和发射单色器上都标准配置了多个波长范围的滤光片，一旦选定测量波长，软件可自动调用合适的滤光片。

（三）吸收池

荧光分析用的吸收池是不吸收紫外线的石英制成。吸收池的形状是散射光较小的方形。有的荧光计附有恒温装置，以便控制温度。

（四）检测器

荧光分光光度计一般有两支红敏光电倍增管：一支用于样品信号的测量；一支用于参比信号。这种红敏的光电倍增管在紫外至近红外1100nm的波长范围内都具有良好的灵敏度，还可通过软件调整检测电压（强荧光测量用低电压，弱荧光用高电压），在保证合理灵敏度的同时，最大限度地延长其使用寿命，并与长寿命光源相匹配，共同确保整机的使用寿命。

（五）信号显示系统

在荧光分光光度计中常用光电倍增管。其输出可用高灵敏度的微电计测量或再经放大后输入记录器中自动描绘光谱图。

（六）水平狭缝

减少了测量所需的样品体积（0.5ml，10mm液池）。同时，由于检测到的样品体积比垂直狭缝大得多，同等条件下，灵敏度高出5～30倍。

（七）可装各种测量附件

在其宽大的样品室内预留了多种测量附件的插口，如可接温度低至77K的牛津低温冷阱、电热恒温水浴、液池内精确测温的温度探头以及偏振附件等。尤其是拆卸方便的多孔板附件，30秒内即可将其由荧光分光光度计变成一台荧光多孔板读数器，能对每一孔进行扫描、浓度测量、动力学测量等操作。荧光光度计的结构见图4-12。

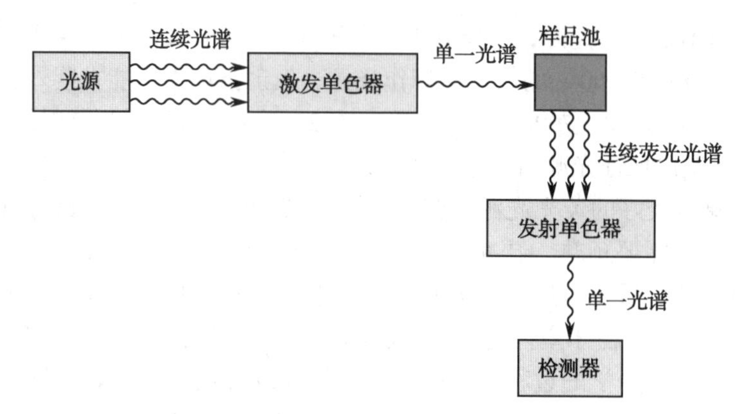

图 4-12 荧光光度计的结构示意图

三、荧光分光光度计性能指标与评价

（一）波长准确度

波长准确度是指仪器波长指示器上所指示的波长值与仪器出射的实际波长值之间的符合程度，可用二者之差（即波长误差）来衡量其准确性。JJG178-1996 规定检定可见分光光度计的使用的标准器波长准确度最高为 ±0.2nm，最低为 ±0.6nm。

（二）杂散光

杂散光是指由检测器接收到的仪器单色器分离的其他光谱范围以外的辐射光。分光光度计杂散光强度的测量，通常是在规定波长下用不透明的溶液或滤光片所测定的透射率值来比较完成的。紫外区可用 NaI 溶液测定波长为 220nm 处的杂散光；在可见区使用各种有色玻璃作滤光片。它是光谱测量中误差的主要来源。

（三）光谱带宽

指从单色器射出的单色光谱线强度轮廓曲线的 1/2 高度处的谱带宽度。按照比尔定律，表征仪器的光谱分辨率，光谱带宽应该是越小越好。但是如果仪器的光源能量较弱，光学传感器的灵敏度较低时，光谱带宽太窄，也不能获得理想的测量结果。

（四）基线

基线稳定性和基线平直性是指分光光度计在扫描 100% 线或 OA 线时（样品室中不放任何东西）读数随时间偏离或弯曲的程度。它是仪器的重要性能指标之一。

（五）噪声

噪声是信号随时间而无规则的变化。噪声测量的方法是在仪器预热稳定后，在一定波长和一定缝宽下，扫描 100% 线或 0% 线数分钟，量取峰 - 峰之间的值作为绝对噪声水平。但在实际测定中，常用信噪比来描述仪器的性能，如在 100% 线扫描时，噪声是 1%，则信噪比为 100∶1。

四、荧光光谱仪的使用维护及影响因素

（一）荧光光谱仪的使用

现代荧光光谱仪自动化程度普遍较高，使用应严格按照仪器说明进行操作，避免仪器的

损坏。其基本操作流程见图 4–13。

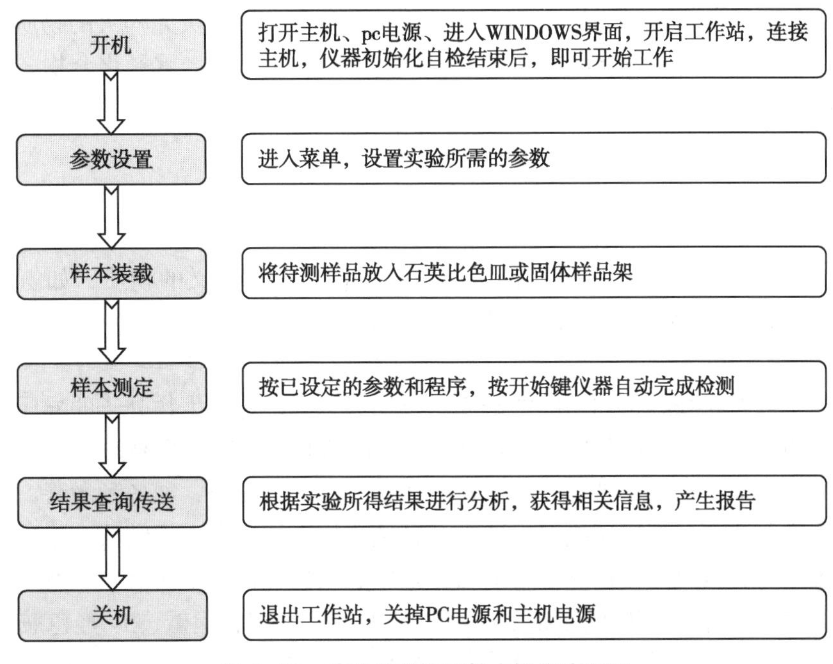

图 4–13　荧光光谱仪的基本操作流程图

（二）荧光光谱仪器的维护

光学部件的故障，一定要请专门人员进行检修。仪器在使用过程中还应注意以下问题：

1. 电源　供电电压必须与灯的要求相符，应确认正负极位置。触发电压、工作电流及电源的稳定等须符合仪器的规定。

2. 光源　启动后需有约 20 分钟的预热时间，待光源稳定发光后再进行测试。若光源熄灭后需等待灯管冷却后重新启动，以延长灯的寿命。灯及其窗口必须保持清洁，不能沾染油污，出现污染，应尽快用无水乙醇擦洗干净。

3. 单色器　应随时注意防潮、防尘、防污和防机械损伤。若单色器出故障，应请专门人员检修或严格按仪器说明书规定的步骤检修。

4. 光电倍增管　加上高压时切不可受外来光线直接照射，以免缩短光电倍增管的使用寿命或降低其灵敏度。平时应注意防潮和防尘。

5. 吸收池　荧光吸收池的清洁或透光面擦洗时应与插放为同一个方向，新吸收池可使用 3mol/L 盐酸和 50% 乙醇混合液浸泡，使用后的吸收池最好用硝酸处理，测试前再仔细清洗，于无尘处晾干备用，不可加热烘干。

6. 温度　一般来说，温度改变并不影响荧光的发射过程，但热损失的效率将随温度升高而增强，因此当温度升高时荧光强度通常会下降。

7. 溶剂　一般情况随着溶剂极性的增加，荧光强度将增强，荧光波长也发生红移。而溶剂的黏度和它与溶质形成的氢键也会影响荧光强度。

8. 溶液的 pH　当荧光物质是弱酸或弱碱时，溶液的 pH 对荧光强度有较大的影响。这是因为弱酸或弱碱在不同酸度中，分子和离子的电离平衡会发生改变，而荧光物质的荧光强度会因其离解状态发生变化。

9. 猝灭剂 荧光猝灭是指荧光物质分子与溶剂分子或其他溶质分子相互作用，引起荧光强度降低、消失或荧光强度与浓度不呈线性关系的现象。引起荧光猝灭的物质称为猝灭剂（quencher）。如卤素离子、重金属离子、氧分子以及硝基化合物、重氮化合物、羰基化合物等均为常见的猝灭剂。

五、荧光光谱仪的临床应用

使用荧光光谱仪可以对许多含量甚微，但具有重要生物意义的物质，如氨基酸、蛋白质、酶和辅酶、嘌呤、嘧啶、卟啉、核酸、维生素 A、B、C、D、E、K 等，进行有效的分析和测定。

此外，荧光分析在膜结构和功能的研究、抗体形态的确定、生物分子的异质性研究、酶活性和反应的测定、荧光免疫分析和体内化学过程的监测方面发挥重要作用。

在临床检验方面，荧光光谱仪可用来对人体中多种微量成分，如各种激素、氨基酸、核酸、维生素等进行测定分析，还能对血液中多种抗疟疾、抗生素、抗结核、止痛、强心、抗高血压药物等进行直接或间接检测。目前临床常用的项目包括测定血液、尿及动物组织中肾上腺素、去甲肾上腺素及各种代谢物；血液中组胺、多巴胺、胆碱、5-羟色胺等；体液中胆固醇、雌激素、睾丸激素等，还有青霉素、黄曲霉素、吗啡、奎宁等的血药浓度。

第四节 原子吸收光谱仪

原子吸收分光光度法（atomic absorption spectrophotometry，AAS）是基于气态的基态原子在某特定波长光的辐射下，原子外层电子对光的吸收这一现象建立起来的一种光谱分析方法。该法是特效性、准确性和灵敏度都很好的一种金属元素定量分析法。

一、原子吸收光谱仪的工作原理

当测定试液中某离子的含量时，首先将试液通过吸管喷射成雾状进入燃烧的火焰中，雾滴在高温火焰下，挥发并解离成待测原子蒸气。以待测定离子的空心阴极灯作光源，辐射出波长特征谱线，照射到具有一定厚度的待测定原子蒸气时，部分光被蒸气中的基态原子吸收而减弱。通过单色器和检测器测得待测特征谱线光被减弱的程度，可检测试液中待测元素的含量。

原子光谱是由于其价电子在不同能级间发生跃迁而产生的。当原子受到外界能量的激发时，根据能量的不同，其价电子会跃迁到不同的能级上。电子从基态跃迁到能量最低的第一激发态时要吸收一定的能量，同时由于其不稳定，会在很短的时间内跃迁回基态，并以光波的形式辐射能量。根据 $\Delta E=\upsilon$ 可知，各种元素的原子结构及其外层电子排布的不同，核外电子从基态跃迁到其第一激发态所需要的能量也不同。同样，再跃迁回基态时所发射的光波频率即元素的共振线也就不同，所以，这种共振线就是所谓的元素的特征谱线。在原子吸收分析中，就是利用处于基态的待测原子蒸气对从光源辐射的共振线的吸收来进行的。

一般是将试样进行预处理，然后进入原子化器，试样中被测元素在高温下发生离解而转变成气态原子状态并吸收由光源辐射出来的谱线，最后通过分光系统由检测器对获得的光谱强度进行检测，从而得到被测元素的含量。

二、原子吸收光谱仪的基本结构与功能

原子吸收分光光度计一般由光源、原子化器、分光系统、检测、记录系统等几大部分组成。目前经常使用的有单光束和双光束型，另外还有采用两个独立单色低度和检测系统可同时测定两种元素的双道双光束仪器，以及能同时测定多种元素的多道原子吸收分光光度计。其中单道单光束和单道双光束型的仪器由于结构比较简单，价格相对较低，因而应用比较普通。

原子吸收分光光度计的几个特点：①光源为锐线光源，如空心阴极灯等，而不是其他类型分光光度计上的连续光源；②原子化器作为试样对光辐射的吸收部分，这也相当于紫外可见分光光度计中的吸收池；③分光系统被安置在检测系统前面、原子化器后面。

（一）光源

光源的功能是发射被测元素基态原子所吸收的特征共振辐射。对光源的要求是：发射辐射的波长半宽度要明显小于吸收线的半宽度、辐射强度足够大、稳定性好、使用寿命长。

1. 空心阴极灯（CL）　空心阴极灯的结构见图 4–14。空心阴极灯有一个由被测元素材料制成的空腔形阴极和一个钨制阳极。阴极和阳极密封于充有低压惰性气体（氖等）的玻璃管中，管前端是一石英窗或玻璃窗。

空心阴极灯的发光机制是在阴极和阳极间加 300 ~ 500V 电压，电子由阴极向阳极运动，使充入的惰性气体电离，正离子以高速向阴极运动，撞击阴极内壁，引起阴极物质的溅射（称阴极溅射）；溅射出来的原子与其他粒子相互碰撞而被激发；激发态的原子不稳定，立即退到基态，发射出共振发射线。

空心阴极灯所发射的谱线强度及宽度主要与灯的工作电流有关。当处于适宜的工作电流（一般是几毫安）时，由于灯内气压很低，金属原子密度又很小，所以各种因素引起的展宽均很小，所得谱线较窄，灵敏度也较高。增大电流虽然可以增加发射强度，但自吸收现象也相应增强，发射线变宽，同时也影响灯的使用寿命。若电流过低将使光强减弱，导致稳定性和信噪比下降（图 4–14）。

2. 无极放电灯　有些仪器带有无极放电灯及其电源即微波发生器。这种灯的强度比空心阴极灯大几个数量级，没有自吸，谱线更纯。除用于原子吸收光谱分析外，还可以用于原子荧光光谱分析。

它的构造十分简单，由一个数厘米长，直径 5 ~ 12cm 的石英玻璃圆管制成。管内装入数毫克待测元素或挥发性盐类（金属、金属氯化物或碘化物、金属加碘均可），抽成真空并充入压力为 67 ~ 200Pa 的惰性气体氩或氖，制成放电管。将此管装在一个高频发生器的线圈内，并装在一个绝缘的外套里，然后放在微波发生器的同步空腔谐振器中。

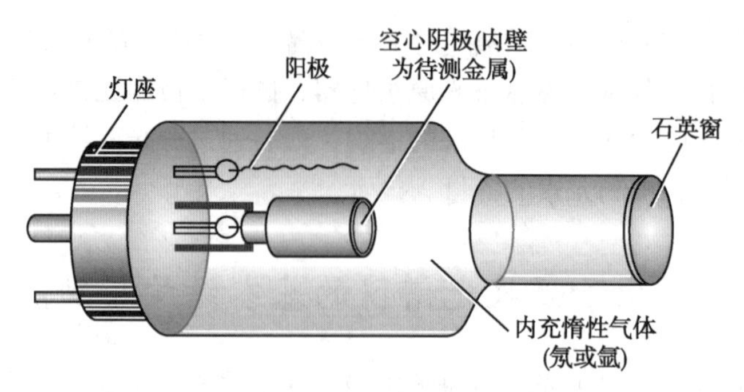

图 4-14　空心阴极灯的结构示意图

在高频电场（10～100MHz）中，激发发光频率低，适用于低熔点的金属。用频率为2450Hz 的微波激发，最大输出功率为 200W 时，所有元素都能制成无极放电灯。这种灯的预热周期短，工作寿命及搁置寿命长，设计和结构简单，成本低，使用方便。

3. 其他光源　将多种金属粉末按一定比例混合并压制和烧结，作为阴极，还可制成最多可达 7 种元素的多元素空心阴极灯。如 Al-Ca-Cu-Fe-Mg-Si-Zn。此外，还有高强度空心阴极灯、可换阴极的空心阴极灯和金属蒸气放电灯等。现在用半导体激光器作辐射源是一个研究热点。半导体激光器具有强度高、单色性好、价格便宜、消耗功率低、体积小、借助于光导纤维可用几个激光器进行同时多元素测定等特点。

（二）原子化器

原子化器（atomizer）的作用是提供合适的能量将试样中的被测元素转变为原子状态。由于原子化器的性能将直接影响仪器测定的灵敏度和重复性，因此要求它具有原子化效率高、记忆效应小和噪声低等特点。原子化的方法可分为火焰原子化（flame atomization）和无焰原子化（flameless atomization）等。

1. 火焰原子化　火焰原子化器结构简单，使用方便，对多数元素有较好的灵敏度和检出限。由于它是通过燃烧产生能量并使试样发生解离，因此它有一个专用的燃烧器。燃烧器可分为两种类型，即先将试样雾化然后再喷入火焰燃烧的预混合型和将试样直接喷入火焰的全消耗型。目前使用较普遍的是预混合型燃烧器，它由雾化器、燃烧器和火焰等部分组成（图 4-15）。

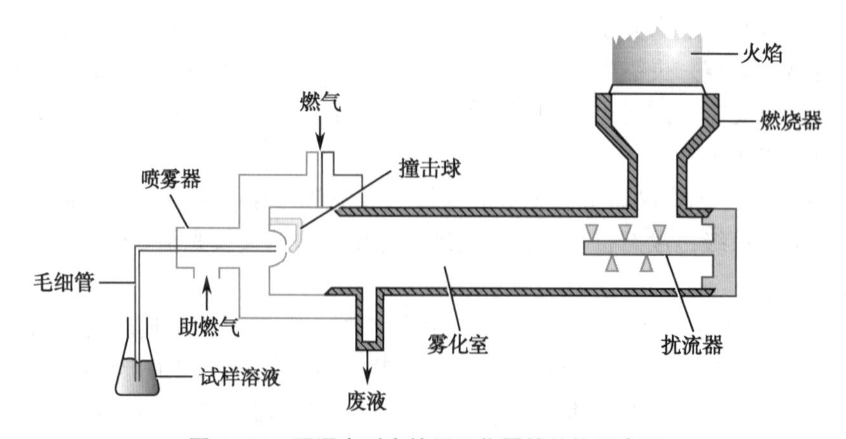

图 4-15　预混合型火焰原子化器的结构示意图

（1）雾化器：雾化器的作用是将试样溶液雾化，使之在火焰中能产生较多且稳定的基态原子。同轴型雾化器中连接试样溶液的毛细管位于中心轴上，外面是毛细管同轴的助燃气管道，两者在出口处形成一个环形空隙。当高压助燃气通过时，在中心毛细管尖端处形成负压区，使溶液从毛细管吸入，并在出口处被高速气流分散成气溶胶（即雾滴），雾滴再与雾化器前的撞击球碰撞进一步分散成细雾。

（2）燃烧器：试样溶液经雾化后进入预混合室（雾室）使溶液进一步雾化并与燃气充分混合均匀。雾室内有一扰流器，它对相对较大的雾滴有阻挡作用，因此可以降低火焰噪声；同时，可使燃气和助燃气充分混匀，使火焰更加稳定。较大雾滴凝结在室壁上，并与未被充分雾化的溶液一起从下方的废液管排出。试样溶液经雾化、混匀后与燃气和助燃气一起进入火焰中燃烧。燃烧器的喷头一般用不锈钢制成，有孔形和长缝形两种，其中以长缝形较为常用。预混合型燃烧器的主要特点是干扰较小、火焰稳定性好、背景噪声较低和比较安全等，但其试样利用率低是一个明显弱点，通常只有约10%。

（3）火焰：用物质燃烧时所释放出来的能量使被测元素变成原子状态是一种应用广泛而且适应性较强的原子化方法。化合物在燃烧过程中经历干燥、熔化、解离、激发和化合等复杂过程。在此过程中，除产生大量的被测元素基态原子外，还产生少量的激发态原子、离子和分子等其他粒子。因此选择合适的火焰类型及流量比是原子吸收分析的关键之一（图4–16）。

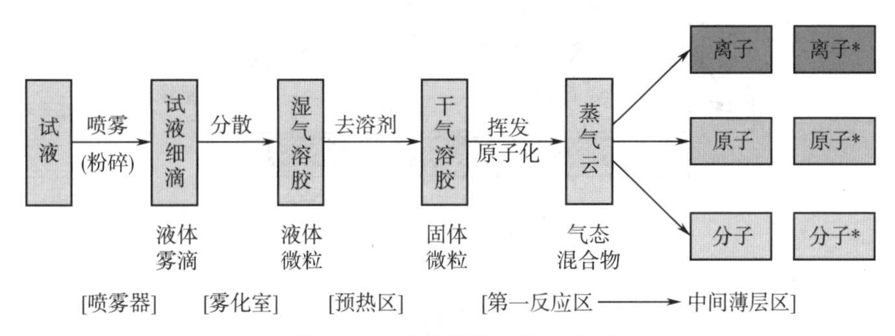

图4–16　火焰燃烧过程示意图

火焰的种类很多，常用的空气–乙炔焰和氧化亚氮–乙炔焰两种（表4–6）。前者的温度在2300℃左右，适用于一般元素的分析；后者约为3000℃，可用于火焰中生成的耐热（难熔）氧化物的元素，如铝、硅、硼等的测定。

表4–6　火焰的组成及最高温度

火焰组成		化学计量火焰的气体流速（L/min）		燃烧速率（cm/s）	最高温度（K）
助燃气	燃气	助燃气	燃气		
空气	丙烷	8	0.4	82	2200
空气	氢气	8	6	320	2300
空气	乙炔	8	1.4	160	2500
氧化亚氮	乙炔	1.0	4	220	3200

2. 无焰原子化

（1）电热原子化法：在电热原子化法中，应用较广的是高温石墨炉原子化器。它的特点有：

1）原子化效率高，几乎达 100%，自由原子在吸收区域停留时间长（约 1 秒），特征质量可达 $10^{-13} \sim 10^{-10}$g；

2）试样用量少，液体为几微升至几十微升，固体为几毫克，且几乎不受试样形态限制，可直接分析悬浮液、乳状液、黏稠液体和一些固体试样等；

3）能直接测定其共振吸收线位于真空紫外线谱区域的一些元素，因为石墨炉的保护气体（如氩气等）在真空紫外区域几乎无吸收；

4）由于操作几乎是在封闭系统内进行，故可对有毒和放射性物质进行分析，比火焰法安全可靠（图 4–17）。

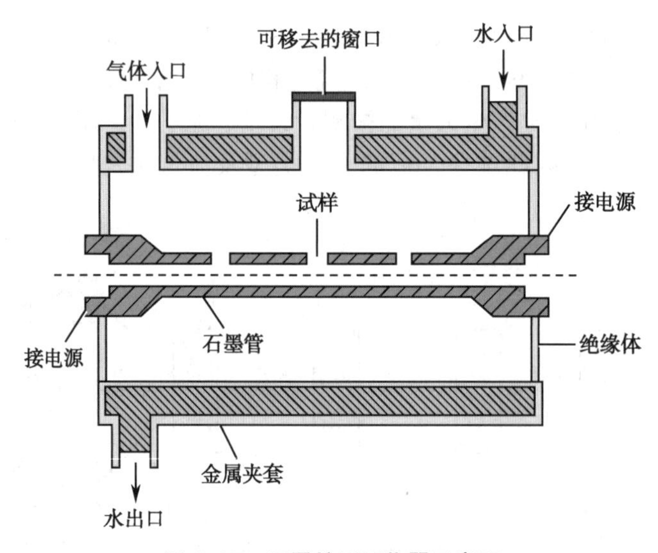

图 4–17　石墨炉原子化器示意图

石墨炉的升温过程可大致分为干燥、热解、原子化及除残 4 个阶段，如图 4–18 所示。其中干燥时温度一般仅 110℃左右，其目的主要是对试样进行干燥；热解阶段的温度根据被测元素及其化合物的性质可以在 100 ~ 1000℃的范围内加以选择且保持时间也较长（几十秒），其作用相当于化学预处理，破坏和蒸发基体组分，减小或消除原子化阶段中分子吸收的干扰；原子化温度的选择随元素性质而定，一般在 1500 ~ 3000℃之间，其时间在保证元素完全原子化的前提下越短越好，一般为 5 ~ 10 秒；在有些元素分析时，最后还必须用更高的温度（约 3500℃）以除去石墨管中的残留物，消除其记忆效应（memory effect），以便开始下一次试样分析。

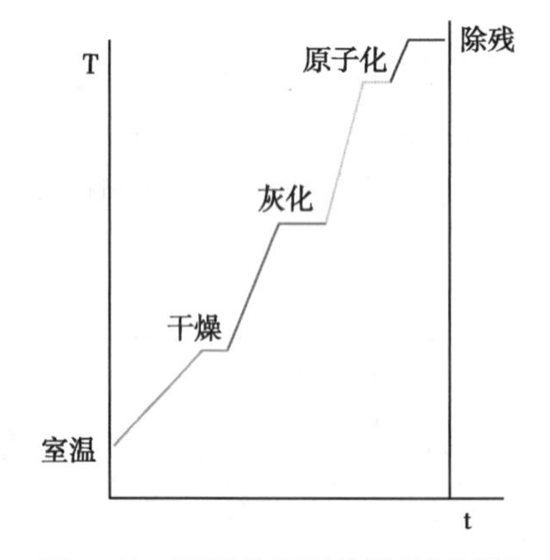

图 4–18　石墨炉原子化器升温过程

（2）低温原子化技术：包括氢化物发生法和冷原子吸收光谱法两种。周期表中第Ⅳ、

Ⅴ、Ⅵ族元素锗、锡、铅、砷、锑、硒、碲，易生成共价氢化物，其熔沸点均在0℃以下，即在常温常压时为气态，因此易从母液中分离出来。氢化物用惰性气体载带，导入电热石英T形管原子化器中，在低于1000℃条件下可解离为自由原子。

（三）分光系统

原子吸收分光光度计的分光系统主要由色散元件（光栅等）、反射镜和狭缝等组成，它一般密封在一个防潮、防尘的金属暗箱内，其主要作用是将被测元素的共振线与邻近谱线分开。由于原子吸收线和光源发射的谱线都比较简单，因此，对仪器来说并不要求很高的分辨能力。但是为了便于测定，也要求达到一定的出射光强。

（四）检测系统

检测系统主要由检测器、放大器、对数变换器、指示仪表所组成。检测器多为光电倍增管和稳定度达0.01%的负高压电源组成，工作波段大都在190～900nm之间。一般高级原子吸收分光光度计设有标度扩展、背景自动校正、自动取样等装置并用微机控制。目前最新型检测器是电荷耦合器件（CCD）和电荷注入器件（CID），它具有量子效率高、灵敏度高、读出噪声低、线性响应范围宽、暗电流低等优点，特别适用于弱光的检测。原子吸收分光光度计结构见图4-19。

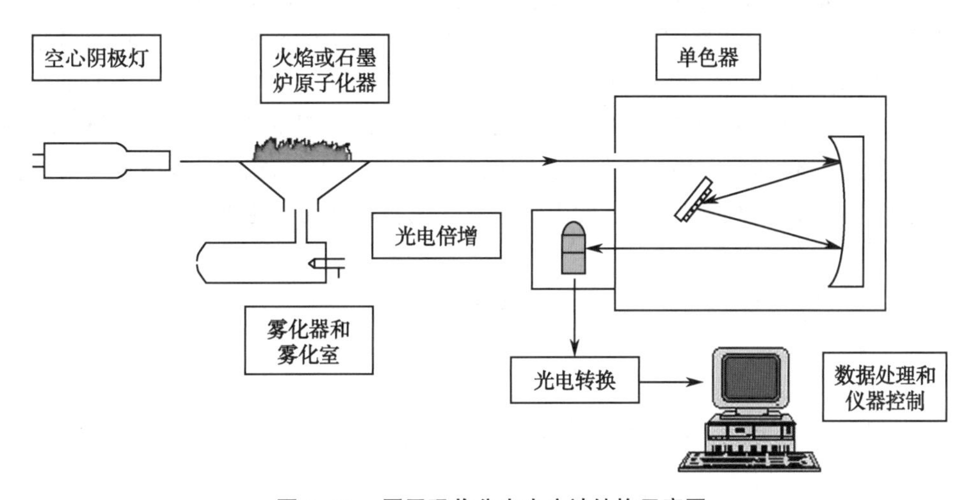

图4-19　原子吸收分光光度计结构示意图

三、原子吸收光谱仪的性能指标

原子吸收分光光度计的种类较多，但作为一台特定的仪器，判断其性能好坏的指标一般包括波长精度、分辨本领、基线稳定度、特征浓度、灵敏度、检出限和测量精度等，其中以灵敏度、检出限和测量精度最重要。

（一）特征浓度

国际纯粹与应用化学联合会（IUPAC）规定：灵敏度的定义为校准曲线A=f（c）的斜率，S=dA/dc，它表示被测元素浓度或含量改变一个单位时所引起的测量信号吸光度的变化量。但在原子吸收分光光度法中，我们经常用特征浓度（characteristic concentration）这个概念来作为仪器对某个元素在一定条件下的分析灵敏度。特征浓度是指产生1%吸收或0.0044

吸光度时所对应的被测元素的浓度或质量。

特征浓度的求法是在作出校准曲线后，从吸光度为0.1的地方查得对应的质量浓度值[ρ（mg/L）]，则S′值即为该浓度值（ρ）和0.0044的乘积。当然在石墨炉法中，还要乘以其进样体积（V）。显然，在原子吸收分析中S′值越小，表示分析灵敏度越高。但是，由于特征浓度中没有考虑测定时的仪器噪声，因此不同的仪器其S′值相差并不是很大，所以特征浓度还不能用来表征某仪器对某元素能被检出所需要的最小浓度，但它可以用于估算较适宜的浓度测量范围及取样量。火焰原子吸收法中，其表达式为：

$$S'=\frac{C\times 0.0044}{A} \tag{4-12}$$

在石墨炉原子吸收法中，其表达式为：

$$S'=\frac{CV\times 0.0044}{A} \tag{4-13}$$

式中：C为被测元素含量，V为进样体积，A为吸光度。

（二）检出限

检出限（detection limit）是原子吸收分光光度计中一个很重要的综合性技术指标，它既反映仪器的质量和稳定性，也反映仪器对某元素在一定条件下的检出能力。

检出限（D）是表示在选定的实验条件下，被测元素溶液能给出的测量信号3倍于标准偏差（σ）时所对应的浓度，单位用mg/L表示，表达式为（4-14）。式中（σ）是用空白溶液进行10次以上的吸光度测定所计算得到的标准偏差，石墨炉法中常用绝对检出限表示，单位为g。显然，检出限比特征浓度有更明确的意义。因为当试样信号小于3倍仪器噪声时，将会被噪声所掩盖而检测不出。检出限越低，说明仪器的性能越好，对元素的检出能力越强。

$$D=\frac{C\times 3\sigma}{A} \tag{4-14}$$

四、原子吸收光谱仪的使用与维护

（一）原子吸收光谱的干扰和消除

原子吸收分光光度法的一个重要的特点就是干扰较小，但在有些元素分析时，尤其是石墨炉原子化法干扰情况不容忽视。这些干扰一般有以下几类。

1. 基体干扰（matrix interference） 基体干扰也称物理干扰，是指试样在转移、蒸发和原子化过程中，由于试样物理特性的变化引起吸光度下降的效应。在火焰原子化法中，试液的黏度改变影响进样速度；表面张力影响形成的雾珠大小；溶剂的蒸气压影响蒸发速度和凝聚面损失；雾化气体压力、取样管的直径和长度影响取样量的多少等。在石墨炉原子化法中，进样量的大小，保护气的流速影响基态原子在吸收区的平均停留时间。

基体干扰是非选择性干扰，对试样中各元素的影响基本上是相似的。配制与被测试样相似组成的标准试样，是消除基体干扰最常用的方法。此外，采用标准加入法和加入基体改进剂来消除基体干扰也是行之有效的方法。

2. 电离干扰（ionization interference） 电离干扰是由于被测元素在原子化过程中发生电

离，使参与吸收的基态原子数量减少而造成吸光率下降的现象。电离电位越低，则电离干扰就越严重。比如：铝在氧化亚氮乙炔火焰中的电离即是如此。

消除电离干扰的最有效的办法是：标准和分析试样溶液中均加入过量的易电离元素。由于这些元素的电离电位比被测元素的电离电位更低，在相同条件下更易发生电离，故而可提供大量的自由电子，使原子蒸气中电子密度增加，从而使电离平衡 $M=M^{+}+e$ 向中性原子方向移动，这样就可以抑制或消除被测元素的电离。例如，原子吸收法中常在 Na、K 的溶液中加入 4mmol/L 的 Cs 溶液，其目的就在于此，因为 Cs 的电离电位更低，能抑制 Na、K 的电离。

3. 化学干扰（chemical interference） 化学干扰是指在溶液或原子化过程中被测元素和其他组分之间发生化学反应而影响被测元素化合物的离解和原子化。

消除化学干扰的方法要视情况而异。常用的有效方法是加入释放剂、保护剂和缓冲剂。释放剂与干扰组分形成更稳定或更难挥发的化合物，从而使被测元素从与干扰组分形成的化合物中释放出来，例如磷酸盐干扰钙的测定，当加入镧或锶之后，镧和锶与磷酸根结合而将钙释放出来。

保护剂的作用是它与被测元素形成稳定的化合物，阻止了被测定元素和干扰元素之间的结合，而保护剂与被测元素形成的化合物在原子化条件下又更易于分解和原子化。

除了上述方法之外，对于化学干扰还可采用提高原子化温度、化学分离及标准加入法等方法加以消除或减小其干扰影响。

4. 光谱干扰（spectral interference） 光谱干扰是指原子光谱对分析线的干扰，常见的有以下两种：

（1）非吸收线未能被单色器分离：即在所选通带内，除了被测元素所吸收的谱线之外，还有其他一些不被吸收的谱线，它们同时到达检测器，又同时被检测器检测，从而造成干扰。这种干扰相当于吸光度被“冲淡”，工作曲线向浓度轴弯曲。可以用减小狭缝的方法来抑制这种干扰。

（2）吸收线重叠：其他共存元素的吸收线与被测元素的吸收线相距很近，甚至发生重叠，以致同时对光源发射的谱线产生吸收。这种干扰使吸光度增加，导致分析结果偏高。消除的办法是，另选被测元素的其他吸收线或用化学方法分离干扰元素。

5. 背景吸收

（1）定义：背景吸收（background absorption）是一类非原子性吸收，包括分子吸收、光的散射及折射和火焰气体的吸收等。

（2）校正：方法主要有邻近线法，氘灯背景校正法和塞曼（Zeeman）效应背景校正法。近年来，运用自吸收效应作为背景校正方法的仪器也逐渐成熟。

（二）原子吸收分光光度计的使用

保持实验室的卫生及实验室的环境，做到定期打扫实验室，避免各个镜子被尘土覆盖影响光的透过，降低能量。试验后要将试验用品收拾干净，把酸性物品远离仪器并保持仪器室内湿度，以免酸气将光学器件腐蚀。

原子吸收的操作步骤相对复杂，使用前须经过仪器操作培训，严格按照使用规程进行，其基本操作流程见图 4-20。

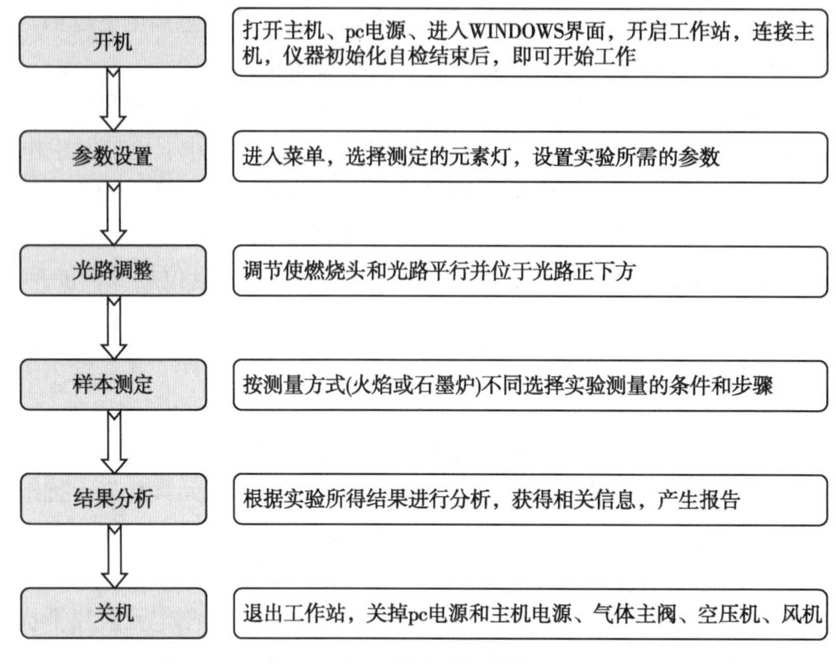

图 4-20　原子吸收光谱仪基本操作流程

（三）原子吸收光谱仪的保养

主机长时间不使用时，要保持每 1～2 周将仪器开机 1 次，联机预热 1～2 小时。元素灯长时间不使用，将会因为漏气、零部件放气等原因不能使用，所以，应每隔 3～4 个月点燃 2～3 小时，以保证元素灯的性能，延长使用寿命。

1. 定期检查

（1）检查废液管并及时倾倒废液。

（2）废液管积液到达雾化桶下面后，会使测量时极其不稳定，所以要随时检查废液管是否畅通，定时倾倒废液。

（3）乙炔气路的定期检查，以免管路老化产生漏气现象，发生危险。

（4）定期检查气路，每次换乙炔气瓶后一定要全面试漏。用肥皂水等可检验漏气情况的液体在所有接口处试漏，观察是否有气泡产生，判断其是否漏气。注意定期检查空气管路是否存在漏气现象，检查方法参见乙炔检查方法。

2. 空气压缩机及空气气路的保养和维护

仪器室内湿度高时，空压机极易积水，严重影响测量的稳定性，应经常放水，避免水进入气路管道。我们所标配的空压机上都有放水按钮，放水时请在有压力的情况下按此按钮即可将积水排除。

3. 火焰原子化器的保养和维护

（1）每次样品测定工作结束后，在火焰点燃状态下，用去离子水喷雾 5～10 分钟，清洗残留在雾化室中的样品溶液。然后停止清洗喷雾，等水分烘干后关闭乙炔气。

（2）玻璃雾化器在测试使用氢氟酸的样品后，要注意及时清洗，清洗方法即在火焰点燃的状态下，吸喷去离子水 5～10 分钟，以保证其使用寿命。

（3）燃烧器和雾化室应经常检查，保持清洁。对沾在燃烧器缝口上的积炭，可用刀片刮除。雾化室清洗时，可取下燃烧器，用去离子水直接倒入清洗即可。

4. 原子化器的保养

（1）墨锥内部因测试样品的复杂程度不同会产生不同程度的残留物，通过洗耳球将可吹掉的杂质清除，使用酒精棉进行擦拭，将其清理干净，自然风干后加入石墨管空烧即可。

（2）石英窗的清理，石英窗落入灰尘后会使透过率下降，产生能量的损失。清理方法为：将石英窗旋转拧下，用酒精棉擦拭干净后，使用擦镜纸将污垢擦净，安装复位即可。

（3）夏天天气比较热的时候冷却循环水水温不宜设置过低（18~19℃），易产生水雾凝结在石英窗上影响到光路的顺畅通过。

五、原子吸收光谱仪的临床应用

各种化学元素在人体内是一个平衡过程，生物体必需的元素如果缺乏或过量，人体生理功能就会失调，重者发生疾病，甚至会导致死亡。因此测定生物组织中有关元素的含量和分布，不仅可以为疾病诊断和监测、病理研究等提供重要信息，也可以通过食物、营养保健、医疗等适时控制和调节体内有关元素的含量，为疾病预防提供重要的依据。

根据在人体新陈代谢中所起的作用，临床分析中测量的金属元素可分为三类：基本元素，有毒元素和治疗性元素。由于原子吸收分光光度法具有测定灵敏度高、检出限低、干扰少、操作简单、快速等优点，因此在测定生物医药试样中元素含量方面有较强的适应性。如它对试样一般不需作很复杂的预处理，有些试样只要用适当的稀溶液稀释一定倍数后，就可直接上仪器进行分析。另外，随着新型高性能原子的各种试样，如血液、脑脊液、组织、毛发、指甲还可以一次同时分析多种元素的含量（最高达16种元素），故原子吸收分光光度法能够满足医药检验复杂的分析要求。

学习小结

光谱分析的基本原理是基于物质与辐射能作用时，测量由物质内部发生量子化能级之间的跃迁而产生的发射、吸收或散射辐射的波长和强度进行分析的方法。

改变入射光波长，并依次记录物质对不同波长光的吸收程度，就得到该物质的吸收光谱。每一种物质都有其特定的吸收光谱，因此可根据物质的吸收光谱来分析物质的结构和含量，这就是吸收光谱法的基础。另外一部分物质分子或原子吸收了外来的能量后，可以发生分子或原子间的能级跃迁，从而产生发射光谱。通过测定物质发射光谱来分析物质的结构和含量的方法称为发射光谱法。朗伯－比耳定律是比色分析的定量基础。

本章主要介绍了紫外－可见分光光度法、分子荧光分析法和原子吸收分光光度法3种分析方法。

紫外－可见分光光度法属于分子吸收光谱，工作波段在200~800nm，称为紫外－可见区，其中200~400nm为紫外线区，400~800nm为可见光区。紫外－可见分光光度计基本结构包括光源、单色器、吸收池、检测器、信号显示系统，各部分有序协调，完成对物质的定性定量分析。

某些特殊分子结构的物质吸收光能量后，可发射荧光。通过测定物质分子产生的荧光强度，进行物质的定性与定量分析的方法称为荧光分析法。其主要特点是灵敏度高，选择性强，有利于测定多个组分混合物。任何发射荧光的物质都有两个特征光谱，激发光谱和发射光谱，它们是荧光分析定性和定量的依据。

原子吸收分光光度法是基于气态的基态原子在某特定波长光的辐射下，原子外层电子对光的吸收这一现象建立起来的一种光谱分析方法。试样中被测元素在高温下发生离解而转变成气态原子状态并吸收由光源辐射出来的谱线，对获得的光谱强度进行检测，从而得到被测元素的含量。各种原子光谱分析仪都由光源、原子化器、分光系统及检测系统 4 个部件组成。

复习题

1. 什么是吸收光谱和发射光谱？

2. 在紫外 – 可见分光光度法中，为什么必须用单色光作为入射光？怎样选择合适的单色光波长？

3. 紫外 – 可见分光光度计的基本结构和主要功能是什么？

4. 影响紫外 – 可见分光光度计的因素有哪些？

5. 紫外 – 可见分光光度计有什么性能指标？

6. 荧光光度计与紫外 – 可见分光光度计结构上的差别是什么？

7. 哪些分子结构的物质能发生荧光？影响荧光强弱的因素有哪些？

8. 何为荧光的激发光谱和荧光光谱？它们之间有什么关系？

9. 影响荧光强度的主要因素是什么？如何减少或消除这些影响？

10. 原子吸收分光光度计和紫外 – 可见分子吸收分光光度计在仪器装置上有哪些异同点？为什么？

11. 简述原子吸收光谱仪的主要结构及特点。

12. 原子吸收分析中有哪些干扰因素？简要说明用什么措施可抑制上述干扰？

（肖　竦）

第五章

色谱与质谱分析相关仪器

学习目标

1. 掌握　气相色谱仪的工作原理和使用与维护；高效液相色谱仪的工作原理和使用与维护；质谱仪的工作原理。
2. 熟悉　气相色谱仪的概念与分类和常见故障处理；高效液相色谱仪的常见故障处理；质谱仪的工作原理。
3. 了解　气相色谱仪的基本结构与功能；高效液相色谱仪的基本结构与功能；质谱仪的基本结构与功能、使用与维护及常见故障处理。

色谱仪是近年来迅速发展起来的一类新型分离分析仪器，主要用于复杂、多组分混合物的分离、分析。随着材料科学、电子技术的不断发展及其与计算机技术的联合应用，各种色谱仪器在性能、结构和技术参数等各方面都有了极大的提高。现在它们已成为临床各相关学科常用的实验室仪器。

色谱分析法（chromatography）是一种物理分离技术，实质上是利用混合物中各个组分在互不相容的两相（固定相和流动相）之间的分配差异而使混合物得到分离的一种方法，也可称之为层析法、色层法等。而利用色谱分离技术再结合检测技术，对混合物进行先分离后检测，从而实现对多组分、复杂的混合物进行定性、定量分析的仪器是色谱仪（chromatograph）。

本章主要介绍气相色谱仪、高效液相色谱仪和质谱分析仪的原理、基本结构和功能、性能指标、使用、维护与应用等。

第一节　气相色谱仪

气相色谱法（gas chromatography，GC）是以气体为流动相的色谱分析方法，主要用于分离分析各种气体和易挥发的物质。是英国生物化学家 Martin 等人在液－液分配色谱的基础上，于 1952 年创立的一种分离分析方法，最早用于分离分析石油产品。之后，由于高效能色谱柱和高灵敏度检测器的使用以及计算机的发展，气相色谱法已成为一种分析速度快、灵敏度高和应用范围广的分离分析方法，广泛应用于工业、农业、食品、生物、医药、卫生、环境和商检等领域。

按固定相的物态可分为气－固色谱（GSC）和气－液色谱（GLC）。GSC 的固定相是多孔性固体吸附剂，主要用于分离永久性气体和低沸点化合物；GLC 的固定相是涂渍在惰性载体表面或毛细管内壁上的高沸点有机物。由于 GLC 选择性好，因此应用范围更广泛。

按色谱柱内径大小可分为填充柱色谱法和毛细管柱色谱法。填充柱色谱是气相色谱法发展的基础，毛细管柱色谱分离效能更高。按分离原理可分为吸附色谱法和分配色谱法。气－固色谱法属于吸附色谱法；毛细管色谱法和气－液色谱法属于分配色谱法。

一、气相色谱仪的工作原理

气相色谱仪是利用样品中各组分在色谱柱中的流动相（气相）和固定相（液相或固相）间分配或吸附系数的差异，当气化后的试样被载气带入色谱柱中运行时，各组分在两相间作反复多次分配后得以分离，分离后的组分按保留时间的先后顺序进入检测器，根据组分不同的物理化学特性将各组分按顺序检测出来的仪器。

二、气相色谱仪的基本结构与功能

气相色谱仪的种类繁多，功能各异，但其基本结构相似。常见气相色谱分析流程：载气由高压钢瓶或气体发生器供给，经减压后，进入载气净化干燥管以除去载气中的水分、氧气等杂质。由针形阀控制载气的压力和流量，流量计和压力表用以指示载气的柱前流量和压力，再经过进样器（包括气化室）将试样带进色谱柱。之后，按分配系数大小顺序，试样中各组分依次被载气从色谱柱带出，进入检测器。检测器将各组分的浓度或质量的变化转变成电信号。经放大器放大后，由色谱工作站或微处理器记录下来。所得到的检测器响应信号随时间或载气流出体积变化的曲线图，称为色谱流出曲线，即色谱图。根据色谱图上描绘的各组分色谱峰的保留时间（出峰位置）进行定性分析，根据响应值（峰高或峰面积）进行定量分析。

气相色谱仪一般由气路系统、进样系统、分离系统（色谱柱系统）、检测及数据采集和处理记录系统等 5 个部分组成（图 5-1）。

（一）气路系统

气路系统包括载气和检测器所需气体的气源、气体流速控制装置、净化器、稳压阀和稳流阀等，是一个载气连续运行的密闭管路系统。通过该系统，可以获得纯净的、流速稳定的载气。它的气密性、载气流速的稳定性以及流量测量的准确性，都是影响气相色谱仪性能的重要因素，必须严格控制。

1. 载气源和减压阀　气相色谱中常用的载气有氮气、氢气、氦气、氩气和空气。而减压阀的主要作用是把气体的压强从 10～15MPa 的高压降低到 0.2～0.4MPa 的工作压强。由于是在高压条件下工作，所以使用时应注意安全。

2. 净化器　载气中一般含有碳氢化合物、二氧化碳、水以及其他惰性气体，它的纯净程度与检测器的灵敏度的增加成正比。净化器一般为两端有接口的金属管（不锈钢管、铜管

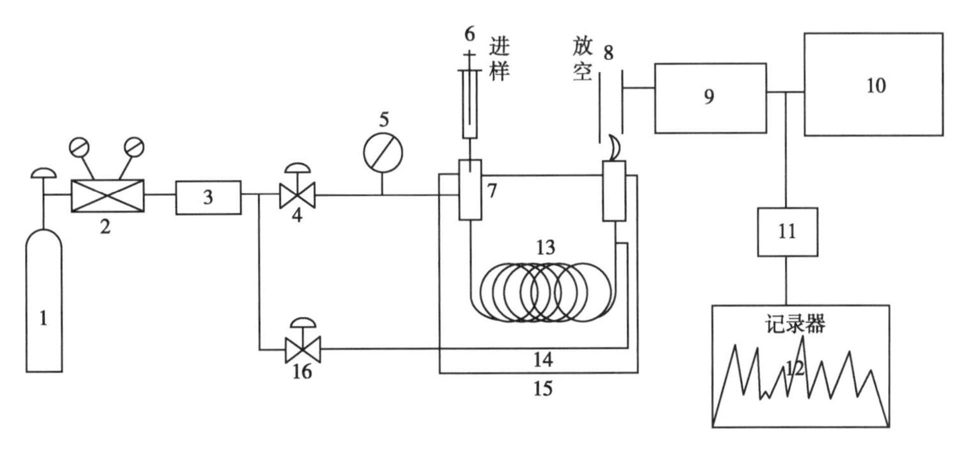

图 5-1 气相色谱仪结构示意图

1. 载气钢瓶；2. 减压阀；3. 净化器；4. 稳压阀；5. 压力表；6. 注射器；7. 气化室；8. 检测器；9. 静电计；10. 记录仪；11. 数模转换；12. 数据处理系统；13. 色谱柱；14. 补充气（尾吹气）；15. 柱恒温器；16. 针形阀

等)，管内装填净化剂，两端口堵上玻璃棉。净化器对载气有净化作用，可以去掉其中的水分、二氧化碳、氧和有机烃类等杂质。常用净化方法是依次用变色硅胶和 0.4nm 或 0.5nm 的分子筛除去载气中的水分，再用活性炭去掉有机烃杂质。当使用氢焰检测器时，对净化器要求更高。

3. 稳压阀和稳流阀　稳压阀和稳流阀主要用于控制载气流量和压强，并保证载气的平稳性。它们均以一种机械负反馈的形式，通过波纹管压缩、伸张或膜片受力改变产生机械作用，带动入气口或出气口的改变，引起气流量的变化，从而调整压强或流量，达到载气流量或压强恒定的目的。

（二）进样系统

进样系统一般由载气预热器、取样器和进样气化装置等组成。当用毛细管柱分析时，在进样系统之后需用样品分流器，因为常用的小内径毛细管柱只能容纳 1～100μl 的样品。用填充柱分析时，通常用较大体积的样品。进样系统的要求一方面是准确定量，迅速注入；另一方面是气态或经气化的样品能在载气中形成一个窄带集中地进入色谱柱，否则将影响测量结果。

1. 载气预热器和取样器　载气预热器是给载气加热的装置，可以防止气化后的样品遇上冷的载气而被冷凝，影响样品的分离。液体样品进入色谱柱的最普通的方法是使用微量注射器。它的样品量在 1～10μl 之间，比较常用的是 5μl 和 10μl 的注射器。

若是气态样品，必须有一个理想规格（0.1～5ml）的气密注射器，常选用专门的取样阀进行取样以保证取样的准确。气体取样阀按其结构的不同，通常分为膜片式、拉动式和旋转式几种。也可按样品和载气分为四通、六通、十通阀等类型。其中旋转式六通阀比较常用。

2. 进样气化装置　或称气化室，功能是接收样品后，立即使其气化。由于液体样品进入后在瞬间应使其各组分完全气化，因而要求气化室温度比所有组分的沸点都高出 50～100℃。气化室外套加热块，使之具有较大热容量，以保证组分瞬间完全气化，而又不至于分解。进样气化室和载气通道的结构设计应使样品在载气中的扩散为最小，才能使样品集中地、成一窄带状被带入色谱柱。即要求死体积尽量小，峰扩展尽量小。

使用毛细管柱时，毛细管柱只能有效地分离填充柱正常样品量的1%左右或更少，样品量仅在10μg左右，多余的样品通过样品分流器排空，所以必须使用样品分流器。

（三）分离系统

1. 气相色谱柱　在气相色谱分析中，样品组分的分离在色谱柱中进行，样品各组分能否达到完全分离，关键在于色谱柱的效能和选择性。因此，色谱柱是气相色谱仪的核心部件。

气相色谱柱（gas chromatographic column）由柱管和固定相组成，分为填充柱（packed column）和毛细管柱（capillary column）两大类。填充柱常用不锈钢或玻璃制成，内径2～4mm，长度1～3m，呈U形或螺旋形等，柱内填充固定相；毛细管色谱柱常用玻璃或熔融石英拉制而成，内径0.1～0.5mm，长度通常为30～300m。

（1）固定相：整个气相色谱系统的核心是分析柱，混合物中各个组分的分离就是在这里完成的。在气相色谱仪中，优良的柱子应该具有合适的尺寸和适当的固定相。色谱柱固定相分为液体固定相和固体固定相。液体固定相的选择可按下述规则进行，非极性液态固定相最适用于分离链烷烃之类的非极性混合物，而极性固定相最好是分离极性化合物，如醇类或醚类等。固体固定相常选用的填充吸附剂主要有强极性的硅胶，中等极性的氧化铝，非极性的活性炭以及分子筛等。

（2）柱管形状和尺寸：柱管形状有U形管、盘形管和螺线管3种，其中以U形管最常用。柱子的尺寸可根据分析的样品和要求合理选择，应使容量（样品量）和分析速度最佳化。为获得最大效率，可采用内径小、长度较长的毛细管柱。由于毛细管柱内径较小，因而必须采用颗粒较小的固态载体或较薄的液膜作固定相，所需的样品量也较少（10μg左右）。当被分析的样品量较大且分离不困难时，可采用内径较大、长度较短的填充柱。

2. 温度控制　在气相色谱仪的使用过程中，必须使用气态样品（如果是液态样品需要经过气化处理），温度对样品在色谱柱上的分离过程以及检测器（如热导、电子捕获、示差折光等）的检测结果等都有很大的影响。因此，必须对色谱柱箱、检测器和气化室等实行温度控制。温度对于固定相也非常重要。操作时一定要知道所用固定相的使用温度极限，把全部操作保持在临界温度以下10℃～15℃进行。这将有助于延长柱子的使用寿命和避免检测器与其他装置受固定相“流失”所造成的污染。一般通过对具有一定体积的恒温箱内部的温控来实现对温度的控制。

气相色谱仪的温度控制有恒温或定温操作和程序升温操作两种。恒温即是在整个工作过程中始终把温度控制在一个设定范围内。当样品中各个组分的沸点分布范围比较窄时，选择样品的平均沸点作恒温操作，可以得到较好的分离结果。在样品中各个组分的沸点相差较大（如样品组分的结构类型相似但挥发性差别较大）时，即沸点分布范围大于80℃～100℃时，必须使用程序升温操作。程序升温是一般恒温色谱法的一种逻辑推广，在性能较为完善的气相色谱仪中，都具有程序升温装置。

（四）检测系统

检测系统主要为检测器，它是色谱仪的关键部件，是将经色谱柱分离出的各组分的浓度或质量（含量）转变成易被测量的电信号（如电压、电流等），并进行信号处理的一种装置。检测器性能的好坏将直接影响到色谱仪器最终分析结果的准确性。

根据检测器输出信号与物质含量的关系可以将气相色谱仪常用检测器分为积分型检测器

和微分型检测器两大类。积分型检测器检测灵敏度低，不能显示出保留时间，已很少使用；微分型检测器根据检测原理又分为浓度型和质量流速型两类：

1. 浓度型检测器　测量的是载气中组分浓度的瞬间变化，即检测器的响应值正比于组分的浓度，如热导池检测器和电子捕获检测器。

（1）热导池检测器（thermal conductivity detector，TCD）：是气相色谱仪中最早出现和应用最广的检测器，由热导池、测量桥路、热敏元件、稳压电路、信号衰减及基线调节等部分组成。具有结构简单、线性、稳定性好、适用面广等特点。其检测原理是：①载气和样品组分具有不同的导热系数；②热丝阻值随温度的变化而变化；③利用惠斯登电桥测量。

热导检测器属于非选择性检测器，可用于检测所有有机化合物，应用范围最广泛，但检测灵敏度较低。由于它在检测过程中不破坏样品，因而可与其他检测器配合使用，以获取更丰富的信息。

（2）电子捕获检测器（electron capture detector，ECD）：是一种高选择性、高灵敏度的检测器。它只对含有较强电负性元素（如含有卤素、氧、硫、氮等）的物质有响应，元素的电负性越强，检测器的灵敏度越高，能检测出 10^{-14}g/ml 的物质，所以广泛用于痕量药物、农药及含电负性基团环境污染物的分析。对该检测器结构的要求是气密性好，保证安全；绝缘性好，两极之间和电极对地的绝缘电阻要大于 500MΩ；池体积小，响应时间快。

如图 5-2，检测器内装有一个圆筒状的 β 放射源（^{3}H 或 ^{63}Ni）作为负极，以一个不锈钢棒作为正极（收集极），两极间施加直流或脉冲电压。当载气（通常用高纯氮）进入检测器时，放射源产生 β 射线使其发生电离，产生正离子和低能量的电子 $N_2 \rightarrow N^{+}_2+e^{-}$，在电场的作用下，正离子和电子分别向两极移动形成稳定的基流。当含强电负性元素的组分进入检测器后，捕获电子使基流降低产生响应信号。响应信号经放大后输送给色谱工作站。响应信号大小与组分的性质（电负性元素的电负性）及浓度成正比，当组分一定且浓度较低时，响应信号值与组分浓度呈正比。使用 ECD 检测器时应注意：

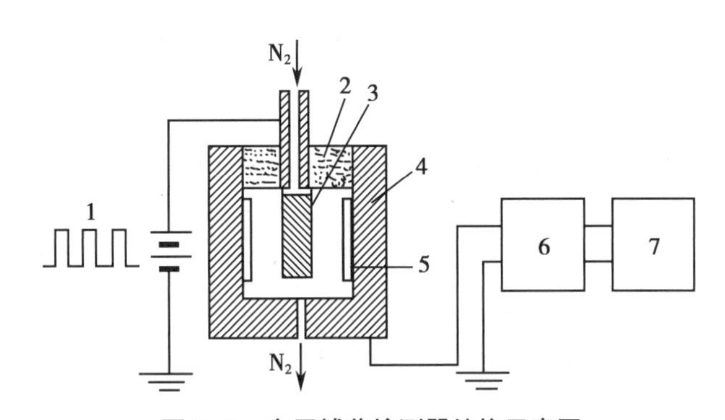

图 5-2　电子捕获检测器结构示意图

1. 脉冲电源　2. 绝缘体　3. 阳极　4. 阴极　5. ^{63}Ni 放射源　6. 放大器　7. 记录器

1）可用氮气或氩气作为载气，最常用的是高纯度氮气（纯度≥99.99%），灵敏度较高。若载气中含有微量 O_2 和 H_2O 时，灵敏度下降，需净化处理。另外，载气流速对基流和响应信号有影响，可根据实验条件选择最佳流速，通常为 40 ~ 100ml/min；

2）应在放射源允许的最高使用温度以下操作，同时还应注意放射源的半衰期，^{3}H 约为 190℃（半衰期为 12.5 年），^{63}Ni 约为 350℃（半衰期为 85 年）；

3）整个气路要保持密闭，防止放射污染，尾气要用聚四氟乙烯管引至室外，高空排放。

2. 质量流速检测器　测量的是载气中所携带的样品进入检测器的速度变化，即检测器的响应信号正比于单位时间内组分进入检测器的质量。如氢焰离子化检测器和火焰光度检测器。

（1）氢火焰离子化检测器（flame ionization detector，FID）：氢火焰离子化检测器是一种质量型检测器，对绝大多数有机物都有很高的灵敏度，是目前应用最为广泛的一种检测器。

FID 的主要部分是离子室，它由不锈钢制成，包括气体出入口、火焰喷嘴、发射极（极化极）和收集极以及喷嘴附近的点火圈等（图 5-3）。在离子室底部 H_2 与携带试样组分的载气混合后，由喷嘴喷出，和由另一管道引入的空气混合，经点火线圈或手动点火点燃形成氢火焰（约 2000℃），待测组分在火焰中离子化。检测器的收集极（正极）与极化极（负极）间加有 150～300V 的极化电压，形成一直流电场，在外加电场作用下，产生的离子作定向运动形成电流。产生的电流经高阻抗电阻取出，经放大器放大后输出，由色谱工作站记录色谱图。

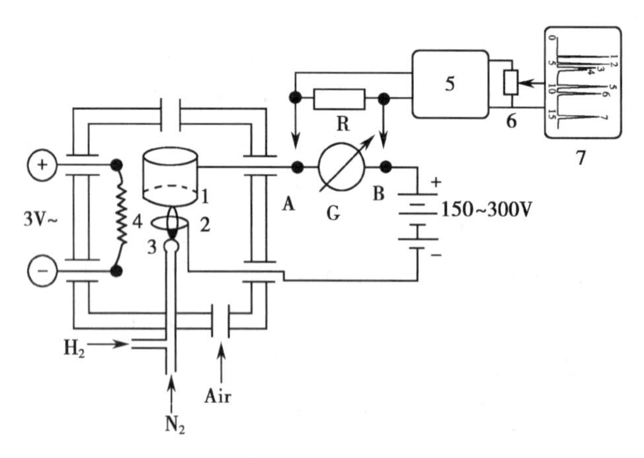

图 5-3　火焰离子化检测器结构示意图

1. 收集极　2. 极化环　3. 氢火焰　4. 点火线圈　5. 微电流放大器　6. 衰减器　7. 记录器

当仅有载气通过检测器时，火焰中的离子极少，只产生 10^{-12}～10^{-11}A 的极小电流，称为基流。通过观察是否有基流产生，可判断氢火焰是否点燃。当有痕量有机物通过检测器时，电流急剧增大，可达 10^{-7}A。在一定的范围内，电流大小与单位时间内进入检测器中组分的质量呈正比。

需要注意：由于有机物的电离程度与待测组分的性质有关，相同量的不同物质产生的响应信号值可能不同。

使用 FID 时应注意：

1）多用氮气作载气，氢气作燃气，空气作助燃气。三者较为理想的流量比例关系为 H_2：N_2：空气 =1：1～1.5：10～20。

2）检测器温度应高于 100℃，否则水蒸气会在离子室内冷凝，造成灵敏度显著下降，甚至会影响检测器的使用寿命。此外还应经常清洗收集极以保持清洁。

FID 的优点是灵敏度高、噪声小、体积小、线性范围宽、响应快、稳定性好，非常适合痕量有机物的分析。缺点是检测时试样被破坏，无法与其他仪器联用。

（2）火焰光度检测器（flame photometric detector，FPD）：又称硫磷检测器，是一种只对含硫、磷化合物具有高选择性和高灵敏度的检测器。对硫的灵敏度达 2.0×10^{-12}g/s，对磷的灵敏度可达 1.7×10^{-12}g/s。因此，多用于痕量含硫、磷的环境污染物的分析。

此外，还有氦离子化检测器（HID）、热离子检测器（TID）等多种，它们都是针对不同样品的不同特点进行检测的。工作中应掌握其检测原理并根据待测样品才能准确、合理的选择检测器。

（五）数据采集和处理系统

包括数据采集装置和色谱工作站等。其作用是采集并处理检测系统输出的信号，提供试样的定性、定量结果。

三、气相色谱仪的性能指标

气相色谱仪的性能指标主要包括柱箱温度的稳定性，程序升温重复性，基线噪声、基线漂移，检测器的灵敏度、检测限，定量重复性和衰减器误差等。下面主要介绍几个常用的性能指标。

（一）基线噪声和漂移

由于各种原因引起的基础信号起伏称为噪声。它是一种背景信号，无论有、无组分流出，这种起伏都存在，表现为基线呈无规则毛刺状。测量时，取基线段基础信号起伏的平均值，单位一般用 mV 表示。漂移通常指基线在单位时间内单方向缓慢变化的幅度，单位为 mV/h。噪声和漂移的来源可能是载气流速的波动、柱温波动、固定液流失等。

（二）检测器的灵敏度

亦称相应值或应答值，指通过检测器的物质量变化△Q 时响应信号的变化率△R。可表示为：

$$S=\Delta R/\Delta Q$$

因此，检测器的灵敏度就是单位量物质通过检测器时所产生的响应值大小，其值与试样组分及所用检测器的种类有关。相同量的不同组分在同一检测器上灵敏度不一定相同，相同量同一物质在不同检测器上灵敏度可能不同。因此，报道灵敏度时应指明检测器的种类及被检测物质。此外，灵敏度还与仪器操作条件有关。

（三）检测限

又称敏感度，指检测器恰好能产生 2 倍于噪声的信号时，每秒进入检测器的组分的量（质量型检测器）或每毫升载气中所含组分的量（浓度型检测器）。

检测限是比灵敏度更好的评价检测器性能的指标。这是因为当检测器的输出信号被放大器放大时，噪声也随之成比例放大。检测限越低，说明该检测器性能越好。

四、气相色谱仪的使用与维护

（一）气相色谱仪的使用

气相色谱仪种类较多，不同种类的仪器操作步骤不同，使用前须经过严格的仪器操作培训，按仪器使用说明书进行，其基本操作流程见图 5-4。

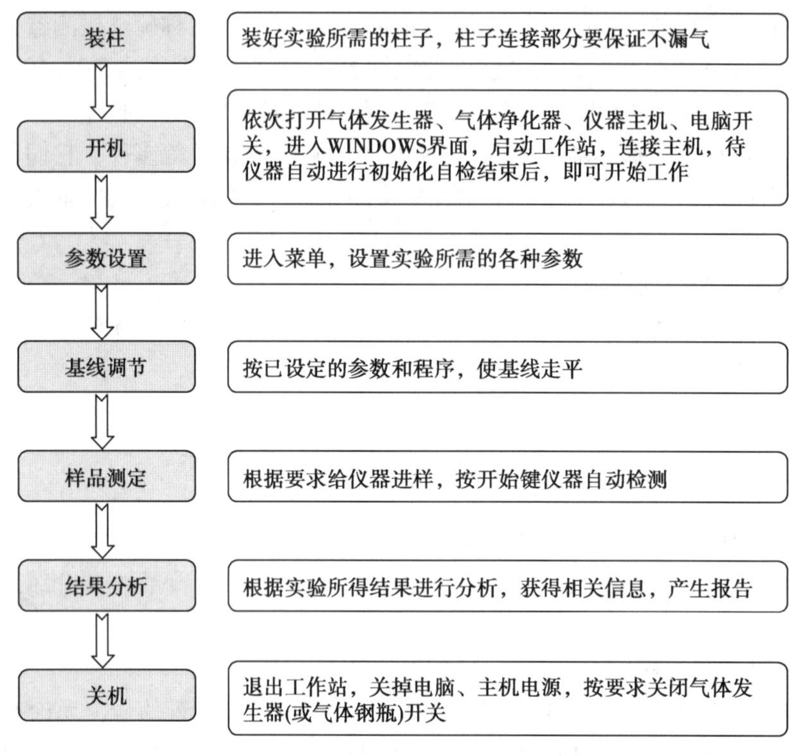

图 5-4　气相色谱仪基本操作流程图

在气相色谱仪的操作过程中，要特别注意主参数的合理选择。它对色谱的分离效果会产生很大的影响，可以认为主参数就是有关色谱操作的所有参数的统称。

1. 色谱柱和填料（固定相） 新柱子使用前必须经老化处理。即在比操作温度高 20℃的条件下，将色谱柱“烘烤”12 小时以上。将有助于去除填料中的污染物和减轻对检测器的污染。

2. 柱长　根据分离度和分离速度选择柱长。基本要求是在保证样品各个组分完善分离的条件下，尽量缩短柱长，以提高分析速度。填充柱则以 1～3m 为宜。

3. 载气速度　会影响样品的保留时间和峰高，因此气流不仅要保持恒定还应该兼顾灵敏度和分辨率。外径为 3.175mm 的柱子，载气流速可在 15～30ml/min 的范围内选择，外径为 6.35mm 的柱子，流速可选择 40～100ml/min。

4. 进样器和检测器的温度　为了防止样品组分冷凝，要求进样器和检测器的温度比恒温箱最高温度高出约 25～50℃。

5. 恒温操作　一般要求其温度比样品最高沸点低 40℃左右，也可取样品组分的平均沸点或稍低一点的温度。还可视样品不同而上下调节，一般原则是温度每上升 1℃，保留时间缩短 5%。温度每上升 30℃，分配系数下降一半，分析速度加快一倍。

6. 程序操作　在样品沸点分布范围较大时用程序升温技术，可保证在适当的范围内分离出低沸点和高沸点相差甚远的样品组分来。可以依据样品的沸点分布情况选择适当的升温方式，常用线性升温。

7. 进样　常用注射器进样。进样时注射器应保持垂直于进样器隔膜，以保证重复性；还要稳而快，以保证样品完全气化。

8. 初步分析 对结果的初步分析，将有助于操作者修改和确定最佳的操作条件，这也是色谱分析过程中必需的工作。

（二）气相色谱仪的使用注意事项

（1）进样：手不能接触注射器针头和有样品的部位，进样速度要稳、快，速度要均衡，注射器内不要有气泡。针尖到气化室中部才开始进样，进样完毕应及时用溶剂清洗注射器。

（2）色谱柱安装拆卸：须在常温下进行。安装填充柱卡套密封不宜拧得太紧，每次安装都要换新的密封垫片。注意观察色谱柱两头是否用玻璃棉塞好。防止玻璃棉和填料被载气吹到检测器中。毛细管色谱柱安装插入的长度要根据仪器的说明书而定。

（3）氢气和空气的比例：二者比例 1∶10，氢气比例过大，FID 检测器的灵敏度会急剧下降。

（4）密封垫：气化室温度超过 300℃时，应使用耐高温密封垫，注意将带膜的一面朝下。

（三）气相色谱仪的日常维护

1. 环境条件 气相色谱仪对环境温度要求并不苛刻，一般在 5~35℃的室温条件下即可正常操作。但对于环境湿度一般要求在 20%~85% 为宜。在高度潮湿的地区，会因湿度大，导致离子室积水，影响电极绝缘而使基线不稳。分析人员在使用仪器时，若遇到上述现象，应采取必要的措施，如：保持离子室温度高于 100℃，待层析室温度稳定后，再点火。

2. 气路系统 气体净化管中用来去除空气中水分的硅胶和去除有机物的分子筛或活性炭等，长时间使用会导致去除能力减弱，须定期检查进行再生。在空气流途中增加硅胶管和用于控制流量的波纹管阀，可使其流量更稳定，否则会影响基线。另外，最常用的载气是氮气和氢气，有时也用氦气和氩气。由于载气要携带样品进入色谱柱进行分离，然后再进入检测器对各组分进行定量，所以载气的纯度至关重要。最后，仪器在使用中若发现某些异常，如灵敏度降低、保留时间延长、出现波动状的基线等，应重新进行气路检漏。

3. 进样系统 进样垫、玻璃衬管需进行定期更换；注射器未进试样时，尽量避免推动柱塞，否则可能会损伤注射器的内壁。另外，在采样时应事先用溶剂等清洗注射器，须特别注意不要使试样污染。通常的分析时注射器要清洗 3~5 次，出现污染的试样时应清洗 10 次左右。分析结束后，注射器一定要用适当的溶剂清洗。此外，进样时间越短越好，一般应小于 1 秒。

4. 分离系统 载气中的灰尘和其他颗粒物体可能导致色谱柱迅速损坏，微粒或灰尘也不能进入气化室，因此在载气进入仪器管路前必须经净化、脱水处理；停机使用时，应将排空端密封住，以防止空气中的氧气对色谱柱固定液的氧化作用。在大多数情况下，柱的寿命与它的使用温度成反比。采用稍低些的温度上限，可显著提高柱的寿命。程序升温到较高温度所维持的时间越短，对柱的寿命影响越小。

5. 检测系统 检测器主要的维护是清洗，但值得注意的是如果清洗的方法不当或零件受清洗用溶剂污染，反而会使检测器状态变坏。需仔细阅读说明书后再进行清洗，有必要需联系售后服务点。

五、气相色谱仪的常见故障与处理

1. 进样后不出色谱峰 气相色谱仪在进样后检测信号没有变化，不出峰，输出仍为直线。遇到这种情况时，应按从样品进样针、进样口到检测器的顺序逐一检查。首先检查注射器是否堵塞，如果没有问题，再检查进样口和检测器的石墨垫圈是否紧固、不漏气，然后检查色谱柱是否有断裂漏气情况，最后观察检测器出口是否畅通。

2. 基线问题 包括线波动、漂移等。基线问题可使测量误差增大，有时甚至会导致仪器无法正常使用。遇到基线问题时应先检查仪器条件是否有改变，近期是否新换气瓶及设备配件。如果有更换或条件有改变，则要先检查基线问题是不是由这些改变造成的，一般来说这种变化往往是产生基线问题的原因。当排除了以上可能造成基线问题的原因后，则应当检查进样垫是否老化；石英棉是不是该更换了；衬管是否清洁。此外，检测器污染也可能造成基线问题，可以通过清洗或热清洗的方法来解决。

3. 峰丢失、假峰 造成峰丢失的原因有两种：一是气路中有污染；另一可能是峰没有分开。第一种情况可以通过多次空运行和清洗气路（进样口、检测器等）来解决。为了减少对气路的污染，可采用以下的措施：程序升温的最后阶段应有一个高温清洗过程；注入进样口的样品应当清洁；减少高沸点的油类物质的使用；使用尽量高的进样口温度、柱温和检测器温度。峰丢失的第二种情况是峰没有分开。除了以上原因外，峰丢失还可能是系统污染造成的柱效下降或者是由于柱子老化导致的。而假峰一般是由于系统污染和漏气引起，可以通过检查漏气和去除污染来解决。

六、气相色谱仪的应用

气相色谱法作为一种有效的分离分析技术，已广泛应用在医药卫生、临床医学等方面。

（一）生化项目检测

气相色谱法可用于检测血、尿等体液中的脂肪酸、氨基酸、甘油三酯、甾族化合物、胆汁酸、生物胺等许多生化项目等，还可用于分析鉴定药物的组成和含量、检测人体的代谢产物。

（二）微生物检测

气相色谱法应用于临床微生物的检测，可作为传染病快速诊断方法；临床厌氧菌检测可用以鉴定厌氧菌的菌属或菌种，为临床提供有价值的诊断依据。

（三）药物检测

在药物检测领域中主要包括药物成分含量分析，质量控制分析，中草药及中成药中成分的测定，体内药物监测，药物代谢动力学研究中的检测，滥用药物分析等。

第二节 高效液相色谱仪

高效液相色谱法（high performance liquid chromatography，HPLC）是以高压输出的液体为流动相的色谱技术。是在经典液相色谱法的基础上，引入了气相色谱法的理论和实验方法，于 20 世纪 60 年代末迅速发展起来的一种分离分析方法。

与经典液相色谱法相比较，高效液相色谱法的优点是高效、高速、高灵敏度、高自动化。高效是指分离效率高，由于它使用各种新型键合固定相且固定相颗粒更细、更均匀，使

柱效可达每米 10^5 理论塔板数；高速是指流动相流动速度快、分析速度快，由于采用高压泵输送流动相，使流动相流速最高可达 10ml/min，一般分离分析仅需几分钟到几十分钟；高灵敏度是指借助紫外、荧光、蒸发光散射、电化学及质谱等高灵敏度检测器，检测限可达 $10^{-11}\sim10^{-9}$g/ml；高自动化是指仪器配备的计算机系统，特别是色谱专家系统，不仅可以自动采集和处理数据，而且可以优化选择和控制分离操作条件。

与气相色谱法相比较，高效液相色谱法的突出优点是应用范围广。气相色谱法采用气体为流动相，流动相在色谱过程中仅起载带作用；而高效液相色谱法中流动相为液体，它不仅起载带作用，还参与对组分的分配作用，更重要的是可选用不同极性的液体做流动相。由于新型固定相的使用和流动相的多种可选，高效液相色谱法不仅可以分析一般的有机化合物，而且可以分析高沸点、热稳定性差的样品，约 80% 左右的有机物都可以采用高效液相色谱法进行分离分析，在医药卫生、生命科学、药物研究以及环境保护等领域应用广泛。

一、高效液相色谱仪的工作原理

高效液相色谱仪又称高速液相色谱仪、高压液相色谱仪等。虽然依据分离的原理不同，有不同的类型，如吸附、分配、离子交换、凝胶色谱等，但仪器组成并无太大的差异。

用高压输液泵将具有不同极性的单一溶剂或不同比例的混合溶剂、缓冲液等流动相泵入装有固定相的色谱柱，经进样阀注入样品，由流动相带入柱内，在柱内各组分被分离后，依次进入检测器，记录仪记录流出色谱信号，根据色谱峰的位置和峰高或峰面积进行定性和定量分析。

二、高效液相色谱仪的基本结构与功能

高效液相色谱仪依据其性能和用途的不同可分为分析型、制备型和专用型三类，主要由高压输液系统、进样系统、分离系统、检测系统和数据记录与处理系统五部分组成。另外，还配有辅助装置，如脱气装置、梯度洗脱（gradient elution）装置等，见图 5-5。

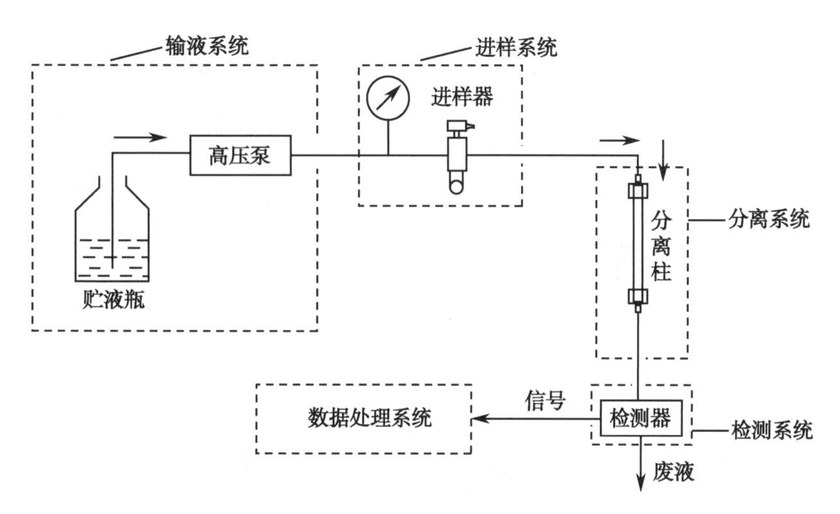

图 5-5　高效液相色谱仪结构示意图

（一）高压输液系统

高压输液系统一般由贮液器、高压输液泵、过滤器、梯度洗脱装置、压力脉动阻尼器等组成，其中高压输液泵是高效液相色谱仪的核心部件。

高压输液泵的作用是将流动相连续不断地送入色谱柱。由于高效液相色谱法使用的固定相颗粒极小，对流动相阻力很大，流动相难以较快流动。通过高压输液泵提供动力，才能使流动相连续不断的送入色谱柱，以保证仪器正常工作。

高压输液泵应符合下列要求：①密封性好，耐腐蚀；②有足够的输出压力；③输出压力平稳，脉动小；④输出流量恒定，可调范围宽，其流量精度在1%～2%之间；⑤泵室体积小（<0.5ml），易于清洗，便于迅速更换溶剂。

高压泵常用的有恒压泵和恒流泵两种。恒压泵输出压力恒定，输出流量随色谱柱阻力等的改变而变化，因此重现性差，目前已很少使用。

恒流泵是在一定的操作条件下，输出的流量保持恒定，不受色谱柱阻力和流动相黏度等变化的影响。恒流泵又分为柱塞往复泵和螺旋注射泵。柱塞往复泵具有泵室体积小，易于清洗和更换溶剂，适合于梯度洗脱操作等优点，被广泛使用。该泵由电机带动转动凸轮，驱使柱塞在液缸内往复运动。当柱塞自液缸抽出时，入口单向阀打开，出口单向阀关闭，流动相被吸入液缸；然后柱塞被推入液缸，出口单向阀打开，入口单向阀关闭，流动相从液缸排出进入色谱柱；如此往复运动，将流动相连续不断送入色谱柱。

（二）进样系统

进样系统的主要部件是六通阀，见图5-6。六通阀进样分两步进行：当六通阀处于“装样（load）”位置（图5-6a）时，用微量进样器将试样注入到六通阀的定量环中，多余的样品从废液口排出。此时流动相直接流入色谱柱，不通过定量环；然后转动六通阀手柄至“进样（inject）”位置（图5-6b），流动相流经定量环再进入色谱柱，样品被流动相带入色谱柱。

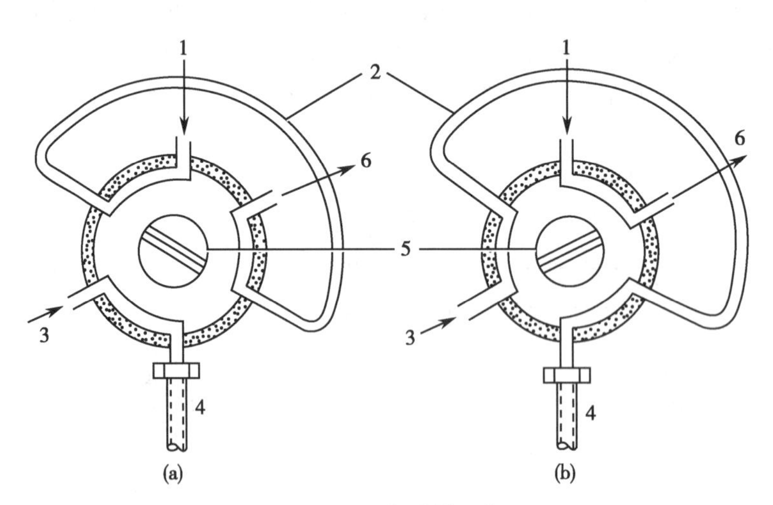

图5-6　六通阀进样示意图

a. 装样　b. 进样

1. 进样口　2. 定量管　3. 流动相入口　4. 色谱柱　5. 可转动阀芯　6. 废液口

目前，许多高效液相色谱仪配有自动进样装置。自动进样装置由色谱工作站控制，装样、进样、复位、清洗全部按预定的程序自动进行。自动进样重现性好，适合大量样品分析。

（三）分离系统

分离系统包括色谱柱、恒温箱等，主要为色谱柱。色谱柱是高效液相色谱仪的心脏部件，由色谱柱管和固定相组成。色谱柱管多采用耐高压、耐腐蚀的不锈钢管制成，要求管内壁光洁度高，否则会引起柱效降低。色谱柱分为分析型和制备型两类。分析型色谱柱长50～300mm，内径1～5mm，固定相粒径2.5～10μm，柱子是直型的，既有利于加工，又有利于填充。制备型色谱柱长50～500mm，内径10～50mm，固定相粒径5～10μm。

在分析柱前可以连接一个短的保护柱（10～20mm）。保护柱内一般填有与分析柱中相同的固定相，这样可以防止样品和流动相中的有害污染物进入色谱柱，以延长其寿命。

高效液相色谱分析常在室温下进行，但由于柱温对组分的保留值有显著影响，所以，仪器最好配备恒温箱，以保证分析时温度恒定。

（四）检测系统

检测器是高效液相色谱仪的关键部件之一。它的作用是将从色谱柱流出组分量的变化转化为可供检测的电信号。常用的检测器有：

1. 紫外－可见光检测器　紫外－可见光检测器（ultraviolet-visible detector，UVD or UV）是高效液相色谱仪应用最广泛的检测器，用于检测对紫外及可见光有吸收的物质，大约80%的样品可以使用这种检测器。

紫外－可见光检测器的特点是：灵敏度高，最小检测浓度达10^{-10}g/ml；可准确方便地进行定量分析；线性范围宽，对温度和流动相流速波动不敏感，可用于梯度洗脱；应用范围广泛，可用于多种类型有机物的检测。

紫外－可见光检测器的结构和工作原理与一般的紫外－可见分光光度计一样，所不同的是将样品池改为体积很小（5～12μl）的流通池，以便对色谱流出样品进行连续检测。

紫外－可见光检测器可分为固定波长型、可调波长型和光二极管阵列检测器（photodiode array detector，DAD）。

固定波长型紫外－可见光检测器一般以低压汞灯为光源，检测波长固定在254nm或280nm，许多有机官能团可吸收这些波长的光，因此可用此检测器进行分析。这种检测器光学系统结构简单，但应用范围受限。

可调波长型紫外－可见光检测器是以钨灯和氘灯作为光源，检测波长从190～800nm连续可调，样品可选择在最大吸收波长处进行检测。该类检测器应用广泛，需要注意的是，所使用的流动相溶剂在测定波长下应尽可能无吸收。

二极管阵列检测器是以光电二极管阵列作为检测元件。进入流通池的光是整个紫外－可见光谱区的复合光，当复合光被组分选择性吸收后，其透过光具有了组分的光谱特征，此透过光被光栅分光后，照射到光电二极管阵列上。对二极管阵列快速扫描采集数据，经计算机处理，可同时获得样品的色谱图及每个色谱峰的吸收光谱图。

二极管阵列检测器的优点是：一次进样后，可同时采集不同波长下的色谱图，以计算不同波长的相对吸收比；可提供每一色谱峰的UV谱，因而有利于选择最佳检测波长；检查色谱峰各个位置的光谱，可以评价物质的纯度。如果色谱峰为纯物质，则色谱峰各点的光谱会重叠；由于每个组分都有全波段的吸收光谱，因此，可利用色谱保留值规律及吸收光谱综合进行定性分析。

2. 荧光检测器　荧光检测器（fluorescence detector，FD）的仪器结构和检测原理与荧光分析法相同，可对具有荧光特性的样品进行定量检测。荧光检测器灵敏度更高，比紫外－可见光检测器高 3～4 个数量级，最小检测浓度可达 10^{-12}～10^{-14}g/ml；对温度和流动相流速的变化不敏感，可以进行梯度洗脱。

3. 电化学检测器　电化学检测器（electrochemical detector，ED）种类较多，有电导、库仑、极谱、安培、电位等。常用的是安培检测器，它是一种选择性检测器，是利用组分在氧化还原反应过程中产生的电流，对样品进行检测。

安培检测器要求流动相中必须含有电解质，并且在电极表面呈惰性。该检测器灵敏度高，最小检测浓度可达 10^{-12}g/ml；选择性好，只能检测具有氧化还原活性的物质；线性范围宽，一般为 3～4 个数量级；设备简单、成本低、操作方便。缺点是：电极表面易发生吸附、催化、氧化还原等反应，电极寿命较短；不宜使用梯度洗脱。

4. 蒸发光散射检测器　蒸发光散射检测器（evaporative light-scatter detector，ELSD）是利用在一定条件下粒子的数量不变，光散射强度正比于由溶质浓度决定的粒子数目而进行测量的。将流出色谱柱的组分及流动相先引入已通气体（常用高纯度氮或空气）的蒸发室，加热蒸发去除流动相。样品组分在蒸发室内形成气溶胶，而后进入检测室。用强光或激光照射气溶胶而产生光散射，测定散射光强度而获得组分的浓度信号。该检测器的特点是通用性，可用于梯度洗脱，最小检测浓度可达到 10^{-9}g/ml，柱温变化不影响检测器基线稳定性。

（五）数据记录与处理系统

数据记录与处理系统是高效液相色谱分析中非常重要的部分，它可以把检测器信号显示出来，在数据采集的同时能对进样器、泵及阀进行实时控制，实现自动进样、数据采集、泵及阀控制、数据处理、定性定量分析、数据存储、报告输出等分析过程的完全自动化。

（六）辅助装置

辅助装置包括脱气装置、梯度洗脱装置、恒温箱、自动进样器、馏分收集器、在线固相萃取装置、柱后衍生装置等。

脱气装置是将流动相混合时产生的气泡除掉，消除流动相的不稳定因素、降低基线漂移及噪声，消除气泡对检测器检测精度的影响，消除氧气对电化学、荧光和紫外检测的干扰。

梯度洗脱是在分离过程中，按一定程序不断改变流动相的配比，使溶剂极性、离子强度或 pH 值改变，从而改进复杂样品的分离，改善峰形、缩短分析时间，提高分离效率。梯度洗脱对于一些复杂组分的分离尤为重要。梯度洗脱分为低压梯度洗脱和高压梯度洗脱。低压梯度洗脱装置只需一台高压泵，它是在常压下将不同溶剂按一定比例混合，然后通过高压泵将混合后的流动相送入色谱柱中。由于流动相是在常压（低压）下混合，容易形成气泡，所以低压梯度通常配置在线脱气装置。高压梯度洗脱装置一般采用二台或多台高压泵，按设定的流量比例将各种溶剂送入混合室，在高压下进行混合，然后进入色谱柱。

在线固相萃取装置是先将被分离组分吸附在萃取柱上，经过清洗，然后直接洗脱到高效液相色谱中。由于省略了萃取方法中的蒸发和重构步骤，该装置可以使所需的样品体积更小，样品的利用率更高，进而使复杂样品基质（如血浆或血清）中某一特定组分或其代谢物的全在线分析成为可能。

柱后衍生化装置是被分离组分在分析柱中实现分离后，在衍生池内与衍生剂反应，检测器检测到的是衍生产物。柱后衍生的优点是：重现性好，引进物质比较少。缺点是：可能存在扩散问题，对设备要求较高，要求有一套外源的泵系统和一个检测池。

三、高效液相色谱仪的性能指标

高效液相色谱仪器的性能指标与气相色谱仪的性能指标类似，主要包括灵敏度、噪声、漂移、最小检出量、检出限、线性范围、选择性、响应时间等。

四、高效液相色谱仪的使用与维护

（一）高效液相色谱仪的使用

不同型号的仪器操作要求不同，需按其说明书进行。一般有以下的步骤：①依照顺序开机，自检完毕后进入操作模板；②设定洗脱程序、检测器的条件及测定报告；③完成实验过程，打印实验结果，依照顺序关机。其基本操作流程见图 5–7。

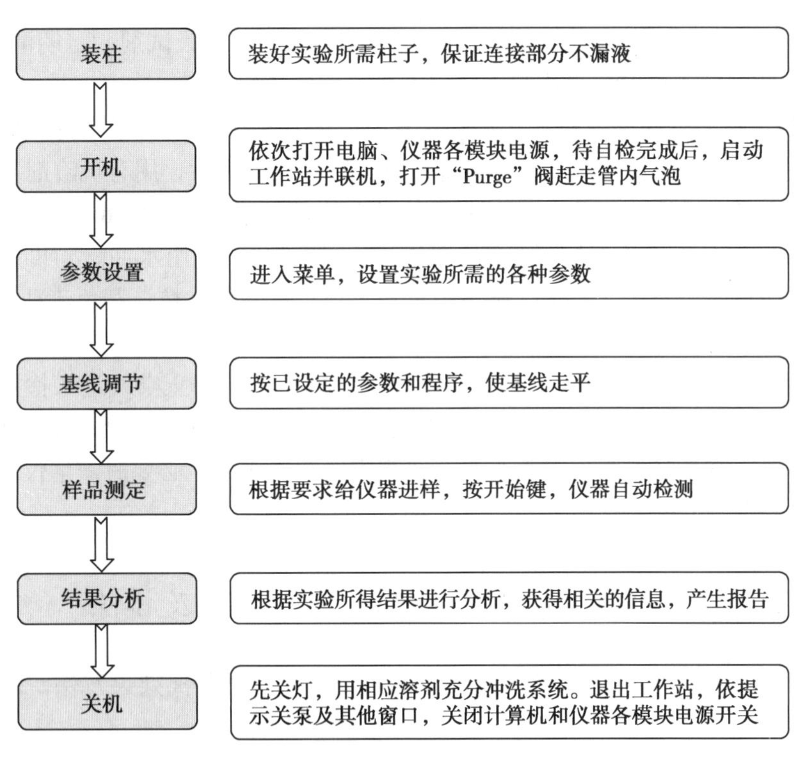

图 5–7　高效液相色谱仪基本操作流程图

（二）高效液相色谱仪的使用注意事项

1. 流动相必须用 HPLC 级的试剂，使用前用 0.45μm 或更细的膜过滤去除其中的颗粒性杂质和其他物质，然后用超声波脱气，恢复到室温后使用；

2. 使用缓冲液时，做完样品后应立即用纯净水冲洗管路及柱子 1 小时，然后用甲醇或甲醇水溶液冲洗40分钟以上，以充分洗去离子；

3. 长时间不用仪器，应将柱子取下用堵头封好，用有机相（如甲醇）保存，不能用纯水保存；

4. 每次做完样品后应该用溶解样品的溶剂清洗进样器；

5. 堵塞导致压力太大时，按照预柱、混合器中的过滤器、管路过滤器、单向阀的顺序检查并清洗；

6. 使用过程中要尽量避免产生气泡，以免压力不稳，重复性差；

7. 进液管内不进液体时，要使用注射器吸液，输液前要进行流动相的清洗；

8. 注意柱子的pH范围，不得注射强酸、强碱的样品，特别是强碱性样品；

9. 更换流动相时，应先将吸滤头部分放入烧杯中边振动边清洗，然后插入新的流动相中；更换无互溶性的流动相时需用异丙醇过渡。

（三）高效液相色谱仪的日常维护

1. 贮液器　保持贮液瓶清洁，定期清洗或更换；尽量使用HPLC级溶剂和试剂。非HPLC级的流动相一定要过滤；含有缓冲盐的流动相应现用现配，防止微生物生长和组分改变。

2. 泵　泵的密封圈和柱塞杆是最容易磨损的部件，因此在使用过程中要注意：仪器使用完毕，需将泵中的缓冲盐冲洗干净，防止盐沉积；用HPLC级试剂，定期清洗过滤筛板，用1mol/L的硝酸浸泡1小时，再用纯水清洗干净（切勿超声）。

3. 进样器　样品进样前要过滤；手动进样器，要用液相专用的平头针，而不能用气相色谱用的尖头针代替以免损伤转子，进样针和进样阀使用完毕后，用有机溶剂冲洗干净。

4. 色谱柱　在使用新柱之前，最好用适宜溶剂在低流量下（0.2～0.3ml/min）冲洗30分钟，长时间未用的分析柱也要同样处理。使用缓冲盐时，要先用水冲洗，再用有机溶剂冲洗；卸下柱子保存时，要盖上盖子，避免固定相干枯；使用保护柱；避免流动相组成及极性的剧烈变化；避免压力脉冲的剧烈变化。

5. 检测器　保持检测器清洁，每天与色谱柱一同清洗；防止空气进入检测池内；检测器灯有一定寿命，不用时不要打开灯，但也不能频繁开关灯；不要用手直接接触氘灯表面。故障出现后，要根据故障的类别、大小，采取相应的解决措施，必要时需请仪器厂商的工程师进行维修服务。

五、高效液相色谱仪的常见故障及排除

1. 柱压问题　柱压的稳定与色谱图峰形的好坏、柱效、分离效果及保留时间等密切相关，需要密切注意。

（1）压力过高：这是高效液相色谱仪在使用中最常见的问题，指的是压力突然升高，一般都是由于流路中有堵塞。应该分段进行检查并进行相应处理。

（2）压力过低：一般可能由于系统泄漏所致。可检查各个接口处，特别是色谱柱两端的接口，把泄漏的地方旋紧即可。还有可能是泵里进了空气，导致压力忽高忽低，甚至导致泵无法吸上液体。可打开排空阀，用3～5ml/min的流速冲洗，如果不行，则用专用针筒在排空阀处借助外力将气泡吸出。

2. 漂移问题　主要包括基线漂移和保留时间漂移。

（1）基线漂移：一般在机器刚启动时，基线容易漂移，大概需要半个小时的平衡时间，如果使用了缓冲液或缓冲盐，或在低波长下（220nm），平衡时间相对会比较长；如果在试验中发现基线漂移，则要考虑下面的原因：柱温波动、流通池被污染或有气体、紫外线灯能量不足、流动相污染变质或低品质溶剂配成、样品中有强保留的物质以馒头峰样被洗脱出、检测器没有设定在最大吸收波长处、流动相的 pH 没有调节好等。须逐一进行检查并用相应方法排除。

（2）保留时间漂移：能否保留时间重现是仪器性能好坏的一个重要标志。同一种物质，两次的保留时间相差不要超过 15 秒，超过了半分钟可看做保留时间漂移，无法进行定性。要考虑以下原因：温控不当、流动相比例变化、色谱柱没有平衡、流速变化等。

3. 峰型异常　在液相色谱工作的过程中，应变换不同的条件来改善不好的峰型，对各种异常峰，要区别对待逐一解决。

六、高效液相色谱仪的应用

高效液相色谱法主要用于有机化合物的分离、定性和定量分析，特别适合于分析具有生物活性、分子量比较大的高沸点化合物。可应用于生物化学、药物化学、临床医学、环境科学、石油化工、高分子化学等众多领域。

（一）生命科学研究

HPLC 是生命科学研究的重要手段之一，可分离分析与生命密切相关的多种物质。HPLC 可以分析药物的组成和含量，在药物生产中进行中间控制；可以分析药物在体内的残留量，测定药物在各器官中的代谢产物，进行治疗药物效果的监测；可以测定核酸、氨基酸、酶、糖、激素等；可以用于微生物的鉴定等。

（二）临床检验

HPLC 的应用已经遍及临床检验的各个领域，如测定体液中有机酸、糖类、维生素、激素等物质。尤其是用于糖化血红蛋白的测定，使其准确性和重复性得到很大的提高，可以作为监测糖尿病血糖控制的金标准。由于疾病的发生和发展大多伴随着某些物质的变化，通过分析人体组织或体液中这些特异性物质的含量，对于临床疾病的诊断、治疗及疗效监测可起到重要的作用。

第三节　质谱分析仪

以离子的质荷比（m/z）为序排列的图谱称为质谱（mass spectrum）。利用质谱将分析物形成离子按质荷比分开后进行成分和结构分析的方法称为质谱法（mass spectrometry，MS），通常简称为质谱。实现质谱方法的仪器为质谱仪（mass spectrometer），又称质谱计。目前，质谱仪器已广泛应用于化学、化工、环保、医学、食品、刑侦科学、材料科学和生命科学等各个领域。

一、质谱分析仪的工作原理

从本质上说，质谱是物质带电粒子的质量谱，而不是波谱，与电磁波的波长无关，更不是光谱。质谱仪不属于波谱仪器。

质谱仪离子源中的样品，一般在极高的真空状态下，在电子、电场、光、热或激发态原子等能量源作用下，将物质气化、电离成正离子束，经电压加速和聚焦导入质量分析器中，一般利用离子在电场、磁场中运动的性质，按离子质荷比（m/z）的大小顺序进行收集和记录，得到质谱图（图 5–8）。

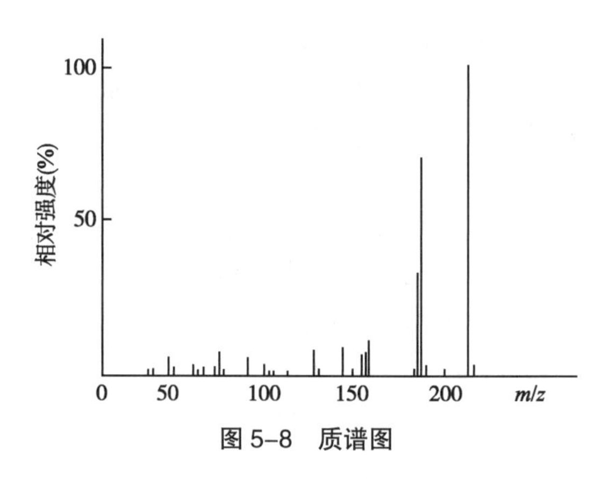

图 5–8 质谱图

质谱图横坐标为质荷比。纵坐标为离子相对强度。离子相对强度是以离子强度最强峰为100，其他的峰则以此为标准，确定其相对强度，又称相对丰度，或为离子强度（离子流强度）。也可以按质荷比——相对强度或离子强度列表，得到质谱表。

二、质谱分析仪的基本结构与功能

质谱仪主要由真空系统、进样系统、离子源、加速区、质量分析器、检测器及计算机系统组成（图 5–9），以离子源和质量分析器为核心。

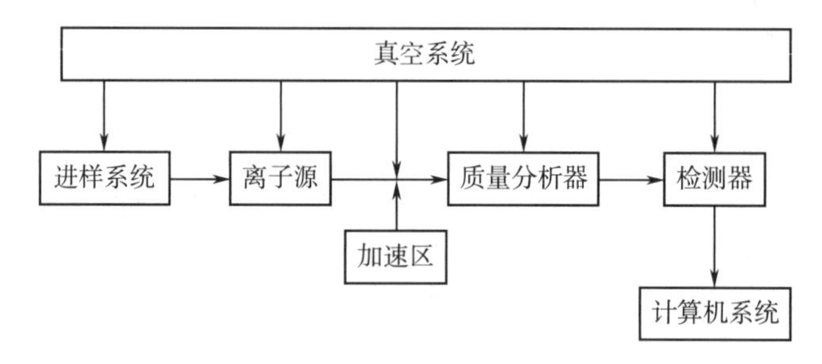

图 5–9 质谱仪结构示意图

（一）真空系统

在质谱仪中凡是有样品分子和离子存在的区域都必须处于高真空状态，以降低背景和减少离子间或离子与分子间碰撞所产生的干扰（如散射、离子飞行偏离、质谱图变宽等）。真空度不能过低，否则会使本底信号增高，甚至会引起分析系统内的电极之间高压放电，且残余空气中的氧还会烧坏离子源的灯丝。质谱仪的真空度一般保持在 $1.0 \times 10^{-6} \sim 1.0 \times 10^{-4}$Pa。

（二）进样系统

进样系统将处理后的样品引入到离子源中并且不能造成真空度的降低。根据是否需要接口装置，进样系统一般可分为直接进样和通过接口进样两种方式。

直接进样有 3 种类型：（1）气态、高沸点液态样品：通过可调喷口装置导入离子源进入质谱仪；（2）吸附在固体上或溶解在液体中的挥发性样品：通过顶空分析器富集样品上方的气体，利用吸附柱捕集，再采用程序升温的方式使之解吸附，经毛细管导入质谱仪；（3）固体样品：常用固体直接由进样杆（盘）导入。

通过接口技术进样：将气相色谱（GC）的载气去除或将液相色谱（LC）的溶剂去除并使分析物导入质谱仪。主要包括各种喷雾接口（电喷雾、离子喷雾和热喷雾等）、粒子束接口和粒子诱导解吸附接口等。

（三）离子源

离子源（ion source）的作用是使气化样品中的原子、分子或分子碎片离子化，并使离子具有一定的能量。常用的离子源有：电子轰击源、化学电离源、快速原子轰击源、激光电离源、电喷雾离子源等。不同的离子源采用不同的离子化途径，有不尽相同的离子化效率，适用于不同的样品离子化以满足质谱分析要求。

（四）加速区

在离子源中产生的各种不同动能的正离子，在加速器的高频电场中加速，增加能量后，因其轨迹半径不同而初步分开。加速器包括回旋加速器、直线加速器等。

（五）质量分析器

质量分析器将离子源产生的离子，在电磁场的作用下，按照质荷比的大小分离聚焦。很多时候是根据所使用的分析器类型来划分质谱仪。其种类很多，常见的质量分析器主要有磁分析器（包括单聚焦和双聚焦两种）、飞行时间分析器、四极杆质量分析器、离子捕获分析器和离子回旋共振分析器等。

（六）检测器

检测器的功能是将质量分析器分离后的离子流信号依次收集、放大、显示，并将其送入计算机数据处理系统，最终得到所需的质谱图及相应的分析结果接收和检测分离后的离子。常用的有以下几种：

1. 电子倍增器　电子倍增器（管）是最常用的检测器。由质量分析器出射的离子，具有一定的能量，打到电子倍增器的第一个阴极产生电子，电子再依次撞击电子倍增器的倍增极，电子数目呈几何倍数放大，最后在阳极上可以检测到放大后的电流。特点是快速、灵敏、稳定。

2. 光电倍增管　离子发射撞击荧光屏，荧光屏发射光子由光子放大器检测。光子放大器密封在容器中，光子可穿透密封玻璃，能避免表面污染。

3. 电荷耦合器件（charge coupled device，CCD）　利用离子在感光板上的感光来观察质量谱线的位置和强度。在光谱学中广泛使用的半导体图像传感器—CCD在质谱仪中获得了日益增多的应用，能检测出用一般检测法难以检测到的极小量的试样和寿命短的离子。

（七）计算机系统

主要运用工作站软件控制样品测定程序，采集数据与计算结果、分析与判断结果、显示与输出质谱图（表）、数据储存与调用等。

三、质谱分析仪的性能指标

质谱仪的主要性能指标是分辨率、灵敏度、质量范围、质量稳定性和质量精度等。

（一）分辨率

质谱仪的分辨率是指把相邻两个质谱峰分开的能力。其定义是：当质量接近的 M_1 及 M_2（$M_2>M_1$）两个相邻离子峰之间的谷高 h 刚刚为两个峰平均峰高 H 的 10% 时，可认为两峰已经分开，则该质谱仪的分辨率（resolution，R）为

$$R=M/\Delta M$$

其中，$M=\frac{M_1+M_2}{2}$，$\Delta M=M_2-M_1$。

质谱仪的分辨率由离子源的性质、离子通道的半径、狭缝宽度与质量分析器的类型等因素决定。分辨率在 500 左右的质谱仪可以满足一般有机分析的需要，仪器价格相对较低；若要进行同位素质量及有机分子质量的准确测定，则需要使用分辨率在 5000 ~ 10 000 以上的高分辨率质谱仪。

（二）灵敏度

质谱仪的灵敏度有绝对灵敏度、相对灵敏度和分析灵敏度等几种表示方法。绝对灵敏度是指产生具有一定信噪比（signal to noise ratio，SNR，S/N）的分子离子峰所需的样品量；相对灵敏度是指仪器可以同时检测的大组分与小组分含量之比；分析灵敏度则是指仪器在稳态下输出信号变化与样品输入量变化之比。

常用绝对灵敏度表示质谱仪的灵敏度。其中，信噪比 = 检测信号：背景噪声，一般要求信噪比大于 10：1。还可以同时对检测信号的绝对值作要求，如峰高或峰面积下限。

（三）质量范围

质谱仪的质量范围是指质谱仪所检测的离子质荷比（m/z）范围。如果是单电荷离子即表示质谱仪检测样品的相对原子质量或相对分子质量范围，采用以 ^{12}C 定义的原子质量单位（atomic mass unit，amu，1amu=1u=1Da）来量度。

质量范围的大小取决于质量分析器。同类型分析器则在一定程度上反映质谱仪的性能。不同的分析器有不同的质量范围，彼此间比较没任何意义。

（四）质量稳定性和质量精度

质量稳定性主要是指仪器在工作时质量稳定的情况，通常用一定时间内质量漂移的质量单位来表示。质量精度是指质量测定的精确程度。可用绝对误差表示，但常用相对百分比表示。但质量精度只是高分辨质谱仪的一项重要指标，对低分辨质谱仪没有太大意义。

四、质谱分析仪的使用与维护

（一）质谱仪的使用

不同型号的仪器操作要求不同，使用前须经过严格的仪器操作培训，按仪器使用说明书进行，其基本操作流程见图 5-10。

（二）质谱仪的维护

质谱仪结构复杂，造价高，应用面广，为保证其处于良好状态，延长使用寿命，确保分析结果的准确性，需做好仪器的维护。表 5-1 以三重四极杆质谱仪为例介绍了质谱仪的维护。

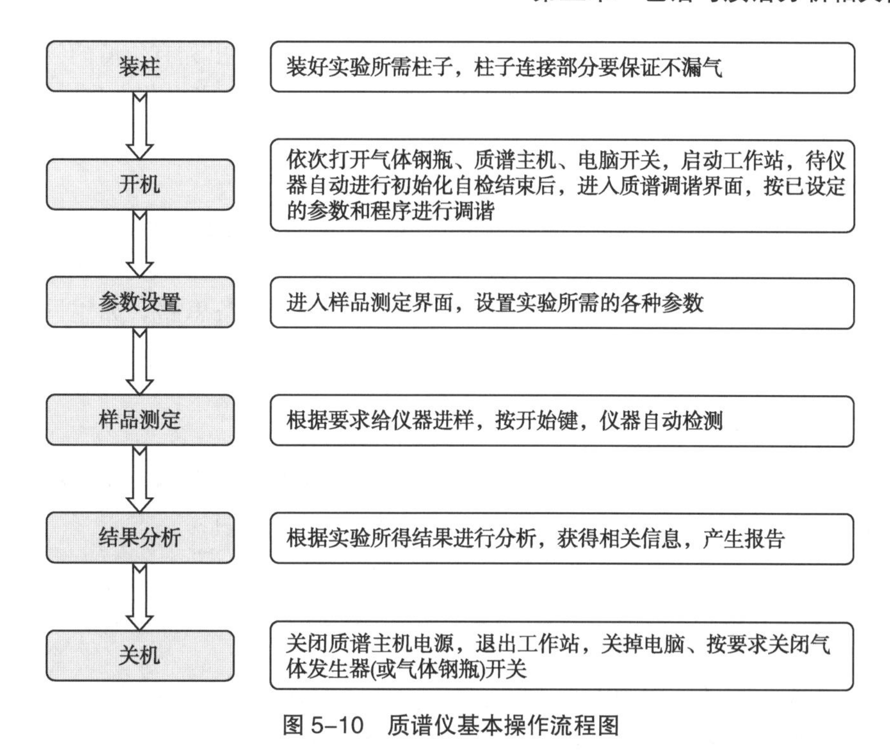

图 5-10　质谱仪基本操作流程图

表 5-1　三重四极杆质谱仪的维护计划表

维护内容	频率
1. 机械泵振气	ESI 源每周 1 次；APCI 源每天 1 次
2. 检查机械泵状况	每周 1 次
3. 更换机械泵油	连续工作每 3000 小时更换 1 次或当泵油明显变色或液面下降至 1/2 以下时
4. 清洗探头尖，更换毛细管	当出现堵塞、灵敏度下降时
5. 清洁电晕放电针（APQ）	当看上去已腐蚀、变黑或灵敏度下降时
6. 清洗采样锥孔和挡板	当明显变脏、变黑或灵敏度下降时
7. 清洗萃取锥孔、离子座和六极器	当明显变脏或背景杂质峰太多，清洗完采样锥孔后灵敏度仍低时

五、质谱分析仪的应用

质谱分析具有灵敏度高，样品用量少，分析速度快，分离和鉴定同时进行等优点，应用范围不断扩大，在生命科学领域获得了广泛应用，尤其是在生物标志物检测、微生物鉴定和治疗药物监测等检验医学领域的应用日益广泛。

（一）生物标志物检测

质谱在检验医学中应用最早最多的是同位素稀释－质谱法（isotope dilution mass spectrometry，ID-MS），它是测定无机离子、单糖类、脂类、小分子含氮化合物等小分子生物标志物的决定性方法。

肿瘤标志物的测定是生物质谱技术在检验医学应用中最为突出和有价值的领域。它最有希望成为肿瘤的一种早期检测方法。飞行时间质谱（TOF-MS）技术对艾滋病、老年痴呆症、乳腺癌等恶性肿瘤的疾病的研究都有前所未见的创新性进展。

（二）微生物鉴定

通过每种细菌分离物的生物质谱，可得到每种细菌唯一的肽模式或指纹图谱来鉴定细菌。用同位素质谱的方法检测微生物代谢物中同位素的含量也可以达到检测该病原菌的目的，同时，也为同位素质谱在医学领域的应用开辟了一条思路。如用同位素 ^{14}C 标记的 ^{14}C- 尿素呼吸试验和 ^{15}N 标记的 ^{15}N- 排泄试验已成为临床检测胃幽门螺杆菌的有效手段。

（三）治疗药物监测

质谱分析技术检测药物准确、快速，几乎可以用于所有药物的检测。如抗癌药、免疫抑制剂、抗生素以及心血管药，有望成为药物检测的最强有力的工具。

学习小结

本章主要介绍色谱、质谱技术与相关仪器。色谱技术是对多组分混合物样品进行分离分析的一种有效方法。色谱仪常用的有气相色谱仪和高效液相色谱仪。

气相色谱仪利用气体作为流动相，主要用于分离分析各种气体和易挥发的物质。气相色谱仪利用样品中各组分在色谱柱中的流动相（气相）和固定相（液相或固相）间分配或吸附系数的差异，当气化后的试样被载气带入色谱柱中运行时，各组分在两相间作反复多次分配后得以分离，分离后的组分按保留时间的先后顺序进入检测器，从而检测不同组分。在气相色谱仪的操作过程中，要特别注意主参数的合理选择，它对色谱的分离效果会产生很大的影响。

高效液相色谱仪用液体作为流动相，由于采用了高压技术、高效固定相技术和先进的检测技术，其性能得到了大大的提高。它采用高压输液泵将具有不同极性的单一溶剂或不同比例的混合溶剂、缓冲液等流动相泵入装有固定相的色谱柱，经进样阀注入样品，由流动相带入柱内，在柱内各组分被分离后，依次进入检测器，记录仪记录流出色谱信号，根据色谱峰的位置和峰高（或峰面积）进行定性和定量分析。

质谱仪离子源中的样品，一般在极高的真空状态和能量源作用下，将物质气化、电离成正离子束，经电压加速和聚焦导入质量分析器中，通过分析质谱图检测不同组分。

复习题

1. 气相色谱仪的工作原理是什么？
2. 高效液相色谱仪的工作原理是什么？
3. 质谱仪的工作原理是什么？
4. 气相色谱仪的常见故障如何处理？

5. 高效液相色谱仪的常见故障如何处理?

6. 质谱仪的常见故障如何处理?

7. 简述气相色谱仪与高效液相色谱仪的基本结构。

（潘洪志）

第六章

生化分析相关仪器

学习目标

1. 掌握　分立式自动生化分析仪的基本结构和测定原理；电解质分析仪的基本结构和测定原理；血气分析仪和电泳仪的基本结构和测定原理。
2. 熟悉　自动生化分析仪分析方法类型和试验参数的设置；电泳仪的基本结构和测定原理；以及上述各种仪器的维护保养要求。
3. 了解　自动生化分析仪的发展历程；自动生化分析仪等设备在实验诊断中的重要意义。

随着技术方法的不断进步，自动化分析仪器的应用已成为临床化学分析最主要的检测手段。本章主要介绍与临床化学分析有关的自动生化分析仪、电解质分析仪、血气分析仪和电泳仪。

第一节　自动生化分析仪

自动生化分析仪（automatic biochemical analyzer）是临床化学分析中最重要、应用最广泛的自动化分析仪器。它是在计算机系统的控制下，模拟临床化学试验的人工操作过程，对临床样品进行自动化测定的精密分析仪器。

自动生化分析仪具有结果精密度高、准确性好、测定快速、样品微量、操作过程标准化等诸多优点，可在体外对血液、尿液、脑脊液、胸腹水等各种样品的上清液进行生物化学指标快速测定，在临床实验室中得到广泛的应用。

一、自动生化分析仪概述

20 世纪 50 年代，美国 Technicon 公司生产出世界上第一台单通道连续流动式生化分析仪。60 年代出现了可同时测定多项目的连续流动式生化分析仪；70 年代以后，随着电子计算机技术的广泛应用，生化分析仪进入快速发展时期；90 年代以来，自动生化分析仪的功能更加完善，具有用户自定义项目程序参数、全过程自动控制、自动扫描识别条形码样品、双向通信技术、测量过程自动监控、误差校准、指示判断、数据处理、质量控制、自动维护、故障自我诊断等先进功能。

生化分析仪种类繁多，从不同的角度可进行不同的分类。按反应装置的结构可分为连续流动式、离心式、分立式和干片式；按同时可测定项目数分为单通道和多通道；按自动化程度可分为半自动和全自动；按化学反应的环境可分为湿化学和干化学。

（一）连续流动式分析仪（continuous flow analyzer）

是世界上最先出现的自动生化分析仪。开始仅为单通道分析仪，其测定过程是一个样品接一个样品的相同项目在管道中连续流动的方式下完成的，每次只能测定一个项目，在清洗管道、更换试剂后可测定另外的项目。测定过程中各待测样品与试剂混匀后的化学反应均在同一管道内流动的过程中完成，故又称为管道式分析仪。其检测项目是按照样品加入管道中的先后顺序逐个完成的，因此属于“顺序分析”方式。

这类仪器的每个样品与试剂混匀后的反应液之间用空气分隔的称为空气分段式，用试剂空白或缓冲液分隔的称为试剂分段式。

将多个单通道管道分析仪结合起来组成一台仪器，对同一份样品的多个项目同时进行测定，就形成了多通道连续流动式分析仪，最多的达到 12 个分析通道，可同时测定 12 个项目。

1. 主要结构　包括样品盘、比例泵、混匀器、透析器、恒温器以及检测装置。

2. 检测原理　在微机控制下，通过比例泵将样品和试剂按一定比例注入到管道中，在管道内完成样品和试剂的混匀，去除干扰物，在一定的温度下恒温反应，比色测定，经过信号甄别、放大和计算处理，最后将结果显示并打印出来。

连续流动式生化分析仪由于使用同一流动比色杯，没有不同比色杯之间常见的吸光性差异，曾得到广泛应用。但由于其管道系统结构复杂，难以消除交叉污染，操作较为烦琐，故障率较高，已被分立式分析仪取代。

（二）离心式分析仪（centrifugal analyzer）

是 60 年代发展起来的一类自动生化分析仪，其检测过程是在一种类似离心机转头样的圆盘中完成的，故称为离心式分析仪，严格讲也属于分立式分析仪的范畴。

1. 主要结构　由加样及分析两大部分组成。加样部分包括样品盘、试剂盘、吸样针、试剂针以及电子控制部件等；分析部分包括离心转盘、温控系统、光学检测系统以及数据处理系统等。

仪器的关键部件是由聚四氟乙烯或丙烯酸塑料等特殊材料制成的离心转盘，转盘上呈放射状排列 3 个一组的凹槽，每组凹槽为一个测定单元，靠近轴心的槽加试剂，中间的槽加样品，最外边的槽上下面均由透明的塑料制成，用作比色杯。仪器的品牌和型号不同，其离心式转盘上这种凹槽的数量不同，一般在 12 ~ 30 组不等。

2. 检测原理　先将样品和试剂分别加入转盘上相应的凹槽内，然后将离心转盘放入分析部，在离心力的作用下，试剂和样品流入到转盘最外侧的比色槽内并混匀，经过一定时间的恒温反应后，垂直方向的单色光通过比色槽进行比色，最后由计算机对所得吸光度进行计算，显示结果并打印。

在整个分析过程中，离心式分析仪的同一个转盘内的所有项目的样品与试剂的混匀、反应和检测等步骤几乎是同时完成的，因此它属于“同步分析”；另外，这种分析仪的样品量和试剂量均较少，分析速度比较快。但由于这种仪器必须分批次一个转盘一个转盘地测定项目，分析效率不高，目前已被分立式分析仪取代。

（三）分立式分析仪（discrete analyzer）

是目前国内外应用最广泛的一类自动生化分析仪，其工作原理与手工操作的模式相似。这类分析仪是按照样品的先后顺序逐个项目进行测定，属于“顺序分析”方式。

分立式分析仪的工作原理和结构将在本节第二部分和第三部分详细介绍。

（四）干化学分析仪（dry chemistry analyzer）

是将待测液体样品直接加到具有多层特殊结构的固相膜载体上，以样品中的水将固化于载体上的试剂溶解，使其与待测成分发生化学反应，导致固相载体上的指示剂层发生颜色变化并进行检测的一类分析仪。是区别于上述三类分析仪“湿化学”分析技术的一类新型生化分析仪，在急诊生化项目检测中得到比较广泛的应用。

1. 干化学试剂固相膜载体的结构　分为以下几种：

（1）二层结构试剂片：底层为支持层，多采用塑料基片；表层为试剂层，在纤维素片中含有固相的全部试剂，待测成分与固相试剂反应产生颜色，通过反射光度计测定纤维素片颜色的改变。它只能对待测成分进行定性或半定量测定。尿干化学分析试剂条即属于二层结构。

（2）三层结构试剂片：是在试剂层上加一多孔胶膜过滤层，将样品中的杂质过滤掉，并起到保护试剂层的作用。检测时光线通过透明的塑料基片照射显色层后，测定反射光的强度，从而消除了样品中干扰成分对光的影响，保证了测定的稳定性和准确性。便携式血糖仪测定葡萄糖的试剂条即属于三层结构。

（3）多层膜试剂片：是临床化学检验中最具代表性的干化学试剂片，其结构从上到下可分为5层：

1）扩散层：位于干片的最上层，由高密度多孔物聚合而成，接受样品并可使其均匀渗透到下一层，同时阻留细胞甚至蛋白质等生物大分子，以消除这些因素对反应的影响。

2）光漫射层：由白色不透明、反射系数达95%以上的物质组成，用于隔离扩散层中有色物质对反射光的干扰，并作为下面的指示剂层的反射背景，使通过支持层和试剂层投射过来的光尽可能反射回去，以减少因光吸收引起的测量误差。

3）辅助试剂层：通过涂布辅助试剂以及使用免疫沉淀、亲和过滤等技术消除样品中内源性干扰物对测定的影响，是多层膜区别于两层膜和三层膜干试剂片的重要结构层，是多层膜干试剂片能获得准确结果的重要保证。

4）反应层：按照不同检测项目的需要涂布了不同的多种试剂，与待测成分反应后显色，其颜色的深浅与待测物浓度成正比。

5）支持层：由透明塑料制成，起到支持其他层的作用且允许检测光百分之百透射，以便对反应层产生的颜色进行检测。

上述基本结构是干化学多层膜试剂片的最常见类型。对于酶、蛋白质等生物大分子的检测，需要对上述多层膜的结构加以改进，如将试剂上移到扩散层以适用不同反应体系的要求。

2. 干化学检测方法的分类　根据检测原理的不同，多层膜干化学试剂片的检测方法分为以下3类：

（1）反射光度法：主要用于常规临床化学项目的检测。由于干化学分析的显色反应发生在固相，显色层对透射光和反射光存在明显的散射作用，因而不服从Lambert-Beer定律。1931年由P.Kubelka和F.Munk提出来的库贝尔卡－蒙克散射理论（Kubelka-Munk scattering theory）能够解释固相载体的散射作用对反应物浓度与反射光强度之间的数学关系，由此推导出的K–M方程可用于计算反射光度法所测定物质的浓度。但由于该方程中待测物质的常数与其消光系数是未知的，K–M理论不能直接计算出待测物质的浓度，必须在同样条件下用已知浓度的校准品进行校准后通过校准曲线才能求出待测物的浓度。

在某些多层膜检测体系中，由于透射光在固相膜上下界面之间存在多重内反射，仅适用于散射作用的K–M理论在此不再适用，为此，Williams和Clapper于1953年联合建立了W–C方程，对K–M方程进行了修正。

（2）差示电位法：采用直接离子选择电极干试剂片，基于"湿化学"分析的离子选择电极原理，检测钾、钠、氯等离子的差示电位。这种多层膜片包括两个完全相同的"离子选择电极"，一个为测量电极，一个为参比电极。测量时将样品和参比液分别加入到两个并列且分开的但有盐桥连接的电极槽中，通过电位计测定两个电极槽的电位差而计算出待测离子的浓度。由于这种多层膜测试片是一次性使用，既具有离子选择电极的优点，又避免了"湿化学"分析条件下需清洗测量通道、存在交叉污染、电极易老化、样品中蛋白质干扰等缺点。

（3）荧光反射光度法：基于荧光技术和竞争免疫法的原理，主要用于药物等半抗原检测。

二、自动生化分析仪的工作原理

分立式生化分析仪具有随机任选式测定项目等诸多优点，是目前最主流的临床化学分析仪器，应用极为广泛。

生化分析仪是基于光电比色分析的原理进行测定的。分立式生化分析仪根据预先编排好的测试程序，模拟人工操作的过程进行工作。测定过程的加样、加试剂、混匀、恒温反应、消除干扰、比色、计算结果、数据传输、自动清洗等步骤都是在计算机的控制下，以有序的机械操作和电子流程完全代替手工进行操作；每一个项目的测定都是在各自独立的反应杯中完成，比色分析的过程符合朗伯－比尔定律（Lambert-Beer Law）的要求。

实际上，对于每一台生化分析仪来说，其比色杯的光径理论上是完全一致的，因此不同样品反应溶液的吸光度与液层厚度可视为无关，仅与溶液的浓度有关，所以生化分析仪上的比色分析可简化为主要考虑比尔定律（Beer's Law）。

三、分立式生化分析仪的结构与功能

分立式自动生化分析仪的主要结构包括：样品处理系统、检测系统和计算机控制系统三大部分。

（一）样品处理系统

包括样品架、试剂室、样品和试剂分配机构、搅拌器等。

1. 样品架　有圆盘、扇形和条带等类型，用于放置不同规格的配套样品杯或原始样品管。国内一般采用 13mm × 75mm 或 13mm × 100mm 的试管作为原始样品管。

（1）样品架的规格：不同品牌和型号分析仪的样品架规格不同，可放置的样品数量不同。扇形和条带样品架，每个样品架可放置 4 份、5 份、7 份或 10 份原始样品管或样品杯，通过传送装置移动样品架可实现样品的连续自动进样；圆盘样品架的分析仪可批量或手动连续进样。

（2）样品架的类型：可分为常规样品架、急诊样品架、校准品架、质控品架，维护保养架（用于放置特殊清洗保养液，结束工作时进行自动维护保养）、终止架（用于工作途中暂时停止进样）等。有些仪器不区分样品架的类型，可通过指定方式确定校准品架、质控品架，且在仪器处于 Ready 状态下随时可以更改样品架的类型。

（3）样品架的识别：样品架贴有条形码标签，便于分析仪扫描识别架子的编号和类型。样品架的一侧有缺口，放置有条形码标签的样品管时，必须将条形码标签朝向缺口，便于分析仪扫描识别样品的条形码。

现代的自动生化分析仪一般都装备了固定角度激光扫描式条形码阅读器，用于扫描识别样品架和样品管上的条形码标签，一般可支持 39 码、交叉 25 码、128 码、库德巴码等多种规格的条形码。

分析仪扫描样品管上的条形码后，通过双向通信技术向与其连接的实验室信息系统发出查询信息并下载条形码所包含的测试项目信息，实现样品上机后不需要人工录入相关项目就能够自动进行测定，极大地提高了工作效率，可有效避免人工在分析仪上录入测定项目时难以避免的错漏项目等现象。

对于没有采用条形码标签的样品以及没有实现与实验室信息系统双向通信的仪器，则需要人工在分析仪上逐份样品录入测试项目。为提高工作效率，可事先在分析仪上设置常用的分析组合，手工录入测试项目时可直接选择组合或组合加具体项目。

个别品牌的分析仪还配置了一个样品稀释盘，对所有项目的样品均经稀释后再加入反应杯与试剂反应。

2. 试剂室　用来存放各种试剂。一般由一系列扇形状的试剂瓶围成圆圈存放于试剂转盘上，通过转盘转动试剂瓶到试剂取样位置便于试剂针吸取试剂。

（1）试剂室的规格：一般每台分析仪含有一个试剂室，有些分析仪含有 R1、R2 两个试剂室。试剂转盘有的分为内外两圈，有的分为上下两层。每个试剂转盘分成一系列单独的间隔，每个间隔可放置一种或一组（互相分隔的多种组分）试剂；有些仪器的每个间隔区域大小一致，放置同样规格的试剂瓶，有些仪器可放置多种不同大小规格的试剂瓶；不同品牌分析仪的试剂瓶一般不能通用，有的试剂瓶分为 A、B、C 3 个独立空间，每个空间的试剂容量不同，可根据测试项目的不同需求分别装入一套试剂的 3 个不同组分；有的试剂瓶则分为 2 个独立空间，大多数为单一空间。大型生化分析仪一般可同时放置几十种试剂，对应的一份样品可测定几十个项目。

有些分析仪可使用浓缩试剂，仪器在临用时按程序参数设定的比例用去离子水稀释浓缩试剂，加到反应杯中与样品混匀后进行反应。

（2）试剂的识别：生化分析仪的原厂配套试剂一般配有条形码标签，常见的试剂条形码有一维条形码或 PDF417 二维码，试剂的相关信息都包含在条形码中。装载试剂时分析仪扫描试剂条码可实现快速自动识别；对于没有条形码标签的试剂，装载上机时必须手工录入事先定义好的试剂名称。

试剂装载上机后，有的仪器会默认装载的试剂为满瓶，有的仪器则会自动用试剂针进行检测，从试剂瓶中液面的高度来判定所装载试剂的量，并根据项目测试程序参数所规定的每个项目所用试剂量，估算出每套试剂可以测试的样品数并在计算机屏幕上显示出来。

由于自动生化分析仪对于通用试剂一般都采用试剂针液面感应技术和随量跟踪技术来吸取试剂，所以试剂瓶中的液面应尽量避免产生气泡，以防试剂吸量不准。

（3）试剂的保存：试剂室一般都具有冷藏功能，温度一般控制在 2～12℃范围内。制冷方式有的采用帕尔贴（Peltier）电子制冷，有的采用空调制冷原理，产生冷风吹向试剂室使试剂保持低温状态，以延长试剂上机之后的保质期。对于含有电解质测定功能的自动生化分析仪，电解质类等特殊项目的试剂可在室温保存而不放置到具有冷藏功能的试剂室中。

试剂上机之后的稳定性决定于试剂本身的质量，一般在试剂说明书中均有明确的描述。分析仪对使用原厂配套的试剂在测试项目参数中均有试剂质量的监测指标，一旦试剂变质，分析仪往往会给出报警信号；对于非原厂配套试剂，用户在设定项目测试程序参数时，应根据试剂说明书尽可能设置好试剂的相关检测参数，以便于分析仪能够自动监测试剂是否变质失效。

3. 样品和试剂分配系统　用于精确定量分配样品或试剂到反应杯。其吸样精度和管道连接的气密性及可靠性直接影响到校准、质控和样品测量结果的精密度和准确性。

（1）样品和试剂分配系统的结构：由机械臂、样品针或试剂针、注射器、紧密连接的管道、电磁阀、步进马达等精密部件组成。样品分配系统的基本结构见图 6-1。试剂分配系统的基本结构与其相似，只不过试剂注射器的容量比样品注射器的容量要大，能够吸取比样品体积大得多的试剂。

（2）样品和试剂的分配过程：机械臂根据计算机的指令按一定的时间间隔做圆弧运动，带动样品针或试剂针移动至样品或试剂的取样位置，然后垂直下降，插入到样品容器或试剂容器的液面中，样品针和试剂针下降的深度根据需要吸取的量计算得出。

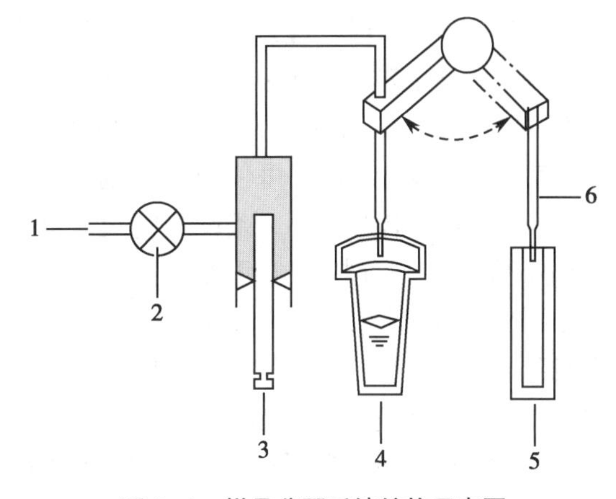

图 6-1　样品分配系统结构示意图

1. 去离子水管道；2. 电磁阀；3. 样品注射器；4. 样品容器；5. 反应杯；6. 样品针

由于具有液面感应功能，探针一旦接触到液面就开始吸样或吸试剂，步进马达带动机械装置使注射器芯拉动一定的行程，在电磁阀的配合下，准确吸入一定量的样品或试剂，然后机械臂带动样品针或试剂针上升后再转动到反应杯上方，步进马达带动机械装置推动注射器芯，使吸取的定量样品或试剂注入到反应杯中，完成样品或试剂的一个分配过程。

（3）样品的分配方式：对样品的分配采用样品针吸样方式。根据测试项目程序参数设定的样品量，用步进马达精确控制样品分配注射器芯的行程来吸取不同的样品量，吸量一般在 2～35μl，步进或称增量可精确到 0.1μl。

如果样品量过少，液面低于样品针最低探测深度，分析仪会报警“未检测到样品”，并放弃对该份样品的测试。此时需补充样品重新执行测试程序。

有些分析仪的样品针为双针并列模式，一次吸样后可同时向两个反应杯中加样，一次完成 2 个项目的样品分配；甚至可以一次吸样后分两次将其分配到双圈反应盘的 4 个反应杯中，一次吸样完成 4 个项目的样品分配。

（4）样品分配的优先级别：自动生化分析仪对样品分析测试的优先级别是：先急诊样品再常规样品。

不同品牌分析仪对急诊样品的处理方式不同，有的分析仪有专门的急诊样品位，有的分析仪有专用的急诊样品架，有的分析仪有专门的急诊样品测试按钮。

有的分析仪具有自动识别急诊样品信息的功能，如果与分析仪连接的实验室信息系统同时与医院信息系统实现了无缝连接，而且实现了全院电子信息流程的条形码样品管理系统，一旦临床医师在医院信息系统的医师工作站上选择了急诊检验项目，含有该急诊检验项目信息的条形码样品管进入分析仪，仪器扫描识别后能够在不需要人工干预的情况下自动优先测定急诊样品。

（5）试剂的分配方式：对试剂的分配同样靠步进马达精确控制试剂注射器芯的行程来实现，分为试剂针吸取方式和灌注式两种。

1）试剂针吸取式分配：它对试剂的分配与样品分配方式相似。试剂针的吸量一般在 20 ~ 350μl，可根据项目测试程序参数设定的量自动调节试剂的吸量，步进为 1 ~ 5μl 不等。

2）管道灌注式分配：该种方式对试剂的分配仅在某些品牌生化分析仪的批量式分析模块（如 modular D module）中采用。它可以使用多达 16 组试剂对 16 个固定项目进行批量式快速测定。每组试剂均可使用单试剂或双试剂，用一系列试剂管道分别插入不同的试剂瓶中，每种试剂单独使用一条试剂管道，其另一端分别连接到 16 个试剂转换阀，后连接到 2 个多功能阀，再连接到 4 组试剂喷嘴，一次可分别向双圈反应杯盘的 4 个不同的反应杯中灌注式分配 4 个项目的试剂。这种方式可以提高试剂的分配速度，提高检测效率，但须注意合理安排双圈反应杯的检测项目，否则试剂分配和检测效率将打折扣；另外由于管道较长，为排除管道中可能存在的气泡，初始灌注时可能会耗费一些试剂。

（6）样品针和试剂针的防污染：自动生化分析仪的样品针和试剂针一般都涂有疏水性的特殊涂层（聚四氟乙烯，又称为“特氟龙”，“Teflon”），且每次吸取样品或试剂后都会对探针内外壁进行清洗，以尽可能减少携带污染。

4. 保障精确吸量的关键技术　除了紧密连接的管道和步进马达控制的精密液体分配装置之外，自动生化分析仪还采用了以下的关键技术来保障精确吸取样品和试剂。

（1）液面感应检测技术：通过监测样品针或试剂针在空气和液体中电容量的变化来感应液面并探测液面的高度。自动生化分析仪可使用不同规格的样品杯和原始试样品管直接上机测定，探针接触到液面后会自动停止下降并开始吸样，可避免探针插入过深吸到血块，也可以避免探针插入过深黏附过多液体造成清洗困难导致携带污染。

（2）随量跟踪技术：探针可根据样品容器或试剂容器中液面高度的变化自动同步调节插入到样品容器或试剂容器中的深度，并与液面感应检测技术相配合，从而保证探针能够与液面保持最小接触，以减少携带污染，又能够保证足够、准确地吸取测试程序参数所设定的样品量或试剂量。

（3）堵针监测和反冲洗技术：万一有凝块堵塞了样品针，探针管道上的压力传感器检测到管道内压力的变化，仪器会自动将探针移动到清洗站，用加压的水流从管道内部对探针进行两次反冲洗，以排出堵塞物。如果不能排出，则分析仪自动停止吸样，并出现屏幕报警，此时往往需人工清理。

（4）防撞技术：探针运动时在横向或纵向遇到一定阻力或碰撞时，会自动停止运行，以避免损坏。

5. 搅拌器 由电机和搅拌棒组成，用于使试剂和样品充分混匀。不同品牌分析仪搅拌棒的数量不同，一般有 2 ~ 4 根。有些分析仪的搅拌棒分为 2 组，甚至 3 组，当一组搅拌棒对样品和试剂进行搅拌混匀的时候，其余的，1 组或 2 组搅拌棒被同时进行清洗，然后互换进行搅拌或清洗，以提高工作效率。

（1）搅拌棒的形状：不同品牌分析仪的搅拌棒形状不同，有扁平棒状、扁平螺旋状或薄片状。

（2）搅拌的方式：扁平棒状、扁平螺旋状搅拌棒插入反应杯中高速旋转以混匀样品和试剂；薄片状搅拌棒由压电驱动马达带动搅拌薄片产生 120Hz 的频率，振荡混匀反应杯中的试剂和样品，具有低噪声，混匀充分且不易产生微小气泡的特点。

（3）搅拌棒的防污染：搅拌棒表面一般都有疏水性的“特氟龙”涂层，有的分析仪的搅拌棒表面甚至是镀金层；且每次搅拌后仪器均会自动清洗搅拌棒，以尽可能减少携带所致交叉污染。

有的分析仪没有实体的搅拌棒，采用超声波技术混匀样品和试剂，从而没有搅拌棒所致的携带污染。

（二）检测系统

包括光源、分光装置、检测器、反应 / 比色杯、恒温装置、清洗装置等。

1. 光源 为反应溶液的比色分析提供入射光。常用卤素钨灯和氙灯。

（1）卤素钨灯：大多数自动生化分析仪采用 12V、20W 的卤素钨灯作为光源，工作波长一般为 340 ~ 800nm，使用寿命一般在 800 ~ 2000 小时不等。由于光源灯在工作时产热严重，有些分析仪在光源灯附近安装水冷却装置，用循环水流带走部分热量，以延长光源灯的使用寿命。

（2）氙灯：某些品牌自动生化分析仪采用脉冲式氙灯作为光源。脉冲式氙灯灯管内充以高压氙气，在几百微秒至几毫秒时间内通过高达几千安培 / 平方厘米的电流，使灯管内瞬间产生弧光放电，发出高亮度的白光。它可单次脉冲运转，也可以低于 300 次 / 秒的重复频率持续工作，波长范围 340 ~ 700nm。由于氙灯是闪烁型间歇性发光，其使用寿命可长达十余年。

2. 光路和分光装置 自动生化分析仪的光学系统一般采用多波长衍射光栅分光光度计，其光路一般由光源、多组透镜、聚光镜、狭缝、比色杯、分光器件和检测器组成。

自动生化分析仪一般采用光栅（grating）进行分光。光栅原指由大量等宽、等间距的平行狭缝组成的栅格式光学元件，但实际上生化分析仪所使用的是在平面或凹面材质上由许多密集的刻线组成的反射式光栅。光栅具有分光精度高，波长的半波宽度较窄，一般在 5nm ± 2nm 内；色散均匀、谱线清晰；工作波段宽（340 ~ 800nm）等显著优点。光栅可分为全息反射式光栅和蚀刻式凹面衍射光栅。

全息反射式光栅是在玻璃上覆盖一层金属膜制成，分光具有一定的相差，且较易腐蚀。

蚀刻式凹面衍射光栅是用激光蚀刻技术在凹面玻璃上每毫米蚀刻出 4000 ~ 10 000 条刻痕

来对光进行衍射分光。它是利用激光器射出的两条相关光束，照射到涂有抗光蚀层的玻璃毛坯片上，在抗光蚀层上产生干涉条纹成像，再用适当的化学溶剂蚀去被照射的条纹部分，从而在蚀层上产生一定空间结构的干涉条纹形成衍射光栅。这种凹面蚀刻光栅对入射光的色散能力更强，而且具有耐磨损、抗腐蚀、无相差的特点，在自动生化分析仪上得到广泛应用。

3. 前分光与后分光光路　分光光度分析技术的光路有前分光光路和后分光光路两种模式。

（1）前分光光路：又称正向光路，是指入射光在到达比色杯前已经被分光器件分解成某一波长带宽内的单色光。常用的分光光度计的光路就是前分光光路，即光源（混合光）—分光器件（棱镜、光栅）—单色光—比色杯—检测器。

（2）后分光光路：又称反向光路，是指入射光在经过比色杯后才被分光器件分解成某一波长带宽内的单色光。即光源（混合光）—比色杯—分光器件（光栅）—单色光—检测器。自动生化分析仪绝大多数采用后分光光路，个别品牌型号的分析仪例外。

（3）后分光光路与前分光光路的区别：在于光路上的分光器件与比色杯的位置互换。二者的比较见图 6–2。

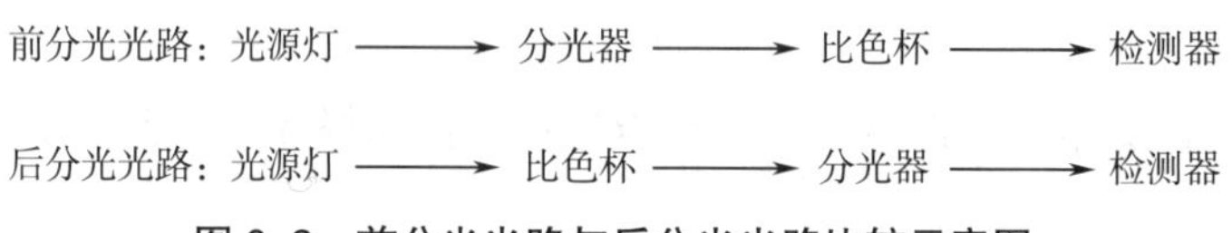

图 6–2　前分光光路与后分光光路比较示意图

后分光光路中，光源灯发出的混合光透过比色杯照射到凹面光栅上，光栅上密集的刻线使光产生衍射，不同波长的光衍射角度不同，波长长的光衍射角度大，波长短的光衍射角度小，混合光经过光栅的衍射后能分解成一系列不同波长的单色光。这种高纯度的单色光以不同角度折射到光电二极管矩阵上，由于二极管排列位置的不同，每个光电二极管只能接收某个特定波长的单色光并转换为电信号，以吸光度表示。后分光技术光路见图 6–3。

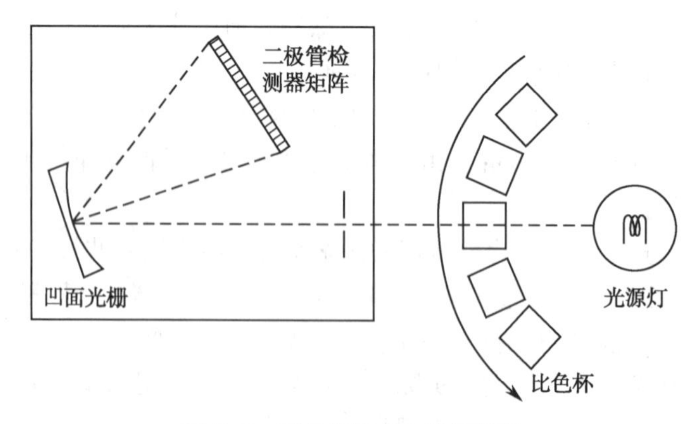

图 6–3　后分光技术光路示意图

（4）采用后分光光路的必要性：分立式自动生化分析仪由于对多样品多项目进行任选式连续测定，不同项目往往需采用不同的波长进行比色分析。如果采用前分光技术，先获得单色光再进行比色分析，仪器需不断调整分光器件的角度使其色散后的单色光能够通过光路上的比色杯，但频繁的快速调整往往易导致相应机械装置的高故障率。实际上，机械装置的调整速度也很难适应多项目快速测定需不断变换检测波长的需求。

后分光技术使用光源的混合光经聚光后直接透过反应杯进行比色，经光栅分光后，再检测特定波长的透射光的强度，同样符合比尔定律的要求。这样的设计使得光路中不需要复杂的机械装置，没有转动或移动的部件，工作更加稳定可靠；而且在同一反应体系中可以进行双波长甚至多波长的吸光度检测，所以现代的自动生化分析仪都采用后分光技术对反应液的颜色进行分光光度分析。

4. 检测器 由光电二极管及放大电路组成，用于检测反应液的吸光度。

光电二极管是一种将光信号转换成电信号的光电转换器件，现代的自动生化分析仪一般采用阵列式硅光电二极管检测器对比色分析的光信号进行检测。一系列硅光电二极管排列在光栅分光后的光路上形成二极管矩阵，每个光电二极管对应检测一个固定波长的透过光强度，并转换为模拟电信号，经降噪、甄别、放大、整形、滤波后，再经模数转换（analog-to-digital converter，ADC）电路转换为数字信号后用于计算结果。不同品牌分析仪的硅光电二极管数量不同，一般为 10 ~ 16 个，对应检测从 340 ~ 800nm 范围内 10 ~ 16 个不同波长的光信号。

5. 反应杯 / 比色杯 是样品与试剂进行化学反应和进行分光光度分析的场所。与连续流动式生化分析仪不同，分立式分析仪一般采用原位检测技术，反应杯同时作为比色杯使用。

（1）反应杯的数量：不同品牌不同型号分析仪的反应杯数量不同，一般在 80 ~ 330 个不等。一系列反应杯连环布置形成圆圈状的反应盘。有些分析仪的反应杯成双圈状布置，有的分析仪用“反应杯对（cuvette pair）”的概念来表示反应杯的数量，这种分析仪与两根样品针配合，一次吸样后可完成 2 个甚至 4 个项目的样品分配。

自动生化分析仪的检测速度与反应杯的数量有关，一般来讲，反应杯数量越多，分析速度相对更快。

（2）反应杯的形状和内径：自动生化分析仪的反应杯形状一般为方形（个别品牌使用过圆形反应杯）；比色杯的内径或称光径在 0.5 ~ 1.0cm 不等，现代的生化分析仪比色杯内径大多数为 0.5cm，在计算结果时自动换算为 1.0cm。内径小的比色杯所需反应液的总量更少，相对更节省试剂。

（3）反应杯的材质：可分为塑料和石英玻璃两种。循环使用式塑料反应杯在使用一段时间后需定期更换，以免由于材质的光滑性降低导致黏附和透光性差而影响检测；石英玻璃反应杯理论上可永久性使用，仅在破损时才需要更换。

（4）加样与检测过程：测定过程中反应盘逆时针作间歇性恒速圆周运动，静止时在不同位置分别向反应杯中加入样品、试剂或进行搅拌混匀；反应盘旋转经过光路检测窗口时，对比色杯中的反应液进行吸光度检测，采用试验程序参数设定的时间段和特定波长的吸光度数据计算结果。

（5）吸光度检测周期：反应盘一个旋转周期的时间，大多数品牌的生化分析仪为 18 秒，个别品牌分析仪为 16 秒。在一个旋转周期中，每个反应杯均经过比色读数窗口并被读取反应液的吸光度。从样品与试剂混匀后开始，分析仪即按照其固有检测周期的时间间隔，根据测试项目程序参数所设定的波长，全程自动记录相应波长每个读数点的吸光度数值直至反应结束。

（6）比色杯洁净度的监控：每完成一个测试周期并经清洗后，分析仪会对比色杯进行杯空白检测，一旦发现检测数据超出规定范围，分析仪会自动报警并对杯空白不符合要求的比色杯做出标记，在下一个测试周期分析仪会自动停用该反应杯，直至再次自动清洗或人工清洗至杯空白检测数据符合要求为止。

（7）反应杯的使用方式：可分为循环使用式、一次性使用式和流动式特殊反应检测单元。

1）循环使用式反应杯：大多数分立式生化分析仪的反应杯为循环使用式，在完成一个检测周期后，反应杯经自动清洗后连续循环使用。

2）一次性使用反应杯：Dimension 系列生化分析仪的反应杯在仪器工作时由机械装置临时制造，用两层塑料薄膜热合成反应杯，自动封口，反应液不向外排放，既是反应杯也是比色杯，一次性使用，不需要清洗，比色完成后自动丢弃，没有反应杯之间的交叉污染，但相对成本较高。由于该系列仪器采用临时自制的薄膜塑料反应杯，难以适用水浴或干式恒温技术，所以采用了空气浴的方式对反应杯进行恒温，比较容易受环境温度的影响，而且该仪器采用的是前分光技术，这些因素制约了该系列仪器的发展和应用。

3）流动式特殊类型反应单元：SYNCHRON CX3（5、7、9）系列、LX 系列和 UniCel DxC SYNCHRON 系列生化分析仪的模块式测定系统，属于特殊的生化分析类型。模块式测定系统主要包含样品针、比率泵、电解液注入杯、流动式检测单元和测定项目反应读数模块等组件，其试剂可存放于室温。

该系列仪器的模块式测定系统使用特殊的检测方法可以对 4～11 个项目进行快速测定。这种系统采用间接离子选择电极法对稀释样品的钾、钠、氯、钙离子和二氧化碳进行测定，用流动式杯模块对葡萄糖、尿素、肌酐、无机磷、总蛋白、白蛋白和总钙进行测定。其中用电导性电极方法测定尿素，用氧传感器测定葡萄糖，用比色分析方法测定肌酐、无机磷、总蛋白、白蛋白和总钙。由于采用特殊的分析方法，此类仪器在加样后 1 分钟内可完成上述 4～11 个项目的测定并计算出结果。

6. 恒温装置　为保证检测结果的准确可靠，各类化学反应特别是酶类的检测应在恒定的温度环境中进行。自动生化分析仪通过温度控制系统保证反应温度的恒定。早期生化分析仪的反应温度通常为 25℃、30℃、37℃可选，现代的分析仪一般采用 37℃的反应温度。

反应系统的恒温装置主要有干式直热恒温系统、循环水浴恒温系统和油浴恒温系统等几种。

（1）干式直热恒温系统：在密闭紫铜框的腔内充满了导热剂，反应杯插在金属框的腔隙中并紧贴在金属壁，形成一个结构紧密的反应盘，通过电加热和温控监测技术使金属框和反应杯的温度保持（37±0.1）℃的范围。这种恒温器具有温控精确、基本免维护的特点。

（2）循环水浴恒温系统：将反应杯浸泡在水浴槽中，通过电加热和温控监测技术使水浴槽中的水和反应杯的温度保持（37±0.1）℃的范围。其特点是必须每天更换水浴槽中的水，且每次更换后需加入抗菌剂和除泡剂，以免滋生细菌影响比色分析，换水后升温较慢。

（3）油浴恒温系统：与水浴的恒温过程类似，以特殊的油作为恒温介质。恒温油需定期更换，价格较贵。这种恒温方式只在个别品牌生化分析仪上使用。

7. 清洗装置　为尽可能减少携带污染，自动生化分析仪在测试过程中会对样品针、试剂针、搅拌器和完成比色后的反应杯自动进行清洗，以保证生化分析仪能够在携带污染率极低的情况下实现快速、连续、循环对大量样品进行分析测试。清洗的效果直接决定仪器的交叉污染程度，是影响测量精密度和准确性的重要因素之一。《中华人民共和国医药行业标准 YY/T 0654-2008 全自动生化分析仪》（本节以下简称《生化仪行业标准》）规定样品携带污染率应不大于 0.5%。

（1）对样品针和试剂针的外壁以及对搅拌棒的清洗：有涌泉式、喷射式和液路环状包裹冲洗等方式。

1）涌泉式清洗：在清洗杯口有类似泉水涌出的液流，对样品针、试剂针的外壁和搅拌棒进行冲洗。

2）喷射式清洗：在清洗杯口用三股交叉液流对样品针、试剂针的外壁和搅拌棒进行强力冲洗，然后用气流将样品针、试剂针的外壁和搅拌棒表面的水分吹干，这种方式的清洗效果比涌泉式的清洗要好。

3）液路环状包裹冲洗系统：是近年来出现一种高效清洗系统，其特殊结构见图 6-4。在样品针或试剂针吸样后上升过程中，针头到达清洗器中的清洗液喷头处，液路电磁阀打开，在真空负压的吸引下，清洗液和气流呈 360° 环状包裹高速冲洗样品针或试剂针的外壁，达到避免携带污染的目的。

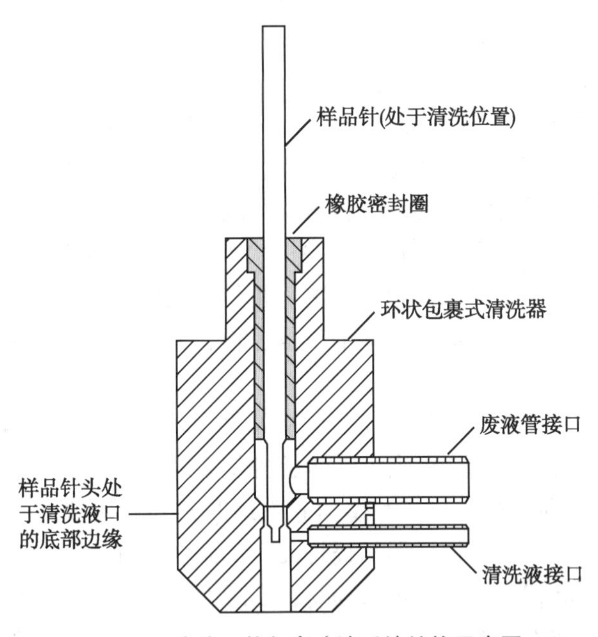

图 6-4　液路环状包裹冲洗系统结构示意图

这种样品针或试剂针在运动过程中即时冲洗的方式，减少了清洗的时间，在提高加样和加试剂速度的同时，高强度的外壁环状包裹式冲洗使样品针或试剂针的携带污染率降到最低，提高了检测结果的准确性。

（2）对针腔的清洗：当样品针分配样品或试剂针分配试剂后，用加压去离子水冲洗针腔。

通过上述方式确保样品针或试剂针内外清洁。

（3）对反应杯的清洗：一般由同轴清洗针和擦干棒以及相应管道组成的清洗站来完成。

不同品牌生化分析仪清洗站的清洗针和擦干棒数量配置不同，有的仪器（如 DxC800）采用 4 根清洗针进行清洗和擦干；有的仪器（如 AEROSET）含有多达 8 组共 16 根清洗针和擦干棒。

这种同轴清洗针基本每根针都是双层管并列设计，清洗针下降插入到反应杯中时，同轴双层管中的内侧针管靠真空负压方式吸走杯中原有的液体，外侧针管同时注入新的液体。这个过程既不会发生液体溢出，又能执行新的清洗。

清洗过程一般是先吸走杯中的废液同时注入去离子水，然后分别用碱性清洗液、酸性清洗液、去离子水进行清洗，再注入去离子水做杯空白检测，最后彻底吸走杯中的水并靠雨刮器或擦干棒擦干，然后可重复使用清洗干净后的反应杯进行下一个项目的测试。

除上述清洗程序外，有的分析仪还具有智能清洗（Smart Wash）功能，可由用户在编制项目测试程序参数时，针对某些可能存在交叉污染的试剂或项目，在 Smart Wash 模块中设置用一定量的酸性或碱性清洗液或去离子水分别对样品针、试剂针、搅拌棒和反应杯进行加强清洗，以达到最佳的清洗效果。

（三）计算机控制系统

计算机系统包括硬件和软件两部分，是生化分析仪的控制核心。计算机的硬件配置高可有效提高软件的运行速度和系统的稳定性，软件包括操作系统平台、仪器的操作控制程序以及与实验室信息系统联机的通信程序。

自动生化分析仪的计算机软件系统可运行于 DOS、UNIX、WINDOWS NT 或 WINDOWS XP 等操作系统平台，与分析仪的相关硬件配合，可实现下列功能。

1. 自动开机和自动关机　一般情况下，生化分析仪能够 24 小时连续不间断地工作。通过程序的设定，可实现分析仪的自动开机和自动关机。

设定了定时自动开机程序后，分析仪在关机状态下可以在设定的时间自动开机，然后自动进行常规维护保养，如对水浴式恒温系统的分析仪自动更换水浴槽中的水，对液体管道进行自动灌注，对反应比色杯系统进行自动清洗等操作，方便工作人员上班后即进入正常分析测试工作状态。

结束工作后如需关机，启动关机程序，分析仪可自动进行数据的清理或归档，对管道和反应比色杯系统进行自动清洗等常规维护，然后自动关机。

2. 样品和试剂的识别　对于与实验室信息系统联机并启用双向通信功能的自动生化分析仪，可通过仪器上固定的条码扫描器扫描样品管的条形码标签，向实验室信息系统发送查询信息并下载与具体样品相关的测试项目信息，实现对样品的自动识别，然后自动进行分析测试；对于未启用双向通信功能或未使用条形码标签的样品，分析仪具有接收人工操作指令，根据录入的样品测试项目信息进行测定的功能。对于具有条形码标签的试剂瓶，分析仪可实现对装载上机试剂的自动识别，否则需要手工录入试剂的相关信息。

3. 加样混匀及恒温反应　根据预先设定的项目测试程序参数，软件控制分析仪的机械臂带动样品针、试剂针和搅拌器，将样品和试剂精确分配到反应杯并搅拌均匀，使样品和试剂能够在恒温环境中充分反应。

4. 吸光度检测和结果计算　从样品和试剂加入到反应杯开始，分析仪按一定的时间间隔，通过后分光技术全程自动记录反应液在某个或某两个甚至多个特定波长的吸光度数值，然后用项目测试程序参数设定的特定时间段的吸光度均值（终点法）或吸光度变化的速率

（连续监测法）计算结果。

5. 数据处理和传输　计算机技术的发展，使得自动生化分析仪的数据处理能力越来越强大，具有实现对测试项目的各种校准方法、质量控制方法、测定方法、血清指数信息、结果计算、试剂消耗等信息进行快速处理的能力。可以在本地打印机打印校准报告、质控报告和结果报告，也可以将分析测试结果发送到实验室信息系统再进一步处理。

通信程序负责分析仪与实验室信息系统的实时数据通信，可实现单向或双向通信功能。对于只启用单向通信功能的分析仪，只能向实验室信息系统发送质控结果和样品测试结果；对于实现了双向通信功能的分析仪，则可以向实验室信息系统发送查询信息、下载样品测试项目信息并发送质控结果和样品测试结果。

6. 故障自我诊断和报警　计算机技术的发展使得现代的自动生化分析仪具有完备的在线帮助功能和故障自我诊断功能。在使用中一旦出现问题或发生故障，分析仪一般会发出不同程度的声光报警信号和文字信息。用户通过查询在线帮助文件，大多数情况下可以明确故障的原因并获得解决问题和排除故障的方法。

四、自动生化分析仪的性能指标与评价

（一）自动生化分析仪的性能指标

1. 自动化程度　指分析仪能够独立完成临床化学样品检测操作的能力，它取决于仪器本身的硬件结构和计算机系统的硬件配置以及软件系统的智能化程度。一般来讲，硬件配置越高、软件系统越智能化、越人性化的分析仪自动化程度就越高。主要体现在以下几方面：

（1）能否自动开关机，能否自动执行常规维护保养程序，能否自动处理或根据需要稀释样品。

（2）单位时间内处理样品的能力，能够同步测试的项目数量以及可连续不间断工作的能力。

（3）是否具有对移动部件如样品针、试剂针、搅拌器的防撞保护功能，是否具有故障的自我诊断功能等。

2. 分析速度　是一台仪器软硬件综合能力的反映，它与分析仪的反应杯数量、样品针和试剂针的数量，反应测试周期等因素密切相关。一般用每小时能够完成的项目测试数表示。如AEROSET生化分析仪采用终点法、连续监测法和离子选择电极法测定样品的综合分析速度为2000t/h。

仪器厂家提供的分析速度属于理论上的速度，实际应用过程中，由于项目的编排、不同试剂在双圈试剂盘的摆放位置、不同项目反应时间的长短不一导致检测时序的变化等因素，都可能影响分析速度，因此，实际的检测速度一般都达不到理论值。

有些模块式分析仪可以多个模块连在一起形成模块组合式分析仪，分析速度可从单个模块的800t/h到多个模块的9600t/h不等。但这种模块式分析仪需要处理好样品架在不同模块间移动可能遇到的测量通道堵塞的问题，否则，待测样品难以及时到达连接在通道后面的测量模块，分析速度将大受影响。

自动生化分析仪分析效率的影响因素见表6-1。

表 6-1　影响生化仪分析效率的因素

影响因素	分析效率
1. 样品针和试剂针数量	双针一次可分配 2 个甚至 4 个项目的样品和试剂，比单针效率高
2. 反应杯数量	数量越多，仪器同时处于加样、反应检测和清洗状态的反应杯数量更多，分析测试速度比反应杯数量少的分析仪要快
3. 能否不停机添加试剂	能够不停机添加试剂的分析仪比要停机才能添加的分析仪效率高
4. 是否包含电解质测定单元	包含电解质测定单元的分析仪比不含电解质测定单元的分析仪效率高
5. 能否连续测定	分批次测定时，仪器对每批样品进行测定的前后会有一个启动和停止的过程，所以连续进样的分析仪比分批次进样的分析仪的效率要高
6. 项目组合和试剂在双圈试剂盘中的位置	对于双样品针的分析仪，成对组合的项目（如尿素和肌酐，总蛋白和白蛋白）同时加样可提高效率，对于双圈布置的试剂盘，成对项目的试剂分别布置在盘上的内外圈，双试剂针一次取样可完成两个项目试剂的分配，可发挥仪器的最大效率
7. 可同时容纳的试剂瓶数量	数量越多，可同时测定的项目数越多，分析效率高

3. 应用范围　包括不同的分析方法和测试项目的种类，与仪器的设计原理及结构有关。一般包括比色分析、离子选择电极分析、透射免疫比浊分析等。

4. 吸液量及反应体积　最小吸液量反映取样的精度，最小反应体积较小的可减少试剂的消耗。

5. 其他因素　包括维护保养的便利性、检测项目是否为开放式以及开放的通道数量、配套试剂等消耗品及零配件的供应便利性、维修服务的及时性等因素。

（二）自动生化分析仪性能评价

自动生化分析仪是涉及机械学、电子学、光学、生物化学、流体力学、电化学、网络信息技术等一系列学科门类的精密分析仪器，在严格按规定程序保养维护，正确操作的情况下，可以克服人工操作易受技术熟练程度和个体差异的影响等弊端。自动生化分析仪的性能评价主要考虑以下几点：

1. 精密度　分析测试的精密度是衡量自动生化分析仪可靠性的最重要指标，只有在精密度好的基础上，才能谈得上准确性。因为在保证了重复测试具有良好精密度的情况下，项目分析测试的准确性是可以通过校准进行调整的；同样，只有精密度好，分析速度快才有实际意义。

（1）批内重复性：在同一批次内，对一份样品的一个或多个项目进行连续 20 次的重复测定，然后计算不精密度（用变异系数 CV% 表示），一般来说，不精密度越小越好。《生化仪行业标准》规定对临床常见检测项目丙氨酸氨基转移酶、尿素、总蛋白在一定浓度范围内的变异系数要求见表 6-2。

（2）总精密度：对某个或某几个常用临床测定项目，选择其位于高、低医学决定水平附近的浓度值，每天在与常规样品条件一致的情况下测定室内质控，一段时间后统计计算质控结果的总精密度。

（3）比较评估：用统计学方法将测试获得的批内精密度和总精密度与仪器生产厂商宣称的精密度或临床要求的精密度比较，观察两者的差异是否具有统计学意义。

表 6-2　临床项目批内精密度要求

项目名称	浓度范围	变异系数 CV%
ALT（丙氨酸氨基转移酶）	30 ~ 50U/L	≤5
Urea（尿素）	9.0 ~ 11.0mmol/L	≤2.5
TP（总蛋白）	50.0 ~ 70.0g/L	≤2.5

导致精密度差的可能原因包括：样品和（或）试剂分配机构的气密性差（管道连接不紧密或有破损导致漏气、漏液，注射器芯磨损，电磁阀关闭不严等）导致吸样不准，吸样时吸入空气，探针污染、堵塞，光源灯能量下降，试剂变质，样品与试剂混合不均匀，样品针、试剂针、搅拌棒和反应杯清洗不干净等。

2. 准确度　影响分析仪重复检测结果精密度的因素都可能影响到检测结果的准确度，此外，分光光度计的性能变化，反应杯温控系统不稳定，校准品变质导致的错误校准等因素都可能导致结果不准。此时，可通过排除法查找问题并予以纠正，可进行重新校准以及回收试验、干扰试验，参加室间质评机构组织的室间质评和准确度验证等活动进行准确度的校准与验证。

3. 分光光度计相关指标检查　包括杂散光、吸光度线性范围、吸光度准确度、吸光度稳定性以及吸光度重复性的检查。《生化仪行业标准》对吸光度的相关指标检测的具体方法及要求见表 6-3。

表 6-3　分光光度计检测指标及要求

检测指标	检测方法和要求
1. 杂散光	是指测定波长以外的，偏离正常光路而到达检测器的光。检查方法：以蒸馏水作参比，在 340nm 处测 50g/L 亚硝酸钠溶液的吸光度，要求吸光度不小于 2.3
2. 吸光度线性范围	相对偏倚在 ±5% 范围内的最大吸光度应不小于 2.0。实际上大多数自动生化分析仪的吸光度线性范围可达到 3.0
3. 吸光度准确度	要求吸光度值为 0.5 时，允许误差 ±0.025；吸光度值为 1.0 时，允许误差 ±0.07
4. 吸光度的稳定性	要求吸光度的变化应不大于 0.01
5. 吸光度的重复性	用变异系数表示，应不大于 1.5%

4. 恒温系统温度的准确度与波动度　多次重复测定的温度平均值与设定温度值之差称为温度准确度，《生化仪行业标准》规定温度值应稳定在设定值的 ±0.3℃内；多次重复测定的温度的最大值与最小值之差的一半称为温度波动度，波动度应不大于 ±0.2℃。

5. 不同系统的比对分析　由于不同的检测系统（由仪器、试剂、校准品和测试程序组成）之间的固有差别，不同分析仪测定同一份样品的结果也必然存在差异。这种差异是否在临床可接受的范围，可根据美国临床及实验室标准协会（clinical and laboratory standards institute，CLSI）的 EP9-A2“用患者样品进行方法对比及偏倚评估：批准的指南”等文件的方法，用患者样品对两套检测系统进行比对测试和偏倚评估，必要时使用参比测量系统对待评测量系统进行校准。

几种常见进口自动生化分析仪的主要性能指标比较见表 6–4。

表 6–4　不同品牌型号自动生化分析仪主要性能指标比较表

技术指标	单位	AEROSET	DXC800	Modular P+I
分析测试方法		终点法 速率法 间接 ISE 法	终点法，速率法间接 ISE，糖氧化电极法，电导电极法	终点法 速率法 间接 ISE 法
离子选择电极（ISE）		标配，间接法	标配，间接法	选配，间接法
急诊样品位		急诊样品盘 +1 个特急样品位	专门的急诊按钮	急诊样品架位
支持的标本条码类型 *		39 码、交叉 25 码、128 码、库德巴码	39 码、交叉 25 码、128 码、库德巴码	39 码、交叉 25 码、128 码、NW7 码
检测速度（含 ISE）	t/h	2000	1440	800+900**
测试项目数	个	56+3	59+11	44+3
开放通道数	个	100	100	10
加样顺序		样品 +R1（+R2）	R1+ 样品（+R2）	样品 +R1（+R2）
样品架可放置样品个数	个	5	4	5
样品针数量	根	2	1+1 根 MC 加样针	1+1 根 ISE 加样针
样品量	μl	2.0 ~ 35.0	3 ~ 40	2 ~ 35
加样增量	μl	0.1	1	1
试剂仓温度	℃	3 ~ 10	2 ~ 8	5 ~ 15
试剂仓（ISE 除外）	个	2 个，均为双圈。每个仓均含 56 个试剂位，其中外圈 36 个试剂位，内圈 20 个试剂位	1 个，2 层。上层含 29 个试剂位，下层含 30 个试剂位；每个试剂瓶都分为 A、B、C 三个独立空间	1 个，双圈。外圈 44 个试剂位（290ml 瓶只能放 22 个），内圈 44 个试剂位（130ml 瓶只能放 22 个）
试剂瓶容量（ISE 除外）	ml	20、50、100	A：110，B：18，C：4	20、70、130、290
试剂针数量	根	2	2	2
第一试剂量	μl	10 ~ 345	125 ~ 327	20 ~ 270
试剂增量	μl	1	1	1
加第二试剂时间间隔		固定在加一试剂 5 分钟后	–172s，9 ~ 738 秒	随项目而定
第二试剂量	μl	10 ~ 345	6 ~ 75	20 ~ 270
反应总体积	μl	160 ~ 360	200 ~ 330	180 ~ 380
搅拌棒数量		2 组，共 4 根	2 根	2 根
搅拌棒类型		薄片状	扁平棒状	螺旋棒状
搅拌方法		振动式	旋转式	旋转式

续表

技术指标	单位	AEROSET	DXC800	Modular P+I
反应时间（ISE 除外）	min	≤10	≤12	3、4、5、10、15、22
反应杯材质及使用寿命		石英玻璃，可永久使用	石英玻璃，可永久使用	塑料，需定期更换
反应杯数量	个	330	125	160
反应温度	℃	37 ± 0.3	37 ± 0.1	37 ± 0.1
反应杯恒温系统		水浴，需每日换水	干式恒温器，免维护	水浴，需每日换水
比色杯光径	cm	0.5	0.5	0.5
反应盘循环一周的时间	s	18	16	18
反应全程测定吸光度	点数	33	45	34
光源灯		卤素钨灯，寿命约 800 小时	闪烁氙灯，免更换	卤素钨灯，寿命约 800 小时
分光器件		凹面衍射光栅	凹面衍射光栅	凹面衍射光栅
光电二极管检测器数量	个	16	10	12
检测波长	nm	340、380、404、412、444、476、500、524、548、572、604、628、660、700、748、804，共 16 个	340、380、410、470、520、560、600、650、670、700，共 10 个	340、376、415、450、480、505、546、570、600、660、700、800，共 12 个
吸光度测量范围	Abs	-0.1 ~ 3.0	-1.5 ~ 2.2	0.0 ~ 3.0
清洗针及擦干棒数量	根	16	4	8
耗水量	L/h	47.5 ~ 52	≥16	≥30
去离子水的电阻率	MΩ/cm	≥1.0	≥1.0	≥1.5
环境温度	℃	15 ~ 30	18 ~ 32	18 ~ 32
相对湿度（无冷凝）	%	15 ~ 85	20 ~ 85	45 ~ 85
数据输入 / 输出接口		RS232C	RS232C	RS232C
通信方式		双向	双向	双向

注：*：库德巴码 =NW7 码，前者是国际通用叫法，在日本则称作 NW7 码

**：Modular 的检测速度 -P 模块为 800t/h，I 模块为 900t/h

五、自动生化分析仪常用分析方法

自动生化分析仪主要采用分光光度法、电位测定法等技术进行样品的检测分析。其中分光光度法可分为终点法、固定时间法、连续监测法，还可进一步分为减空白吸光度和不减空白吸光度等情况。

1. 终点法（end point assay） 指被测物质或参与反应的物质在反应过程中转化成另一种物质，达到反应的终点，吸光度基本保持不变，然后通过检测吸光度的强弱并与校准品的吸

光度比较来计算待测物质的浓度的方法。终点法的反应过程一般较长，参数设置相对简单。又可分为一点终点法和两点终点法。

（1）一点终点法：选取时间－吸光度反应曲线上吸光度基本不再变化的时间点的吸光度，用于计算结果。实际上生化分析仪一般在反应终点附近选择多点的吸光度数据，取其均值用于计算结果，同时可根据这几个点的吸光度变化的情况来判定是否达到反应终点或反应是否稳定。以反应时间为横坐标，吸光度为纵坐标作图，双试剂终点法反应曲线见图 6-5。

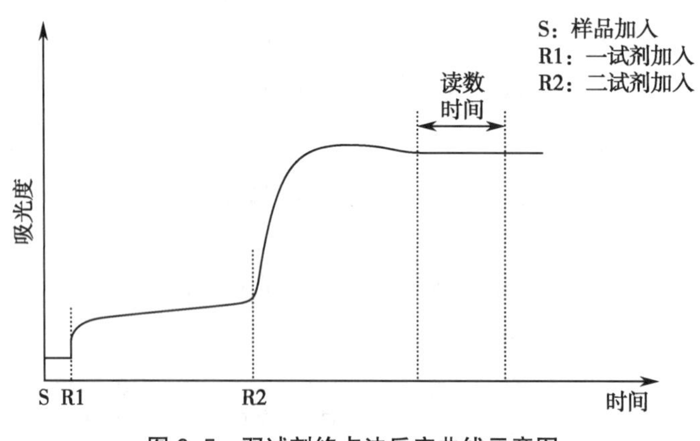

图 6-5　双试剂终点法反应曲线示意图

（2）两点终点法：在单试剂与样品反应的初期或双试剂检测体系的第二试剂未加入的时候，读取某时间点的一个吸光度，在反应达到终点后再选择第二个吸光度，用两个吸光度之差来计算结果，称为两点终点法。该方法第一点的吸光度相当于样品与第一试剂的空白吸光度，在计算结果时被减去，等于消除了溶血、黄疸、脂血混浊所导致的干扰和第一试剂的空白。

以反应时间为横坐标，吸光度为纵坐标作图，双试剂二点终点法反应曲线如图 6-6 所示。

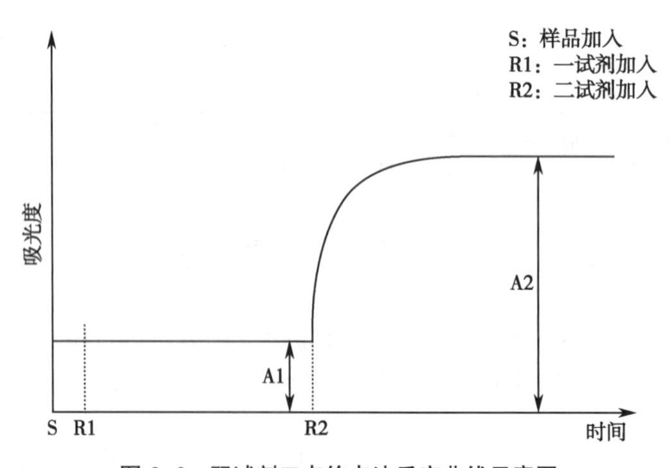

图 6-6　双试剂二点终点法反应曲线示意图

实际上，终点法的反应曲线并不一定是完全平坦的，可能有多种不同的类型（图 6-7），其中 A：反应快速且产物颜色稳定，如测定钙、镁等项目；B：反应缓慢达到平衡，如酶法测定胆固醇；C：反应产物不稳定，吸光度达到一个高峰后随时间延长而下降或免疫比浊法抗原过剩时；D：反应接近终点但难以达到稳定平衡，通常选择最后的吸光度，如氧化酶法测定葡萄糖。

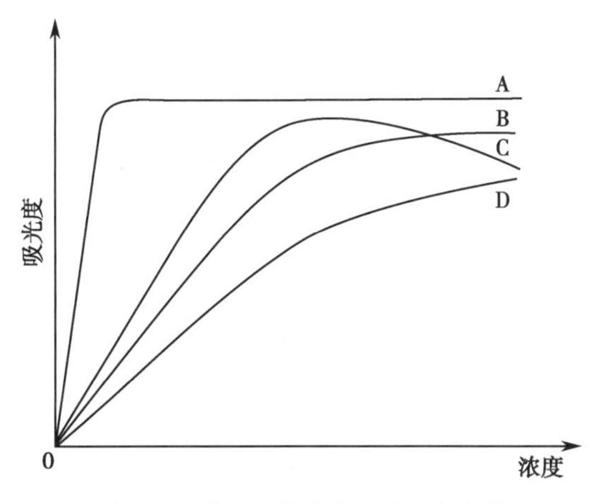

图 6-7　终点法的几种不同反应曲线

2. 固定时间法（fixed-time assay）　指在时间 - 吸光度反应曲线上，选取既非反应初始吸光度也非终点吸光度的两个时间点的吸光度，用第二个吸光度减去第一个吸光度的差值乘以 K 值的计算结果（图 6-8）。该方法以前曾称为两点法，因易与两点终点法混淆而称为固定时间法。

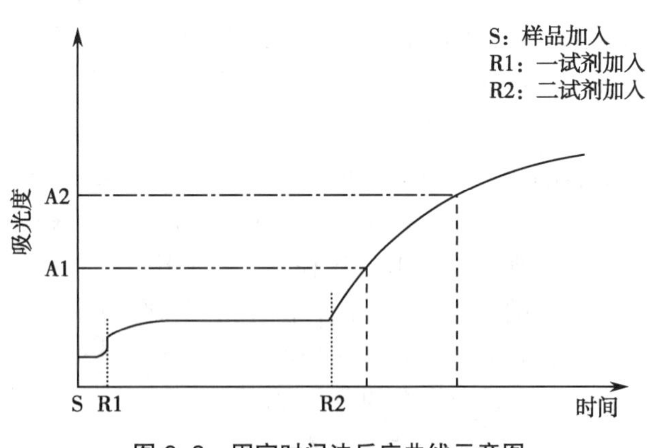

图 6-8　固定时间法反应曲线示意图

该方法可消除某些测定项目的非特异性反应问题。如碱性苦味酸测定肌酐，选用该方法可消除丙酮酸、乙酰乙酸等物质的干扰。

3. 连续监测法（continuous monitoring assay）　又称为“速率法”（rate assay）或“动力学法”（kinetics assay）或“动态分析法”（dynamics assay）等。它是根据反应速度与待测物浓度或酶活性成正比、通过检测一段时间内吸光度变化的速率来计算待测物浓度或酶活性的方法。连续监测法选取一定时间内处于线性反应期的吸光度变化的速率来计算结果。连续监测法的反应方向有正反应和负反应之分。吸光度随反应进程逐渐增高的为正反应，反之为负反应。

以反应时间为横坐标，吸光度为纵坐标作图，双试剂连续监测法负反应体系的反应曲线见图 6-9。

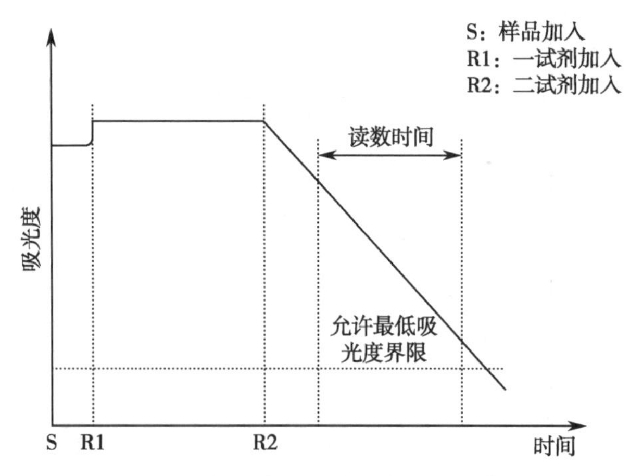

图 6-9 连续监测法负反应曲线示意图

六、自动生化分析仪试验参数设置

分立式自动生化分析仪是模拟人工完成分析过程，并执行自动清洗、循环测定的精密仪器，它的运行和相关硬件的驱动均由计算机程序控制，用户不能更改，但对于开放式系统而言，与具体测试项目有关的样品量、试剂量、分析方法、校准方法、反应时间、比色波长、检测的线性范围等一系列试验参数（analysis parameter）可由用户进行设置。这些参数的正确设置和合理使用是保证仪器正常工作和获得可靠结果的重要前提条件。

自动生化分析仪出厂时设置了一系列测试项目的试验参数，与其配套的试剂使用，用户一般无须修改这些参数。有的分析仪的原厂试验参数用户不但无法修改甚至无法查看，这种试验参数属于封闭式参数。为方便用户，不同仪器的生产厂家一般提供 10 ~ 100 个项目的试验参数允许用户进行设置和修改（表 6-4），这种参数属于开放式参数。

不同品牌分析仪试验参数的格式有所不同，但在同一台分析仪上的几乎所有常规临床化学检测项目试验参数的格式都相同。用户在充分理解试验参数意义的基础上，可根据试剂说明书提供的资料在分析仪上进行试验参数的设置和调整。

试验参数必须是分析仪处于待机的情况下才能进行设置或修改。不进行试验参数设置或参数设置不合理就无法进行项目的测试或无法获得可靠的结果，可见试验参数的设置对真正掌握自动生化分析仪的应用是非常重要的。

为保证试验参数不会被随意更改，对于软件上实行分级管理的分析仪，必须是高级用户才有权进入程序对试验参数进行设置或修改，普通用户无法设置或修改试验参数。

（一）必选试验参数

是测试项目最基本的且必须设置的参数，不设置这些必选参数将无法进行相关项目的检测。

1. 项目名称（test name）　指测试项目的名称，一般用测试项目的英文缩写字母表示，长度一般限制 4 个字符，同一台仪器上的项目不能重名。

2. 分析方法或反应类型（reaction type）　根据试剂说明书提供的反应体系的检测原理，在仪器上选择相应的终点法或连续监测法，还可进一步分为减空白吸光度和不减空白吸光度等情况。

3. 结果的单位（unit）　一般可通过下拉菜单选择。应注意选择与正式报告一致的法定计量单位。单位的不同，可直接导致检测结果和参考区间数值的巨大差异。

4. 小数点位数　指检测结果的小数点位数，它决定了测试结果的精度（decimal precision）。一般应根据测试项目数值的大小选择适当的小数位数，可选择无小数、1 位小数、2 位小数。如 ALT 不设置小数位，葡萄糖设置 1 位小数，钾设置 2 位小数等。不可不管什么项目一律选择 2 位或 3 位小数。

5. 反应温度（reaction temperature）　现一般设定在 37℃进行恒温反应。

6. 反应方向（reaction direction）　吸光度随反应进程增加的为正反应（positive），吸光度随反应进程降低的为负反应（negetive）。本参数主要适用于连续监测法。

7. 主波长（primary wavelength）　一般选择反应产物或反应体系中具有监测作用的工具酶的吸收光谱的最大吸收峰作为主波长。当反应体系中待测组分的吸收峰与其他共存物质的吸收峰无重叠时，可用单波长检测。需要注意的是，由于每台生化分析仪使用的光电二极管的个数和采用衍射光栅分光所获得对应的单色光的波长个数是有限的（一般为 10 ~ 16 个）和固定的，选择主波长时只能选择溶液吸收峰对应的波长或与其最接近的波长，其次可考虑选择反应产物与干扰物吸收峰相差悬殊的波长。

8. 样品量（sample volume）　一般为 2 ~ 35μl 不等，步进量为 0.1μl。可设置常量、增量和减量，后两者配合稀释液量的设置，可用于低浓度或高浓度样品的自动复查。

此处需注意样品体积分数（sample volume fraction，SVF）对结果的影响。SVF 是样品体积（SV）与反应液总体积（TV）的比值，即 SVF=SV/TV。

SVF 的大小会影响测试项目的方法学性能。SVF 越大，测试项目的线性范围越窄，灵敏度越高，反之，线性范围增宽，灵敏度降低。

随意改变 SVF 将导致结果的可靠性变差，特别是对于酶学项目的测定，如果将样品过度稀释，SVF 变小，线性范围增宽，但由于过度稀释可能使酶的结构改变或催化功能改变，并可能导致酶变性失活，从而使稀释后样品的结果产生很大的误差，所以不能无限制地稀释样品。应尽可能按照试剂说明书的要求保持样品试剂比，在线性范围与灵敏度之间取得相对平衡。

9. 第一试剂量（first reagent volume，或 R1）　按照试剂说明书上提供的样品试剂比例，并结合具体仪器的特性进行设置。一般是 20 ~ 300μl 不等，步进量为 1μl。如果反应体系为单试剂，随仪器品牌和型号不同，样品和试剂总量一般不少于 180μl，个别品牌可低至 120μl。

10. 第二试剂量（second reagent volume，或 R2）　按照试剂说明书上提供的第一试剂与第二试剂的比例进行设置，步进量为 1μl。但应注意第一试剂和第二试剂的总量加上样品的量不能超过反应杯所能容纳的反应液总体积。如果反应体系为单试剂，则本项不用设置或设置为 0。

一般来说，考虑兼顾试剂的成本因素和样品量的需求，反应液总体积设置为分析仪所规定的最大允许量的中间值较为合适。一旦确定了反应液总体积，根据 SVF 就可以确定样品量和试剂量，根据反应体系的试剂总量和第一试剂与第二试剂的比例可确定两种试剂的分量。

11. 第一、二试剂的间隔时间（add time） 以秒计算，与仪器品牌及测试项目的反应体系有关。有的分析仪（如 AEROSET）固定为样品与第一试剂混合大约 5 分钟后再加第二试剂；有的分析仪在样品与第一试剂混匀后，随测试项目的不同，间隔不同的时间添加第二试剂。但样品与试剂混匀、恒温反应、到完成比色分析全过程总的时间现在一般不超过 12 分钟。

12. 孵育时间（incubate time） 以秒计算。对于终点法是指样品与试剂混匀开始至反应终点为止的时间；对于固定时间法是指从第一个吸光度选择点开始到第二个吸光度选择点位置的时间。

13. 延迟时间（delay time） 以秒计算。对于连续监测法是指样品与反应试剂或称为“启动试剂”（一般为第二试剂）混匀开始到连续监测期第一个吸光度选择点之间的时间。

14. 连续监测时间（continuous monitoring time） 以秒计算。连续监测法中延迟时间结束之后的一个时间段，属于零级反应期，一般为 60 ~ 120 秒，应不少于 4 个吸光度检测点。

15. 校准品的个数（No.of calibrators）及浓度　对于终点法测定项目，可设置校准品的个数和每个校准品的浓度。如果校准品数目设置为零，说明该项目不用校准，直接用理论 K 值计算结果。

16. 计算因子（factor，F） 又称为 K 值。分为校准 K 值和理论 K 值。通过用已知浓度或酶活性单位的校准品进行校准后获得的 K 值为校准 K 值；通过酶学理论计算公式获得的 K 值为理论 K 值。

17. 校准时间限制（calibration time limit） 指测定项目在一次校准之后到重新校准之前可以连续运行测试的小时数。有些项目（如 K、Na、Cl 等）每 24 小时需要校准，有的项目则可能长达 30 天才需要校准。一般可在 1 ~ 336 小时之间选择，它决定于反应体系以及试剂的稳定性。如果超出了这个时间，测定项目便无法继续运行。有些仪器有临时延长校准时间的选项，但只建议在紧急情况下使用。为保证结果准确可靠，应定期进行检测项目校准，不可无限期延长校准时间间隔。

（二）备选试验参数

1. 次波长（secondary wavelength） 又称为副波长。用主波长吸光度减去次波长吸光度的分光光度法称为双波长差吸光度法，它具有克服溶液混浊的影响、消除共存组分吸收谱线叠加的干扰、减少比色杯的光学不均一性等优点。为减少干扰因素的影响，提高生化分析仪的检测精度，设置测试项目的试验参数时，应尽可能选用双波长。

双波长差吸光度法尽管有许多优点，但如何正确选择双波长，则是应用的关键。选择双波长常用的方法有 3 种：

（1）主波长 + 平坦波长：根据待测溶液的吸收光谱曲线，选择最大吸收峰对应的波长为主波长，吸收曲线下端较为平坦的某一波长为次波长，见图 6-10。

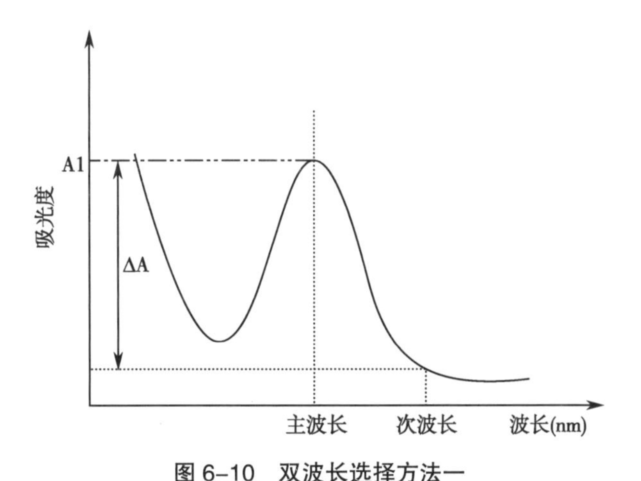

图 6-10 双波长选择方法一

（2）主波长 + 等吸收点波长：选择待测溶液最大吸收峰对应的波长为主波长，选等吸收点对应的波长为次波长。所谓等吸收点，是指对于某个波长，尽管一系列待测溶液的浓度不同，但对该波长的光的吸收均相等。等吸收点所对应的波长叫作等吸收波长。对光谱具有吸收峰的物质，同浓度下吸光度相等的两个波长，也是等吸收波长。等吸收波长是双波长法的理论基础之一。应用这一方法的必要条件是能准确地测定出等吸收点，否则将造成显著的误差。具有等吸收点的检测项目的双波长选择方法见图 6-11。

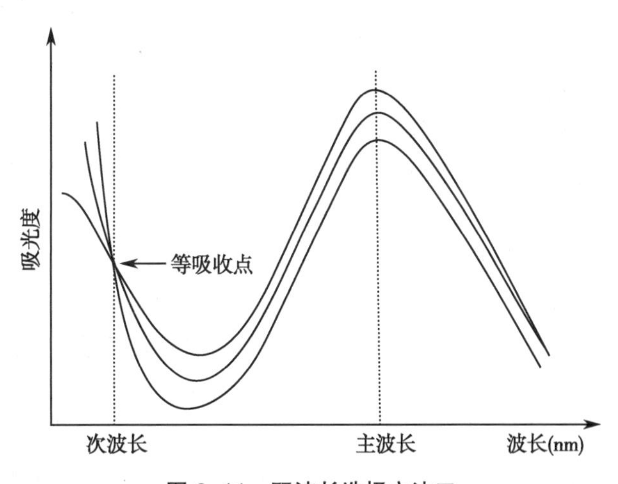

图 6-11 双波长选择方法二

（3）主波长 + 显色剂最大吸收波长：选溶液最大吸收峰的波长为主波长，选显色剂的最大吸收峰对应的波长为次波长。该法又称为双波长增敏法，它的原理是：当向一定浓度的显色剂溶液中加入待测物时，随着反应的进行，产物浓度逐渐增大，产物的吸光度也随之增大，而显色剂则由于不断消耗，其吸光度逐渐减小，用双波长比色时，主波长与次波长的差距增大，其差吸光度显然是反应产物的吸光度与消耗的显色剂的吸光度之和，从而提高了测定的灵敏度，见图 6-12。该方法特别适合用于试剂颜色很深的反应体系，如偶氮胂Ⅲ法测定血清钙，Calmagite 染料法测定血清镁等。

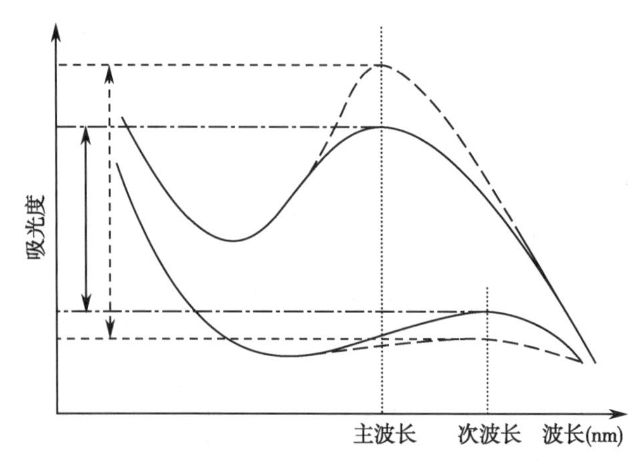

图 6-12 双波长选择方法三

由上述方法可以看出，双波长差吸光度法选择主波长的原理与单波长法相同，都是在分析仪提供的可选择的波长范围内选择待测溶液最大吸收峰对应的波长或相近的波长，但应根据不同条件选择次波长。最好能够通过扫描待测溶液的吸收光谱，再根据上述方法选择次波长。需要注意，次波长不能与主波长相等。

某些品牌生化分析仪的原厂测试程序采用了多波长分光光度分析技术。

2. 线性范围 决定于反应体系和试剂的性能，超出该范围的结果往往不可靠。设置该参数有助于仪器能够监测超出该范围的结果并给出报警信号，提醒操作者注意，避免发出错误的结果。对于超出线性范围的结果，如果启用了分析仪的自动复查功能，仪器可根据参数中设置的样品增量或减量，自动加大样品量或减少样品量进行复查，也可以手工稀释样品后复查，但应考虑 SVF 变化对结果的影响，不可过度稀释样品。

3. 参考值范围 国内现在改称为参考区间，指包含并介于参考上限和参考下限之间的值。不在生化分析仪上直接发报告的可不设置该参数。

4. 样品预稀释 设置样品量、稀释剂量和稀释后样品量 3 个数值，可在分析前自动对样品进行稀释或者当结果超出线性范围时，按照设置参数自动稀释样品后重新测定。

5. 试剂空白吸光度 设置该值有助于仪器判定试剂是否变质。连续监测法负反应体系的试剂空白吸光度一般设定一个最低允许界限，即试剂空白吸光度不能低于某个值；正反应体系和终点法反应体系的试剂空白吸光度一般设定一个最高允许界限，即试剂空白吸光度不能高于某个值。否则，试剂可能已变质。几种常见生化检测项目的试剂空白吸光度要求见表 6-5。

表 6-5 常见生化项目试剂空白要求

项目	主波长（nm）	检测方法	反应方向	试剂空白吸光度
ALT	340	连续监测法	负反应	≥1.0
AST	340	连续监测法	负反应	≥1.0
Urea	340	连续监测法	负反应	≥1.0
ALP	405	连续监测法	正反应	≤0.6

续表

项目	主波长（nm）	检测方法	反应方向	试剂空白吸光度
GGT	405	连续监测法	正反应	≤0.6
CK	340	连续监测法	正反应	≤0.5
LD-L	340	连续监测法	正反应	≤0.5
Glu	520	终点法（葡萄糖氧化酶法）		不应出现可见红色
chol	520	终点法（胆固醇氧化酶法）		不应出现可见红色
TG	520	终点法（酶法）		不应出现可见红色

注：LD-L 是指以乳酸为底物的连续监测法反应体系

6. 终点法吸光度的变异　设置该值有助于监测终点法读数的稳定性。生化分析仪的终点法一般是连续读取几个点的吸光度，然后求其均值。如果几个点的吸光度的变异超出设置的允许范围，仪器会给出报警提示。

7. 吸光度的线性速率　对于连续监测法，设置该值有助于监测整个反应过程前后吸光度变化的速率，用于检出高活性酶样品导致非线性反应的结果。不同品牌分析仪对线性检查的数学模型不尽相同，有的分析仪以读数窗口前 3 个点的吸光度单位时间变化率与后 3 个点的吸光度单位时间变化率的差值，除以整个读数过程的吸光度单位时间变化率，监测结果超出设定值即给出报警信号。如果设置了自动复查的规则，仪器一旦监测到非线性反应即可自动减少或稀释样品复查。

8. 底物耗尽界限　对于连续监测法负反应检测酶活性的项目，可设定一个吸光度下限。如果反应过程吸光度低于该值，说明底物耗尽，不能满足零级反应的需求，可能导致结果错误。仪器一旦监测到吸光度低于该值，会对不可靠的结果作出标记。此时往往需要稀释样品后进行复查。

某些品牌分析仪采用弹性速率法（flex rate time）来解决高酶活性样品测定过程中发生底物耗尽不能准确反映酶活性的问题，扩展了高活性酶样品检测范围，不需要稀释样品重测。

应用该方法需要设置比正常吸光度检测提前的时间段作为弹性速率法检测时间段，并设置一个吸光度的最低检测限值以及可扩展的报告范围；在整个反应过程中，生化分析仪能够完整记录反应全过程的吸光度，一旦在正常读数窗口的吸光度低于设定的最低检测限值，仪器判定出现底物耗尽，自动以弹性速率法检测时间段的吸光度变化速率计算结果（要求不少于 4 个吸光度数值），从而不需要稀释样品重测。国内也有厂家生产了具有类似功能的生化分析仪，并将其命名为酶线性扩展检测方法。

9. 前带反应检查　在生化分析仪上进行透射免疫比浊分析时，如果样品中的抗原浓度过高，试剂中的抗体不足以与其完全反应，往往会因为抗原过剩而出现钩状效应（属于后带反应），导致结果假性偏低。根据抗原抗体反应的海德堡 - 肯德尔曲线的原理，检测样品中的抗原时，应保证抗体的相对过量，使抗原抗体在线性较好的前带区域反应。

有些生化分析仪（如 AEROSET）具有前带反应检查功能，一旦监测发现不属于前带区域反应，即发出报警信号。该方法的监测原理是将吸光度读数时间分为 A、B 两段，比较反应过程 A、B 两段吸光度变化速率的一致性来判断是否是前带反应。两段时间的吸光度变化速率一致，属于正常的前带反应，否则属于后带反应。一旦监测发现非前带反应，需稀释样品重测。

10. 方法学补偿系数　用于校准不同分析方法或不同检测系统之间结果的一致性，包括斜率和截距两个参数。

七、自动生化分析仪的使用

（一）自动生化分析仪的校准

自动生化分析仪的测定属于比较的方法，即比较样品和试剂反应后的吸光度或电位与参比系统的差异来计算结果。要通过生化分析仪的检测获得样品或质控的结果，必须为生化分析仪建立每个检测项目的参比系统。

1. 校准与校准品　用一种或一系列已知浓度的标准液或校准品，在与样品测定同样条件下，与试剂反应以建立参比系统获得 K 值或称计算因子的过程就是校准，习惯称为定标。

（1）标准液：一般是用分析纯以上级别的化学物质配制的水溶液。

（2）校准品：指"用于校准的测定标准"，多为动物血清，其属性与人血清样品接近，可有效减少基质效应对反应体系的影响。校准品的赋值一般是用常规方法测定二级标准物质后获得。

2. 需要校准的几种情况　当建立一个新的检测项目时（使用理论 K 值的项目除外）、更换了新批号的试剂、超过了规定的校准时间间隔、更换过光源灯、对仪器进行过维修、通过检测质控证明有必要时，均应当进行校准。

3. 校准的类别　校准可分为线性校准和非线性校准，与检测项目的反应体系及仪器品牌有关。通常以校准品浓度为横坐标，校准品与试剂反应后的吸光度为纵坐标绘制出校准曲线。根据不同的反应体系，选用不同的数学模型进行曲线拟合，可获得不同类型的校准曲线。

对于符合线性校准数学模型的项目，一般采用不多于 2 个浓度的校准品：校准曲线线性好且通过坐标零点的项目，可采用单一浓度的校准品进行一点校准，见图 6–13；校准曲线线性好但不通过坐标零点的项目，采用 2 个不同浓度的校准品。

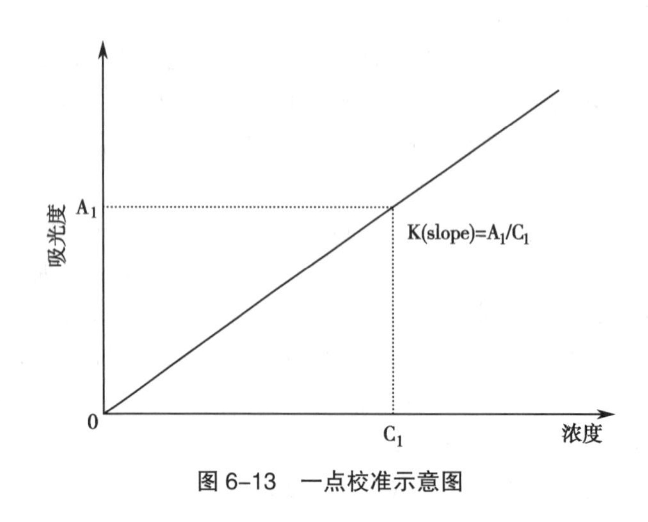

图 6–13　一点校准示意图

对于非线性项目的校准，则往往需要选择5个，甚至6个不同浓度的校准品。不同的分析仪对于非线性项目校准有多种不同的数学计算模型，一般包括如图6-14所示的抛物线、双曲线、样条函数、幂函数、多项式指数函数、一元二次函数、四参数双对数函数、五参数对数函数、五参数指数函数等方程。

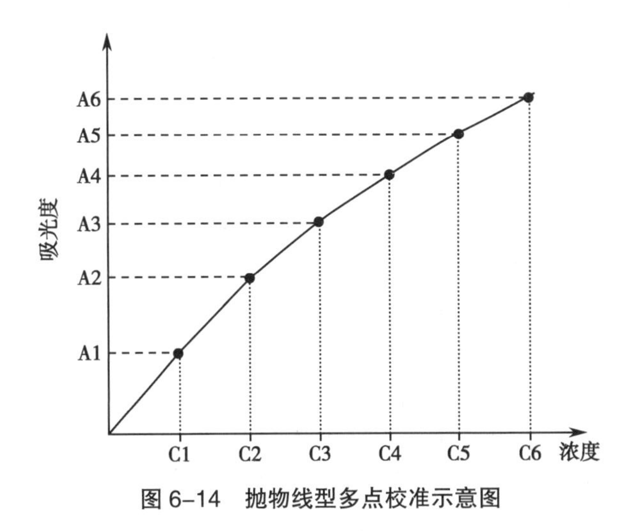

图6-14　抛物线型多点校准示意图

有的分析仪校准品的个数限制只能在0、1、2、5、6中几个数字之间选择，选择0表示不用校准，一般适用于酶学测定，采用理论K值计算结果。1～2个浓度的校准品用于线性校准，5～6个浓度的校准品用于非线性校准。

有的试剂厂家配套提供不同浓度的系列校准品，可在设置试验参数时预先定义好校准品的个数和每个校准品的浓度，也可以在进行校准时临时输入；有的厂家只提供单一浓度的校准品，可在分析仪上设置一定的稀释倍数，让其自动稀释成系列浓度后进行校准。

4. 校准与测定结果的关系　通过校准，可以明确已知浓度校准品与试剂反应后产物的吸光度或吸光度变化速率之间的数量关系，获得一个校准K值。在测定样品时，每份样品与试剂反应后的吸光度或吸光度变化速率乘以K值就可以计算出待测样品的结果。

用于计算结果的K值可通过不同方法获得，一般分为3种情况。

（1）校准K值：使用标准液或校准品和试剂在与样品检测同样条件下进行反应，然后用校准品浓度除以校准品吸光度与试剂空白吸光度的差值即为校准K值，计算公式如下：

$$\text{校准K值}=\frac{\text{校准品浓度}}{\text{校准品吸光度}-\text{试剂空白吸光度}} \tag{6-1}$$

（2）理论K值：临床化学分析中，除了CFAS（calibrator for automation system）等产品可以对连续监测法酶活性检测项目进行校准，并用校准K值计算样品的测定结果外，大多数自动生化分析仪用连续监测法测定酶活性时，都是通过酶学理论计算公式，根据参与反应的样品量、试剂量、反应底物的摩尔吸光系数以及比色杯的光径等参数，先计算出理论K值，再将每份样品在反应过程中吸光度变化的速率乘上理论K值而计算出待测样品的结果。理论K值计算公式如下：

$$\text{理论K值}=\frac{\text{反应总体积}\times 1000}{\text{样品体积}\times\text{底物的摩尔吸光系数}\times\text{比色杯光径}} \tag{6-2}$$

式中，反应总体积是指样品量和所有参与反应的试剂量之和，它和样品体积的单位均为μl，比色杯光径的单位为 cm。

在连续监测法中，在一台具体的生化分析仪上和一个具体的反应体系中，一旦确定了样品试剂比，就可以通过上述理论公式计算出 K 值。待测样品每分钟吸光度变化的速率（ΔA/min）乘以理论 K 值即可获得酶活性的结果，即：

$$酶活性（U/L）=\Delta A/min \times K \tag{6-3}$$

（3）实测 K 值：对于有 NADH 或 NADPH 参与的氧化还原反应体系，由于 NADH 或 NADPH 没有标准纯制品，而且其溶液稳定性较差，不能直接用它的标准液来校准仪器，但可以通过有其参与反应的检测体系，实际测定 NADH 或 NADPH 的摩尔吸光系数来获得 K 值。例如用己糖激酶法测定葡萄糖时，反应体系中葡萄糖的消耗和 NADPH 的生成呈等摩尔关系，即消耗一摩尔的葡萄糖生成一摩尔的 NADPH。葡萄糖有标准纯品，配成一定浓度的标准液参与反应，可测得葡萄糖标准液的吸光度 A，已知比色杯光径 b 和葡萄糖标准液的浓度 c，根据 A=εbc 公式，可求得 NADPH 的摩尔吸光系数 ε=A/bc。由于实测 NADPH 的 ε 值的条件与其理论值的测定条件不一定相同，所以实测的 NADPH 的 ε 值与其理论值（6.22）往往会有差异，将获得的 ε 值代入理论 K 值计算公式，即得到实测 K 值。

5. 校准的核查　为保证校准结果的可靠，尽可能排除随机误差对校准的影响，校准一般连续测定 2～4 次，而且分析仪会根据预先设定的数学计算模型和可接受的界限，自动判定校准是否成功。不同品牌分析仪对校准的监测指标有所不同，基本上都是用精密度、准确度和灵敏度 3 个指标对校准结果进行判定，见图 6-15。

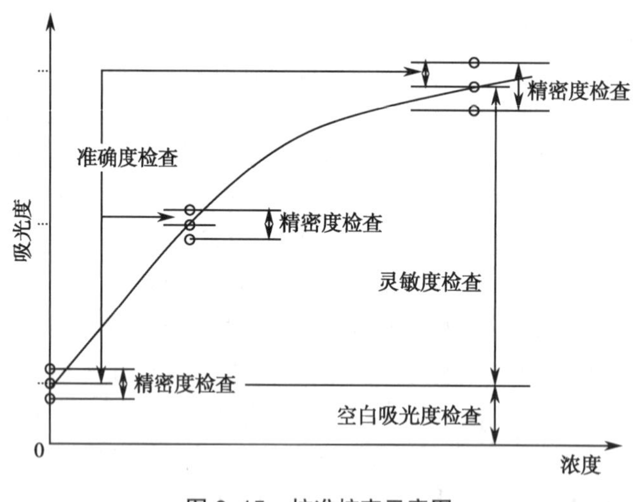

图 6-15　校准核查示意图

对于自定义测定项目的校准，在设定项目参数时，应参照上述原则，从精密度、准确度和灵敏度 3 个方面对校准的参数设定较为严格的判定标准，如每个点重复校准次数不少于 2 次；重复校准数据的标准差不能过大；校准的间隔周期不能过长；使用同样浓度的校准品，不同时期前后 2 次的 K 值差异不能过大等，这样可以在校准的环节把好质量关，否则可能由于错误的校准 K 值导致严重的系统误差。

（二）自动生化分析仪的使用

不同品牌甚至同一品牌不同型号的自动生化分析仪的操作方法也有所不同，但基本的操作流程没有本质的区别。

1. 基本操作流程　现在的自动生化分析仪经过正常的安装或必要的参数设置之后，基本都能够适用长期不关机连续运行。一般的操作流程大致如下：

（1）开机：如果系统已关机，可手动启动或者预先设置好定时自动启动。启动后仪器执行初始化，自检正常后进入待机状态。

（2）进行必要的维护保养：对于可以定时自动启动的分析仪，仪器完成初始化后可以自动执行常规的维护保养。否则，需由人工执行相应的维护保养，如对于使用循环水浴式恒温系统的分析仪，执行更换水浴槽中的水的程序，并待水浴升温到37℃后才进行后续操作；执行反应杯的自动清洗程序；执行对管道液路系统的灌注，以排除管道中可能存在的气泡等。

（3）装载试剂：根据预测的工作量以及仪器上现有试剂量的可测试数，装载、添加必要的试剂。原则上应尽可能保证仪器上有足够多的试剂量，减少仪器运行途中添加试剂的次数。

（4）检查测试项目的校准状态：根据需要对项目进行校准。校准的周期随测试项目的不同而不同，电解质类一般每24小时需进行一次校准，相对稳定的项目则校准的间隔周期可长一些，但不可无限期延长校准周期。更换光源灯、更换新批号的试剂后一般需要重新校准；认为有必要时，可随时对检测项目进行校准。

（5）进行不少于2个水平质控物的检测：通过质控图监控是否出现失控结果。如发生失控，需分析失控原因并采取相应措施予以排除，然后重测质控。

生化分析仪一般可以在仪器上设置相应的质控参数，执行在线质控程序后，仪器能够根据选定的质控规则，判断质控结果是否在控。也可以将质控结果发送到实验室信息系统后，在实验室信息系统上判断是否在控。

（6）样品编程并加载样品到分析仪：对于没有与实验室信息系统联网或未实现条码化电子流程的样品，需要手工在仪器上录入测试项目后才能进行测定；对于实现了条码化电子流程的样品，加载样品后，仪器会向实验室信息系统发送查询信息并下载测试项目后自动进行测定，免除人工录入测试项目信息的烦琐劳动，效率可成倍提高，而且可杜绝人工录入测试项目信息时难以避免的错漏项目的现象。

（7）自动发送测定结果：如果分析仪与实验室信息系统实现了联机，每测定完一份样品的所有项目后，仪器会将结果数据自动发送到与其联机的实验室信息系统，并与相应的患者资料合并成一份完整的报告，经有资质的实验室人员审核后打印或发送电子化检验报告。对于国产的自动生化分析仪或者已经汉化的进口生化分析仪，也可以在分析仪上直接审核、打印生化检验报告。

（8）自动清洗：在连续测定过程中，仪器会对样品针、试剂针、搅拌器和反应比色杯自动进行清洗，对清洗后的反应比色杯进行杯空白检测，合格后连续循环使用。

（9）结束工作：完成检测后，可手动或自动执行维护保养程序，然后进入待机状态或关机。

2. 分析测试流程　不同品牌的自动生化分析仪目前存在两种不同的分析测试流程。

一种流程是先加第一试剂到反应杯并使其升温到37℃后，再加样品并混匀；如果需要，反应一定时间后再添加第二试剂并混匀，直至完成比色分析。

另一种流程是先加样品到反应杯，再加第一试剂并混匀；由于仪器上的试剂是在低温环境下保存的，样品与试剂混匀后有一个逐渐升温至37℃的过程。如果需要，反应一定时间后再加第二试剂并混匀，直至完成比色分析。

两种不同的分析测试流程的区别不仅仅在于样品与第一试剂的添加顺序不同，关键在于第一种流程是在第一试剂升温到37℃后再加样品混匀并反应，基本上不存在升温过程对反应体系的影响。应用该分析测试流程的分析仪，对于双试剂的反应体系，因大体积的第一试剂和样品早已升温到37℃，添加的第二试剂的量相对较少，最大不超过75μl，此时即便第二试剂的温度也较低，但加入后对整个反应体系的温度影响也不大。

八、自动生化分析仪的维护保养

要想充分发挥自动生化分析仪应有的效能，获得准确可靠的分析测试结果，除了熟悉分析仪的结构特点、性能指标和分析测试原理，进行正确的操作之外，还必须对仪器进行定期的维护保养，使其处于良好的工作状态。

（一）环境要求和基本条件

1. 空间要求　自动生化分析仪应安装在比较宽敞的实验室，仪器的前后左右不能遮挡，以方便对仪器的维护保养及维修。

2. 温湿度要求　仪器必须安装在有空调的实验室，室温应维持在20～25℃之间；相对湿度应维持在20%～85%之间，在特别潮湿的情况下，除了启用空调的除湿功能外，最好使用专门的除湿机。

3. 电源要求　仪器要有稳定的电源供应，电源电压一般要维持在200～240V±10%的范围，最好有不间断电源；要能满足启动瞬间峰值电流（20A）的要求；要有良好的接地，避免漏电。

4. 清洗用水要求　分析仪对样品针、试剂针、搅拌器和反应杯进行自动清洗的过程除了消耗清洗剂以外，还需要大量的清洗用水，一般采用去离子水。因此应有配套的自动纯水系统与其联机使用。纯水系统应能够自动调压，并且能够不间断地提供合格的清洗用水。一般分析仪对清洗用水的最低要求是电阻率≥1.0MΩ/cm，相当于中华人民共和国国家标准GB/T 6682-2008《分析实验室用水规格和试验方法》中规定的实验室用水二级水的要求。

5. 防尘防腐蚀　灰尘、腐蚀性物质及气体对仪器本身的硬件装置以及反应过程和比色读数均可能造成影响。

6. 防震动及电磁干扰　分析仪应安装在平整、稳固的地面（落地式分析仪）或台面（台式分析仪），避免移动和震动；同时要避免近距离的电磁波对仪器电子器件和分析测试的电信号产生干扰。

（二）维护保养

对仪器进行正确的定期的维护保养是满足质量保证规程的重要步骤，是维持仪器正常运行和获得可靠检测结果的重要条件。

维护保养操作需要熟悉仪器的结构特点和性能要求，应由经过培训合格的人员进行操作，同时应注意预防电击伤、机械损伤、腐蚀性化学损伤和生物危害。

不同品牌分析仪的维护保养要求有所不同，一般包括每日、每周、每月、每 3 个月、每半年、每年度的维护和必要时的维护，详见表 6–6。

表 6–6　自动生化分析仪维护保养要求

维护周期	具体操作
1. 每日维护保养	保持仪器表面清洁，对任何喷溅到仪器表面和内部的液体和试剂均应立即清理
	检查是否有渗漏的试剂管道或松脱的接头导致液体喷溅
	更换水浴恒温系统的水浴槽中的水，并添加抗菌剂
	对待机超过 8 小时的分析仪的液体管道进行灌注
	对反应比色杯系统进行清洗
	检查试剂量，补充装载试剂和各种清洗剂
	检查样品和试剂注射器是否有渗漏
	检查清洗用水的水压和水质能否满足要求
	检查废液排放管道是否堵塞
2. 每周维护保养	检查和清洗样品针、试剂针和搅拌器
3. 每月维护保养	检查和清洁试剂室
	清洁样品架和样品架传送装置
	清洁水浴槽（仅适用于使用循环水浴恒温系统的分析仪）
	检查样品和试剂分配系统的管道及其连接头
	检查样品和试剂分配系统的注射器及其连接头
	清洁样品针、试剂针的清洗杯口以及反应杯清洗站
	清洗防尘滤网
4. 每季度维护保养	更换样品和试剂分配装置的注射器芯和密封圈
	更换反应杯（仅适用于使用塑料反应杯的分析仪）
	更换光源灯（仅适用于使用卤素钨灯的分析仪，可根据实际使用时间而定）
5. 每半年维护保养	更换离子选择电极（每 6 个月或测定一定的样品量）
	更换管道中的过滤器
6. 每年度维护保养	更换离子选择电极测量系统的所有管道
	对使用永久性石英玻璃反应杯的分析仪，每年至少需要手工清洗一次反应杯，用 5% 的稀盐酸浸泡反应杯 30 分钟，然后用去离子水进行多次清洗，擦干后装回到反应盘。装反应杯时应注意反应杯的透光面应正对光路，不可装错方向
7. 必要时维护保养	发现仪器性能不能满足要求或认为有必要时，可不受上述维护保养时间的限制，随时进行相应的维护保养操作

第二节　电解质分析仪

电化学分析（electrochemical assay）技术是基于溶液的电化学性质，以测量某一化学体系或样品的电响应而建立起来的一类化学分析方法。根据电化学分析技术原理建立的电化学分析仪具有结构相对简单、分析速度快、灵敏度高等特点，在临床检验等领域具有广泛的用途。

电解质分析仪（electrolyte analyzer）和第三节将介绍的血气分析仪，都是应用电化学分析技术的原理对样品中的相关物质进行检测的临床常用电化学分析仪器。

一、电化学分析仪概述

（一）化学电池

电化学分析法的基础是电解质溶液中发生的电化学反应，这种电化学反应以电极电位变化的形式表现出来，可以通过仪器进行测量。

化学电池由两个金属电极和适当的溶液体系组成，两个电极浸入相应的电解质溶液中，用金属导线从电池的外部将两个电极连接起来，构成一个电流回路。电子通过电流回路从一个电极流向另一个电极，最后在金属与溶液的界面处发生电极的氧化还原反应，即离子从电极上获得电子或者电子转移到电极上。

两个电极浸在同一种电解质溶液中所构成的电池称为无液体接界电池；两个电极分别浸在用半透膜或烧结玻璃隔开的，或者用盐桥连接的两种不同的电解质溶液中所组成的电池称为有液体接界电池。

在化学电池内，发生氧化反应的电极称为阳极，发生还原反应的电极称为阴极。用符号表示化学电池时，通常将阳极写在左边，阴极写在右边，中间用垂线分隔。靠电极的垂线表示金属与电解质溶液的相界，相界上存在的电位差即为电极电位；电池组中间的垂线表示不同电解质溶液的界面，该界面存在的电位差称为液体接界电位；如果两种电解质溶液之间用盐桥连接，则用两条垂线表示液体接界电位已完全消除。

用盐桥连接的化学电池表示如下：

金属电极 | 电解质溶液 ‖ 电解质溶液 | 金属电极

（二）参比电极和离子选择电极

1. 参比电极（reference electrode）　单个电极的电位是无法测量的，必须有两个电极并插在电解质溶液中组成化学电池，才能对电极电位进行测量。电池中的两个电极一个为参比电极，一个为指示电极。在化学电池内，参比电极是决定指示电极电位的重要因素。

常用的参比电极包括甘汞电极和银－氯化银电极。

（1）甘汞电极（calomel electrode）是以甘汞（Hg_2Cl_2）饱和在一定浓度的 KCl 溶液中形成的汞电极，其电极反应为：

$$2Hg+2Cl=Hg_2Cl_2+2e^-$$

（2）银－氯化银电极（Ag/AgCl electrode）是浸在氯化钾中的涂有氯化银的银电极，其电极反应为：

$$Ag+Cl^{-}=AgCl+e^{-}$$

2. 指示电极（indicator electrode）　又称测量电极，用于指示与被测物质的浓度有关的电极电位。用不同材料制成的指示电极对被测物质具有不同的选择性，电极的敏感膜的材料不同，其选择性不同，一种指示电极往往只能测量一种物质的浓度。

根据电极敏感膜的不同，分为测定 K^{+}、Na^{+}、Cl^{-}、Ca^{2+} 等离子的离子选择电极（ion selective electrode，ISE）；测定 pH 的玻璃膜电极；测定二氧化碳、氧气、氨气等气体的气敏电极；测定氨基酸、酶甚至细菌的生物传感器；测定空气湿度的高分子薄膜电容式湿度传感器及测定药物浓度的药物传感器等。

离子选择电极由电极套、离子敏感膜、内参比液（电极内液）、内参比电极四部分组成。离子敏感膜一般固定于塑料或玻璃电极套的腔体头部，腔体内充一定量的内参比液，内参比电极密封浸泡于电极内液中并有导线引出，形成一支完整的测量电极。

由参比电极和离子选择电极以及待测的电解质溶液组成的测量电池表示如下：

参比电极 | 待测电解质溶液 | 敏感膜 | 内参液 | 内参比电极

（三）电解质分析仪的分类

电解质的测定方法有化学法、火焰光度法、原子吸收分光光度法、酶法、离子选择电极法等。由于电极制造技术的不断进步，离子选择电极法为目前临床上测定电解质的主要分析方法，形成了多种类型的电解质分析仪。

电解质分析仪可从不同的角度进行分类。

1. 按自动化程度　分为半自动电解质分析仪和全自动电解质分析仪。

2. 按测定方式　分为直接离子选择电极法和间接离子选择电极法。直接法是指样品不经稀释直接测定，间接法是按一定比例稀释样品后再测定。

3. 按电极膜的结构　离子选择电极大多为膜电极，国际理论与应用化学联合会（International Union of Pure and Applied Chemistry，IUPAC）于 1976 年根据膜的组成和膜电位的响应机制，推荐将离子选择电极分为以下几类：

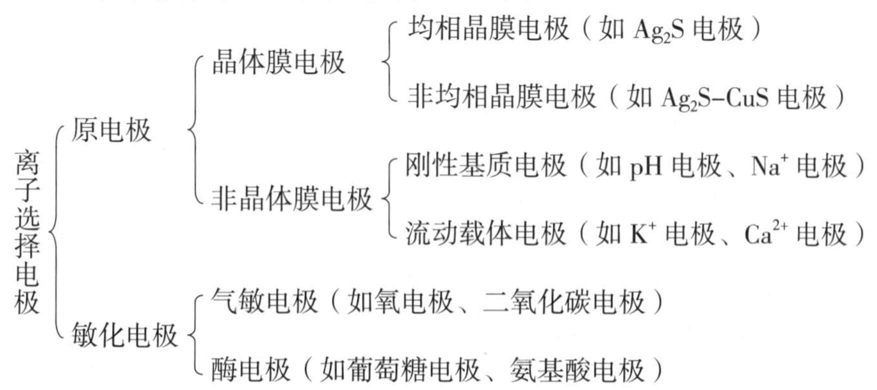

4. 按仪器结构　分为独立式电解质分析仪、含电解质测定的血气分析仪、含电解质测定的自动生化分析仪。

独立式电解质分析仪和血气分析仪测定电解质，一般采用直接法，样品不经稀释直接测定；自动生化分析仪用 ISE 法测定电解质，一般采用稀释样品的间接法，样品的稀释倍数随自动生化分析仪的品牌不同而不同。

二、离子选择电极测量原理

电化学分析法可分为电位分析法（直接电位法、电位滴定法），电解分析法（电重量法、库仑法、库仑滴定法），电导分析法（直接电导法、电导滴定法），伏安法（极谱法、溶出伏安法、电流滴定法）等四大类。

离子选择电极法属于电位分析法，它是根据离子选择电极的电极电位与溶液中待测离子的浓度或活度的关系进行分析测定的一种电化学分析方法。德国物理化学家瓦尔特·赫尔曼·能斯特推导出了著名的能斯特方程（Nernst equation）：

$$E_{ISE}=E_0+\frac{2.303RT}{nF}\ln C_Xf_X \quad (6\text{-}4)$$

方程式中，E_{ISE} 表示一定浓度下待测离子的电极电位，E_0 为标准电极电位，在测量条件恒定时为常数，R 为气体常数（$8.3143J\times K^{-1}\times mol^{-1}$），T 为热力学温度（37℃时为 310K），n 为电极反应中得到或失去的电子数，F 为法拉第常数（$96\ 487C\times mol^{-1}$），ln 为自然对数，C_X 为被测离子的浓度，f_X 为被测离子的活度系数。

离子选择电极的选择性原理：当电极的选择性敏感膜与待测溶液接触时，对选择性敏感膜具有响应的离子可以在液－膜两相中自由交换和扩散，进入膜相中的响应离子与膜相中的电活性物质结合成离子型的缔合物或络合物，响应离子在液－膜两相中的自由交换和扩散就形成了膜电位（电极电位），而与响应离子共存的其他伴随离子则不能进入膜相中，从而实现对响应离子的选择性检测。

离子选择电极法是将一支对待测离子具有选择性响应的指示电极和一支参比电极共同浸入样品溶液中组成一个测量电池，当溶液中离子的浓度改变时，根据能斯特方程，可以求出反应体系中电极电势变化的数值。反之，通过测定体系中电极电位的变化就可以计算出待测离子的浓度。

三、电解质分析仪的结构与功能

（一）湿式电解质分析仪的基本结构

独立的湿式电解质分析仪由离子选择电极、参比电极、液路系统、电路系统、操作面板和显示器、打印机等部分组成，其基本结构见图 6-16。

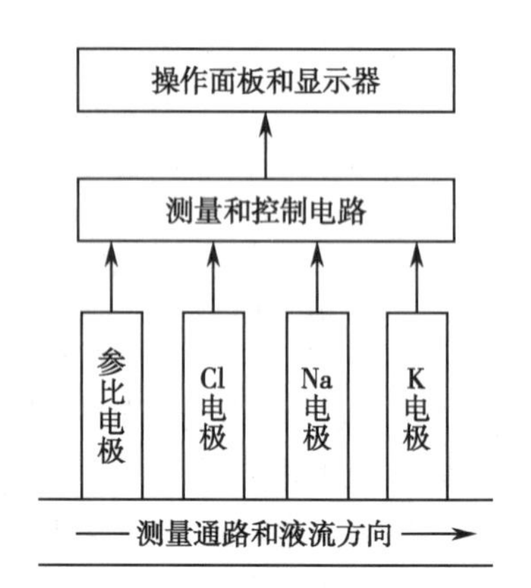

图 6-16 电解质分析仪基本结构示意图

1. 操作面板 不同品牌的电解质分析仪的操作面板按键布置和功能有所不同，在仪器面板上一般都具有人机对话的操作键。简单的面板仅含有“Yes”或“No”两个键，其中“Yes”键用来接收显示屏上的提问，“No”键用来否定显示屏上的问句。复杂的操作面板含有校准、测定、冲洗、打印等操作控制按键。

2. 电极系统 由参比电极以及钾、钠、氯等测量电极组成。测量电极的一端有导线与电路板连接，另一端通过不同的敏感膜与待测的电解质液体（样品、校准品、质控品）接触，分别与参比电极形成电池回路。

电极是电解质分析仪的关键部件，电极的灵敏度、稳定性和可靠性直接决定测定结果的精密度和准确性。

几种主要离子选择电极敏感膜的活性成分：①钾电极敏感膜的主要活性成分是缬氨霉素，它对 K^+ 的线性响应范围是 $1\times10^{-5}\sim1\times10^{-1}$mol/L。②钠电极敏感膜的主要活性成分是三甘酰双苄苯胺或四甲氧苯基，24– 冠醚 –8，它们对 Na^+ 的线性响应范围分别是 $1\times10^{-4}\sim1\times10^{-1}$mol/L 和 $1\times10^{-5}\sim1\times10^{-1}$mol/L。③氯电极敏感膜的主要活性成分是 AgCl 和 Ag_2S，它对 Cl^- 的线性响应范围是 $1\times10^{-5}\sim1\times10^{-1}$mol/L。

3. 液路系统　不同品牌电解质分析仪的液路系统有所不同，一般由吸样针、测量通路、校准品管道、冲洗液管道、废液管道、电磁阀、蠕动泵或比例泵等组成。蠕动泵或比例泵为样品、校准品、冲洗液、废液提供流动的动力；电磁阀在微机电路的控制下，根据测定流程的要求，分别执行样品通路、校准品通路、冲洗液通路和废液通路的打开或关闭操作，配合蠕动泵或比例泵，使上述液体能够定向流动。

4. 电路系统　包括电源模块为整机供电，输入输出模块负责键盘输入和显示器及打印机的数据输出，数据采集及信号整理放大模块负责对电极所获得信号的处理，微处理器模块负责整机信号的计算处理和对电磁阀和蠕动泵等运动部件的控制管理。

5. 软件系统　控制整机的操作和运行。包括自动或手动执行校准，自动或手动执行冲洗，配合自动样品盘自动或手动执行样品测定，查询结果，自动或手动打印结果数据，向与其联机的实验室信息系统自动和手动传输数据等。

（二）干式电解质分析仪测定原理及基本结构

1. 干式电解质分析仪的测定原理　分为反射光度法和离子选择电极差示电位法。

离子选择电极差示电位法干式电解质分析仪由两个多层膜干试剂片靠盐桥连接组成测量电池。测定时，用双孔移液管取 10μl 样品和 10μl 参比液分别滴入两个加样孔内，待测溶液和参比液分别与多层敏感膜干试剂片接触，产生符合能斯特方程的差示电位，比较待测溶液和已知浓度的校准品两者的差示电位，即可计算出待测离子的浓度。

2. 离子选择电极多层膜干试剂片的结构　由离子选择性敏感膜、参比层、氯化银层和银层组成，并用盐桥相连。左边为样品电极，右边为参比电极。

四、电解质分析仪的使用

1. 校准　电解质分析仪测定各种离子的浓度是根据能斯特方程，通过比较样品与校准品的电位差异来计算结果的。所以，电解质分析仪必须定期进行校准。

不同品牌分析仪对电解质的校准要求和校准品各不相同。以自动生化分析仪的 ISE 法电解质测定模块为例，校准品一般为含有不同离子浓度的水溶液，也有部分为动物血清，一般含有 3 种不同浓度水平的校准品。鉴于仪器需要维持微弱的电极电位的相对稳定，电解质分析仪的校准时间间隔一般不超过 24 小时。

电解质分析仪一般从精密度、准确度和灵敏度 3 个方面来判定是否通过校准，只有当 3 个指标全部符合要求，校准才能通过。

不管是独立的电解质分析仪，还是含电解质测定的血气分析仪和含电解质测定的自动生化分析仪，只有通过校准之后，才能够测定样品中的电解质。

2. 使用　电解质分析仪的使用比较简单，具体操作可参考仪器的说明书。

五、电解质分析仪的维护保养

各种电解质分析仪都必须定期进行维护保养，使其处于良好的工作状态，才有可能获得准确可靠的检测结果。

电解质分析仪的维护保养应严格按照仪器说明书的要求进行，可分为每日、每周、每月、每季度以及必要时的维护保养，步骤可参考表 6–7。

表 6–7　电解质分析仪维护保养要求

维护周期	具体操作
1. 每日维护保养	检查试剂量，及时补充或更换
	清洁仪器的表面
	样品应充分离心，分离出足够的上清液用于检测，原始试管样品直接上机测定时，要特别注意避免不抗凝血中的纤维蛋白凝块堵塞吸样针
	结束工作前注意冲洗测量通路，倒空废液
2. 每周维护保养	对测量通路进行彻底冲洗，防止样品中的蛋白质、脂类黏附敏感膜而降低其检测灵敏度，防止试剂中的盐类结晶堵塞管道
3. 每月维护保养	检查电极内液是否减少，必要时补充。但固态的电极没有电极内液，只需要正常冲洗
	清洁电极槽和电极头部
	用酒精棉球清洁吸样针
	在蠕动泵轴和泵管外擦凡士林等润滑剂以减少摩擦
4. 每季度维护保养	彻底清洁测量液体的流路和电极以及电极槽。清洁电极时，应特别注意避免损伤电极的敏感膜
5. 必要时维护保养	认为有必要对电解质分析仪或某个电极进行维护保养时，可不受上述保养周期的限制，随时进行相应的维护保养操作
6. 更换电极	电极的更换频率与仪器的品牌和测定的样品数量有关。一般在超过了厂家规定的使用时间或测定了一定数量的样品后，性能下降且难以恢复时，或者校准后的斜率超出仪器允许范围且无法通过维护保养予以纠正时，需更换电极

第三节　血气分析仪

血气分析仪（blood gas analyzer）是根据电化学分析技术的原理，利用各种电极对人体血液样品的酸碱度（pH）、二氧化碳分压（PCO_2）和氧分压（PO_2）等参数进行分析测定的重要的临床电化学分析仪器。

一、血气分析仪的工作原理

血气分析仪至少含有 4 支电极，分别是 pH、PCO_2 和 PO_2 3 支测量电极和 1 支参比电极，功能先进的血气分析仪还包括血氧检测单元、电解质检测单元和葡萄糖、乳酸、尿素、肌酐等代谢物的检测单元。每个项目的检测原理有所不同。

1. pH 测量原理　pH 是氢离子浓度的负对数，它是一个没有量纲的量。血气分析仪对 pH 的检测属于电位测定法，常用参比电极为正极，用对氢离子具有选择性响应的玻璃膜指示电极为负极，与待测样品电解质溶液组成一个化学电池，通过测量电池的电动势 E 计算出待测样品的 pH。pH 电位测量回路示意图见图 6-17。

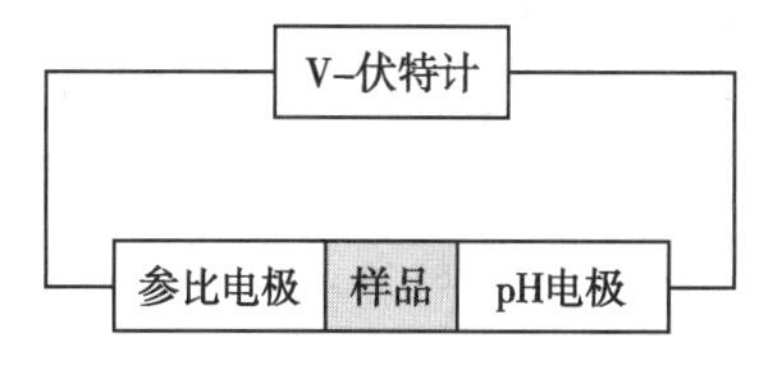

图 6-17　pH 电位测量回路示意图

玻璃电极对溶液 pH 的敏感程度取决于电极玻璃膜的性质。在一定温度下，玻璃电极的电极电位与被测溶液的 pH 的关系符合能斯特方程：

$$E_{玻}=K_{玻}-\frac{2.303RT}{F}\times pH \qquad (6\text{-}5)$$

式中 R 为气体常数，F 为法拉第常数，T 为热力学温度，$K_{玻}$在测量条件恒定时为常数。由于每一支玻璃电极的 $K_{玻}$不可能完全相同，而且在长时间待机的状态下，电气零点和电气噪声的任何变化都可能影响 $K_{玻}$，所以在测定样品前需用两种不同 pH 值的标准缓冲液对 pH 电极进行校准。在待机状态下，为保持电极的稳定性，应每隔数小时对电极自动进行一点和两点的交叉校准。

2. 二氧化碳分压测量原理　PCO_2 的测定方法属于电位分析法。二氧化碳电极属于气敏电极，它是由 pH 玻璃电极和 Ag/AgCl 参比电极共同组成的复合电极。电极头部为对二氧化碳气体具有选择性响应的硅酮膜套，只允许 CO_2 等不带电荷的分子通过，而 H^+ 等带电离子不能通过。电极套内装有维持一定 pH 的碳酸盐电极缓冲液。

样品中溶解的 CO_2 通过电极头部敏感膜弥散到电极内的碳酸盐电解质溶液中产生碳酸：$CO_2+H_2O \rightleftharpoons H_2CO_3$，碳酸根据以下平衡反应进一步解离释放出 H^+：$H_2CO_3 \rightleftharpoons H^++H_2CO^-_3$，释放的 H^+ 改变了电极敏感玻璃膜一侧的溶液 pH 值，导致玻璃膜另一侧的 H^+ 浓度梯度发生变化，从而影响玻璃膜的电位差，电极的这种电位变化与待测样品中的 PCO_2 的关系符合能斯特方程，通过检测 pH 玻璃膜的电位变化即可计算出 PCO_2 的含量。

3. 氧分压测量原理　氧分压的测量方法属于电流测定法，氧电极属于气敏电极。氧分压测量的电极链由阳极和阴极、电解质溶液、选择性膜、样品、电流计和应用电压组成，当氧电极与待测样品组成电池电极链的时候，通过电极链的电流大小与电极链中被氧化或还原物质的浓度成比例。

待测样品中的氧气依靠浓度梯度透过电极头部的氧选择性膜而进入电极内，在外加电压为 0.4～0.8V 范围内时，氧气在铂丝阴极表面获得电子被还原：$O_2+2H_2O \longrightarrow 2H_2O_2$，$2H_2O_2+2e^- \longrightarrow 2OH^-$；而 Ag/AgCl 阳极则释放电子被氧化，电子在 Ag/AgCl 阳极与铂丝阴极之间的移动就产生了电流，这种电极电流随外加电压的增加而增加。当氧浓度扩散梯度相对稳定时，产生一个稳定的电解电流，称之为极限扩散电流。极限扩散电流的大小决定于渗透到铂丝阴极表面氧的多少，后者又取决于选择性氧电极膜外的 PO_2，通过测定电极链路上的电流变化即可计算出样品中氧分压的大小。氧分压电流测量原理见图 6–18。

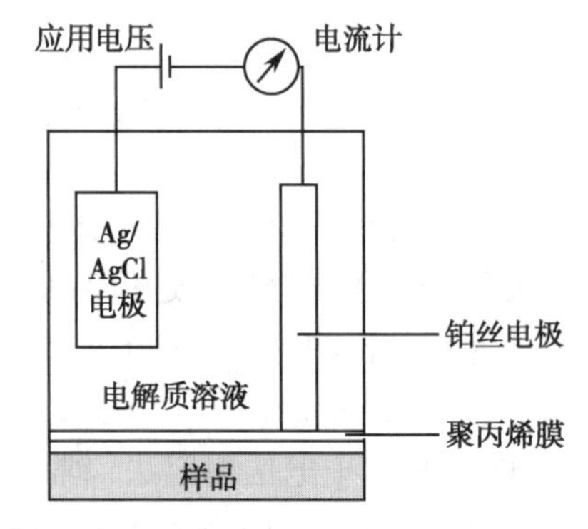

图 6–18 氧分压电流测量原理示意图

在外加电压超过 0.8V 时，即使 PO_2=0kPa，水本身也会被电解而产生电流，对测量系统产生影响。为避免这种现象的发生，外加在 PO_2 电极上的工作电压要小于 0.8V，通常为 0.65V。

4. 血氧参数测定原理　比较早期的血气分析仪一般只能测定 pH、PCO_2 和 PO_2 三个参数，要靠手工输入其他方法测定的血红蛋白浓度值来计算相关参数。现代的血气分析仪除直接测定 pH、PCO_2 和 PO_2 三个基本参数外，还能以分光光度法直接测定多项血红蛋白参数，并计算出血氧相关参数。

用于测定血红蛋白及其衍生物的模块称为血氧测定单元。

这类血气分析仪在测定传统的 pH、PCO_2 和 PO_2 等基本参数的同时，吸入一部分样品到血氧测定单元，用频率为 30kHz 的超声波破碎红细胞使其溶血，然后根据不同血红蛋白的吸收光谱特征，用分光光度法分别测定总血红蛋白浓度（ctHb）、氧合血红蛋白（O_2Hb）、碳氧血红蛋白（COHb）、高铁血红蛋白（MetHb）、还原血红蛋白（HHb）、甚至包含胎儿血红蛋白（HbF）这几种成分的吸光度，然后计算出它们在总血红蛋白中各自所占的百分含量，并计算出氧饱和度（SO_2）。

5. 其他代谢物测定原理　多功能血气分析仪用电位法测定钾钠氯等电解质，用电流法测定葡萄糖、乳酸、肌酐、尿素等代谢产物。

二、血气分析仪的结构与功能

血气分析仪的基本结构包括管道系统、电极、血氧测定单元和电路系统四大部分，除了基本的测定参数外，还可选择更多不同的电极组成具有不同测定项目的多用途分析仪。

一般来说，选择血气分析仪除了基本的 pH、PCO_2 和 PO_2 三个参数外，至少还应包含血氧测定单元，以便为临床提供具有血液酸碱度、二氧化碳分压、氧分压以及包含氧在肺部摄取、血液中运输和组织中释放利用等一系列血氧相关参数的检测结果。具有血氧测定单元的血气分析仪的基本结构见图 6–19。

1. 管道系统　通常由压缩气瓶、装有校准液和盐桥液和冲洗液以及清洁液的溶液瓶、测量室、液体和气体管道、电磁阀、蠕动泵等部分组成，又可进一步分为气路和液路两部分。管道系统比较容易发生问题，如堵塞，漏液、脏污等，在使用和维护保养过程中应格外注意。

（1）气路系统：由气瓶和相应管道和控制阀组成，为分析仪提供 PCO_2 和 PO_2 两种电极校准时所需要的两种气体。每种气体中含有不同比例的氧和二氧化碳。气路系统可分为由压缩气瓶供气的外配气方式和由气体混匀器供气的内配气方式。

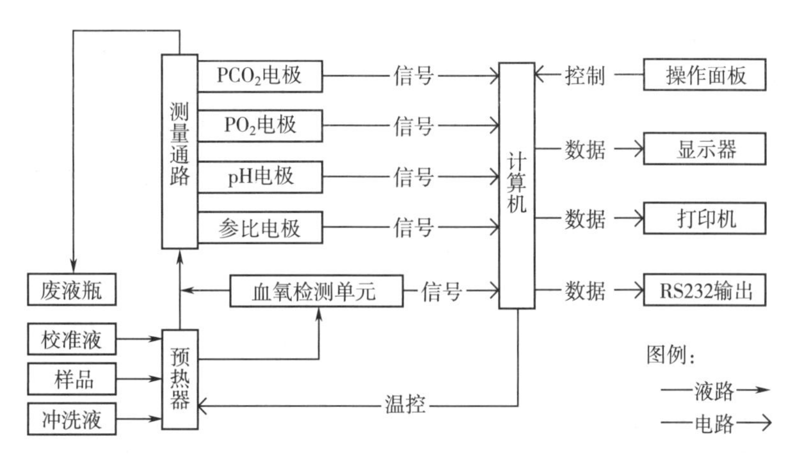

图 6-19 血气分析仪基本结构示意图

（2）液路系统：由前述多种溶液瓶和相应的管道和样品通路以及测量室组成。其功能主要是在蠕动泵的驱动下，定量吸取样品和质控溶液，提供对电极校准用的各种校准缓冲液，并将校准和样品测量时停留在测量室的缓冲液或血液样品冲洗干净。

2. 电极系统 电极主要包括 pH、PCO_2、PO_2 和 pH 参比电极等 4 支基本电极，有的还包含电解质和代谢物检测电极，可检测多种电解质、葡萄糖、乳酸、肌酐等项目。

（1）pH 电极和 pH 参比电极：用于测定血液样品的 pH。早期一般采用毛细管 pH 玻璃电极，玻璃壳体内充一定 pH 的电解质缓冲液，参比电极有导线引出，以便将检测的电位信号传输到信号放大器。

参比电极早期多使用甘汞电极，其结构主要由甘汞芯子、电极玻壳、盐桥溶液、液路部和电极导线组成；甘汞电极体内一般充饱和的 KCl 溶液。现在血气分析仪的参比电极一般使用 Ag/AgCl 电极。

随着电极制造技术的不断进步，现代血气分析仪的 pH 电极和参比电极以及其他电极的结构已经发生了很大变化，基本上都采用了内电极插入电极膜套的方式，电极膜套连同电极内液可定期更换；取消了内电极的引出导线，改为具有优良接触性能的金属接触头，使得电极体积更小巧、结构更简单、拆装更方便。其基本结构见图 6-20。

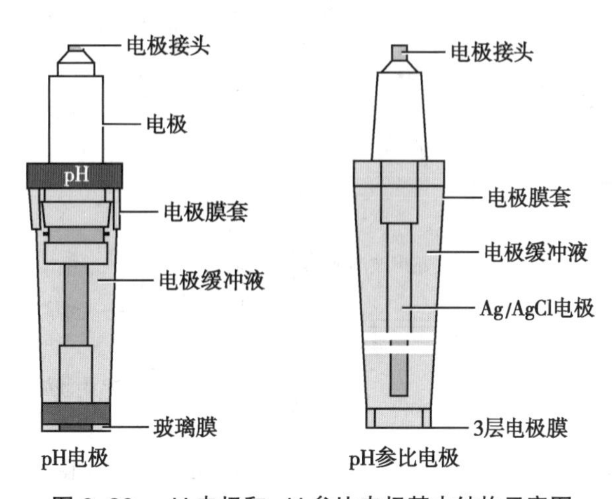

图 6-20 pH 电极和 pH 参比电极基本结构示意图

（2）二氧化碳电极：用于测定血液样品中的二氧化碳分压。其基本组成：中间是 pH 玻璃电极，电极内充有氯化钾磷酸盐缓冲液，其中浸有杆状 Ag/AgCl 电极。pH 玻璃电极插入塑料膜套内，膜套头部为二氧化碳敏感膜（聚四氟乙烯膜、聚丙烯膜或硅橡胶膜），膜套内充有二氧化碳电极缓冲液，它的 pH 随血液的 PCO_2 而改变。参比电极为环状 Ag/AgCl 电极，位于玻璃电极杆的近端。基本结构见图 6-21。

（3）氧电极：用于测定血液样品中的氧分压。氧电极是能进行氧化还原反应的气敏电极，由铂丝阴极与 Ag/AgCl 阳极共同组成复合电极。电极头部套有对氧气具有选择性响应的聚丙烯膜套，电极膜套内装有维持一定 pH 值的电解质缓冲液。基本结构见图 6-22。

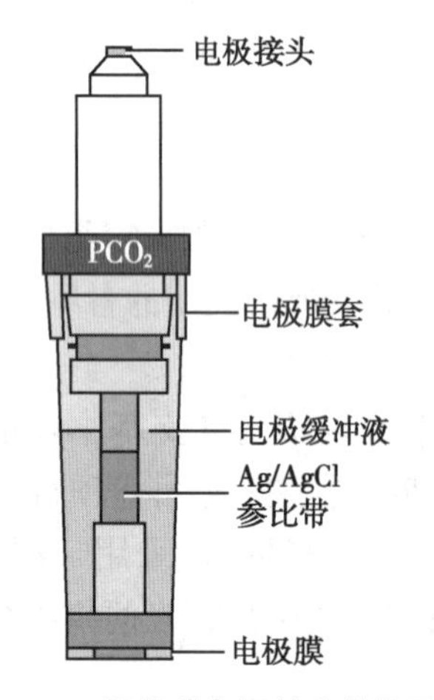

图 6-21　二氧化碳电极基本结构示意图

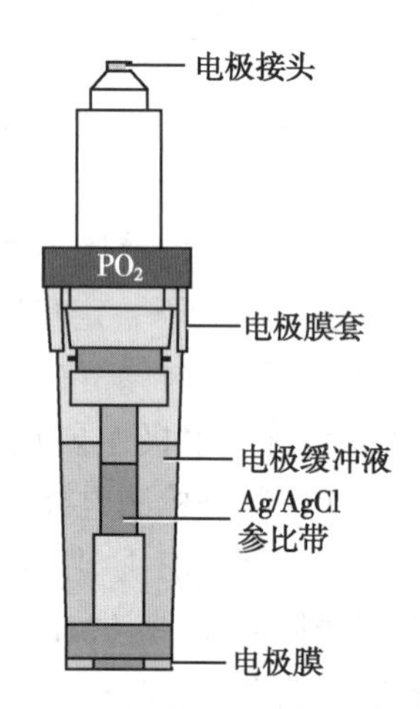

图 6-22　氧电极基本结构示意图

3. 血氧测定单元　由进样管道、溶血器、比色杯、光源灯、聚光镜、光纤、凹面光栅、光电二极管矩阵等部件组成，用于将一定量的血液样品溶血后，通过分光光度分析技术，根据血红蛋白及其衍生物的特定吸收光谱曲线，测出其各自所占总血红蛋白的百分数，并用于计算其他血氧相关参数。血氧测定单元及其光学系统的基本结构见图 6-23。

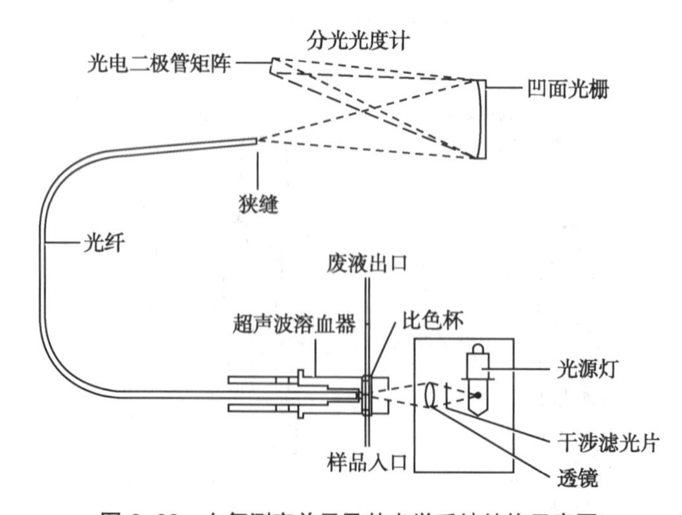

图 6-23　血氧测定单元及其光学系统结构示意图

4. 电路系统　由放大电路、模数转换电路、计算单元、操作面板等组成，用于将各种电极所测得的微弱电信号进行甄别、放大和模数转换后用于计算出相应的检测结果；同时可通过键盘输入指令和计算机程序对分析仪的蠕动泵、电磁阀等动作部件实行有效控制，对温控系统实施监控；根据计算机程序自动完成定时冲洗、定时校准、自动测量样品、自动测定质控等操作；可自动显示报警信息，自动显示并打印结果；以及通过数据传输端口将结果和质控数据传送到实验室信息系统计算机。

三、血气分析仪的使用

（一）血气分析仪的校准

血气分析方法也是一种比较的测量方法。在测量样品之前，需用已知浓度的标准液及标准气体对血气分析仪进行校准，以确定 pH、PCO_2 和 PO_2 等电极和其他测定项目的工作曲线。每种电极都要有两种不同浓度的标准液来进行校准，以便确定建立工作曲线最少需要的两个工作点。

为保持分析仪的稳定性，血气分析仪应 24 小时连续开机，并让仪器定时自动进行校准，以维持在良好的连续工作状态。

1. pH 的校准　pH 测量系统的校准一般采用 pH 6.800 和 pH 7.400 的两种标准缓冲液来进行校准。pH 两点校准见图 6-24。

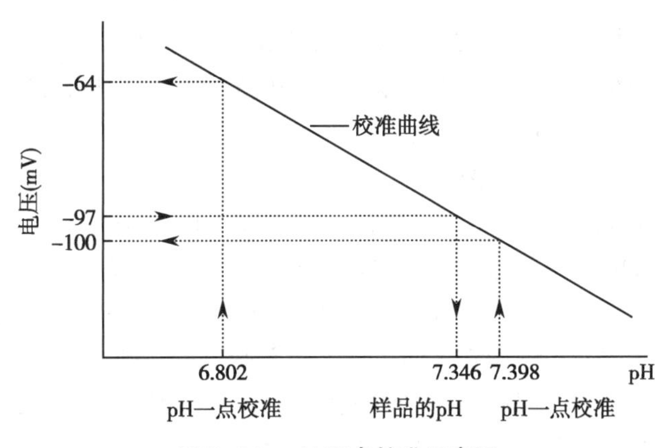

图 6-24　pH 两点校准示意图

血气分析仪分别用灵敏度、状态和漂移 3 个指标来判断 pH 校准是否成功。一般要求校准的灵敏度在 92% ~ 103% 范围内，状态值应在 pH 6.7 ~ 8.1 范围内，漂移值在 ±0.020 范围内。其中任意一个指标超出允许范围，仪器都会显示校准失败的信息，必须进行相应的处理后，重新进行校准直至通过，才能够测定样品。

2. PCO_2 和 PO_2 的校准　二氧化碳分压和氧分压测量系统用两种混匀气体来进行校准。一般第一种混匀气中含 5% 的 CO_2 和 20% 的 O_2；第二种含 10% 的 CO_2，不含 O_2。

一般要求 PCO_2 电极校准的灵敏度在 85% ~ 100% 范围内，状态值应在 0.83 ~ 34.66kPa 范围内，漂移值 1（指校准气 1 连续 2 次测量间的差值）允许误差在 ±0.33kPa 范围内，漂移值 2（反映 2 点校准之间检测灵敏度的变化）的允许误差为 ±0.67kPa 范围内。

一般要求 PO_2 电极校准的灵敏度在 37.5～300pA/kPa 范围内，电极的零点（指 PO_2=0 时的电极电流，由不含氧气的校准气 2 测得的电极电流和检测灵敏度计算得出）不能小于 0.80kPa，漂移值 1（指校准气 1 连续 2 次测量间的差值）和漂移值 2（反映 2 点校准之间检测灵敏度的变化）的允许误差为 ±0.80kPa 范围内。

其中任意一个指标超出允许范围，仪器都会显示校准失败的信息，必须进行相应的处理后，重新进行校准直至通过，才能够测定样品。

3. 血红蛋白的校准　用厂家提供的配套血红蛋白校准品定期对分析仪进行校准，如果校准结果在允许误差范围内，校准通过，否则须作相应处理后重新校准直至通过。血红蛋白校准的间隔时间可长达 3 个月。

4. 电解质和其他代谢物测量系统的校准　用厂家提供的配套校准品定期对相关项目进行校准，当校准结果在允许误差范围内时，校准通过，否则需作相应处理后重新校准直至通过。

（二）血气分析仪的使用

1. 血气分析测定的基本过程　当血气分析仪经过成功校准并处于 ready 状态下，而且测定质控符合要求时，即可以测定血液样品。

被测血液样品以注射器推入方式或仪器管道系统抽吸的方式进入测量室并充满后，样品监测系统提示操作者并自动停止继续进样，样品同时被 4 个电极，甚至更多的电极所测量。不同的电极分别产生对应于 pH、PCO_2 和 PO_2 以及电解质和其他代谢产物检测参数的电信号；血氧测定单元则以分光光度法测定溶血后的血红蛋白的吸收光谱并转换为电信号。这些电信号分别经放大、模数转换后与校准曲线进行比较，计算出相应的结果，可以显示、打印或者通过 RS232 等数据传输端口发送到与分析仪联机的实验室信息系统计算机。

2. 血气分析仪的控制　分析仪的校准、质控、测量和冲洗等操作均可以通过键盘控制或者在计算机程序的控制下自动完成。

3. 血气分析仪的温度要求　血气分析仪电极链路上的电信号是非常微弱的，温度的任何变化都可能会对电极的测量信号产生很大的影响，而且由于温度的变化将导致血液气体体积和压力的变化。为保证测量结果的准确，测量室必须恒温在 37℃ ±0.1℃的范围内，而且校准品、冲洗液和样品在进入测量室之前也要经过预热器的预热。

血气分析仪默认在 37℃下测定正常呼吸状态的血液样品，所以要求在采集血液样品时应记录患者当时的体温；如果有吸氧治疗，还应记录人工给氧的氧流量，在测定血液样品时应当输入采血时记录的体温和氧流量，分析仪除给出实际的测定结果外，还会同时将相关结果自动计算成 37℃体温以及正常呼吸状态下的数据。

4. 血气分析的时间要求　血气分析样品必须立即测定。由于血细胞离体后并未立即死亡，特别是红细胞对血糖的酵解还在继续进行，如果血液样品采集后放置过久，红细胞的糖酵解将导致血液中氧的消耗并产生大量的乳酸，使血液酸化，最终导致血液的 pH、PCO_2 和 PO_2 以及其他代谢产物的检测结果产生很大的误差，因此，血气分析的样品采集后应在半小时内完成检测。

5. 血气分析的注意事项　避免血凝块堵塞进样针和测量通道。在测定前，应仔细检查血液样品中有无血凝块。任何情况下，对于有凝块的血液样品应放弃进行测定，以避免凝块堵塞进样针和测量通道，对仪器造成损害。

四、血气分析仪的维护保养

血气分析仪属于实验室最常用的精密分析仪器之一，虽然操作比较简单，但定期地、正确地维护保养是保证仪器正常运行，使其始终处于良好工作状态，以及获得准确可靠检测结果的重要保证。

血气分析仪在正常状态下应该长期开机，使仪器在计算机程序控制下自动定时冲洗，以清除液体管道中上的样品、校准品或质控液的残留；能够自动定时校准，以保证电极检测信号的稳定。血气分析仪的生产厂家对仪器的维护保养都会提出明确要求和具体的操作步骤，一般从以下几方面进行维护保养。

1. 及时更换或补充消耗品　血气分析仪应 24 小时处于开机状态，需要定时自动冲洗管道和定时自动校准，因此要保证各种冲洗液、清洁液、校准品能够满足无人监控状态下的消耗量。发现上述液体不足时应及时补充或更换。特别要注意压缩气瓶的气压，因为气瓶压力一旦下降到一定限度，将无法为仪器提供校准气体，所以应提前准备好备用气瓶。

2. 清洁仪器　包括：

（1）清洁、消毒分析仪外壳：先用湿纸巾或湿棉签清理仪器表面可能粘有的血液或其他液体，然后进行消毒处理。

（2）清洁进样口：用湿棉签清理进样口可能粘有的血液。

（3）清洁测量室：小心取出电极，用棉签蘸取蒸馏水或去离子水小心清洁测量室，用干棉签擦干，再将电极装好。

3. 执行去污和去蛋白程序　包括：

（1）去污程序：用于消毒液体管道及与血液直接接触的电极和泵管等部件。必须注意：在执行本程序前，要用假电极更换分析仪上的氯电极、葡萄糖电极和乳酸电极，否则，去污剂中的次氯酸钠溶液可能会损坏电极膜。

具体步骤：①取出氯电极、葡萄糖电极和乳酸电极，装上假电极以防泄漏；②用注射器准备 0.5ml 的 0.5% 的次氯酸钠溶液；③执行去污程序，让分析仪从注射器中吸入次氯酸钠溶液对管道进行去污；④去污结束后装回氯电极、葡萄糖电极和乳酸电极；⑤执行两点校准。

（2）去蛋白程序：应每周执行 1 次，以避免血液样品中的蛋白对电极表面的黏附导致电极的敏感性降低。执行该程序不需用假电极更换葡萄糖电极、乳酸电极和氯电极。

具体步骤：①用注射器准备 0.5ml 的 0.5% 的次氯酸钠溶液；②执行去蛋白程序，让分析仪从注射器中吸入次氯酸钠溶液浸泡管道去除蛋白；③结束程序，返回待机界面。

4. 电极的维护保养　电极是血气分析仪的关键部件，电极的使用寿命与仪器的品牌和电极的制作技术密切相关，同时与测定样品的数量也有关，更与是否正确执行维护保养密不可分。要使血气分析仪能够处于良好工作状态，对电极的正确维护保养至关重要。

（1）定期执行上述对测量室的清洁程序和去蛋白程序，保持测量室和电极的清洁。

（2）保证测量室和电极安装部位的密封，避免液体渗漏。

（3）万一不慎有微小血凝块进入测量室和电极敏感膜部位，应立即进行清理，并对电极进行校准。

（4）对于玻璃膜pH电极的处理要特别小心，避免刮碰和撞击，以免玻璃膜破损导致电极报废。

（5）使用甘汞电极做参比电极的分析仪，应注意及时补充电极内的氯化钾饱和液。

（6）当发现电极敏感性降低、校准难以通过、质控经常性失控、电极内液明显减少或已经超出厂家保证的电极膜套的使用期限时，应更换电极膜套。

第四节 电 泳 仪

电泳（electrophoresis，EP）是指带电荷的粒子或溶质在电场中向与所带电荷极性相反的方向移动的现象。

利用不同带电粒子在电场中移动速度不同对混合物中的各种组分进行分离和分析的技术称为电泳技术；利用电泳技术对混合物的组分进行分离的仪器称为电泳仪。

按原理的不同，可分为移动界面电泳、区带电泳和稳态电泳（置换电泳）3种形式的电泳分离系统。

按介质的不同，可分为纸上电泳、醋酸纤维素薄膜电泳、琼脂糖凝胶电泳、聚丙烯酰胺凝胶电泳，等电聚焦电泳以及毛细管电泳等。

一、电泳的基本原理

（一）电泳基本原理

通常情况下，物质分子所带正负电荷量相等，一般不显示带电性，但在一定的物理作用或化学反应条件下，某些物质如蛋白质、多肽、氨基酸、核苷酸等可成为带电的基团或分子，它们在一定的pH条件下可能带正电，也可能带负电，在电场的作用下，这些带电粒子会向所带电荷极性相反的方向泳动。由于不同物质的带电性质、分子大小和颗粒形状的不同，在一定的电场中它们的移动方向和移动速度不同，因此可通过电泳技术将它们从混合物中分离出来。

移动界面电泳由于没有固定的支持介质，电泳过程中扩散和对流现象比较严重，影响分离的效果。

区带电泳将样品加载在固定的支持介质中进行电泳，减少了扩散和对流的影响。区带电泳因所用支持介质的种类、粒度大小和电泳方式等不同，导致其临床应用的价值的差异。

固体支持介质可分为两类：一类是滤纸、醋酸纤维素薄膜、硅胶、矾土、纤维素等；另一类是淀粉、琼脂糖和聚丙烯酰胺凝胶。

最早用于电泳的支持介质是滤纸，后来有了醋酸纤维素薄膜、硅胶薄层平板、纤维素等支持介质。在相当长的一段时期，多肽、氨基酸、多糖等小分子物质的电泳分离一般都采用上述支持介质。

凝胶作为支持介质的引入，大大促进了电泳技术的发展，使得电泳成为蛋白质、核酸等生物大分子分离鉴定的重要技术手段。由于凝胶具有微细的多孔网状结构，除了产生电泳作用外，还具有分子筛效应，小分子物质在凝胶介质中会比大分子物质跑得快，使电泳的分辨率得以提高。凝胶的最大优点是几乎不吸附蛋白质，因此凝胶电泳无拖尾现象。最早使用的凝胶是淀粉凝胶，后来逐渐被琼脂糖凝胶和聚丙烯酰胺凝胶代替。

（二）电泳的影响因素

在一个电泳体系当中，若溶液中一个电量为 Q 的带电粒子，在场强为 E 的电场中以速度 υ 移动时，该带电粒子所受到的电场力 F 为：

$$F=QE$$

根据斯托克司定律（Stokes's law），在液体中泳动的球状粒子所受到的介质的阻力 F' 为：

$$F'=6\pi\eta r\upsilon$$

式中 η 为介质的黏度系数，r 为粒子的半径。

当电场力 F 与介质阻力 F' 处于平衡状态，即 $F=F'$ 时，粒子做匀速泳动，且：

$$\upsilon=\frac{QE}{6\pi\eta r}$$

从上式可以看出，相同带电粒子在不同强度的电场里泳动的速度是不同的。

电泳受下列多种因素的影响。

1. 生物大分子性质的影响　粒子所带的电量越大、直径越小、形状越接近球形，则电泳的速度越快。

2. 缓冲液 pH 的影响　为了保证电泳过程中溶液 pH 的稳定，必须采用缓冲溶液。缓冲溶液的 pH 决定带电物质的解离程度，也决定物质所带净电荷的多少。对蛋白质，氨基酸等两性电解质而言，缓冲液的 pH 还会影响带电粒子泳动的方向，当缓冲液的 pH 大于蛋白质的等电点时，蛋白质分子带负电荷，在电场中向正极方向泳动。缓冲液的 pH 离等电点越远，粒子所带的电荷越多，泳动速度越快，反之越慢。因此，当分离某一种混合物时，应选择一种能扩大各种蛋白质所带电荷量差别的 pH，以利于各种蛋白质的有效分离。

3. 离子强度的影响　离子强度是衡量溶液中的离子所产生的电场强度的量度。离子强度 I 等于溶液中各离子的摩尔浓度 C_i 与离子价数 Z_i 平方的积的总和的 1/2。其数学表达式为：

$$I=\frac{1}{2}\sum_{i=1}^{n}c_i z_i^2$$

溶液中离子的浓度越大，离子所带的电荷数目越多，离子强度越大。

带电颗粒在电场中的迁移率与离子强度的平方根成反比，即离子强度低时，带电颗粒迁移率快，但离子强度过低时，缓冲液的缓冲容量小，不易维持 pH 的稳定；离子强度高时，带电颗粒迁移率慢，但电泳谱带要比离子强度低时细窄。电泳时，溶液的离子强度通常应保持在 0.02～0.2 之间。

4. 电场强度的影响　电场强度是用来表示电场的强弱和方向的物理量。电场强度对电泳速度起着正比作用，即电场强度越高，带电粒子移动速度越快。根据电场强度的高低，电泳可分为高压电泳和常压电泳两种。

（1）高压电泳：所用电压 500～1000V 或更高。由于电压高，电场强度高，电泳速度快，电泳时间短（有的样品仅需数分钟即可分离），适用于氨基酸，无机离子等低分子化合物的分离，包括部分聚焦电泳分离及序列电泳的分离等。

（2）常压电泳：电压一般 <500V，产热量小，不需要冷却装置，蛋白质一般不会被破坏，分离良好，但电泳时间比较长。

5. 电渗的影响　在有支持介质的电泳中，影响带电粒子移动的另一个重要因素是电渗。电渗可以改变带电离子在电泳中的移动速度甚至方向。蛋白电泳过程中γ-球蛋白受电渗的影响，电泳后不但不向正极方向移动，往往还可能由加样原点向负极移动，就是典型的电渗作用所引起的倒移现象。

6. 介质筛孔的影响　电泳支持介质对带电粒子具有分子筛的作用，电泳速度受支持介质筛孔大小的影响。待分离的带电粒子在筛孔大的介质中泳动速度快，在筛孔小的介质中泳动速度慢。

7. 介质吸附作用的影响　不同的支持介质对带电粒子的吸附和滞留作用不同，吸附和滞留作用大的介质可导致分离区带的拖尾现象，降低了区带的分辨率。滤纸介质的吸附作用大，醋酸纤维素薄膜的吸附作用小，凝胶介质基本没有吸附作用，所以凝胶现在成为区带电泳的主要介质。

二、电泳技术方法的分类

1. 纸上电泳　指用滤纸作为支持载体的电泳方法，是最早使用的区带电泳技术。

滤纸作为电泳介质由于吸附作用强，拖尾现象严重，自20世纪50年代后期以来已被醋酸纤维素薄膜代替。

2. 醋酸纤维素薄膜电泳　醋酸纤维素薄膜作为支持介质进行电泳时，由于它对蛋白质样品的吸附作用极小，几乎可以消除电泳的拖尾现象；同时，这种膜疏水性强，吸收的缓冲液少，电泳的电流大部分由样品本身传导，所以样品用量少，电泳时间短，分离速度快，可以得到满意的蛋白质组分的分离效果，常用于临床的血清蛋白电泳，特别适合于病理状态下微量异常蛋白质的分离检测。

电泳后的醋纤膜经过对分离的样品组分进行染色、脱色与透明即可看到清晰的不同组分的染色区带，可直接用于吸收光谱扫描测定，并计算各组分的百分含量，还可以将烘干后的醋纤膜长期保存。

3. 凝胶电泳　用凝胶物质作支持物进行电泳的方法即为凝胶电泳。它适合于蛋白质、免疫复合物、核酸与核蛋白的分离、纯化和鉴定，在临床化学检验中得到广泛的应用。

随着技术的不断改良，凝胶电泳先后派生出琼脂糖凝胶电泳、聚丙烯酰胺凝胶电泳、双向凝胶电泳、变性梯度凝胶电泳、恒定变性凝胶电泳、温度梯度凝胶电泳、脉冲场凝胶电泳等多种凝胶电泳技术。

4. 等电聚焦电泳　利用具有pH梯度的介质进行电泳来分离等电点不同的蛋白质。

等电聚焦电泳的原理：蛋白质属于两性电解质，在不同pH的溶液中所带的电荷不同，而且不同蛋白质的等电点也不同。在一个电泳体系中，当电泳介质的pH与蛋白质的等电点一致时，蛋白质所带正负电荷相等而不再泳动。根据蛋白质的这个特性，首先建立一个稳定、连续、线性的pH梯度介质，当待分离的蛋白质组分在这种pH梯度的介质中进行电泳时，每种蛋白质组分在泳动到与其等电点一致的pH位置时，因静电荷为零而不再移动（等电聚焦），一系列蛋白质组分依据其各自的等电点在介质中产生一系列稳定而不扩散的狭窄区带，实现蛋白质不同组分的分离。

由于蛋白质具有等电聚焦的特性，这种电泳方法具有很高的分辨率，蛋白质的不同组分只要有 0.01pH 单位的等电点差异，就能被很好地分离出来，因此特别适合于分离分子量相近而等电点不同的蛋白质组分，反过来该方法可用于测定蛋白质类物质的等电点。

5. 等速电泳　是电泳方法中唯一将分离组分与加入的电解质在电场中一起向前泳动并同时进行分离的“移动界面”电泳技术。它是在样品中加入迁移率比所有待分离组分要快的前导电解质和比所有待分离组分的迁移率小的尾随电解质，在电场的作用下，经过一定时间的电泳，待分离组分的区带按迁移率大小完全分离，排列于前导电解质和尾随电解质之间。等速电泳的原理见图 6–25。

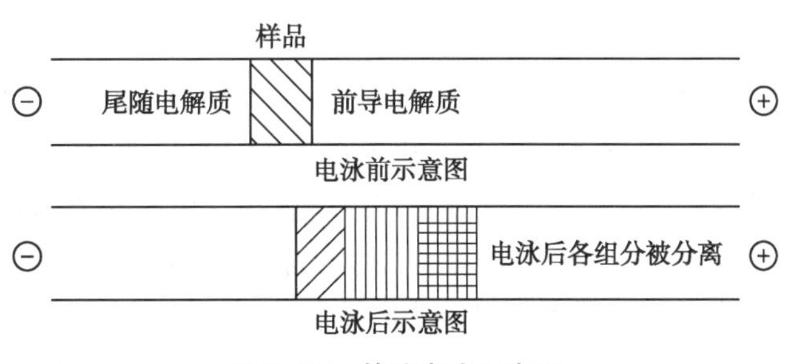

图 6–25　等速电泳示意图

6. 毛细管电泳　又称为高效毛细管电泳，它是在高压直流电场的驱动下，离子或带电粒子在毛细管分离通道中依据样品中各组分之间迁移速度和分配行为上的差异而实现分离的液相分析技术。

（1）毛细管电泳的基本工作原理和特点：将以弹性石英等材料制成的毛细管插在两个含有缓冲液的电泳槽中，在 pH>3 的情况下，毛细管内表面带负电荷与带正电荷的缓冲液接触形成双电层，在高压电场驱动下，双电层一侧的缓冲液由于带正电荷而向负极方向移动形成电渗流；同时，缓冲液中的带电粒子在电场作用下，以不同速度沿着毛细管通道向与其所带电荷极性相反的电极方向泳动，其泳动的速率即为电泳淌度。待分离的带电粒子在毛细管中的迁移速度等于电渗流和电泳淌度的矢量和，样品中的不同组分由于所带电荷数、质量、体积以及形状的差异，导致在毛细管中的迁移速度不同而被分离出来。

（2）毛细管电泳仪的基本结构：包括直流高压电源、毛细管、缓冲液槽、检测器等，见图 6–26。

1）高压电源：为电泳系统提供高压直流电场，为粒子的泳动提供驱动力。

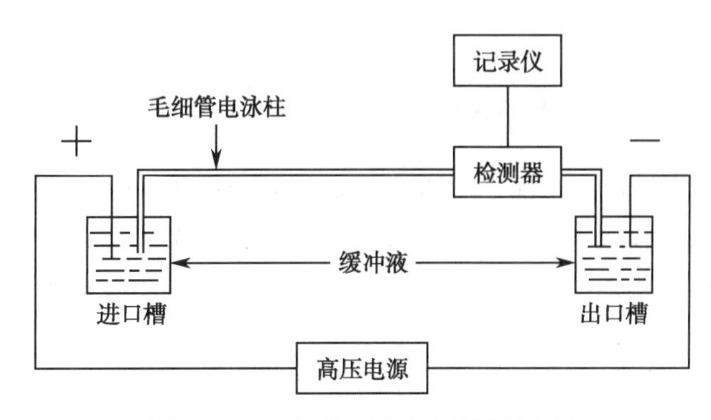

图 6–26　毛细管电泳基本结构示意图

2）毛细管：是毛细管电泳仪的核心部件，是样品组分的分离场所。现在的毛细管的管径一般控制在 25～75μm 之间。

3）电泳槽：盛放一定 pH 和离子强度的电解质缓冲溶液，为样品组分在毛细管中的泳动提供液相介质。

4）检测器：是毛细管电泳对分离的区带进行检测并获取最终结果的重要部件，可连接各种检测器对分离的组分进行检测。

三、电泳系统的基本组成

习惯所说的电泳仪严格讲应称为电泳系统或电泳装置，它是由几大部件组成用于完成特定功能的一个完整的系统。根据《中华人民共和国医药行业标准 YY0087–92 电泳仪》（以下简称《电泳仪行业标准》）的定义，电泳装置“由电泳槽、电泳仪及其附件组成。可对荷电颗粒进行分离、提纯或制备”。由此可见，“电泳仪”仅是电泳系统的直流电源装置，是电泳系统中的一个组成部件，只不过习惯上将整套电泳系统叫成了“电泳仪”。

1. 电泳槽　是“进行电泳的器具，主要由缓冲液池、电极和支架组成。根据不同要求，还可有冷却、循环等装置”。

（1）缓冲液池：电泳槽含有两个缓冲液池，根据电泳技术类别的不同，两个池中可盛放相同或不同的电解质缓冲液。

（2）电极：电泳系统的电极实际上就是用耐腐蚀的金属制成的细丝，有不锈钢、镍镉合金和铂金等不同材质，其中以铂金丝性能最好且最为常用。电极一般贯穿整个电泳池的长度，浸泡于池内的缓冲液中，另一端与电泳仪的电源输出端相连接，通电后为池内的缓冲液提供直流电场。

（3）电泳支持介质：架于两个缓冲液池之间，其两端分别浸入池内的缓冲液中，然后在介质中点加样品溶液，通电后在设定的直流电压、电流状态下进行一定时间的电泳。

2. 电泳仪　是“专为电泳提供外加电场的直流电源，其输出电压或电流或功率要求相对稳定或按特定规律变化”。电泳仪按输出类型分为稳压、稳流、稳功率 3 种类型。

根据要求，也可以组成稳压和稳流的双稳电泳仪，或者组成稳压稳流稳功率的三恒电泳仪。目前，国内外均趋向于使用能够控制电压、电流、功率和时间参数的三恒电泳仪。

3. 电泳系统附件　指配套的恒温循环冷却装置、凝胶烘干器、检测分析装置等。但并不是所有的电泳系统都具有这些附件。

四、电泳系统的主要技术指标

1. 电泳仪输出基本要求　包括：①输出直流电压，范围在 0～5000V 之间可调；②输出直流电流，范围在 1～400mA 之间可调；③输出直流功率，范围在 0～400W 之间。

2. 稳定度和调整率要求　稳定度是指“其他影响量保持不变，因电源电压变化所引起电泳仪输出电压或电流或功率的相对变化量”。调整率是指“其他影响量保持不变，因负载电阻变化所引起电泳仪输出电压或电流或功率的相对变化量”。《电泳仪行业标准》对电泳仪稳定度和调整率的要求见表 6–8。

表 6-8　电泳仪行业标准对稳定度变化率的要求

指标	稳压变化率 %	稳流变化率 %	稳功率变化率 %
稳定度	≤1	≤2	≤3
调整率	≤2	≤3	≤5

3. 可连续工作时间要求　行业标准要求电泳仪可连续工作时间应不小于 8 小时。电泳时间由数字时钟电路控制，到设定的时间即可自动切断电源。

4. 电泳系统的环境要求　①环境温度 5～40℃；②相对湿度≤80%；③电源电压单相交流 220V±10%；④电源频率 50Hz±2%。

五、电泳系统的使用

电泳仪的工作模式可分为手动模式和全自动模式。手动模式在完成电泳后，需逐步对分离的区带进行染色、固定、脱色、检测等操作。全自动模式的电泳系统可以在计算机的控制下，自动完成样品点样、电泳、染色、固定、脱色以及检测等一系列操作。全自动电泳系统的一般工作流程见表 6-9。

表 6-9　全自动电泳系统的一般操作流程

步骤	具体操作
1. 仪器准备	开机预热仪器，准备好电泳介质如凝胶板
2. 样品准备	将装有待检测样品的容器放入仪器样品区
3. 样品点样	启动电泳程序，仪器根据设定好的程序参数，将一定量的样品点加到凝胶板介质上
4. 电泳	根据不同类型电泳的要求，按设定的电压、电流和时间等参数进行电泳
5. 固定剂点样	完成电泳后，在介质上添加一定量的固定剂固定电泳区带
6. 预烘干	按设定好的温度对固定后的电泳区带介质进行预烘干
7. 清洗	按设定的时间对固定后的介质进行冲洗，洗去凝胶板上的其他杂质
8. 染色	加入染色剂对电泳区带进行染色
9. 脱色	对凝胶介质板进行脱色，除分离组分以外的凝胶介质部分的染色剂颜色被尽可能消除
10. 烘干	按一定温度对区带染色清晰的凝胶片进行彻底烘干
11. 扫描凝胶片	自动对烘干后的凝胶片的染色区带进行光电扫描，记录各区带的波形和面积
12. 计算各区带百分比	精确计算出电泳分离出的各组分所占的百分比

六、电泳系统的维护保养

要想使电泳系统充分发挥其效能，获得可靠的测定结果，除充分了解仪器设备的结构、性能特点和测定原理，严格按照说明书操作以外，正确的维护保养必不可少。

早期的电泳系统以手工操作为主，现在以全自动电泳系统为主流，电泳介质以琼脂糖凝胶为主。表 6–10 为全自动琼脂糖凝胶电泳系统的一般维护保养要求，分为每次检测后、每日、每周、每月以及需要时的维护保养几个部分。

表 6–10　全自动电泳系统维护保养要求

维护周期	具体操作
1. 每次检测后维护保养	清洁凝胶板和电极
	检查、清除仪器中可能脱落的凝胶
2. 每天维护保养	整体检查仪器的清洁状况，清洁仪器表面
	如果进行了 IFE 电泳，手动清洁抗血清添加装置
	清洁试剂模块，如果进行了 IFE 电泳，清除剩余的抗血清
	清洁电泳仪、抗血清添加装置和预烘干工作站
	清洁扫描仪区域
	检查和清洁加样针
	清洗并灌注样品处理器
3. 每周维护保养	清洁、漂洗去离子水瓶
	更换移液吸头
	清洁样品针清洗模块
4. 每月维护保养	漂洗样品处理器
	彻底清洁仪器
5. 需要时维护保养	更换保险丝
	彻底清洗或更换各种溶液桶
	更换陈旧或破损的管道
	更换或校准加样针

学习小结

自动生化分析仪小结：

自动生化分析仪的 4 种主要类型包括：连续流动式、离心式、分立式和干化学式。目前国内外均以分立式自动生化分析仪为主流的生化分析测试系统。

干化学式生化分析仪是将待测液体样品直接加到具有多层特殊结构的固相膜载体上，以样品中的水将固化于载体上的试剂溶解，使其与样品中的待测成分发生化学反应，导致固相载体上的指示剂层发生颜色变化并进行检测的一类分析仪。干化学试剂载体的多层膜结构从上到下可分为扩散层、光漫射层、辅助试剂层、反应层和支持层等功能层。该类型分析仪特别适合于急诊样品的检测。

生化分析仪是基于光电比色分析的原理进行测定的。分立式自动生化分析仪根据预先编排好的分析项目测试程序，模拟人工操作的模式进行工作。分析过程的加样、加试剂、混匀、恒温反应、消除干扰、比色分析、计算结果、数据传输、自动清洗等步骤都是在计算机的控制下，以有序的机械操作和电子流程完全代替手工进行操作；每一个项目都是在各自独立的反应杯中完成分析测试，比色分析的过程符合朗伯－比尔定律的要求。

分立式自动生化分析仪的主要结构由样品处理系统、检测系统和计算机控制系统三大部分组成。计算机程序控制样品处理系统和检测系统完成样品的分析测试。

自动生化分析仪的光学系统采用后分光光路的多波长衍射光栅分光光度计。后分光与前分光二者的区别在于光路上的分光器件与比色杯的位置互换。

自动生化分析仪的性能指标包括自动化程度、分析速度、应用范围、吸液量及反应体积等因素。评价方法包括精密度、准确度、分光光度计相关指标检查以及不同系统的比对分析等。

自动生化分析仪是光机电高度一体化的精密分析仪器，必须严格按照规程操作和保养，才能真正发挥其效率和保证检测结果的质量。

电解质分析仪小结：

电化学分析技术的基本原理是基于溶液的电化学性质，以测量某一化学体系或样品的电响应而建立起来的一类化学分析方法。

电解质分析仪所使用的离子选择电极法属于电位分析法，它是根据离子选择电极的电极电位与溶液中待测离子的浓度或活度的关系进行分析测定的一种电化学分析方法。能斯特方程表明，在一定条件下，离子选择电极的电极电位与被测离子浓度的自然对数呈线性关系。

电解质分析仪按自动化程度可分为半自动或全自动电解质分析仪，按测定方式可分为直接离子选择电极法和间接离子选择电极法，按仪器结构可分为独立式电解质分析仪、含电解质测定的血气分析仪、含电解质测定的自动生化分析仪。

独立的湿式电解质分析仪由离子选择电极、参比电极、液路系统、电路系统、操作面板和显示器、打印机等部分组成。干式电解质分析仪可分为反射光度法和离子选择电极差示电位法两种测定方法。

电解质分析仪测定各种离子的浓度是根据能斯特方程，通过比较样品与校准品的电位差异来计算结果的，因此定期的校准非常重要。

必须按规程进行正确的操作和维护保养才能真正发挥电解质分析仪的效率和保证检测结果的质量。

血气分析仪小结：

血气分析仪对pH的测量属于电位分析法，常用参比电极为正极，用对氢离子具有选择性响应的玻璃膜指示电极为负极，与待测样品电解质溶液组成一个化学电池，通过测量电池的电动势E计算出待测样品的pH。

二氧化碳分压的测量属于电位分析法，样品中溶解的CO_2通过电极头部敏感膜弥散到电极内的碳酸盐电解质溶液中产生碳酸并解离出氢离子，改变了电极敏感玻璃膜一侧溶液的pH值，从而影响玻璃膜的电位差，通过检测pH玻璃膜的电位变化即可计算出PCO_2的含量。

氧分压的测量属于电流分析法，氧分压测量的电极链由阳极和阴极、电解质溶液、选择性膜、样品、电流计和应用电压组成。当氧电极与待测样品组成电池电极链的时候，通过电极链电流的大小与电极链中被氧化或还原物质的浓度成比例，通过测定电极链路上的电流变化即可计算出血液样品中的氧分压的大小。

血氧测定单元使用超声波破碎红细胞使其溶血，然后根据不同血红蛋白的吸收光谱特征，用分光光度法分别测定总血红蛋白浓度、氧合血红蛋白、碳氧血红蛋白、高铁血红蛋白、还原血红蛋白等成分的吸光度，然后计算出它们在总血红蛋白中各自所占的百分含量。

血气分析仪的基本结构包括管道、电极、血氧测定单元和电路系统四大部分。

在测量样品之前，需用已知浓度的标准液及标准气体对血气分析仪进行校准，以确定电极的工作曲线。每种电极都要有两种不同浓度的标准物质来进行校准，以便确定建立工作曲线最少需要的两个工作点。

必须按规程进行正确的操作和维护保养才能真正发挥血气分析仪的效率和保证检测结果的质量。

电泳仪小结：

利用不同的带电粒子在电场中移动速度不同的泳动现象，可以实现对混合物中的各种组分进行分离和分析，这种技术称为电泳技术，利用电泳技术对混合物的组分进行分离的仪器称为电泳仪。

按电泳的原理有移动界面电泳、区带电泳和稳态电泳等三种形式的电泳分离系统。

电泳基本原理：在一定的物理作用或化学反应条件下，某些物质如蛋白质等成为带电的基团或分子，它们在一定的 pH 条件下可能带正电，也可能带负电，在电场的作用下，这些带电粒子会向与其所带电荷极性相反的方向泳动。由于不同物质的带电性质、分子大小和颗粒形状的不同，在一定的电场中它们的移动方向和移动速度也不同，可通过电泳技术将它们从混合物中分离出来。

常用的电泳包括醋酸纤维素薄膜电泳、凝胶电泳、等电聚焦电泳和毛细管电泳等。

电泳受生物大分子性质、缓冲液 pH、离子强度、电场强度、介质筛孔和吸附作用等因素影响。

电泳系统“由电泳槽、电泳仪及其附件组成”，电泳的操作可分为手动模式和全自动模式。

必须按规程进行正确的操作和维护保养才能真正发挥电泳仪的效率和保证检测结果的质量。

复习题

1. 干式自动生化分析仪的测量原理和干试剂片的基本结构。
2. 分立式自动生化分析仪包括哪些基本结构，每种结构的主要功能是什么？
3. 分立式自动生化分析仪采用了哪些关键技术来保证能够精确取样？
4. 后分光技术和前分光技术有何区别，自动生化分析仪为什么要采用后分光技术？

5. 双波长技术如何选择主波长和次波长?
6. 自动生化分析仪有哪些常用分析方法，如何获得校准 K 值和理论 K 值?
7. 自动生化分析仪试验参数设置要考虑哪些因素?
8. 离子选择电极的基本测量原理，电解质分析仪的基本类型。
9. 血气分析仪的基本结构和测量原理。
10. 电泳的基本检测原理；电泳的常见技术类型；电泳系统的基本组成。
11. 生化分析相关仪器的基本维护保养要求。

（李雪志）

第七章
免疫分析相关仪器

学习目标

1. 掌握　酶免疫分析仪的工作原理和基本结构及性能的评价方法；发光免疫分析仪的工作原理和基本结构。
2. 熟悉　酶免疫分析仪的类型、维护和保养；免疫比浊检测原理和仪器的基本结构。
3. 了解　现代免疫分析技术常用种类、免疫比浊分析仪和发光免疫分析仪的应用；时间分辨荧光免疫分析仪的工作原理和基本结构及应用。

临床免疫学是在人们长期与疾病斗争实践过程中产生的一门重要医学学科，而免疫测定（immunoassay）则是免疫学研究的重要手段。免疫测定是利用抗原抗体反应检测标本中未知抗体或抗原的方法。基于抗原抗体反应的特异性和敏感性，免疫测定的应用范围遍及医学检验的各个领域。任何物质只要能获得相应的特异性抗体，即可用免疫测定进行未知抗原的检测。可测定的对象包括：具有免疫活性的免疫球蛋白、补体、细胞因子等；微生物抗原和相应的抗体，以及临床化学测定中微量而难于分离的物质，如蛋白质、同工酶、激素、药物及毒品等。

由于大部分抗体不能被直接观察和定量测定，因此各种标记技术包括放射免疫分析、荧光免疫分析、酶联免疫分析、发光免疫分析和电化学免疫分析等在内的一系列分析方法和仪器应运而生。它们的出现不仅减轻了工作人员的劳动强度，而且缩短了分析时间，提高了实验结果的精确度和准确性，灵敏度更是达到 ng 甚至 pg 水平。经过几十年的发展，免疫测定方法在对临床疾病的发病机制（特别是免疫反应紊乱机制）的研究、感染性疾病、自身免疫性疾病以及肿瘤的诊断等方面发挥了重要的作用。本章重点介绍临床常用免疫分析测定仪器的原理、结构、维护保养以及临床应用。

第一节　酶免疫分析仪

酶免疫分析（enzyme immunoassay，EIA）是目前临床免疫检验应用最多的一类免疫分析技术，具有灵敏度高、特异性强、试剂稳定、操作简单、快速且无放射性污染等优点。基本原理是将抗原抗体反应的高度特异性与酶的高效催化作用相结合，利用酶作为示踪剂标记抗体（或抗原），并通过分解相应的底物来显色，以对标本中的抗原（或抗体）进行定位分析和定量测定。

根据抗原抗体反应后是否需要分离结合的与游离的酶标记物，可分为非均相（或异相）酶免疫测定和均相酶免疫测定两种方法。

1. 均相酶免疫分析法（homogeneous enzyme immunoassay，HEI） 测定对象主要是激素、药物等小分子抗原或半抗原，测定过程中无须分离结合的和游离的酶标记物，实验在液相中进行，可直接用自动生化分析仪进行测定。均相酶免疫分析主要有酶扩大免疫测定技术和克隆酶供体免疫测定两种方法。

2. 非均相酶免疫分析法（heterogeneous enzyme immunoassay） 其原理是在抗原抗体反应达到平衡后，采用适当方式将游离的和与抗原或抗体结合的酶标记物加以分离，再通过底物显色进行测定。根据试验中是否使用固相支持物作为吸附免疫试剂的载体，又可分为液相酶免疫法和固相酶免疫法两种，后者称为酶联免疫吸附测定（enzyme linked immunosorbent assay，ELISA），是临床上最常用的免疫分析方法。ELISA 又可分为双抗体夹心法、间接法、双抗原夹心法、竞争抑制法和 IgM 抗体捕获法。目前常用的酶免疫分析仪都是基于 ELISA 技术，称为酶免疫分析仪。

一、酶免疫分析仪的工作原理

在酶免疫分析测定中，主要是通过固相载体来分离结合和游离的酶标记物。根据固相支持物的不同而设计成的酶免疫分析仪，可分为微孔板固相酶免疫测定仪器（也称酶标仪）、管式固相酶免疫测定仪器、小珠固相酶免疫测定仪器和磁微粒固相酶免疫测定仪器等。

酶标仪是利用酶标记原理，根据呈色物的有无和呈色深浅进行定性或定量分析。酶标仪是在光电比色计或分光光度计的基础上根据 ELISA 技术的特点而设计的，其基本原理是分光光度法比色原理。ELISA 使用的载体一般多为 96 孔板，每个小孔可以盛放零点几毫升的液体，可以直接测定微板孔的吸光度（A）。临床免疫检验常用的微孔板固相酶免疫测定仪器－酶标仪工作原理如下。

其基本工作原理与光电比色计几乎完全相同（图 7–1），光源发出的光线通过滤光片或单色器后成为单色光束，该光束透过微孔板，微孔板中的待测样本吸收一部分光，剩余的光后到达光电检测器。该检测器将接收到的光信号转变成电信号，再经过前置放大、对数放大、模数转换等信号处理后，进入微处理器进行数据的处理和计算，在显示器上显示检测结果。

酶标仪的微处理机还能通过控制电路来控制 X 方向和 Y 方向的机械臂运动，从而控制检测样品孔。现在大部分的酶标仪还加上了判读系统和软件操作分析系统等，可进行资料录入、结果计算、储存信息和质控管理等操作分析。

酶标仪的光路系统（图 7–2）：它既可以使用和分光光度计相同的单色器，也可以使用干涉滤光片来获单色光，此时将滤光片置于微孔板的前、后的效果是一样的。

酶标仪与普通光电比色计的不同之处在于：①比色液的容器不是比色皿而是塑料微孔板；②酶标仪以垂直光束通过微孔板中的待测液；③酶标仪通常使用光密度 OD 来表示吸光度。

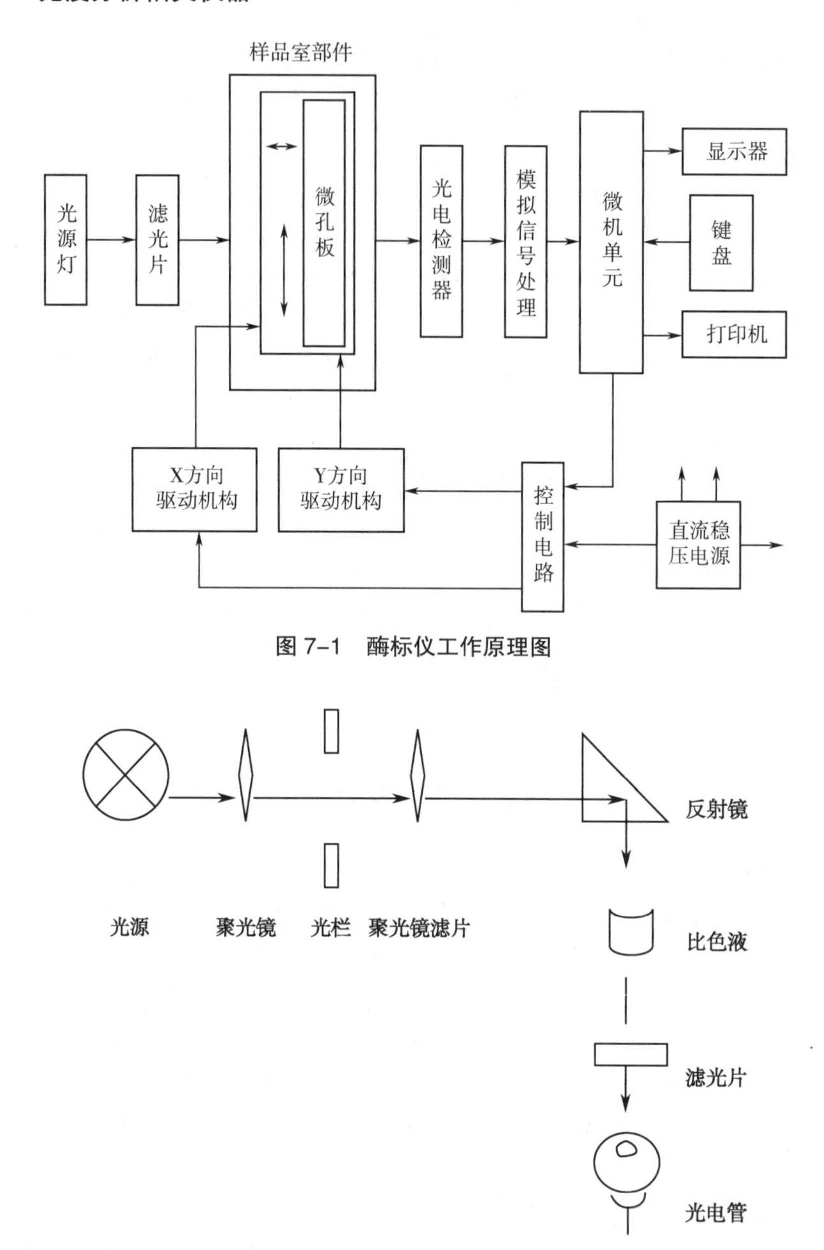

图 7-1　酶标仪工作原理图

图 7-2　酶标仪的光路系统示意图

酶标仪包括单通道和多通道两种类型。多通道酶标仪是在单通道酶标仪的基础上发展起来的，一般都是自动型。自动型多通道酶标仪有多个光束和多个光电检测器，检测速度快。如 8 通道的仪器，设有 8 条光束（或 8 个光源）、8 个检测器和 8 个放大器。虽然多通道酶标仪的检测速度较快，但其结构比较复杂、价格昂贵，多用于大中型医院。

二、酶免疫分析仪的基本结构与功能

1. 酶标仪　其基本结构一般由光源、单色光器、吸收池、检测器以及显示器及信号处理装置等组成，各部件特点及功能与紫外 - 可见分光光度计相同。

2. 全自动微孔板式酶免分析仪　集自动加样品与试剂、孵育、洗板、比色和计算等程序于一体，全程采用电脑控制，实现了操作过程的自动化、标准化，克服了以往手工操作的局限性和烦琐性，可节省人力和时间，大大地提高工作效率。同时，也避免了某些人为因素所造成的偶然误差，使试验的精密度、重复性、灵敏度及特异性均有所提高。全自动微孔板式酶免分析仪的主要结构如下：

（1）加样系统：包括加样针、条码阅读器、样品盘、试剂架及加样台等构件。

（2）温育系统：主要由加温器及易导热的金属材料板架构成，温育时间及温度设置由电脑控制软件精密调控。

（3）洗板系统：是整个体系的重要组成部分，主要由支持板架、洗液注入针及液体进出管路等组成。

（4）光路系统：由光源、滤光片、光导纤维、镜片和光电倍增管组成，是酶促反应最终结果客观判读的设备。

（5）控制软件：通过机械臂和输送轨道将酶标板送入读板器进行自动比色，再将光信号转变成数据信号又回送到软件系统进行分析，最终得出结果。酶标板的移动靠机械臂或轨道运输系统来完成，机械臂的另一重要功能是移动加样针。机械系统的运动受控于控制软件，其运动非常精确和到位。

全自动微孔板式酶免分析仪根据仪器组合又分为分体机和一体机：①分体机是把加样系统独立为前处理系统，把温育、洗板、传送以及判读等系统组合为一体即后处理系统，以此提高微孔板检测数量和缩短检测时间。②连体机是采用最新的信息技术和实验工程技术，实现了“前处理”全自动样本处理工作站和后处理全自动酶标分析仪连体化，它是在保持了原来的前处理设备和后处理设备的基础上，加上机械臂，可将两者相连，达到自标本加样、稀释到酶标孵育、洗板、加试剂、读数和结果打印的全自动处理。

一体机把上述各系统全部组合在一起，能实现“无人值守”，但该类型设备处理微孔板的数量受到一定限制。

三、酶免疫分析仪的性能评价

为了保证酶免疫分析仪检测结果的准确性和可靠性，应定期对酶免疫分析仪的性能进行系统评价，其主要评价指标包括：

1. 滤光片波长精度检查及其峰值测定　用高精度紫外－可见分光光度计（波长精度 ±0.3nm）对不同波长的滤光片进行光谱扫描，检测值与标定值之差即为滤光片波长精度，其差值越接近于零且峰值越大表示滤光片的质量越好。

2. 灵敏度和准确度　①灵敏度。精确配制 6mg/L 重铬酸钾溶液，加入 200μl 重铬酸钾溶液于小孔杯中，以 0.05mol/L 硫酸溶液调零，于波长 490nm（参比波长 650nm）处测定其吸光度≥0.01A。②准确度。准确配制 1mmol/L 对硝基苯酚水溶液，然后以 10mmol/L 氢氧化钠溶液 25 倍稀释之，加入 200μl 稀释液于小孔杯中，以 10mmol/L NaOH 溶液调零，于波长 490nm（参比波长 650nm）处检测，吸光度应在 0.4A 左右。

3. 通道差与孔间差检测　①通道差检测：取一只酶标微孔杯以酶标板架作载体，将其（内含 200μl 甲基橙溶液，吸光度 0.5 左右）先后置于 8 个通道的相应位置，用蒸馏水调零，于490nm处进行测定，连续测3次，观察其不同通道之间测量结果的一致性，可用极差值来表示其通道差。②孔间差的测量：选择同一厂家、同一批号酶标板条（8条共96孔）分别加入200μl甲基橙溶液（吸光度调至0.065～0.070A）先后置于同一通道，蒸馏水调零，采用双波长检测，其误差大小用 ±1.96秒衡量。

4. 零点漂移　取8只小孔杯，分别置于8个通道的相应位置，均加入200μl蒸馏水并调零，采用双波长或单波长（490nm）每隔30分钟测定1次，观察8个通道4小时内的吸光度变化，其与零点的差值即为零点漂移。观察各个通道4小时内吸光度的变化。

5. 精密度评价　每个通道3只小杯，分别加入200μl高、中、低3种不同浓度的甲基橙溶液，蒸馏水调零，采用双波长作双份平行测定，每日测定两次，连续测定20天。分别计算其批内精密度、日内批间精密度、日间精密度和总精密度及相应的CV值。

6. 线性测定　采用双波长平行检测8次，求其均值。计算回归方程、相关系数r、标准估计误差和样品的95%测量范围x，其误差大小采用 ±1.96Sy衡量。

7. 双波长评价　取同一厂家、同一批号酶标板条（每个通道2条共24孔）每孔加入200μl甲基橙溶液（吸光度调至0.065～0.070）先后于8个通道分别采用单波长（490nm）和双波长（测定波长490nm、参比波长650nm）进行检测，计算单波长和双波长测定结果的均值、离散度，比较各组之间是否具有统计学差异以考察双波长清除干扰因素的效果。

8. 国家食品药品管理局2012年2月24日颁发了《全国医疗器械检测机构基本仪器装备标准》（2011–2015年），全自动酶标仪装配标准为：①读数范围，0.000～4.000A；②线性范围，0.000～2.400A；③重复性CV≤0.7%；④稳定性，工作1小时后；⑤漂移量≤ ±0.007A。

四、酶免疫分析仪的使用与维护

（一）酶免疫分析仪的使用

近年来已有各种自动化、智能型、分体组合型的酶联免疫检测系统应用到临床，以适应临床检验的需求。使用酶标仪的基本操作流程见图7–3。

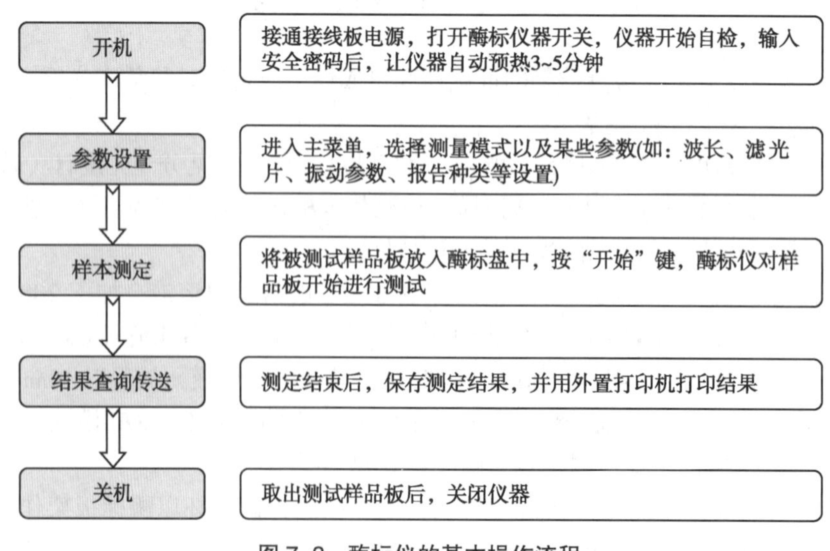

图7–3　酶标仪的基本操作流程

（二）酶免疫分析仪的维护

酶免疫分析仪是一种精密的光学仪器，良好的工作环境和细致的维护不仅能确保其准确性和稳定性，还能够延长使用寿命。

1. 工作环境要求　包括以下几个方面：①仪器应放置在无强磁场和干扰电压且噪声低于 40dB 的环境下；操作环境空气清洁，避免水汽、烟尘，温度应在 15～40℃之间，湿度在 15%～85% 之间；②避免阳光直射，以延缓光学部件的老化；③操作时电压应保持稳定；④保持干燥、干净、水平的工作台面，以及足够的操作空间。

2. 日常维护　①仪器外部的清洁，用柔软的湿布，蘸取柔性清洁剂轻轻擦拭仪器外壳，清除灰尘和污物。②检查加样系统，用酒精棉签擦拭加样针外壁，避免蛋白类物质的沉积。检查加样针涂层是否有破损的迹象，必要时更换加样针。③清洁仪器内部样品盘和微孔板托架周围的泄漏物质，如果泄漏物质带有病菌，则必须用杀菌剂处理。④每日仪器工作结束后进行一次标准的洗液及洗液管路的维护：将洗涤管路从洗涤液瓶放到蒸馏水瓶，用蒸馏水清洗洗涤管道，防止形成盐类结晶堵塞洗涤管道，清洗结束时将洗涤管路从蒸馏水中放回洗涤液瓶。⑤处理废液桶中的废液以及仪器垃圾箱内的一次性吸头，丢弃托盘内已使用过的微孔板。

3. 月维护　①使用仪器厂商提供的软件执行检查程序，并打印检查结果报告归档；②检查所有管路及电源线是否有磨损及破裂，如果破损及时更换；③检查样品注射器及与之相连探针是否泄漏及破损，如果有，则更换之；④检查微孔探测器是否有堵塞物，如有则可用细钢丝贴着微孔底部轻轻将其除去；⑤检查支撑机械臂的轨道是否牢固，并检查机械臂及其轨道上是否有灰尘，如有，可用干净的布将其擦净。

4. 光学部件维护　仪器维护的重点是在光学部分，防止滤光片霉变。应定期检测校正检查。滤光片波长精度检查：将不同波长的滤光片从酶标仪上卸下，在波长精密度较高的紫外－可见分光光度计上在可见光区对每个滤光片进行扫描，其检测值与校定值之差为滤光片波长精度。

5. 全自动酶免分析仪的维护　按仪器操作 SOP 进行，每日开关机时冲洗管道，对于试验的顺利进行及延长仪器的寿命都极为重要。须用蒸馏水和指定冲洗液进行冲洗，以保证每条工作通道的顺畅。

五、酶免疫分析仪的临床应用

酶免疫分析法具有高度的特异性和敏感性，酶标仪特别是自动化酶标仪更快速、简便，适用于大批量样品测定，易于进行质量控制。目前国际上已有上百种进行常规疾病检测的配套试剂，国内也有几十种。

1. 病原体及其抗体的检测　各型肝炎病毒、艾滋病病毒、巨细胞病毒、疱疹病毒、轮状病毒等病毒感染；链球菌、布氏杆菌、结核杆菌等细菌感染；血吸虫、肺吸虫、弓形虫、阿米巴等寄生虫感染等。

2. 各种免疫球蛋白和细胞因子、补体等的检测　除了可测 IgG、IgA、IgM 和 IgE 外，还可测抗心磷脂抗体、抗核抗体、抗 dsDNA、抗 ssDNA 等自身抗体；国外已有三十多种细胞因子测定的试剂盒，国内也有 IL-2、TNF 等多种细胞因子检测的试剂盒。

3. 肿瘤标志物的检测　甲胎蛋白、癌胚抗原、前列腺特异抗原、CA125、CA-150。

4. 多种激素的检测　HCG、FSH、TSH、T_3、T_4、雌二醇、皮质醇等。

5. 药物和毒品的检测　药物如地高辛、茶碱、苯巴比妥；毒品如吗啡等。

第二节　自动洗板机

自动洗板机是实验室进行酶联免疫实验时必需的设备。在酶联免疫反应中，需要经过一个特殊而严格的洗涤步骤，除去微孔板中未结合物和干扰物，实现酶联免疫实验过程中结合相与游离相的分离，再进行比色测定。通常单独或（和）酶标仪配套使用，也能组合在自动酶免分析系统中。已经广泛地应用于医院、血站、疾病预防控制中心实验室的酶标板清洗工作。

一、自动洗板机的工作原理

自动洗板机一般采用双头真空 / 压力泵作真空压力源，在管路上设置一电磁阀，以实现自动注液、吸液功能。微孔板驱动单元可进行走板功能，完成微孔板的逐排冲洗。

清洗液先从清洗液瓶抽出，再排向分配头，经分配头的分配针（8 针或 12 针）注入酶标板的微孔，用泵吸液，电磁阀控制清洗液的分配量。

清洗后的液体由真空泵吸入废液瓶中排出。清洗头升降单元则在吸液过程中，将清洗头可靠地降入到微孔的适当位置，吸干液体，然后升高。大多数自动洗板机还具有定时震荡功能，可以增强清洗效果。

自动洗板机的所有操作都由微电脑控制，通过键盘和显示屏完成洗板参数的选择和输入。一般洗涤微孔板的步骤依次为吸干反应液、将洗涤液注满微孔、浸泡一定时间、吸走孔内液，上述步骤重复几次。如果有未结合物和干扰物未被冲洗干净或者冲洗不均匀，就会直接影响检测结果的准确性和重复性。

二、自动洗板机的基本结构与功能

自动洗板机主要由机壳、清洗头升降单元、微孔板驱动单元、压力和真空单元、开关电源、微处理器及外设等几大部分组成。洗板机除了洗涤彻底、稳定、可靠的要求外，最好还要具有中文显示、操作简便、微孔板位置调节功能、配件方便、两点吸液、底部冲洗、交叉吸液等功能。

1. 清洗头升降单元　由清洗头、螺母、丝杆和升降电机部件等组成。在清洗头上，注液管和吸液管为同轴，注液管在吸液管的内部，可以在同一位置实现吸液—注液—吸液的洗涤过程，提高工作效率，有的洗板机注射管位于吸液管上部，前者比后者短。

由于不同形状的微孔板（U、V 形底和平底等）的冲洗高度不同，因此清洗头冲洗位置的高度应能自动精确地进行定位调整设置。螺旋转动机构可以利用丝杆螺母的自锁性，保证清洗头和螺母不会因重力而带动丝杆转动。清洗头与螺母相固定，升降电机带动丝杆转动，丝杆再带动螺母和清洗头上下运动，完成清洗头的升降功能，其高度的升降可以用微电脑键盘上的控制键进行自动调节。

2. 微孔板驱动单元 由微孔板载盒、滑板、传动带、滑轨和走板电机和定位簧片等组成。磁力传动可提高整机的密封性，微孔板载盒与其驱动机构之间由机壳左部的导板完全隔离。在磁力作用下，微孔板载盒在机壳左部的导板内前后运动，完成微孔板载盒的进退洗涤功能。

3. 压力和真空单元 主要由真空压力泵、真空管路、压力管路、电磁阀、洗液瓶和废液瓶等组成，该单元主要是完成洗液的储存注入和废液的抽吸储存。

4. 开关电源与微处理器控制单元 开关电源同时为电磁阀、升降电机提供直流电源。微处理器系统由单片机、程序存储器、数据存储器及相应的锁存译码芯片构成，通过 IO 接口来控制键盘和显示屏等外设。通过键盘可输入多项洗板参数。微处理器系统还可以控制走板及升降电机的启停，实现双向运动，同时 IO 接口为电磁阀驱动电路送出控制信号，以改变压力管路上电磁阀的工作状态。断电保护电路用以保护微处理器内部和外部 RAM 中的数据在电源断电时不丢失。

三、自动洗板机的性能指标与评价

自 ELISA 问世以来，洗板由原来的手工操作，发展到简单的多头加液器，再形成自动化的洗板机，随着时间的推移，逐步融合了冲洗压力、冲洗距离、冲洗时间、震荡、涡流、底部冲洗、两点吸液、连续式冲洗等多种方式，增加了多规格微孔形状的选择功能等。

（一）自动洗板机的主要性能指标

1. 硬件部分 ①冲洗针头设计（单针 / 双针）：单针是指洗液和排液采用同轴套管设计。而双针设计是指洗液和排液采用双针分离头设计，可最大限度减少交叉污染。②洗液通道数：洗液通道数是指仪器可以同时连接多个洗液瓶的通道数量。通常是 1 个洗液通道和 1 个废液通道。也有些有 3 个或 4 个洗液通道。

2. 软件控制部分 ①抽吸方式：不同的抽吸方式可选，底部冲洗和交叉抽吸，单抽吸或双抽吸。②存储量：指存储洗板程序数量。③振板功能：增加振板功能可以让冲洗更充分。

（二）自动洗板机的评价指标

1. 残液量的评价 指标主要指残液量是指清洗结束后，微孔板各孔剩余的液体量，这是一个关键指标，很显然残液量大，洗板机的洗板效果相对较差。目前大多数洗板机的残液量为≤5μl，设计良好的洗板机可达≤2μl 甚至更小。

2. 全国医疗器械检测机构对自动洗板机装备标准部分要求 ①残留体积：每孔残留体积：≤2μl；②分配重复性：对于标准 96 孔板，在 300μl 注射量时，CV 值不大于 6%；③分配准确度：平均体积 ±3%。

四、自动洗板机的使用与维护

（一）自动洗板机的使用

1. 检查废液瓶口的塞子（接有与洗板机相连的废液管），清空废液瓶的废液，再把塞子安紧在废液瓶口上，注意不要让废液管缠绕，以保证废液管的通畅。

2. 拧开洗液瓶的盖子（接有与洗板机相连的洗液管），倒掉前一天洗液瓶里剩余的洗液，倒进新配的洗液。拧紧盖子，以保证洗液管的通畅。

3. 打开电源开关，根据实验要求选择相应洗涤程序和洗涤微孔板条数。

4. 将待洗反应板顺位放入载板架，保证整板处于同一水平位置，以免孔边缘过高碰到吸液针。

5. 清洗完成后，取出已洗好的微孔板，将载板架弹进。关闭电源。

6. 拔掉废液瓶口的塞子（接有与洗板机相连的废液管），倒掉废液瓶的废液。

根据实验需要选择适合的洗涤程序，一般选择整板洗涤且为 8 孔模式，每一洗涤循环包括吸液（根据需要设定吸液的速度）、注水（根据需要设定注水量）、再吸液（根据需要设定吸液的速度）3 步，设定 5 个或 6 个循环即可，洗板机操作步骤见图 7-4。

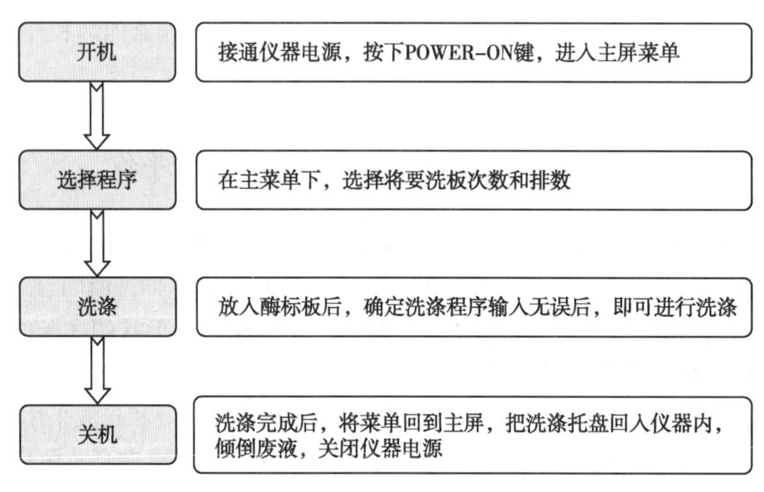

图 7-4　洗板机操作步骤

（二）自动洗板机的维护保养

1. 洗板前、后均要用蒸馏水冲洗管道。

2. 洗板过程中，如果向酶板孔中加入缓冲液时有气泡产生或有缓冲液溢出孔外，说明针孔堵塞，这时应暂停洗板，将洗板针取下，用比洗板针小一号的注射针上下连通几下，用蒸馏水连冲几次即可。

3. 洗板中万一有缓冲液溢出，应立即暂停，清理干净后再进行洗板。

4. 每天工作结束后要对其内外进行清洁，用湿抹布擦洗洗板机的外壁及载物台以保证其洁净，用蒸馏水将所有的管道清洗一遍，防止洗液的结晶堵塞管道。

5. 及时倒弃废液，以免废液瓶过满而使废液回流造成洗板机的故障。

6. 保证待洗反应板的孔边缘不要过高且保持水平，以免造成吸液针损伤。

7. 定期将洗液及废液管道拆卸下来进行冲洗，以保证管道的通畅。

8. 关机前要把菜单回复到待机状态再关机，平常不用时应拔掉电源插头，用塑料罩或布罩盖住。

五、自动洗板机的常见故障及排除

1. 不能排废液　工作时能听到排废液泵有轻微的运转声，但不能从板上吸取液体。检查废液泵工作电压是否正常，若正常，拆下泵体，检查是否因为内部脏物使排液泵堵死，可用超声波清洗，再用蒸馏水冲洗干净，重新安装后一般可排除故障。

2. 关机后程序丢失　开机时发现以前编制的程序丢失，重新编程后能正常工作，但关机后再次开机时故障重现。此故障为明显的 CMOS 电池失效，无法保存程序所致。取下机壳，更换相同型号的 CMOS 电池，就可以排除故障。

3. 银针清洗时针齐根断在液针孔内　拆下清洗头臂，用英制内六角拧下正面的两个定位柱，取下密封圈。再用另一根新针把断针往里顶，使之在废液槽内伸出一小段，再用镊子轻轻拉出断针，重新固定新针，注意吸液针平面应对齐。

4. 操作时某一个通道不能进 / 吸液　先检查其他通道是否通畅，若正常，应暂停洗板，用比洗板针小一号的注射针上下连通几下，用蒸馏水连冲几次即可；否则，再检查不能进液的通道的胶管有无堵塞；若无，再测通道选择螺线管阀工作电压是否正常，若无相应吸合动作，更换后可排除故障。

第三节　发光免疫分析仪

某些化学反应产生的能量能使其产物或中间态分子激发，形成激发态分子，当其衰退至基态时，所释放出的化学能量以可见光的形式发射，这种现象称为化学发光。发光免疫分析就是利用这种现象，将发光反应与免疫反应相结合而产生的一种免疫分析方法。其具有免疫反应的特异性，又兼有化学发光反应的高敏感性。发光免疫分析法敏感度高，特异性好，所用试剂安全、稳定、检测的范围也非常广泛，蛋白、激素、酶、甚至药物等均可检测。

一、发光免疫分析概述

与其他免疫分析技术相比，发光免疫分析有着其显著的特点。酶免疫分析应用显色底物，其吸光度比色遵循朗伯 - 比尔定律，标准曲线范围较窄，而发光免疫分析则无此限制；另一种常用的标记技术——荧光免疫分析技术易受自然荧光的干扰，影响了测定的敏感度。而在生物样品和免疫分析材料中几乎没有化学发光现象，发光免疫分析可得到较高的信噪比，敏感度大大提高；此外，发光免疫分析作为一种非放射性标记的检测技术，克服了放射免疫分析技术的诸多不足。由于以上优越性，20 世纪 90 年代以后各种发光免疫分析仪器相继问世，可与自动化生化分析仪相媲美。因此，发光免疫分析技术具有非常广阔的发展前景。

根据标记物的不同，发光免疫分析有化学发光免疫分析、化学发光酶免疫分析、微粒子化学发光免疫分析、电化学发光免疫分析、生物发光免疫分析等分析方法（表 7-1）。根据发光反应检测方式的不同，发光免疫分析有液相法、固相法、均相法等不同方法。

表 7-1　发光免疫分析的种类

类型	常用标记物	发光剂
化学发光免疫分析（CLIA）	吖啶酯	吖啶酯
化学发光酶免疫分析（CLEIA）	辣根过氧化物酶	鲁米诺
微粒子化学发光免疫分析（ECIA）	碱性磷酸酶	AMPPD
电化学发光免疫分析（ECLIA）	三联吡啶钌	三联吡啶钌

注：AMPPD 中文名称：3-（2- 螺旋金刚烷）-4- 甲氧基 -4-（3- 磷氧酰）- 苯基 -1，2- 二氧环乙烷，英文名称：Dioxetane

二、发光免疫分析仪的工作原理与基本结构

目前大多数实验室使用的发光免疫分析仪包括全自动化学发光免疫分析仪、微粒子化学发光免疫分析仪和电化学发光免疫分析仪，以下分别介绍临床常用的几种类型。

（一）全自动化学发光免疫分析系统

是采用化学发光技术和磁性微粒子分离技术相结合的全自动、随机存取、软件控制的智能分析系统，具有操作更灵活，结果准确可靠，试剂贮存时间长，自动化程度高等优点。而且所有的分析试剂、定标液以及控制信息都能自动地输入软件，大大地降低了手工操作带来的误差。不同品牌和型号的分析仪测试的速度和项目数不同。

1. 工作原理　仪器利用某些化学基团标记在抗原或抗体上，这些化学基因被氧化后形成激发态，并在返回基态的同时发射一定波长的光子；光电倍增管感知这一变化，并将接收到的光能转变为电能，以数字形式反映光量度，再计算测定物的浓度。仪器利用这种化学基团标记在免疫分析的抗原或抗体上所建立起来的免疫分析，其实质就是微量倍增技术。

化学发光技术选用的化学发光物吖啶酯，是吖啶（蒽中间环上的一个碳原子被氮原子取代而成的三环有机化合物）发生硝化和磺化反应转变为吖啶酮后，再与其他物质发生酯化反应后形成的一大类有机化合物，在酸性条件下很稳定，在碱性条件下很容易被氧化激发，放出 430nm 的光子，这一反应在加入发光启动试剂后 0.4 秒左右达到峰值，2 秒内结束，不需要加任何催化剂。优点是减少非特异性干扰，化学反应简单、快速。特别是当吖啶酯被用作标记物与其大分子相结合时，并不减小所产生的光量度，从而增加了检测的灵敏度。用吖啶酯标记的化学试剂有效期可达 1 年以上。

目前，这种免疫分析技术有两种方法：一是小分子抗原物质的测定采用竞争法，用过量包被磁颗粒的抗体，与待测的抗原和定量的标记吖啶酯抗原同时加入反应杯温育，使标记抗原与抗体（或测定抗原与抗体）结合成复合物，多用于测定小分子抗原物质；二是大分子的抗原物质测定采用夹心法（图 7-5），标记抗体与被测抗原同时与包被抗体结合，即包被抗体 - 测定抗原 - 发光抗体的复合物。

化学发光技术所用固相磁粉颗粒极微小，其直径仅 1.0μm，这样大大增加了包被表面积，增加抗原或抗体的吸附量，使反应速度加快，也使清洗和分离更简单。

2. 基本结构　化学发光免疫分析仪一般由主机和微机两部分组成。

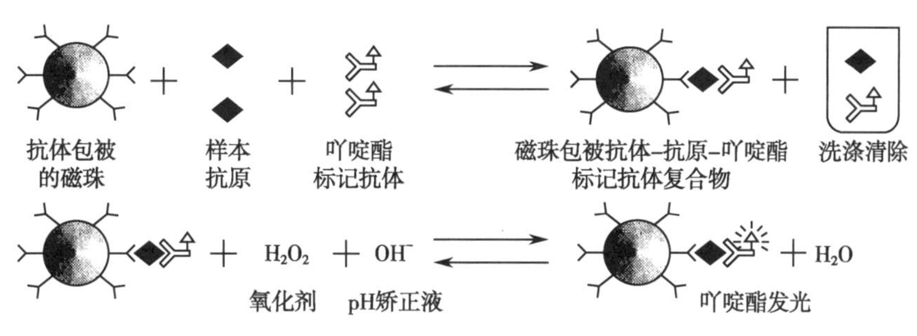

图 7-5　吖啶酯标记 CLIA 反应原理

（1）主机部分：是仪器的运行反应测定场所，包括原材料配备部、液路部、机械传动部、光路检测部等。材料配备部包括反应杯、样品盘、试剂盘、纯净水、清洗液、废水在机器上的贮存和处理装置；液路部包括过滤器、密封圈、真空泵、管道、样品及试剂探针等；机械传动部包括传感器、运输轨道等；电路部包括光电倍增管和线路控制板。

（2）微机系统：是仪器的核心部分，是指挥控制中心。其功能有程控操作、自动监测、指示判断、数据处理、故障诊断等，并配有光盘。主机还配有预留接口，可通过外部贮存器自动处理其他数据并遥控操作，用于实验室自动化延伸发展。

全自动化学发光免疫分析仪为台式机，其主要特点为：①测定速度：每小时完成 180 个测试，从样品放入到第一个测试结果出来仅需要 15 分钟，以后每隔 20 秒报一个结果；②灵敏度：可达 10^{-15}g/ml；③样品盘：可放置 60 个标本，标本管可直接放于标本盘中，急诊标本可随到随做，无须中断正在进行的测试；④试剂盘：可容纳 13 种不同的试剂，因此每个标本可同时测定 13 个项目；⑤全自动条码识别系统：仪器能自动识别试剂瓶和标本管，这加快了实验速度。

3. 仪器操作　全自动化学发光免疫分析仪测定所用试剂包括两种：固相磁粉和液相发光试剂。每套试剂可放置于试剂托盘的任意位置上，由仪器扫描标签条码后自动加样完成操作。其基本操作流程见图 7-6。

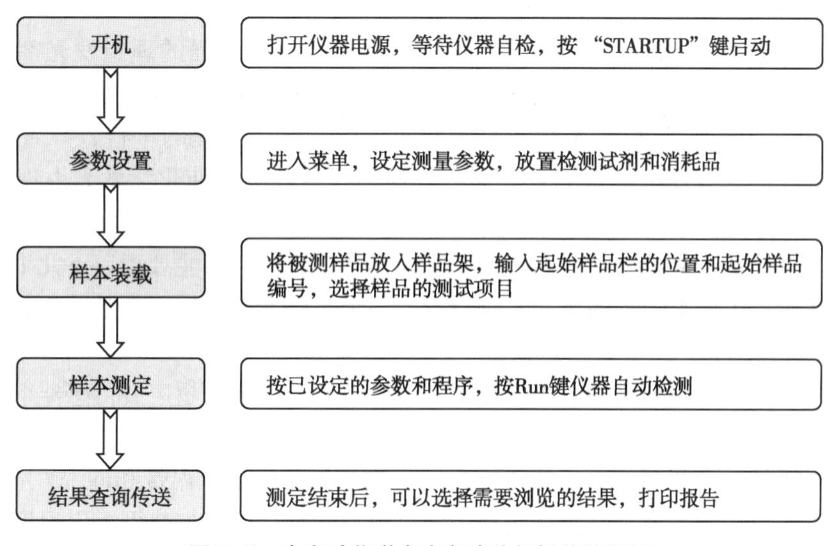

图 7-6　全自动化学发光免疫分析操作流程图

（二）全自动微粒子化学发光免疫分析系统

该系统采用微粒子化学发光技术对人体内的微量成分以及药物浓度进行定量测定，具有较高的特异性、较高的敏感性和较好的稳定性。

1. 工作原理　应用经典的免疫学原理，采用单克隆抗体试剂，使用磁性微粒作为固相载体，以碱性磷酸酶作为标记物，发光剂采用 AMPPD，固相载体的应用扩大了测定的范围。以竞争法、夹心法（图 7–7）等免疫方法为基础进行测定。

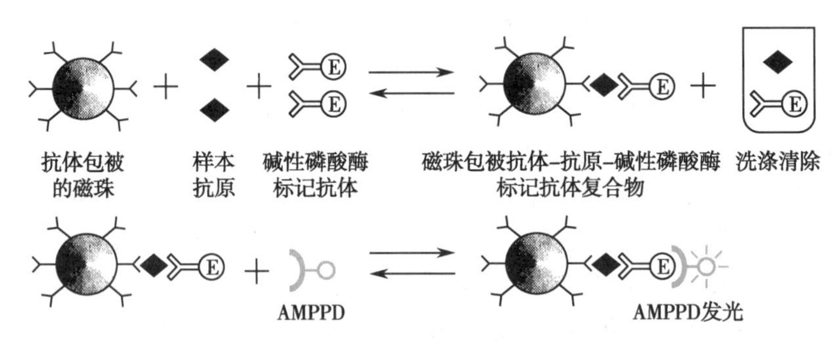

图 7–7　碱性磷酸酶标记的 ECIA 反应原理

（1）抗原抗体结合：将包被单克隆抗体的顺磁性微粒和待测标本加入反应管中，标本中的抗原与微粒子表面的抗体结合，再加入碱性磷酸酶标记的抗体，经温育后形成固相包被抗体抗原酶标记抗体复合物。

（2）洗涤和分离：在磁场中进行 2～3 次洗涤，很快将未结合的多余抗原和酶标记抗体洗去。

（3）加入底物：3-（2- 螺旋金刚烷）-4- 甲氧基 -（3- 磷）- 苯基 -1，2- 二氧乙烷（AMPPD）发光剂，AMPPD 被结合在磁性粒子表面，在碱性磷酸酶的催化下迅速去磷酸根，生成不稳定的中介体 AMPD。AMPD 很快分解，从高能激发态回到低能量的稳定态，同时发射出光子，这种化学发光持续而稳定，可达数小时之久。通过光量子阅读系统记录发光强度，并从标准曲线上计算出待测抗原的浓度。

AMPPD 是碱性磷酸酶的底物，是一种灵敏度高、稳定性强的理想发光剂。传统的化学发光剂如鲁米诺、吖啶酯等在反应过程中发出的光不稳定，为间断的、闪烁性发光，使得在反应过程中需要不断加入特殊的缓冲液来支持反应过程的进行，导致测试成本的升高。而 AMPPD 具有连续稳定的发光，极广泛的线性范围，使化学发光由理想状态变为现实。

2. 基本结构　仪器由微电脑控制，可以定量检测多种项目，主要由以下几个部分组成：

（1）传送舱：由两个独立的传送装置组成：一个是标本舱；另一个是试剂舱。此外它还包括标本杯 / 管探测器，内部条码识别器。

（2）主探针系统：主探针系统由探针架、主探针、精密泵、超声波传感器组成。主探针负责把标本、试剂、缓冲液加入到反应管中。

（3）分析系统：分析系统由反应管支架、反应管供给舱、恒温带和冲洗 / 光电读取舱组成。它负责传送反应管，并且在传送过程中通过恒温带把反应管加热到一定温度，当恒温过程完成后，由光电识别装置把光信号转变为电信号。

（4）流体系统：流体系统由冲洗液、废液、底物泵及阀、真空泵、贮水罐、液体箱和探针冲洗塔组成。

（5）电子系统：电子系统由打印电路板、电源、硬盘驱动器、软盘驱动器、重启动按钮和内锁开关组成。

（6）外周设备：包括彩色监视器、打印机、键盘、外部条码识别笔、外部条码扫描器及连接臂。

此类全自动微粒子化学发光免疫分析仪主要特点为：①测定速度：每小时最高可完成400个测试（DxI800分析仪），从样品放入到第一个测试结果需要15~30分钟；②灵敏度：通过酶放大和化学发光放大，灵敏度达到甚至超过10^{-15}g/ml；③样品盘：可放置60个标本，标本管可直接上机，急诊可优先，标本随到随做，无须中断运行；④试剂盘：可容纳24种试剂，因此每个标本可同时测定24个项目，试剂可随意添加；⑤全自动条码识别系统：仪器能自动识别试剂盒和标本管条码，加快了检测速度。

3. 仪器使用　全自动微粒子化学发光免疫分析仪可以24小时待机，不但节省了初始化时间及成本消耗，而且可确保急诊检测。操作也十分简单（图7-8），主要步骤包括：抗原抗体结合、洗涤和分离、加入底物AMPPD等几个步骤。

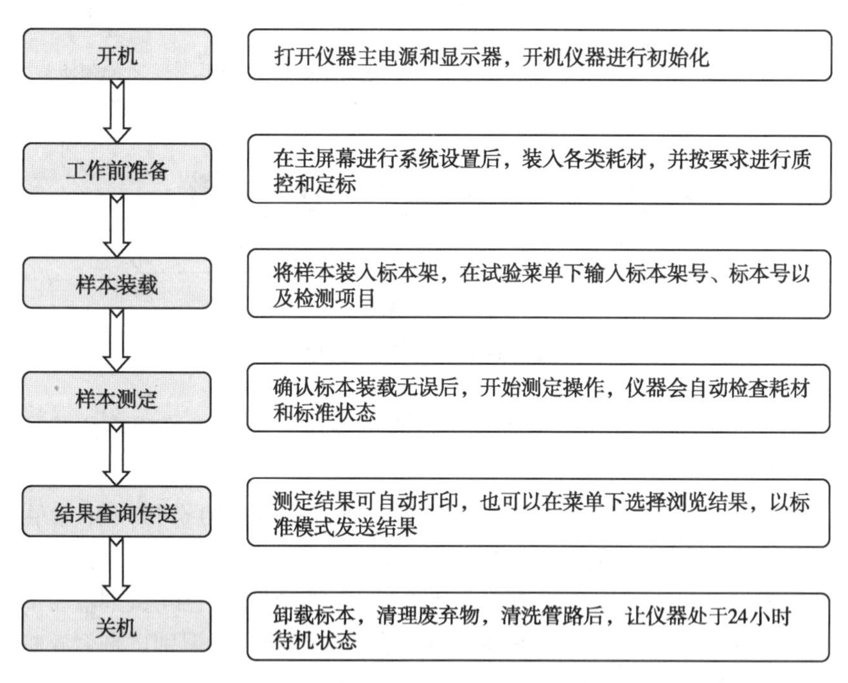

图7-8　全自动微粒子化学发光免疫分析仪流程图

（三）全自动电化学发光免疫分析仪

电化学发光免疫分析是一种在电极表面由电化学引发的特异性化学发光反应，实际上包括了电化学和化学发光两个过程。该技术是继酶免疫、化学发光免疫测定之后的新一代标记免疫测定技术，是电化学发光和免疫测定相结合的产物。其优点包括：①由于所用标记物三联吡啶钌可与蛋白质、半抗原激素、核酸等各种化合物结合，因此检测项目很广泛；②由于磁性微珠包被采用“链酶亲和素－生物素”新型固相包被技术，使检测的灵敏度更高，线性范围更宽，反应时间更短。

全自动电化学发光免疫分析仪采用均相免疫测定技术，不需要将游离相与结合相分开，从而使检测步骤大大简化，也更易于自动化。

1. 工作原理 该类分析仪综合应用了免疫学、链酶亲和素生物包被技术及电化学发光标记技术，将待测标本与包被抗体的顺磁性微粒和发光剂标记的抗体加在反应杯中共同温育，形成磁性微珠包被抗体－抗原－发光剂标记抗体复合物。复合物吸入流动室，同时用三丙胺（TPA）缓冲液冲洗。当磁性微粒流经电极表面时，被安装在电极下的磁铁吸引住，而游离的发光剂标记抗体被冲洗走。同时在电极加电压，启动电化学发光反应，使发光试剂标记物三氯联吡啶钌［$Ru(bpy)_3$］$^{2+}$ TPA 在电极表面进行电子转移，产生电化学发光。光的强度与待测物的浓度成正比。

按照免疫学方法的原理可应用 3 种抗原抗体反应方法：抑制免疫法用于小分子量蛋白抗原检测；双抗体夹心免疫法（图 7–9）用于大分子量物质检测；桥联免疫法用于抗体如 IgG、IgM 检测。钌标记还可用于 DNA、RNA 探针分析。

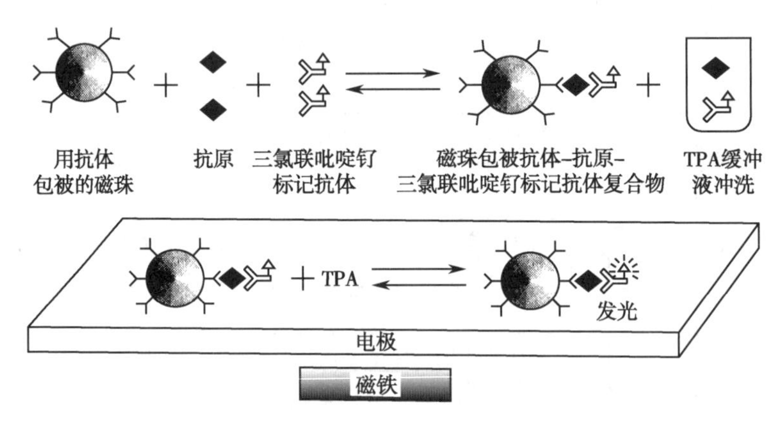

图 7–9 三氯联吡啶钌标记的 ECLIA 反应原理

2. 仪器结构 主要由样品盘、试剂盒、温育反应盘、电化学检测系统及计算机控制系统等组成。

3. 仪器特点 ①测定速度快。每小时完成 170 个测试（E170 分析仪）；②由于采用链霉亲和素生物素技术和电化学发光技术，灵敏度达到甚至超过 10^{-15}g/ml；③样品盘可放置较多标本，标本管可直接上机，采用急诊通道，急诊标本可随到随做；④试剂盘带有内置恒温装置，以利于试剂保存；⑤全自动二维条码识别系统使仪器能自动识别试剂盒、标准品、质控品和标本管条码，并读入测定参数等，减少人工输入的误差。

4. 仪器操作（双抗体夹心法）步骤 仪器基本操作流程见图 7–10。

三、化学发光免疫分析仪的性能指标

目前，临床使用的发光免疫分析仪有很多种，它具有检测速度快、精度好、重复性高、条码识别系统、24 小时待机、系统稳定等特点。市场上常见的 3 种全自动发光免疫分析仪的性能特点见表 7–2。

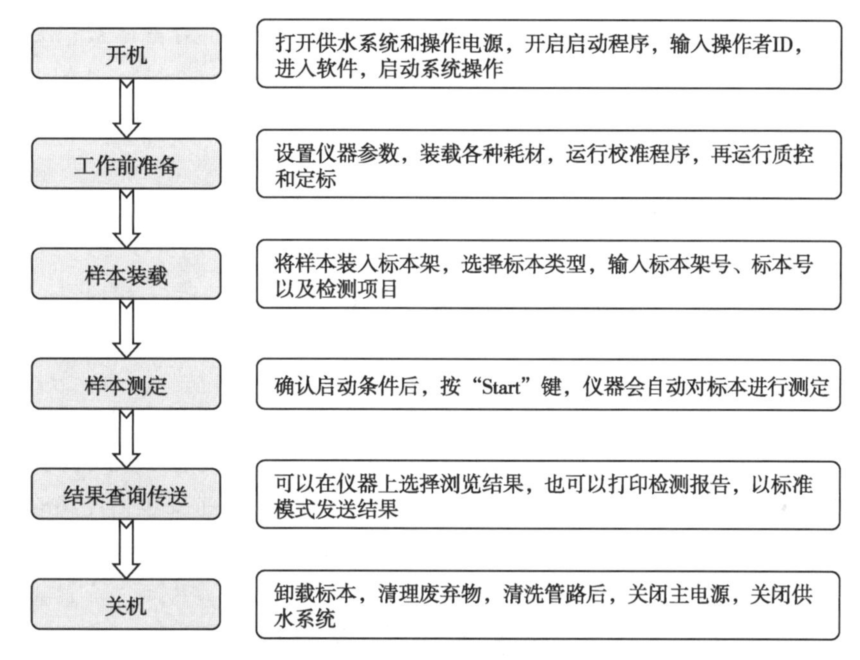

图 7-10　全自动电化学发光免疫分析仪操作流程

表 7-2　3 种常见发光免疫分析仪的性能特点

项目	全自动化学发光免疫分析仪	全自动微粒子化学发光免疫分析仪	全自动电化学发光免疫分析仪
最小检测量	10^{-15}g/ml	≥10^{-15}g/ml	≥10^{-15}g/ml
重复性	CV≤3%	CV≤3%	CV≤3%
测定速度	60～180 个 / 小时	>100 个 / 小时	>80 个 / 小时
样品盘	60 个标本	60 个标本	75 或 30 个标本
试剂盘	13 种试剂	24 种试剂	18 或 25 种试剂
急诊标本	均可随到随做，无须中断运行		

四、发光免疫分析仪的临床应用

发光免疫分析仪在临床应用越来越广泛。目前主要应用于以下几方面：

1. 甲状腺系统　检测总 T_3、总 T_4、游离 T_3、游离 T_4、促甲状腺素、超敏促甲状腺素、T_3 摄取量等；

2. 性腺系统　检测绒毛膜促性腺激素、泌乳素、雌二醇、雌三醇、促卵泡成熟素、促黄体生成素、孕酮、睾酮等；

3. 血液系统　检测维生素 B_{12}、叶酸、铁蛋白等；

4. 肿瘤标记物　检测甲胎蛋白、癌胚抗原、CA-125、CA-199、$β_2$ 微球蛋白、前列腺特异抗原、游离前列腺特异抗原等；

5. 心血管系统　检测肌红蛋白、肌钙蛋白、肌酸激酶 -MB 等；

6. 血药浓度　检测地高辛、苯巴比妥、苯妥英钠、氨茶碱、万古霉素、庆大霉素、洋地黄、马可西平等；

7. 感染性疾病：检测 Anti-HAV、Anti-HAV-IgM、HBsAg、Anti-HBc、Anti-HBs、Anti-HBe、HBeAg、Anti-HCV、HIV-Ag 等；

8. 其他　检测 IgE、血清皮质醇、尿皮质醇、尿游离脱氧吡啶等。

第四节　放射免疫分析仪

放射免疫技术（radio immunoassay，RIA）是将放射性核素分析的高灵敏度与抗原抗体反应的高特异性结合在一起，以放射性核素为标志物的最早应用的标记免疫分析技术。常用于定量测定受检样本中的微量物质，广泛应用于临床医学实验室。主要包括经典的放射免疫分析（radioimmunoassay，RIA）和免疫放射分析（immunoradiometric assay，IRMA）。

一、放射免疫技术概述

1. 技术原理　放射免疫分析是利用放射性核素标记抗原或抗体，然后与被测的抗体或抗原结合，形成抗原－抗体复合物的原理来进行分析的。其基本原理是：RIA 是在体外条件下，由非标记抗原（待测物质）与定量的标记抗原对限量的特异性抗体（一抗）的竞争性抑制结合反应。其反应见图 7-11。

待测抗原是指某种微量活性物质（如微生物和寄生虫抗原、激素、维生素、酶、药物等），而标记抗原是将已知的上述物质标记放射性核素，具有示踪作用。

2. 放射性活度测定方法

（1）放射免疫分析常用标记物：常用的标记物有放射 γ 射线和 β 射线的核素两大类。前者主要为 ^{131}I、^{125}I、^{57}Cr 和 ^{60}Co；后者有 ^{14}C、^{3}H 和 ^{32}P。

（2）放射性活度测定方法：放射免疫分析仪实际上就是进行放射性量测定的仪器。进行放射性量测定的仪器有两类，即液体闪烁计数仪（主要用于检测 β 射线，如 ^{3}H、^{32}P、^{14}C 等）和晶体闪烁计数仪（主要用于检测 γ 射线，如 ^{125}I、^{131}I、^{57}Cr 等）。无论是液体闪烁计数仪还是晶体闪烁计数仪都是将射线（放射能）与闪烁体的作用转换成光脉冲（光能），然后用光电倍增管将光脉冲转换成电脉冲（电能），电脉冲在单位时间内出现的次数（即仪器记录的 cmp 值）反映了

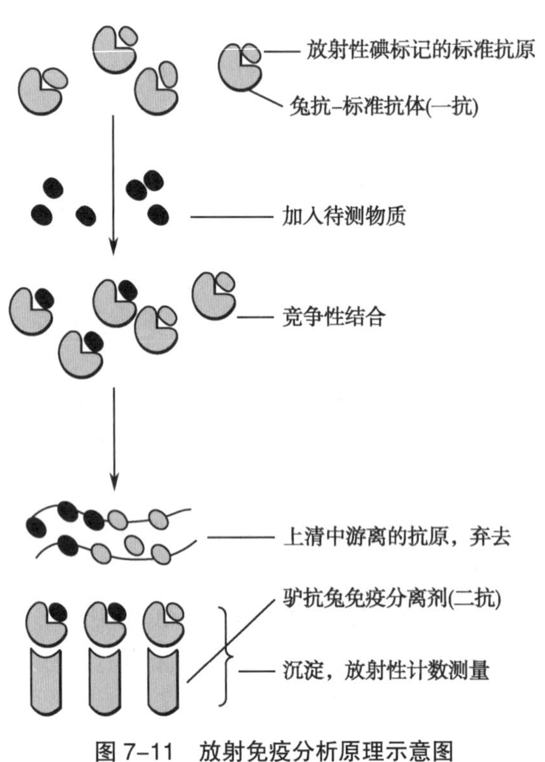

图 7-11　放射免疫分析原理示意图

发出射线的频率，而电脉冲的电压幅度则反映了射线能量的高低。

3. 放射免疫分析的优点

（1）灵敏度高：化学分析法的检出极限为 $10^{-3} \sim 10^{-6}$g，而 RIA 通常为 10ng，甚至 10fg。

（2）特异性强：由于抗原—抗体免疫反应专一性强，所被测物一定是相应的抗原或抗体。良好的特异性抗体，能识别化学结构上非常相似的物质，甚至能识别立体异构体。

（3）应用范围广：目前至少已有三百多种生物活性物质已建立了 RIA。它几乎能应用于所有激素、各种蛋白质、肿瘤抗原、病毒抗原、细菌抗原、寄生虫抗原和药物（如地高辛、洋地黄苷等）的分析。

（4）操作简便：所需试剂品种不多，可制成配套试剂盒；加样程序简单，一次能分析大量标本，标本用量也少；反应时间不长；测量和数据处理易于实现自动化。

4. 放射免疫分析的缺点

（1）方法的局限性：只能以免疫反应测得具有免疫活性的物质，对具有生物活性但失去免疫活性的物质则不能测出。因此，其测定结果与生物测定结果可能不一致。

（2）稳定性问题：使用了生物试剂，其稳定性受多种因素影响，需要有一整套质量控制措施才能确保结果的可靠性。

（3）灵敏度问题：受方法本身工作原理的限制，对体内某些含量特别低的物质尚不能测定。

（4）测定结果中的问题：由于放射免疫分析是竞争性的反应，被测物和标准物都不能全部参与反应，测得的值是相对量而非绝对量。

（5）生物安全问题：存在放射线辐射和污染等问题。

二、液体闪烁计数器基本原理

其基本原理是依据射线与物质相互作用产生荧光效应。首先是闪烁溶剂分子吸收射线能量成为激发态，再回到基态时将能量传递给闪烁体分子，闪烁体分子由激发态回到基态时，发出荧光光子。荧光光子被光电倍增管（PM）接收转换为光电子，再经倍增，在 PM 阳极获得大量电子，形成脉冲信号，输入后读分析电路形成数据信号，最后由计算机数据处理，求出待测抗原含量。

三、液体闪烁计数器的基本结构

液体闪烁计数器的结构和性能不断发展，目前多采用双管快符合对称系统多独立道分析，与微机联用，实现了高度的自动化。

1. 自动换样器　样品传送机构类型较多，一般使用继电器控制的传送带、升降机、轮盘等。为了做到可靠的光密封，测量位置通道口设有快门、迷宫和转轮等。有的自动换样控制器还具备一定的识别功能，适应多用户需要。

2. 基本电子学线路　典型的液体闪烁计数器主要由双管快符合、相加电路、线性门电路及多道脉冲幅度分析器等组成。

3. 微机操作系统　多数仪器都可用微机进行工作条件选定、各种参数的校正、读取数据等操作。由于多采用键盘操作，并伴有显示屏指令提示，操作容易掌握。

四、液体闪烁计数器的使用

1. 样品－闪烁液反应体系建立　样品和闪烁液按一定比例装入测量瓶，向光电倍增管提供光信号。

（1）样品：根据样品的可溶性，进行不同的处理。对于用固相分离后的样品在不能进行均相测量时，可加乳化剂制成稳定的乳浊液或将样品吸附在滤纸上再浸入闪烁液中作非均匀相测量。为了避免生物样品由于化学发光而造成假计数，需要对强碱溶化的生物样品用冰醋酸、盐酸预先调 pH 至 7 左右。

（2）闪烁液：包括溶剂和溶质。

（3）测量瓶：常用的测量瓶用低钾玻璃、聚乙烯等材料制作，用聚四氟乙烯制作的测量瓶质量较好。一般使用的规格容量为 20ml，口径为 22mm。

2. 猝灭　样品、氧气、水及色素物质等加入闪烁体中，会使闪烁体的荧光效率降低，出射荧光光谱改变，从而使整个测量装置的测量效率降低的过程称为猝灭。为减小猝灭，可在闪烁液中通氮气或氩气驱氧；将样品 pH 调至 7 左右，避免酸的猝灭作用；对卟啉、血红蛋白等着色样品进行脱色处理等。

3. 计数效率测定　液体闪烁计数器通常用于放射性的相对测量，即通过样品的计数率与标准样品的计数率的比较来测定样品。由于标准样品与待测样品的猝灭情况不同，就需要对猝灭进行必要的校正来求出每个具体样品相对于标准样品的实际计数效率。常用的校正法有内源法，外源法和道比法等。目前广泛使用的是外部标准源校正法。

五、放射免疫分析仪的应用

放射免疫分析由于敏感度高、特异性强、精密度高、可测定小分子和大分子物质，所以在医学检验中应用极为广泛。常用于测定各种激素（如甲状腺激素、性激素、胰岛素等）、微量蛋白质、肿瘤标志物（如 AFP、CEA、CA-125、CA-199 等）和药物（如苯巴比妥、氯丙嗪、庆大霉素）等。

由于存在接触放射性物质会不同程度地损害操作人员的身体以及测定完成后如何妥善处置放射性材料等问题，再加上近年来其他标记免疫分析技术如酶免疫分析、发光免疫分析等在技术上有飞跃的进展，放射免疫分析有被取代的趋势。但在生物医学基础研究中，新发现的生物活性物质日益增多，对它们的研究也是基础医学科研中的热门课题。研究这些新的活性物质和某些疾病发生及发展的关系，需要高灵敏度、高特异性的检测方法，其中放射免疫分析技术仍为首选。

第五节　免疫比浊分析仪

临床上测定微量蛋白（如免疫球蛋白 Ig 等）由最初的试管沉淀反应、琼脂凝胶扩散试验，发展到现代自动免疫分析技术，其灵敏度逐步提高，检测水平由微克（μg）发展到纳克（ng），甚至皮克（pg）水平。微量蛋白免疫分析随着自动化程度不断提高，在临床上得到广泛应用，其自动化检测方法主要为免疫比浊法。

免疫比浊技术同其他免疫学分析技术相比，最大的优点是校正曲线比较稳定，简便快速，易于自动化，无放射性核素污染，适合大批量标本同时检测。其缺点是特异性稍差，灵敏度还不够高，特别是对于单克隆蛋白和多态性蛋白的检测准确度稍差，易受血脂的影响，尤其是低稀释时，脂蛋白的小颗粒可形成浊度，造成结果假性升高，所以在使用方面受到一定限制。

一、免疫比浊技术概述

免疫比浊法（immunoturbidimetry）是利用可溶性抗原、抗体在液相中特异结合，形成一定大小的抗原抗体复合物，使反应液出现浊度。当反应液中保持抗体过剩时，形成的复合物随抗原量增加而增加，反应液的浊度亦随之增加，当有光线通过时，就会产生折射或吸收，测定这种折射和吸收后的透射光或散射光，即可计算出样品的含量。该技术将现代光学仪器与自动分析检测系统相结合应用于免疫沉淀反应，可对各种液体介质中的微量抗原、抗体、药物及其他小分子半抗原物质进行定量测定。免疫浊度测定是沉淀反应的一种形式，是液相中的沉淀反应。

（一）免疫比浊的分类

根据检测原理的不同（图 7-12），免疫比浊又分为透射比浊法和散射比浊法。具体分类如下：

免疫透射比浊法
- 免疫透射浊度测定法
- 免疫胶乳浊度测定法

免疫散射比浊法
- 终点散射比浊法
- 速率散射比浊法

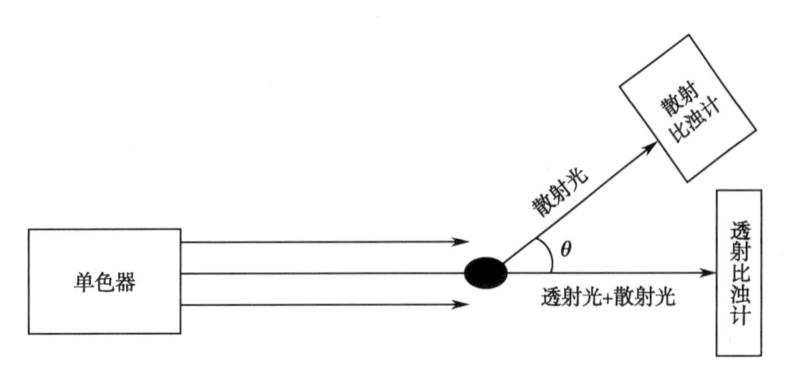

图 7-12 散射光免疫浊度法和透射光免疫浊度法的区别示意图

（二）免疫比浊技术的主要特点

1. 稳定性好，敏感性高（已达 ng/L 水平），精确度高（CV<5%），干扰因素少，结果判断更加准确、客观。

2. 分析简便、快速，结果回报时间短，便于及时将信息向临床反馈，又可节约大量人力、物力，利于大批量样品的自动化处理。

3. 能更好地避免标本之间的污染和标本对人的污染。

4. 对同一份样品可同时测定多种检测项目，标本用量少，具有明显的应用优势。

（三）免疫比浊技术的基本原理

1. 免疫透射比浊度测定（turbidimetry） 可分为免疫透射比浊测定法和免疫胶乳浊度测定法。免疫比浊法测定的光路示意见图 7-13。

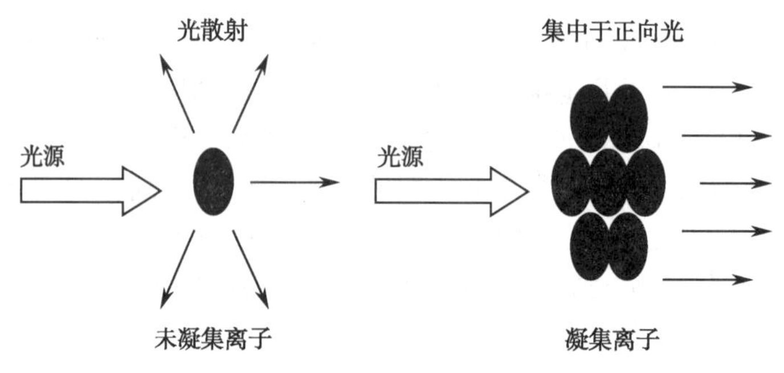

图 7-13　免疫比浊法测定的光路示意图

（1）免疫透射比浊：抗原抗体在特殊缓冲液中快速形成抗原抗体复合物，使反应液出现浊度。当反应液中保持抗体过剩时，形成的复合物随抗原增加而增加，反应液的浊度亦随之增加而导致透射光的减少。

（2）免疫胶乳浊度测定法原理：选择一种大小适中、均匀一致的胶乳颗粒，吸附抗体后，当遇到相应抗原时，则发生凝集。单个胶乳颗粒在入射光波长之内，光线可透过。当两个胶乳颗粒凝集时，则使透过光减少，这种减少的程度与胶乳凝聚成正比。

2. 激光散射浊度测定（nephelometry） 按测试的方式不同分为 2 种：终点散射比浊法（end nephelometry）和速率散射比浊法（rate nephelometry）。

激光散射浊度测定的基本原理是激光散射光系水平轴照射，通过溶液时碰到小颗粒的抗原抗体免疫复合物时，导致光线被折射，发生偏转。偏转角度可以从 0 ~ 90°，这种偏转的角度可因光线波长和粒子大小不同而有所区别。散射光的强度与抗原 - 抗体复合物的含量成正比，同时也和散射夹角成正比，和波长成反比。

（1）终点散射比浊法：在抗原抗体反应达到平衡时，即复合物形成后作用一定时间，通常为 30 ~ 60 分钟，复合物浊度不再受时间的影响，但又必须在聚合产生絮状沉淀之前进行浊度测定。因此，终点散射比浊法是测定抗原与抗体结合完成后测定其复合物的量。

（2）速率散射比浊法：是一种先进的动力学测定法。所谓速率是指抗原 - 抗体结合反应过程中，在单位时间内两者结合的速度。因此，速率散射比浊法是在抗原与抗体反应的最高峰（约在 1 分钟内）测定其复合物形成的量，该法具有快速、准确的特点。

速率散射比浊法的灵敏度和特异性都比终点散射比浊法好，前者的灵敏度可比后者高 3

个数量级。自动化速率法的精密度也较好，但与具体仪器性能关系密切。

二、免疫比浊分析仪的工作原理与基本结构

近年来，随着免疫浊度分析技术日趋成熟，各种免疫浊度分析仪也应运而生且自动化程度不断提高。

（一）ARRAY 特种蛋白分析测定系统

1. 检测原理　该系统由微电脑控制，是一种可以定量检测体液中微量蛋白的全自动组合仪器。在抗体过量的前提下，悬浮于缓冲液中的抗原－抗体免疫复合物颗粒通过光束时产生的散射光速率变化，散射测浊仪检测出该信号的强弱与抗原浓度成正比，速率峰值经微电脑处理转换成抗原浓度。

2. 基本结构

（1）散射测浊仪：光源采用双光源碘化硅晶灯泡（400～620nm）。自动温度控制装置可将仪器温度恒定在 26℃ ±1℃。化学反应在一次性流式塑料杯中进行，由固体硅探头监测反应过程。

（2）加液系统：包括自动稀释加液器，具有稀释标本，将标本和试剂加到流动式反应杯中的功能。另外，还有标本、抗体智能探针，具有液体感知装置，控制加液体积的准确性。

（3）试剂和样品转盘：20 孔试剂转盘可放置 20 种不同的化学试剂或 20 种不同的抗体（包括抗原过剩试剂）。40 孔样品转盘可放置待测标本和质控液。

（4）卡片阅读器：可读取卡片内贮存的对某一测定项目有用的参数，包括检测项目的名称、批号、标准曲线信息和所需的稀释倍数等。这些参数值随检测项目和批号的不同而不同。因此每批抗体试剂和标准血清都会附有新的卡片。软盘驱动器阅读软盘中的操作指令，如数据输入、仪器功能运行等。

3. ARRAY 特种蛋白分析测定系统的主要特点　该系统用于检测悬浮于缓冲液中的抗原抗体免疫复合物颗粒。在抗体过量的前提下，悬浮颗粒通过光束时所产生的散射光速率变化强弱与抗原浓度成正比。速率峰值经微电脑处理转换成抗原浓度。测定方法具有敏感、精确、快速和简便的特点。

4. ARRAY 特种蛋白分析测定系统的使用　全自动操作，一次可对 40 份标本进行 20 种免疫特定蛋白项目的检测，数分钟内可出结果并打印报告。其基本操作流程见图 7-14。

（二）BN 特种蛋白分析测定系统

1. 测定原理　系统测定方法实质上是透射比浊的一种改良。利用发光二极管（840nm）作为光源，检测在前向角 13°～24° 的散射光，由硅化光电二极管接收散射光信号，这种散射光的强度与免疫复合物浓度成正比。散射光电信号与贮存在计算机内的标准曲线进行比较，然后转换成检测物的浓度。

2. 基本结构　BN 特种蛋白分析测定系统由分析仪、计算机、打印机、条码读取器 4 部分组成。分析仪是该系统的主要部分，包括散射测浊仪、自动加液系统、支架运输装置和比色杯装置。

（1）散射测浊仪：光源采用发光二极管（840nm ± 25nm），化学反应在塑料杯中进行，由固体硅探头监测反应过程，在前向角 13°～24° 由硅化光电二极管接收散射光信号。

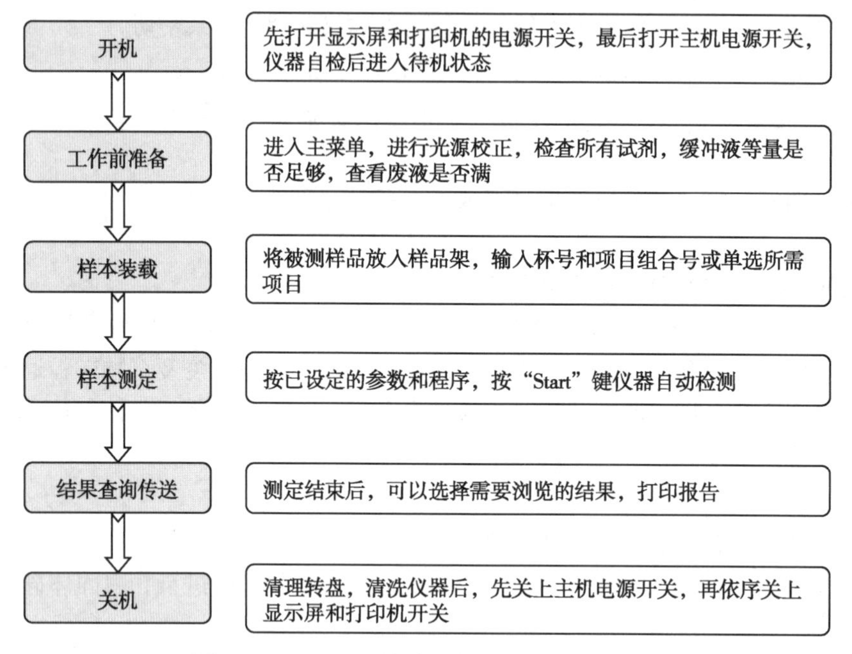

图 7–14　ARRAY 特种蛋白分析仪操作流程图

（2）加液系统：包括自动稀释加液器，具有稀释标本，将标本和试剂加到反应杯中的功能。另外，还有标本、抗体智能探针，具有液体感知装置，控制加液体积的准确性。

（3）支架运输装置：支架运输装置包括可放 30 个标准血清试剂架、可放 75 个待测血清试剂架、双排 75 孔用于血清标本稀释的支架和可放 14 个抗血清试剂架。在测试过程中，必须盖好支架运输装置，以避免试剂的蒸发。支架运输装置的运动由光感器进行监测。

（4）比色杯装置：比色杯装置由 9 组类圆形比色杯（每组为 5 个比色杯）组成。这种奇数的比色杯装置，在连续两次旋转后回到原始位置，保证转动比色杯的连续充液、测定和吸出废液。这种装置由光感器监测、计算机控制整个运动过程。在开机之后，仪器自动对比色杯本底透光度进行检测，如果比色杯有 5 个超过规定的范围，则应清洗比色杯或更换新的比色杯。

3. 仪器主要特点　BN 特种蛋白分析测定系统（Behring Nephelometer）是用于免疫浊度分析的半自动分析系统。

（1）固定时间测定：该分析仪可以通过固定时间来检测血清特种蛋白浓度。固定时间法是利用两个时间光散射检测之间的差异，首先在免疫反应混合物预备 10 秒钟测定第一次光散射的值 $t_{(1)}$，然后在反应 6 分钟后测定第二次光散射的值 $t_{(2)}$。在这两点光散射强度的差异通过贮存在计算机内校准曲线进行比较，即可得出该物质的浓度。分析仪通过 4 ~ 8 个标准浓度对校准曲线进行校正。校准曲线可以贮存在计算机终端记忆器中 7 天。

（2）终点检测法：该分析仪通过终点法来检测用胶乳反应的血清特种蛋白浓度，是检测预温 30 分钟后光散射的值 $t_{(1)}$。因为胶乳颗粒具有较高的试剂空白值，所以测定空白值没有必要。通过终点光散射强度与贮存在计算机内校准曲线进行比较，即可得出该物质的浓度。

4. 仪器使用　其基本操作流程见图 7–15。

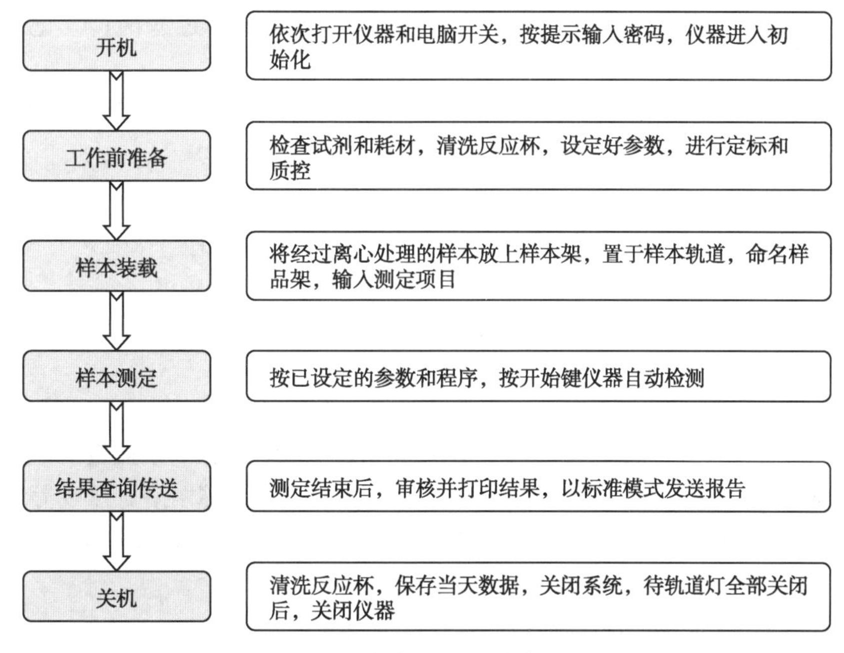

图 7–15　BN 特种蛋白分析仪操作流程图

（三）IMMAGE 免疫分析测定系统

IMMAGE 免疫分析测定仪是继 ARRAY 360CE 特种蛋白分析测定系统之后，推出的新一代全自动特种蛋白分析、药物浓度监测为一体的免疫分析系统。

1. 工作原理　和前述 ARRAY 特种蛋白分析测定系统基本相似，其改进部分为 IMMAGE 免疫分析测定仪使用 760nm 和近红外 940nm 波长作为光源，采用速率散射比浊、速率抑制散射比浊、速率近红外颗粒透射法、速率抑制近红外颗粒透射法四种检测技术，并采用不同的散射角度测量发散的散射光强度，90° 角的散射法测定小颗粒（直接反应产物），0° 角的透射度检测大颗粒（抗体颗粒结合物），扩大检测免疫项目范围，增强了检测敏感度和精度，减少了非特异性颗粒的干扰。

2. 基本结构　和前述 ARRAY 特种蛋白分析测定系统相似。

3. 仪器特点　IMMAGE 免疫分析测定仪加大抗原过量检测范围以区分非特异性反应，使检测结果更加准确可靠。添加了试剂冷藏系统增加试剂的稳定性，采用全方位的条形码系统，可以自动检测试剂及试剂的批号、校正的状态、试剂过期的日期、试剂的体积及质控、标准和样品。具有双试剂加样探针（避免交叉污染）和智能液面感应器。处理标本自动化程度高（75 ~ 180 测试 / 小时）。

三、免疫比浊分析仪的保养

各类免疫比浊分析仪的主要保养包括：

1. 每日保养　①检查冲洗液余量及冲洗管道；②检查废液桶及排废管道；③检查仪器底部有无液体渗漏；④检查注射器阀，管道和活塞头；⑤清洁试剂针，样品针，试剂搅拌针和样品搅拌针外表面。

2. 每月保养　①清洁仪器表面；②清洗仪器所有风扇的过滤网；③记录仪器工作次数。

3. 特殊保养　①清洁打印机打印头；②对样品盘，试剂盘和样品架清洁及消毒；③按要求定期更换反应杯；④定期或注射器漏水时更换注射器活塞头。

四、免疫比浊分析的临床应用

1. 免疫功能监测　免疫球蛋白A、免疫球蛋白G、免疫球蛋白M、免疫球蛋白轻链κ、免疫球蛋白轻链λ、补体C_3、补体C_4、C-反应蛋白等。

2. 心血管疾病检测　载脂蛋白A_1、载脂蛋白B、脂蛋白a、C-反应蛋白等。

3. 炎症状况监测　C-反应蛋白、α_1-酸性糖蛋白、触珠蛋白、铜蓝蛋白等。

4. 类风湿关节炎的检测　类风湿因子、C-反应蛋白、抗链球菌溶血素O等。

5. 肾脏功能监测　微量白蛋白、α_1-微球蛋白、β_2-微球蛋白、转铁蛋白、免疫球蛋白G等。

6. 营养状态监测　白蛋白、前白蛋白、转铁蛋白等。

7. 新生儿体检　C-反应蛋白、免疫球蛋白A、前白蛋白、免疫球蛋白G等。

8. 凝血及出血性疾病的检测　抗凝血酶Ⅲ、转铁蛋白、触珠蛋白等。

9. 贫血监测　触球蛋白、转铁蛋白等。

10. 血脑屏障监测　脑脊液白蛋白、免疫球蛋白A、免疫球蛋白G、免疫球蛋白M。

第六节　时间分辨荧光免疫分析仪

时间分辨荧光免疫分析（time-resolved fluorescence immunoassay，TRFIA）是一种先进的超微量物质检测手段。其利用稀土元素荧光半衰期长、激发光与发射光之间的斯托克斯（Stokes）位移大的特点，采用时间分辨技术及光谱分离技术，从时间坐标和光谱坐标上克服了背景荧光的干扰，因此具有灵敏度高、特异性强、动态测试范围宽的优点，这是其他传统免疫分析技术无法达到的。所以它成为目前临床检验最有发展前途的新的超微量物质分析技术。

自TRFIA理论提出以来，迄今已发展为三大测量方法，分别是液相解离增强测量法、固相荧光测量法、直接荧光测量法。

1. 液相解离增强测量法　解离增强测量法是解离增强稀土离子荧光方法，简称DELFIA法。该法重复性好，特别适用于大、小分子活性物质的检测。采用DELFIA测量，灵敏度可达10^{-18}～10^{-16}mol的DNA量（即10pgDNA）。此法的不足之处是不能直接测量固相样品的荧光，需要外加增强液，容易受外源性稀土的污染，而影响结果，有待改进。

2. 固相荧光测量法　固相荧光法又称为DSLFIA法。它使用了分子结构具有增强荧光作用的稀土标记物，其整个过程无须外加增强液，克服液相TRFIA体系的不足，可以直接测量固相样品中稀土标记免疫复合物的荧光，解决了液相测量带来易于污染和操作复杂的问题。现已用于核酸探针检测，取得满意进展。

3. 直接荧光测量法 直接荧光法是直接测量液相荧光强度。不需要预先制备 Tb^{3+} 标记物，简化了操作步骤，但灵敏度较低，仅为 10^{-9}mol/L。为提高检测灵敏度，多引入酶放大系统，形成高荧光强度的复合物，进行直接测定。

一、时间分辨荧光免疫分析工作原理

时间分辨荧光免疫分析是用镧系三价稀土离子及其螯合物如铕（Eu^{3+}）、钐（Sm^{3+}）、镝（Dy^{3+}）和铽（Tb^{3+}）等及其螯合物作为示踪剂，代替传统的荧光物质、放射性放射性核素、酶和化学发光物质，来标记抗体、抗原、多肽、激素、核酸探针或生物活性细胞；待反应体系（如抗原抗体免疫反应等）发生后，根据稀土离子螯合物有长寿命荧光的特点，通过电子设备控制荧光强度测定时间，待短寿命的自然本底荧光完全衰退后，再进行产物的长寿命荧光强度测定，以此来判断反应体系中被测物质的浓度（图 7–16）。

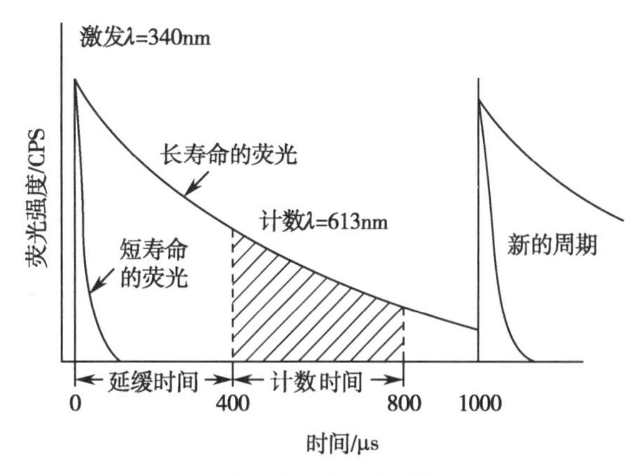

图 7–16 时间分辨荧光免疫检测原理图

二、时间分辨荧光免疫分析仪基本结构

全自动时间分辨荧光免疫分析仪主要由加样中心、测试中心两部分组成。

1. 加样中心 加样中心包括反应试管圆盘、试剂盒圆盘和样品圆盘。

2. 测试中心 测试中心主要由移液系统、光学系统和温控系统组成。测试中心的作用是负责接收从加样中心过来的在反应管内的测试。其功能为：混合和运输样品、试剂和缓冲液，为反应混合物的孵育而保持温控环境，对反应混合物进行光学测量；将用过的消耗品排入废液。

移液系统要由移液管、注射器、专用试剂桶、加热器模块和清洗站组成。光学系统包括灯源、过滤器、光学部件、光电倍增管和参考检测器。温控系统是通过测试中心的孵育器和温控热敏电阻，使测试中心的反应样品杯等保持在某一恒定的工作温度。时间分辨荧光免疫分析仪器的基本组成见图 7–17。

三、时间分辨分析仪的性能评价

TRFIA 技术集酶标记和放射性核素标记技术的优点于一身，与其他标记免疫分析技术（表 7–3）相比，有灵敏度高、特异性强、稳定性好、标记物制备简便、储存时间长、无放射性污染、检测重复性好、操作流程短、标准曲线范围宽和应用范围广泛等优点，非常适用于生物医学上的超微量分析。

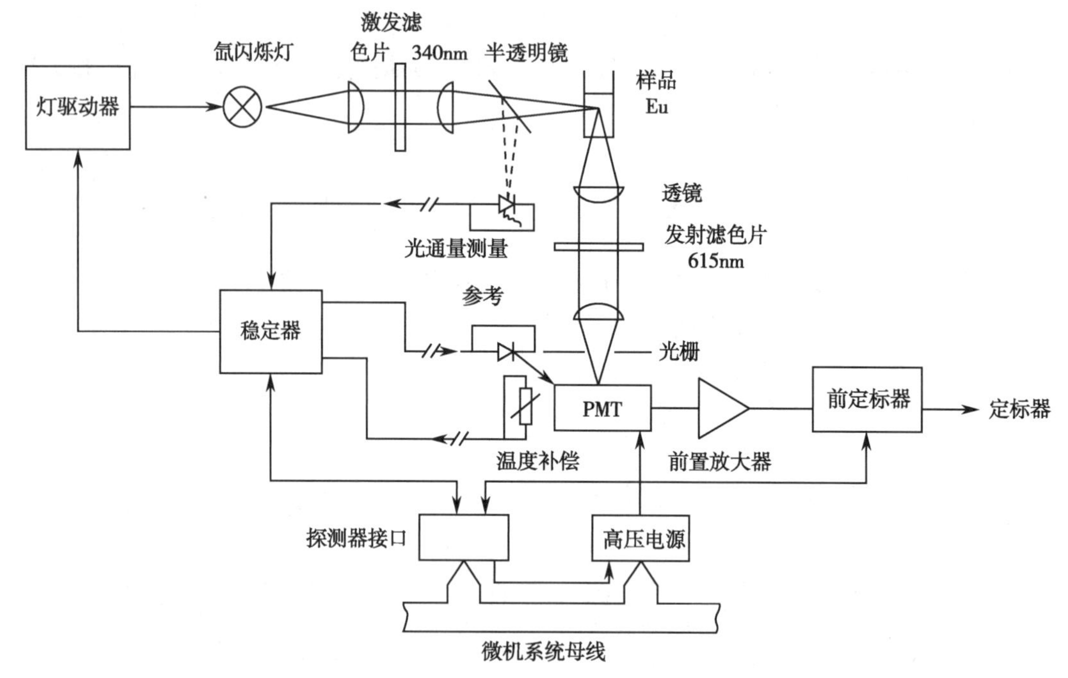

图 7-17　DELFIA-1230 型时间分辨荧光仪的结构图

表 7-3　常见标记免疫学分析技术比较

项目	时间分辨荧光免疫	化学发光	电化学发光	酶联免疫	放射免疫
性质	定量	定量	定量	定性 / 定量	定量
标记物	稀土离子	大分子化合物	钌	酶分子	放射性核素
标记位点	可达 20 个抗体	1 个抗体	1 个抗体	1 个抗体	1 个抗体
多标	最多可达四标记			无	无
试剂稳定性	≥1 年	半年	半 /1 年	≤1 年	1.5 月
危害性	无	有	无	无	有
灵敏级数	10^{-18}mol	10^{-15}mol	>10^{-15}mol	10^{-9}mol	10^{-12}mol
重复检测	可无数次	不可	不可	不可	不可
线性范围	5 个数量级			2 个数量级	2 个数量级
本底噪声	零本底	干扰大	较低	干扰较大	干扰较大
定标方式	无须每次定标	2 周左右	2～4 周	必须每次	必须每次
检测范围	很宽	窄	较宽	窄	无
发光效率	95%	1%			
自动化	全 / 半自动	全自动	全自动	半自动 / 手工	半自动 / 手工

1. 特异性强　标记物为具有独特荧光特性的稀土金属－镧系元素，主要包括铕（Eu）、钐（Sm）、镝（Dy）、铽（Te）4 种。稀土离子的荧光激发光波长范围较宽，而发射光波长范围甚窄，同时激发光和发射光之间有一个较大的 Stokes 位移（大约 290nm），如铕元素发射

光 613nm、激发光 340nm，荧光素的 Stokes 位移为 280nm；这十分有利于排除非特异荧光的干扰，采用干涉滤波片就可以消除散射光引起的干扰，从而提高了荧光信号测量的特异性。

2. 灵敏度高　稀土离子螯合物所产生的荧光不仅强度高，而且半衰期长（如铕元素的半衰期为 430 微秒，普通荧光免疫分析中荧光团的衰变时间只有 1 ~ 100 微秒，样品中的一些蛋白质的荧光衰变时间仅为 1 ~ 10 微秒）。因此，可延长测量时间，待测样品中短寿命的自然荧光完全衰变后再测稀土离子螯合物的荧光信号，即将特异性荧光与非特异性荧光分辨开来消除了来自样品荧光的干扰，大大提高了检测灵敏度，同时扩大了检测范围。

3. 标记物稳定　三价稀土离子与双功能螯合剂螯合，形成稳定的螯合物，从而使标准曲线稳定，试剂保质期长。时间分辨荧光免疫检测的标准曲线相当稳定，同一批次的试剂盒可用两点法加批次的参考曲线定标。

4. 荧光信号强　解离 – 增强时间分辨荧光免疫分析法（DELFIA），荧光检测分析中加入一种酸性增强液，稀土离子从免疫复合物中解离出来，并和增强液中的一些成分形成一种稳定的微囊，当微囊被激光激发后则稀土离子发出长寿命的荧光信号，使原来微弱的荧光信号增强 100 万倍，从而使测量的线性范围更宽，重复性更好。

此外，时间分辨荧光免疫检测线性范围宽，可达 4 ~ 5 个数量级；标记物制备简单，稳定性好，有效使用时间长，多数可达 6 个月；标记蛋白时反应条件温和，免疫活性很少受损；测量快速，每秒钟测一个样品；易于自动化；已开发出性能优良的数据处理软件，以及多标记物的使用等也是其突出优点。

四、时间分辨荧光免疫分析仪的使用与维护

1. 时间分辨荧光免疫分析仪的使用　它是测量 Eu 单标记样品的，其通常测量条件为延迟时间 400 微秒，测量时间 400 微秒，仪器恢复时间 200 微秒，一次循环共 1 毫秒。测一个样品约经 1000 次循环，需时 1 秒。最后计数是这 1000 次循环中所测计数之累积。DELFIA 检测系统基本操作流程见图 7–18。

2. 时间分辨分析仪的维护　为保证仪器的正常运行，保证实验结果的正确性和可靠性，减少仪器故障的出现，实验室工作人员还应认真地对仪器进行维护。

（1）每日维护：主要是测试、清洗洗板机。根据程序提示放入测试用的未包被的废板，待微孔板处理器加完洗液后，取出微孔板检查所加的各个微孔是否均匀。如果有一条未加满说明微孔板架对应的洗板机的加液针堵塞，洗板机需要清洗。

（2）每周维护：包括仪器消毒和检查增强液加液头是否有固态结晶，如有结晶，应用蘸有增强液的棉签擦去。

（3）每月维护：①清空样品处理器和微孔板处理器的洗液瓶；②清洁仪器外部灰尘；③用 70% ~ 80% 的乙醇擦净试剂传输器的传送轴，并用少量的润滑油润滑；④擦洗微孔板架上的反光镜，擦拭微孔板架。

实验人员应严格遵照仪器操作规程，认真地对仪器进行定期维护工作，保证全自动时间分辨荧光免疫分析仪处于良好的工作状态，也能有效地延长机器的使用寿命，充分发挥全自动时间分辨荧光免疫分析仪在临床实验室中的重要作用。

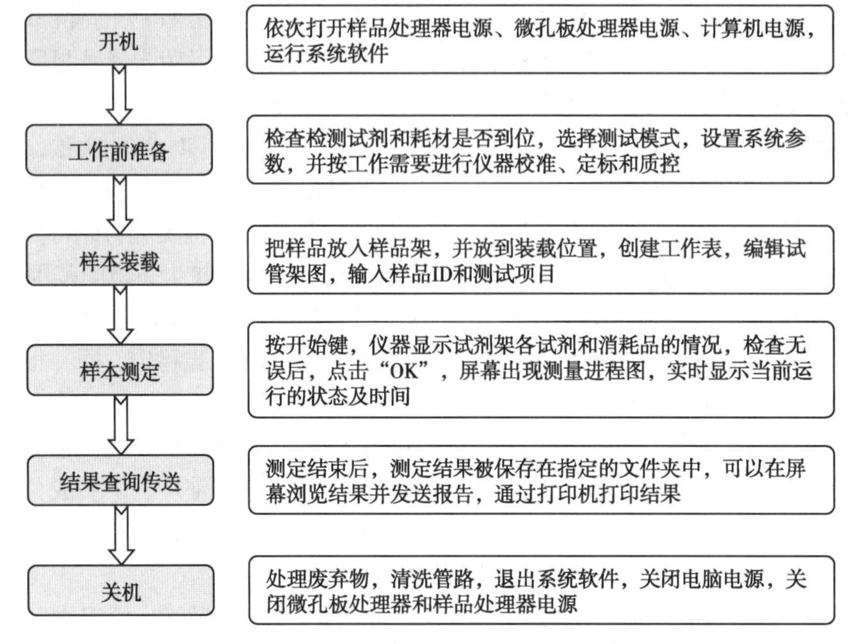

图 7-18 DELFIA 检测系统操作流程图

五、时间分辨荧光免疫分析的临床应用

1. 蛋白质和多肽激素分析　一般多使用双位点“夹心”法测定免疫球蛋白 E、人绒毛膜促性腺素、磷脂酶 A_2、胰岛素、C- 反应蛋白、促黄体生成素、催乳素、髓磷脂碱性蛋白、铁蛋白、卵泡刺激素、促甲状腺素等自分析等。

2. 半抗原分析　用竞争结合荧光免疫分析法测定皮质醇、睾丸素、地高辛、前列腺素 F、甲状腺素、三碘甲状腺原氨酸、孕酮、孕烷二醇、雌二醇、雌三醇、雌酮、葡萄糖醛酸等。

3. 病原体抗原 / 抗体分析　如肝炎病毒表面抗原抗体、蜱致脑炎复合病毒抗原、免疫缺陷病毒抗体、粪便中腺病毒和轮状病毒、Potato 病毒、流感病毒 A、鼻病毒、衣原体、肠病毒、梅毒螺旋体、乳头瘤病毒和呼吸道合胞病毒等分析。

4. 肿瘤标志物分析　例如：甲胎蛋白、癌胚抗原、前列腺特异抗原、神经元特异烯醇酶、CA-50、CA-242、CAl99、β_2- 微球蛋白和甲状腺结合球蛋白等的分析。

5. 干血斑样品分析　把有血样品的滤纸片放在装有分析缓冲液的孔中，振荡使抗原溶于缓冲液中。本法特别适用于新生儿和远离分析中心病人的需求。

6. 核酸分析　TRFIA 应用于核酸分析领域主要有两个方面：一是应用镧系元素标记的 DNA 探针技术进行杂交分析；二是将镧系元素标记技术引入聚合酶链反应（PCR）中，简单、快速地鉴定 PCR 产物。样本核酸不必经过电泳，直接点样到滤膜或微孔中进行杂交，即引入杂交体系中的 Eu^{3+}，在加入增强液后测量。或者用 Southern 印迹杂交与 Northern 印迹杂交，固定于尼龙膜或硝酸纤维素膜上与 Eu^{3+} 标记的核酸探针进行杂交分析。引入杂交体系的 Eu^{3+} 螯合物可在固相下测量，因而可在时间分辨荧光扫描仪下进行准确定位并检测特异的 DNA 或 RNA 电泳条带。另外，尚有嵌套式 PCR-TRF 技术和把 TBP（Eu^{3+}）与快速收集系统相结合测定特异放大的靶 DNA。

7. 测定天然杀伤细胞的活力 用 Eu^{3+}–DTPA（Eu^{3+}– 二乙三胺五醋酸盐）标记肿瘤细胞，作为 NK 细胞的靶细胞。当这靶细胞受到 NK 细胞毒害时会释放 Eu^{3+}–DTPA 标记物。用时间分辨荧光仪测量所释放的这标记物的荧光，即可测量 NK 细胞的活力。本法温育时间短，一般只用 2 小时，测量快速，每样品只需 1 秒；灵敏度高，可测至单个细胞。

TRFIA 优点突出，研究工作活跃，发展迅速。新的仪器、试剂和方法不断出现。应用范围日益扩大和普遍。目前已有三十多种试剂盒和成套仪器、试剂面世，成为一种新的很有潜力的免疫分析技术，备受重视。我国在仪器、试剂、方法和应用等方面的研究已取得了较大进展，有商品面世并投入使用。

学习小结

酶免疫分析仪是在光电比色计或分光光度计的基础上根据 ELISA 技术的特点而设计。近年来已有各种自动化、智能型、分体组合型的酶联免疫检测系统应用到临床，以适应检验医学对质量控制的要求和提高工作效率。

发光免疫分析是发光免疫技术根据示踪物检测的不同而分为荧光免疫测定、化学发光免疫测定及电化学发光免疫测定三大类。发光免疫分析仪的工作原理和基本结构根据仪器的种类而有所不同。

放射免疫分析：放射免疫分析包括放射免疫分析（RIA）和免疫放射分析（IRMA），通过放射活性分子共价交联至抗体或抗原上，免疫反应后测定放射活性分子的放射信号来定量检测相应抗体或抗原等。由于 20 世纪 80 年代后出现的非放射性核素标记技术得到了极大的重视和发展，并迅速降低了放射免疫分析在诊断中的地位。

免疫比浊分析仪根据检测原理的不同，又分为透射比浊法（包括免疫透射浊度测定法和免疫胶乳浊度测定法）和散射比浊法（包括终点散射比浊法和速率散射比浊法）。自动化免疫分析比浊技术的主要优势在于检测结果准确、稳定性好、分析简便、快速、避免污染和标本用量少等。

时间分辨荧光免疫分析仪：与一般的荧光分光光度仪不同，时间分辨荧光分析仪的激发光与荧光的波长差别显著，其波长转变达 280nm，采用脉冲光源（每秒闪烁 1000 次以上的氙灯），照射样品后即短暂熄灭，以电子设备控制延缓时间，待非特异荧光本底衰退后，再测定样品发出的长寿命镧系荧光。其检测动态范围宽，标记蛋白时反应条件温和，免疫活性很少受损，测量快速，易于自动化。

复习题

1. 临床常用的酶免疫分析技术有哪些？
2. 如何评价酶免疫分析仪的性能？
3. 怎样维护和保养酶免疫分析仪？
4. 如何维护和保养洗板机？

5. 发光免疫分析仪的种类、工作原理和基本结构。
6. 免疫比浊测定的基本原理和方法是什么?
7. 时间分辨荧光免疫检测的原理是什么?
8. 时间分辨荧光免疫分析仪测试的特点有哪些?

（张学宁）

第八章

血液分析相关仪器

学习目标

1. 掌握　电阻抗（库尔特）法血细胞计数原理；联合检测型血细胞分析仪在白细胞分类计数方面的主要技术特点；血细胞分析仪血红蛋白检测原理；全自动血凝仪常用的检测原理及异同点；毛细管黏度计和旋转式黏度计的检测原理与基本结构；血沉自动分析仪的原理与基本结构。
2. 熟悉　血细胞分析仪网织红细胞检测原理；血细胞分析仪的基本结构、性能评价；血细胞分析仪之间结果的比对；全自动血凝仪的基本结构、性能评价；全自动血型分析仪的工作原理；黏度计的主要技术指标性能评价及性能特点；血沉自动分析仪的性能评价与维护。
3. 了解　血细胞分析仪的分类与维护保养，分析过程中常见错误及故障排除；全自动血凝仪分析过程中常见错误及故障排除；全自动血型分析仪的校准及评价；全自动血型分析仪的维护及常见故障处理；血液黏度计的使用与维护；血沉自动分析仪的常见故障与处理。

血液是流动在血管和心脏中的红色黏稠液体，由血浆和血细胞组成。血浆内含有蛋白质、脂类等营养成分以及无机盐、激素、酶、抗体、凝血因子和细胞代谢产物等；血细胞包括红细胞、白细胞和血小板，血细胞表面携带特定的血型抗原。血液流经人体的各个组织和器官，具有运输、参与体液调节、防御以及调节渗透压和酸碱平衡的功能。机体的生理和病理变化往往会引起血液成分的改变，同样血液系统的疾病也会影响机体相关组织和器官的功能。所以血液成分的检测对于疾病的诊断、治疗、预后及预防都具有重要的临床意义。

血液分析相关仪器可以帮助了解生理或疾病状态下血液成分的变化。临床实验室常用的血液分析相关仪器包括血细胞分析仪和血液凝固分析仪等。另外，随着现代分析仪器的不断发展，血型鉴定、交叉配血、不规则抗体筛查等都可以实现检验过程的全自动化，为保证医疗安全奠定了坚实的基础。本章主要介绍血细胞分析仪、血液凝固分析仪、血型分析仪、血液黏度计和血沉分析仪等，对各类仪器的检测原理、检测流程、基本结构与功能、性能指标评价以及使用与维护等方面进行阐述。

第一节　血细胞分析仪

血细胞分析仪（blood cell analyzer）是对一定体积全血内血细胞的数量和质量进行自动化分析的仪器。20 世纪 50 年代初，美国 WH Coulter 申请了粒子计数法的技术专利，研发了世界上第一台自动化的血细胞计数仪，开创了血细胞计数由手工法到自动化的新纪元。近年来，随着基础医学和高科技，特别是计算机软件技术的发展，其检测技术逐步完善，检测技术不断创新，可提供的检测参数日渐增多。血细胞分析仪的发展主要是针对白细胞分类计数的发展，由三分群到五分类，从二维空间转向三维空间。现代血细胞分析仪的五分类技术采用了多种检测手段，如光散射技术、鞘流技术、激光技术、细胞化学染色等。随着血细胞分析全自动流水线在国内外的普及，现代血细胞分析仪具有精度高、速度快、技术新、操作易、功能多及易标准化等特点，为临床提供了准确而有效的血液细胞学检测参数，对疾病的诊断与治疗有着重要的意义。

一、血细胞分析仪的工作原理

（一）白细胞计数及分类的检测原理

1. 电阻抗计数原理　将等渗电解质溶液稀释的血细胞悬液置于不导电的容器中，血细胞与等渗的电解质溶液相比为不良导体。将小孔管（也称传感器）插进细胞悬液中，小孔管内充满电解质溶液，并有一个内电极，小孔管的外侧细胞悬液中有一个外电极（图 8–1）。当接通电源后，位于小孔管两侧的电极产生稳定电流；负压装置提供负压使细胞悬液从小孔管外侧通过小孔（直径 <100μm，厚度约 75μm）向小孔管内部流动，使小孔感应区内电阻增高，引起瞬间电压变化，形成脉冲信号。脉冲振幅的大小，反映细胞体积的大小，而脉冲数量反映细胞数量的多少，由此得出血细胞的数量和体积的分布区间。

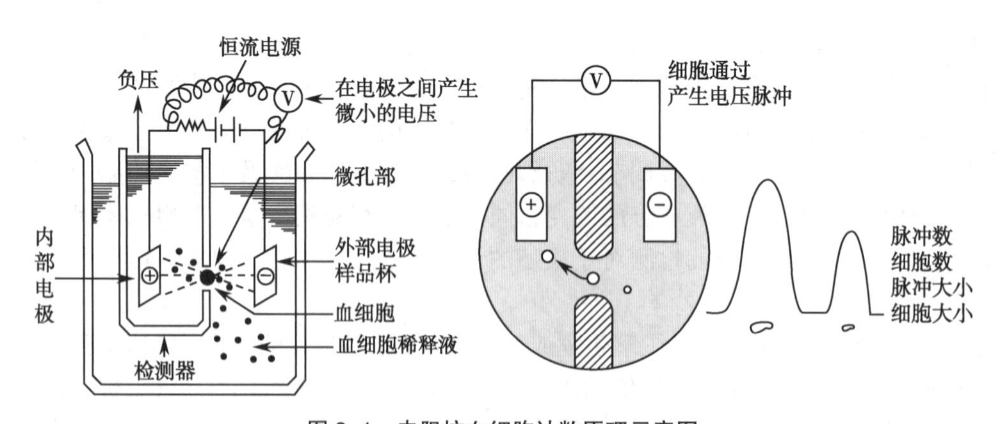

图 8–1　电阻抗血细胞计数原理示意图

脉冲信号经过放大、阈值调节、甄别、整形和计数，再经计算机处理，形成以细胞体积为横坐标，细胞数量为纵坐标的直方图。经溶血素处理后的白细胞体积大小，取决于脱水后细胞内有形物质的多少。淋巴细胞一般在35～90fl，称为“小细胞区”；单核细胞、嗜酸性粒细胞、嗜碱性粒细胞、幼稚细胞和白血病细胞体积分布在90～160fl，称为“中间细胞区”或“单个核细胞区”；中性粒细胞可达160fl以上，称为“大细胞区”。仪器将体积为30～450fl区间内的白细胞分为256个通道，每个通道为1.64fl，根据细胞大小将其放置于相应体积的通道中，可以得到白细胞体积分布直方图（图8-2）。由此可以对外周血白细胞进行三分群分析。

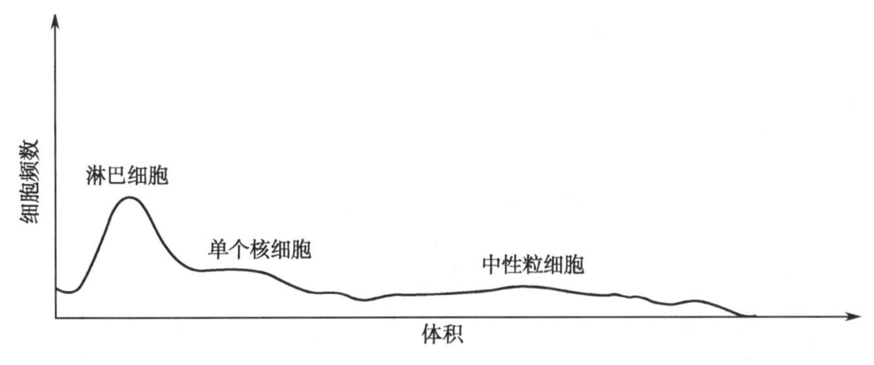

图8-2　电阻抗血细胞分析仪白细胞体积分布直方图

2. 联合检测型血细胞分析仪检测原理　此类分析仪主要是在白细胞分类计数基础上的技术改进，能够将正常人外周血白细胞分成中性粒细胞、淋巴细胞、单核细胞、嗜酸性粒细胞和嗜碱性粒细胞五大类，即使是含量较少的嗜酸、嗜碱性粒细胞也可以检出，甚至可以发现异常细胞（如异型淋巴细胞、幼稚细胞等）并给予提示。其特点是：通过“鞘流”、“扫流”等技术，使单细胞流在鞘液的包裹下呈束状排列，通过激光检测器进行细胞计数。以下是联合检测型血细胞分析仪常用的技术。

（1）多角度偏振光散射分析技术（multi-angle polarized scatter separation，MAPSS）：应用激光流式细胞技术，对白细胞进行多角度检测和多参数分析。经鞘液稀释的血液样本，白细胞内部结构近似自然状态，红细胞内血红蛋白溢出，但细胞膜结构仍保持完整，而鞘流水分子则进入细胞，此时红细胞折光系数与鞘液相当，因此不干扰白细胞的检测。

通过检测细胞对激光的散射强度，可以将其定位于散点图上，对外周血白细胞进行较为准确的分类。其中主要的散射光信号有：①前向角（0°）散射光强度：可粗略测量细胞的大小和数量；②小角度（10°）散射光强度：可反映细胞内部结构和核染色质复杂性；③垂直角度（90°）偏振光散射强度：可反映细胞内部颗粒及分叶状况；④垂直角度（90°D）消偏振光散射强度：反映的是嗜酸性颗粒可以将垂直角度的偏振光消偏振的特性，由此将嗜酸性粒细胞从多个核群中区分出来（图8-3）。

（2）容量、电导、光散射（volume conductivity light scatter，VCS）联合检测技术：其中容量（V）是指利用电阻抗原理测量处于等渗稀释液中的完整原态细胞的体积；电导（C）是指采用高频电磁探针，测量细胞内部结构，将大小相近的细胞区分开来；光散射（S）是指激光照射后，收集细胞内颗粒性、核分叶性和细胞表面结构等信息，提高对细胞颗粒的构型和颗粒质量的鉴别能力。每个细胞通过检测区域时，均接受三维分析。根据细胞体积、传导性和光散射的不同，综合分析3种检测方法获得的数据，将其定位到三维散点图的相应位置上（彩图 8-4），形成相应细胞的群落，获得某一群落占所有被检测白细胞的百分比即相应种类白细胞的分类值，最后得出白细胞分类计数的结果。仪器不仅做出对正常白细胞的 5 项分类结果，给出典型的散点图型（图 8-5），还可提示异常细胞的存在。

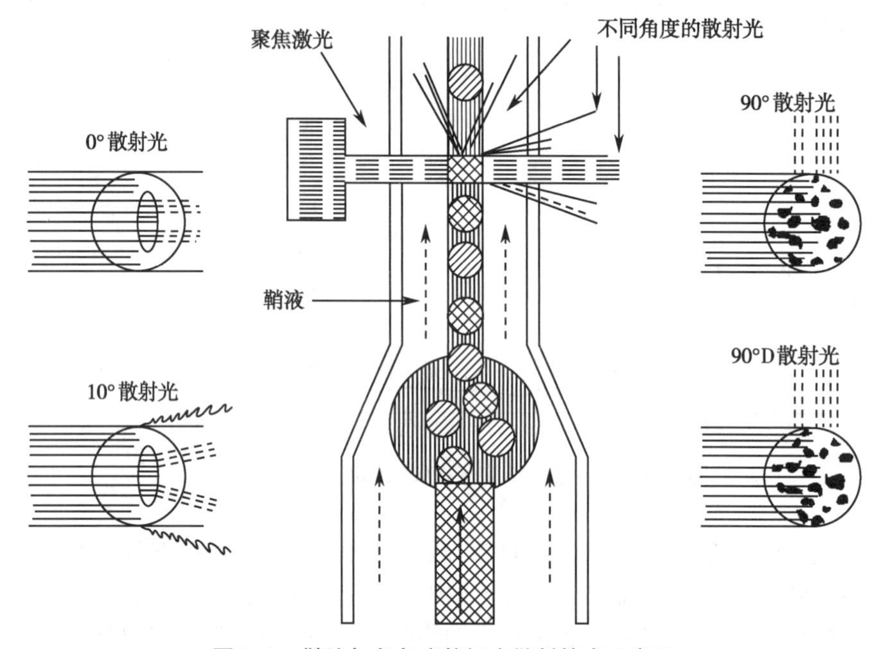

图 8-3 鞘流与多角度偏振光散射技术示意图

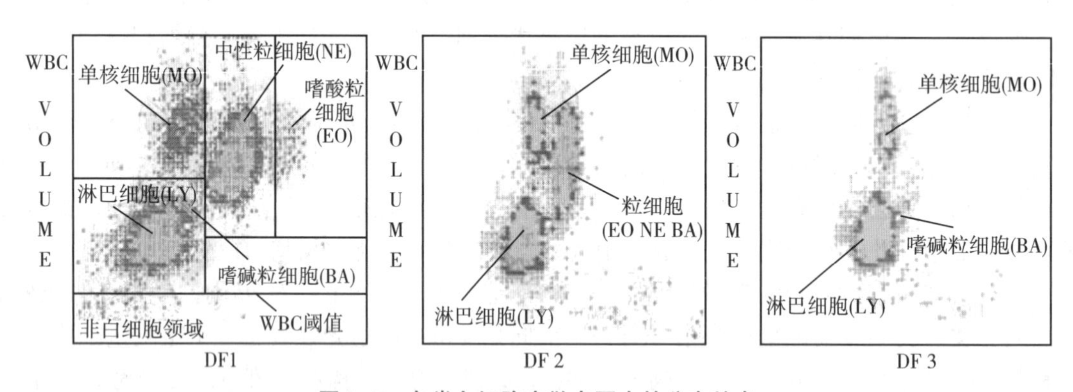

图 8-5 各类白细胞在散点图中的分布特点

VCS 技术可通过 DF1、DF2、DF3 三个散点图将五种类型白细胞明显区分开。DF1 为细胞体积和激光散射的直方图，DF2 和 DF3 为细胞体积和高频电导性的直方图，DF3 为除去粒细胞群体后显示出淋巴细胞后面的嗜碱性粒细胞图像

（3）光散射与细胞化学联合检测技术：仪器采用激光散射技术的同时，联合应用细胞化学染色技术对白细胞进行分类计数。常用的细胞化学染色为过氧化物酶染色。过氧化物酶在 5 种白细胞中的活性存在差异（嗜酸性粒细胞 > 中性粒细胞 > 单核细胞，而淋巴细胞和嗜碱性粒细胞中无此酶），经过氧化物酶染色，细胞质内部即可出现不同强度的酶化学反应。当这类细胞经过检测区域时，因酶反应强度不同和细胞体积大小的差异，激光束照射到细胞上产生的前向角和散射角不同，以透射光检测酶反应强度的结果为 X 轴，以散射光检测细胞体

积的结果为Y轴，每个细胞产生两个信号结合定位，就可以得到白细胞分类结果（图8–6）。使用该技术的仪器还可以同时提供异型淋巴细胞、幼稚细胞的比例等参数。

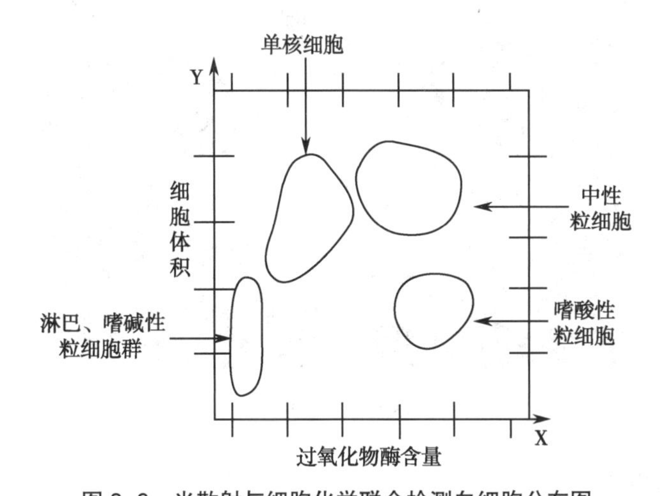

图8–6 光散射与细胞化学联合检测白细胞分布图

以透射光检测酶反应强度的结果为X轴，以散射光检测细胞体积为Y轴

（4）核酸染色技术：仪器以半导体激光作为光源，在试剂中增加了核酸荧光染料，可以对核酸物质DNA/RNA进行染色。染色后白细胞着色深（未成熟粒细胞、异常细胞荧光染色更深，成熟白细胞荧光染色浅），红细胞不染色，血小板稍染色。仪器采用两个通道检测白细胞，即DIFF和BASO通道。在DIFF通道中，根据白细胞的种类及成熟阶段不同，与核酸荧光染料的结合程度不同，通过检测散射光信号和荧光信号就可以区别出淋巴细胞、单核细胞、嗜酸性粒细胞、中性粒细胞。另外设立了独特的BASO通道，其中加入表面活性剂，在碱性溶血剂作用下，除嗜碱性粒细胞以外的其他种类的白细胞都被溶解或萎缩，只剩下裸核，而嗜碱性粒细胞可以保持细胞的完整性。因此通过检测散射光信号，可以将嗜碱性粒细胞从白细胞裸核中区分出来（彩图8–7）。

（5）双鞘流DHSS五分类技术：仪器设置了3个通道完成对白细胞的五分类及异常白细胞的测定。这3个通道分别是：白细胞计数通道（WBC/HGB）、白细胞分类通道即双鞘流通道（double hydrodynamic sequential system，DHSS）和嗜碱性粒细胞通道（BASO/WBC）。

DHSS（双鞘流）是联合流式细胞化学染色后的光吸收和电阻抗原理对白细胞进行精确分析的一类技术（图8–8）。在流式通道中有2个鞘流装置，染色后的细胞悬液被引导进入鞘流池进行双鞘流分析。首先经过60μm的红宝石小孔进行电阻抗法分析，用于检测细胞体积大小；然后细胞悬液迅速进入直径为42μm的第二鞘流检测通道进行细胞化学染色后的光吸收率的测定，以判断细胞形态和内容物等情况。根据每类细胞在这两个分析参数上所表现出来的不同特性，可形成二维分布的散点图。在此通道内可完成对淋巴细胞、单核细胞、中性粒细胞和嗜酸性粒细胞群的分类。

在嗜碱性粒细胞（BASO/WBC）检测池中，全血样本与特殊的溶血素混合后，红细胞被溶解，除嗜碱性粒细胞具有抗酸性不被破坏以外，其他类型的白细胞细胞质均外溢，成为裸核。设定阈值，使其与其他白细胞的裸核形成的脉冲相区别。

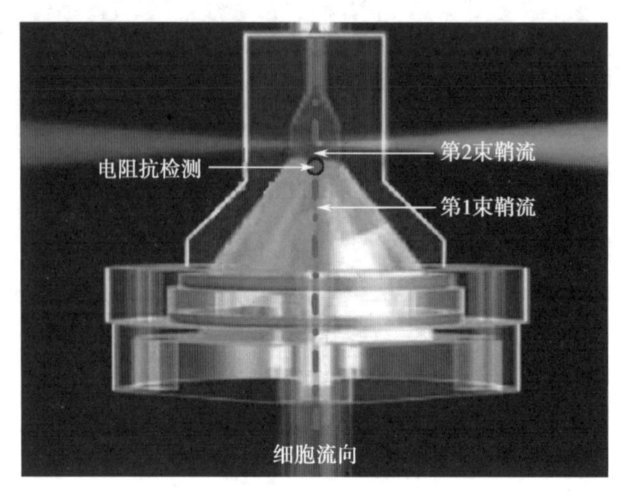

图 8-8　双鞘流图

（二）红细胞检测原理

1. 电阻抗法　目前，大多数血细胞分析仪都是采用电阻抗法进行红细胞计数和血细胞比容的测定，其检测原理同白细胞计数相似。红细胞通过计数小孔时，可形成相应大小的脉冲，脉冲信号多少的累积即红细胞数量，脉冲信号高度的累积可换算成血细胞比容。经过稀释液稀释的红细胞，体积分布范围在 36～360fl。红细胞直方图上，在 50～125fl 区域内有一个接近正态分布的曲线，为正常大小的红细胞；在 125fl 以上区域，可见一个较低且分布稍宽的曲线，多为大红细胞、网织红细胞等（图 8-9）。红细胞直方图峰左移或右移，可以反映小红细胞或大红细胞大量存在（图 8-10～图 8-11）；贫血治疗过程中，可以出现双峰（图 8-12）。

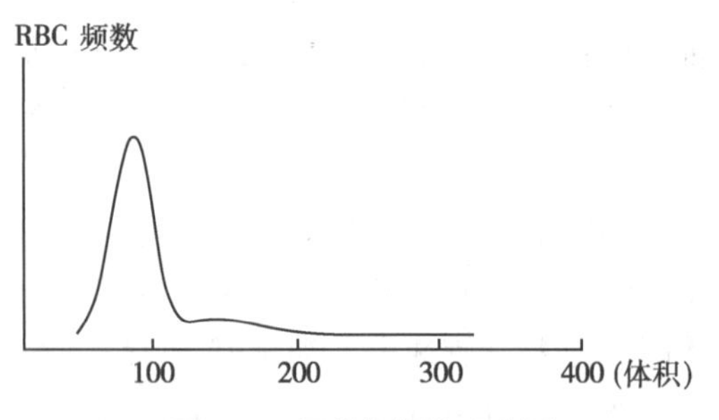

图 8-9　正常红细胞直方图

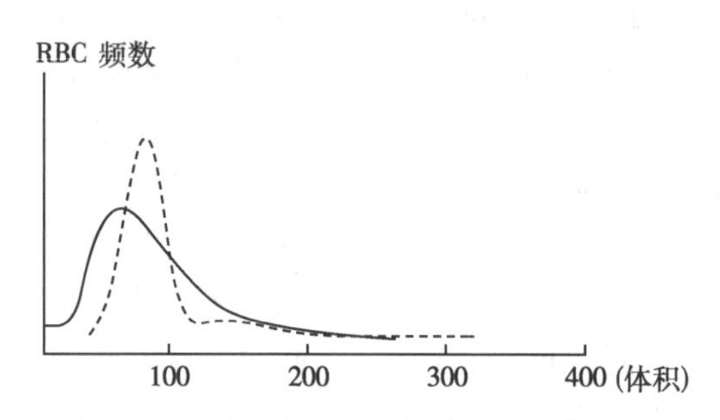

图 8-10　小红细胞且红细胞大小不等直方图

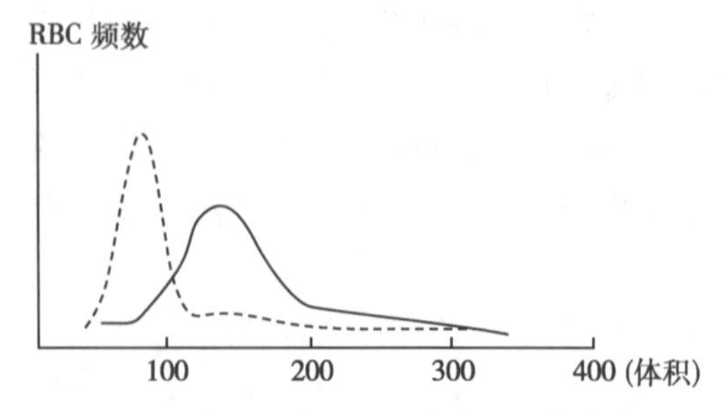

图 8-11　大红细胞且红细胞大小不等直方图

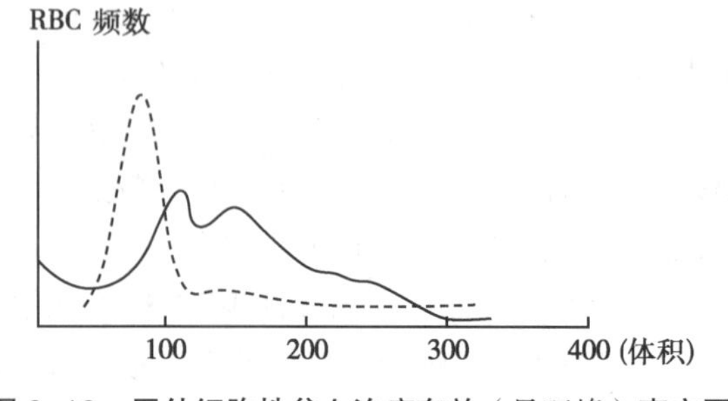

图 8-12　巨幼细胞性贫血治疗有效（呈双峰）直方图

（注：图 8-9 至图 8-12 中深色实线代表异常红细胞分布）

2. 流式细胞激光核酸荧光染色和鞘流电阻抗法　红细胞/血小板计数通道可同时实现对红细胞、网织红细胞、血小板及网织血小板的检测。

核酸（DNA/RNA）荧光染色时：①成熟红细胞无DNA/RNA，不被染色。②网织红细胞内RNA经荧光染色后，荧光强度与RNA含量成正比，网织红细胞的成熟度不同，其RNA含量不同，因此产生的荧光强度就有差异。根据其差异，可分成3区：低荧光强度网织红细胞（LFR）区、中荧光强度网织红细胞（MFR）区及高荧光强度网织红细胞（HFR）区。MFR和HFR即反映未成熟的网织红细胞。③荧光染料能够迅速通过血小板细胞膜并与RNA结合，采用激光流式细胞术进行网织血小板计数。成熟血小板染色少，网织血小板染色多。

根据细胞体积大小和荧光染色强弱的差异，可得到红细胞和血小板的相关参数（彩图8–13）。

3. 有核红细胞计数　通过有核红细胞检测程序和专用通道（nucleated red blood cell，NRBC）：采用一种专用试剂使成熟红细胞溶解但可保持有核红细胞的核结构，同时白细胞也保持完好。试剂中的荧光染料可将白细胞和有核红细胞的核染色，通过检测荧光强度得到：白细胞核大，荧光强度高；有核红细胞核小，荧光强度低；正常红细胞无细胞核和破碎，荧光强度极低。根据荧光强度差和前向散射光信号测定的细胞体积差，可将有核红细胞从其他细胞群中区分出来（彩图8–14）。

（三）血小板检测原理

1. 电阻抗法　血小板随红细胞在一个通道中检测，同样采用电阻抗法进行血小板计数。正常人红细胞体积与血小板体积有明显的差异，因此仪器设置了特定的阈值，可以将红细胞和血小板区分开来。一般血小板计数设置64个通道，体积分布范围在2～30fl之间（图8–15）。在电阻抗法血小板计数时，有的还采用3次计数、扫描和拟合曲线等技术提高血小板计数的准确性。

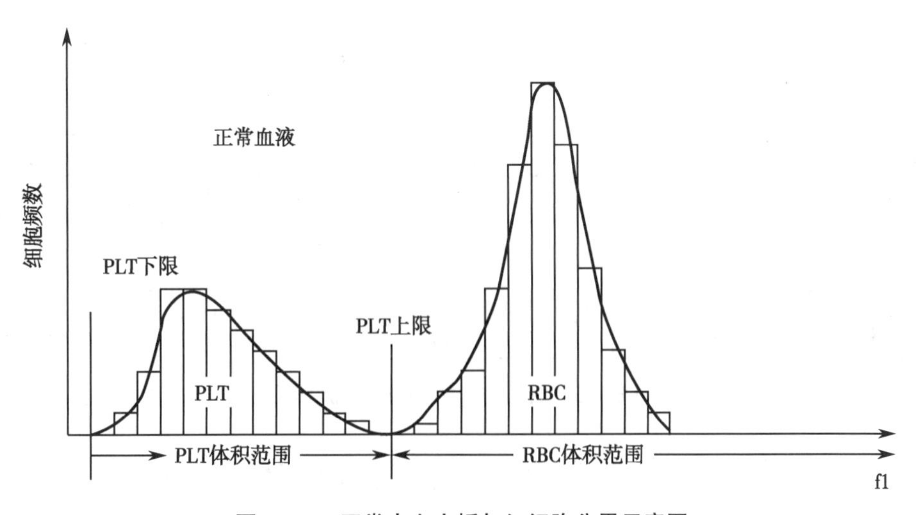

图8–15　正常人血小板与红细胞分界示意图

2. 激光散射法　单个球形化血小板通过流式通道被激光束照射后，低角度（2°～3°）光散射能测量血小板的大小；高角度（5°～15°）光散射能测量血小板折射指数（refractive index，

RI），此参数与血小板密度有关。血小板的体积在 2～30fl 之间，RI 在 1.35～1.40 之间。红细胞含有高浓度血红蛋白，RI 在 1.35～1.44 之间。大血小板虽然可能与小红细胞、红细胞碎片以及其他细胞碎片体积相似，但因其内容物不同，RI 存在一定差别，在二维散点图上可以区分血小板和红细胞。此法可以在一定程度上纠正小红细胞、红细胞或其他细胞碎片以及血小板聚集等因素导致的血小板计数的偏差，可用于血小板计数的纠正。

（四）血红蛋白含量检测

抗凝全血中加入溶血剂，红细胞被破坏溶解，释放出血红蛋白，再与溶血剂中相关成分结合形成血红蛋白衍生物，进入血红蛋白检测系统。在特定波长（540nm）下进行光电比色，吸光度与血红蛋白含量成正比，经计算得出血红蛋白浓度。不同血细胞分析仪配套使用的溶血剂不同，因此形成的血红蛋白衍生物也不同，但其最大吸收峰都接近 540nm（国际血液学标准化委员会推荐的氰化高铁法的最大吸收峰在 540nm）。如 SLS-Hb 测定法，测定波长为 555nm，与手工法 HiCN 测定的相关性非常高。应注意的是，血红蛋白的校正必须以氰化高铁法为准。

（五）血细胞分析仪的工作流程（图 8-16）

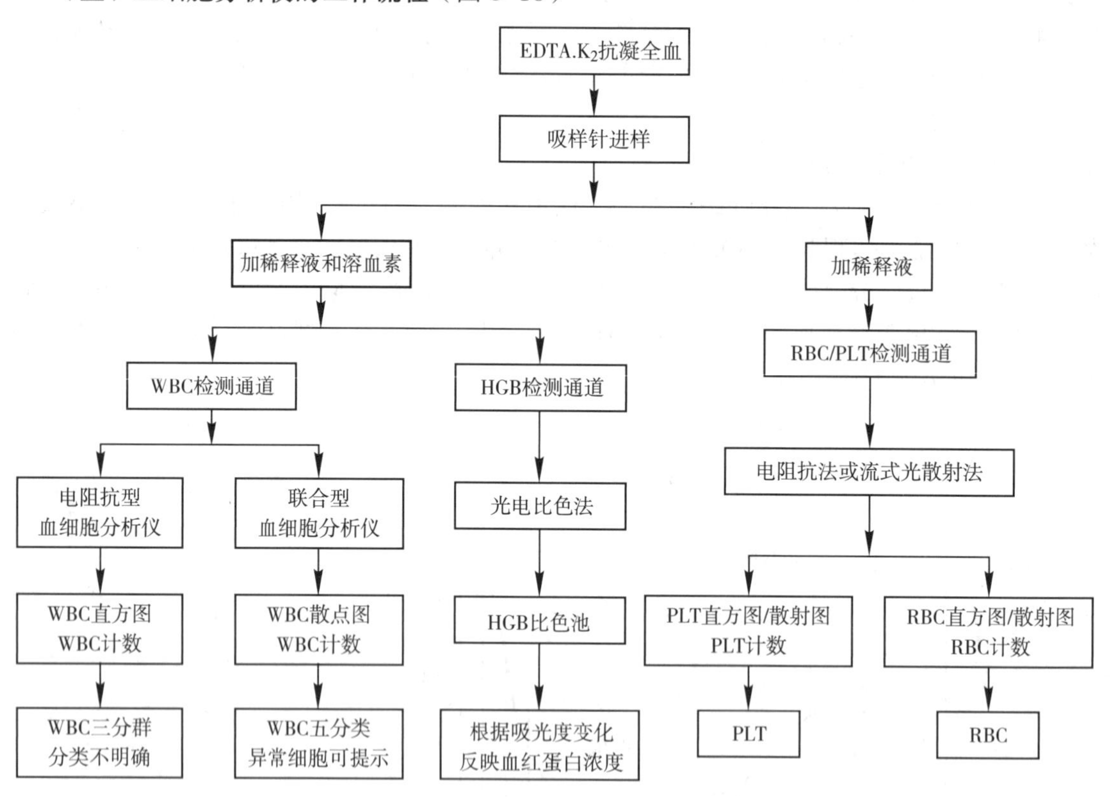

图 8-16 血细胞分析仪的工作流程图

二、血细胞分析仪的基本结构

各类型血细胞分析仪的工作原理、功能不同，结构也有差异。但其基本组成相似，主要包括：机械系统、电控系统、血细胞检测系统、血红蛋白测定系统、计算机和键盘控制系统等，各系统有机组合而构成不同的血细胞分析仪。

（一）机械系统

包括机械装置（如全自动血细胞分析仪有进样针、分血器、稀释器、混匀器、定量装置等）和真空泵，用于样本的定量吸取、稀释、传送、混匀以及将样本移入各种检测区。此外，机械系统还兼有清洗管道和排除废液的功能。

（二）电控系统

包括主电源、电子元器件、控温装置、自动真空泵电子控制系统以及仪器的自动监控，故障报警和排除装置等。

（三）血细胞检测系统

国内常用的血细胞分析仪，使用的检测系统可分为电阻抗检测系统和流式光散射检测系统两大类。

1. 电阻抗检测系统　由检测器、放大器、甄别器、阈值调节器、检测计数系统和自动补偿装置等组成。这类检测系统主要应用于“二分群、三分群”仪器中。

（1）检测器：由测样杯小孔管（个别仪器为微孔板片）、内外部电极等组成（图 8–1）。仪器配有两个小孔管，一个小孔管的微孔直径约为 80μm，用来测定红细胞和血小板；另一个小孔管微孔直径约为 100μm，用来测定白细胞总数及分类计数。外部电极上安装有热敏电阻，用来监视补偿稀释液的温度，温度高时会使其导电性增加，从而发出的脉冲信号变小。

（2）放大器：将血细胞通过微孔产生的微伏（μV）级脉冲电信号进行放大，以便触发下一级电路。

（3）甄别器与阈值调节器：甄别器的作用是将初步检测的脉冲信号进行幅度甄别和整形，根据阈值调节器提供的参考电平值，将脉冲信号接收到设定的通道中，每个脉冲的振幅必须位于相应通道参考电平之内。白细胞、红细胞、血小板经各自的甄别器进行识别，再行计数。

（4）补偿装置：理想的检测是血细胞逐个通过微孔，一个细胞只产生一个脉冲信号，以进行正确的计数。但在实际测定循环中，常有两个或更多的细胞重叠同时进入孔径感应区内。此时，电子传导率变化仅探测出一个单一的高或宽振幅的脉冲信号，由此引起一个或更多的脉冲丢失，使计数较实际结果偏低，这种脉冲信号减少称为复合通道丢失（又称重叠损失）。近代血细胞分析仪都有补偿装置，在血细胞计数时，对复合通道丢失进行自动校正，也称重叠校正，以保证结果的准确性。

2. 流式光散射检测系统　由激光光源、检测装置和检测器、放大器、甄别器、阈值调节器、检测计数系统和自动补偿装置等组成。这类检测系统主要应用于五分类及网织红细胞计数的仪器中。

（1）激光光源：多采用氩离子激光器、半导体激光器提供单色光。

（2）检测装置：主要由鞘流形成的装置构成，以保证细胞悬液在检测液流中形成单个排列的细胞流。

（3）检测器：散射光检测器系光电二极管，用以收集激光照射细胞后产生的散射光信号；荧光检测器系光电倍增管，用以接收激光照射的荧光染色细胞产生的荧光信号。

（四）血红蛋白测定系统

由光源、透镜、滤光片、流动比色池和光电传感器等组成。

（五）计算机和键盘控制系统

内置计算机在血细胞分析仪中广泛应用使其测量参数不断增加。微处理器MPU具有完整的计算机中央处理单元（CPU）的功能，包括算术逻辑部件（ALU）、寄存器、控制部件和内部总线4个部分。此外还包括存储器、输入/输出电路。输入/输出电路是CPU和外部设备之间交换信息的接口。外部设备包括显示器、键盘、磁盘、打印机等。键盘控制系统是血细胞分析仪的操作控制部分，键盘通过控制电路与内置电脑相连，主要有电源开关、选择键、重复计数键、自动/手动选择、样本号键、计数键、打印键、进纸键、输入键、清除键、清洗键、模式键等。

三、血细胞分析仪的性能指标与评价

（一）主要性能指标

1. 测试参数　包括实际测试参数WBC、HGB、RBC、HCT（有的仪器先以单个细胞高度测得MCV，再乘以RBC计数换算出HCT）、PLT、PCT和计算参数MCV、MCH、MCHC等。参数数目有16～46个不等。

2. 细胞形态学分析　电阻抗法血细胞分析仪，根据血细胞的体积和数量，分别得到WBC、RBC和PLT的直方图。其中，对于白细胞分析，只能做到二分群或三分群，即依据细胞的体积对白细胞的粗略分类。五分类血细胞分析仪，除了将5种白细胞进行分类外，还可对异常细胞，诸如幼稚细胞、异型淋巴细胞等进行提示。另外，还增加了网织红细胞、网织血小板、有核红细胞等计数分析。但必须明确，迄今为止，无论多么先进的血细胞分析仪，进行的血细胞分类都只是一种过筛手段，并不能完全取代人工镜检分类。

3. 测试速度　一般在40～150个样本/小时。

4. 样本量　20～250μl，与仪器设计有关。除能做静脉抗凝血测试外，还能做末梢血计数，以适应不同患者的需求。

5. 主要测试指标的示值范围（表8-1）。

表8-1　血细胞分析仪主要测试指标的示值范围

项目	WBC	RBC	HGB	PLT
示值范围	（0～250）$\times 10^9$/L	（0～7.7）$\times 10^{12}$/L	（0～230）g/L	（0～2000）$\times 10^9$/L

6. 打印　可设置内置打印机和外置打印机，除可报告多项血细胞参数之外，还可以提供血细胞分布直方图或散点图。

（二）性能评价

国际血液学标准化委员会（ICSH）推荐的对血细胞分析仪评价内容包括：对精密度、正确度、携带污染率、线性范围、白细胞分类计数和可比性等指标的测试与评估。另外，还包括血细胞分析仪之间的结果比对，以保证检测结果的准确性。

1. 精密度　包括批内精密度及批间（日间）精密度。

（1）批内精密度：以连续检测结果的变异系数为评价指标。取1份浓度水平在参考区间内的新鲜血样本，按常规方法重复检测11次，取后10次检测结果，计算CV值。CV值应达到厂家说明书的要求。其批内精密度CV值范围见表8-2。

表8-2　血细胞分析仪批内及批间精密度检测要求

项目	批内精密度CV%≤	批间精密度CV%≤
WBC	4.0	6.0
RBC	2.0	2.5
HGB	1.5	2.0
HCT	3.0	4.0
PLT	5.0	8.0
MCV	2.0	2.5
MCH	2.0	2.5
MCHC	2.5	3.0

（2）批间精密度（日间）：以室内质控在控结果的变异系数为评价指标。取至少两个浓度水平（包括正常和异常水平）的质控品，在检测当天至少进行1次室内质控，剔除失控数据（失控结果已得到纠正）后按批号或者月份计算在控数据的变异系数。其CV值应符合表8-2的要求。

2. 正确度　使用定值全血样本（校准品）混匀后连续进行5次测定，计算其平均值与靶值，相比较计算偏倚。偏倚应在定值全血（校准品）说明书范围内。

3. 携带污染率　一般指高值样本对低值样本检测所产生的影响。取高浓度血液样本，混合均匀后连续测定3次，测定值分别为H1、H2、H3；再取低浓度血液样本，连续测定3次，测定值分别为L1、L2、L3。按下列公式计算携带污染率。携带污染率需满足表8-3所列要求。

$$携带污染率=\frac{|L1-L3|}{H3-L3}\times 100\%$$

表8-3　血细胞分析仪携带污染检测要求

检测项目	WBC	RBC	HGB	PLT
携带污染率%≤	3.0	2.0	2.0	4.0

4. 线性范围　其定值与稀释倍数呈线性关系。范围越广越理想，至少应包括正常范围及常见的病理范围。线性回归方程的斜率在1±0.05范围内，相关系数$r \geqslant 0.975$或$r^2 \geqslant 0.95$。WBC、RBC、HGB和PLT项目满足要求的线性范围应在说明书规定的范围内。

5. 白细胞分类的鉴定

（1）重复性：即多次测定同一份血液样本能否得到非常近似的结果。取1份抗凝静脉血，重复测定 10 次，计算各种白细胞分类计数的 CV 值。

（2）准确性：即与“金标准”——显微镜下分类结果的相关程度。取抗凝静脉血 10 份，进行仪器静脉血通道的白细胞分类测定。每份样本重复测定 2 次，取均值；同时制 4 张血涂片，选 4 位素质好、技术水平高的技师，每人每片油镜下分类 200 个白细胞，共计 800 个白细胞，计算白细胞分类计数均值，与仪器分类进行相关性对比。另取末梢血 10 份做仪器外周血通道分类，每份样本重复测定两次计算均值，同时制 4 张血涂片，4 人共显微镜分类 800 个白细胞，计算均值，与仪器分类进行对比。

（3）对异常细胞检出的灵敏度：观察外周血存在的异常细胞（特别是幼稚细胞），能否从直方图中反映出来。

6. 可比性要求

（1）同一台血细胞分析仪不同进样模式的结果应具有可比性。每次校准后，取 5 份临床样本分别使用不同模式进行检测，每份样本各检测 2 次，分别计算两种模式下检测结果均值间的相对差异，其结果应符合表 8–4 的要求。

表 8–4　血细胞分析仪不同进样模式的结果可比性要求

检测项目	WBC	RBC	HGB	HCT	MCV	PLT
相对差异 %≤	5.0	2.0	2.0	3.0	3.0	7.0

（2）实验室内部不同血细胞分析仪之间结果应具有可比性。为保证检测结果的准确性，检测同一项目的不同方法、不同分析系统应定期（至少 6 个月）进行结果的比对。比对实验中，一般采用室内质控达标、室间质评优秀的仪器作为基准仪器，对进行比对的仪器应确认其分析系统的有效性及确认其性能指标符合要求。准备 20 份新鲜全血样本，浓度覆盖生物参考区间。在基准仪器和比对仪器上分别检测这 20 份样本，计算比对仪器和基准仪器之间的结果偏差。

要求：比对的偏差范围在表 8–5 范围内（1/2CLSI 标准）[临床实验室标准化协会（Clinical and Laboratory Standards Institute，CLSI）]。为满足要求，20 份标本中至少有 16 份（≥80%）满足要求为比对合格。

表 8–5　血细胞分析仪比对要求

参数	WBC	RBC	HGB	HCT	MCV	PLT
偏差 %≤	7.50	3.00	3.00	3.00	3.00	12.50

（三）常见血细胞分析仪的特点

根据不同需求，医学实验室会选择不同类型的血细胞分析仪以满足日常工作的需要。常用的血细胞分析仪（包括三分群及五分类血细胞分析仪）的性能指标特点见表 8–6 及表 8–7。

表 8-6　常见三分群血细胞分析仪相关参数比较

型号	AC.T DIFF	K-4500	CELL-DYN1800	MICROS-60	BC-3200
检测参数	18 项参数	18 项参数	18 项参数	21 项参数	22 项参数
检测速度	60 样本 / 小时	80 样本 / 小时	60 样本 / 小时	60 样本 / 小时	60 样本 / 小时
吸样量	正常进样：18μl；稀释进样：20μl	静脉血：50μl；末梢血：20μl	开放模式：30μl；预释模式：40μl	静脉血 / 末梢血：10μl	静脉血：13μl；末梢血：20μl
检测技术与方法	电阻抗法、激光技术的小孔设计、拟合曲线以及诸多库尔特专利技术	电阻抗法：独特三检测通道设计（独立 HGB 通道）	电阻抗法；LED 血红蛋白分析；微孔计数管挡板技术；体积计量管	经典的电阻抗法，差别溶解技术	电气隔离技术、CSD 技术、MCV/PLT 滑坡法、浮动界标技术

表 8-7　常见五分类血细胞分析仪相关参数比较

型号	Hmx	XE-2100	CELL-DYN^{R}CD3700	PENTRA60	BC-5500
检测参数	25 项参数，2 个直方图，3 个白细胞散点图	30 项参数，3 个直方图，3 个散点图	30 项参数，5 个直方图，7 个散点图	26 项参数	27 项参数，2 个直方图，2 个散点图
检测速度	75 样本 / 小时	150 样本 / 小时	90 样本 / 小时（开放模式、自动进样）	60 样本 / 小时	80 样本 / 小时
吸样量	闭盖进样：185μl 开盖进样：125μl 稀释进样：50μl	手工进样：约 130μl 自动进样：约 200μl 末梢血进样：约 40μl	封闭模式 <240μl 开放模式 <130μl 自动进样模式 < 335μl	53μl 用于末梢血或静脉血	自动进样模式约 180μl 开放模式约 120μl
检测技术与方法	电阻抗原理、VCS 三维分析技术、新亚甲蓝染色法配合 VCS 技术分析网织红细胞	核酸荧光染色技术和激光流式分析技术、幼稚细胞专用检测技术、射频和电阻抗双重技术	电阻抗技术、多角度偏振光散射分类技术、流动动力聚焦细胞等	DHSS（双鞘流原理）结合细胞化学染色技术、MDSS 分血混匀技术、光学分析法及鞘流阻抗法	细胞化学染色技术、螺旋式试剂恒温技术、双向立体后漩流阻抗法
光源	0.8mW 氦氖激光	半导体激光	5mW 氦氖激光	高能卤素灯	半导体激光

四、血细胞分析仪使用与维护

（一）血细胞分析仪使用流程

仪器各系统有机配合，完成对血细胞的自动化分析。全自动血细胞分析仪的工作流程大致相同（图 8-17）。

（二）血细胞分析仪的维护

血细胞分析仪是精密的电子仪器，测量电平低，涉及多项先进技术，结构复杂，易受各种干扰。为确保仪器正常运行，在安装使用之前，应认真阅读仪器操作说明书或者接受正规培训。在仪器安装应用过程中，应注意以下问题：

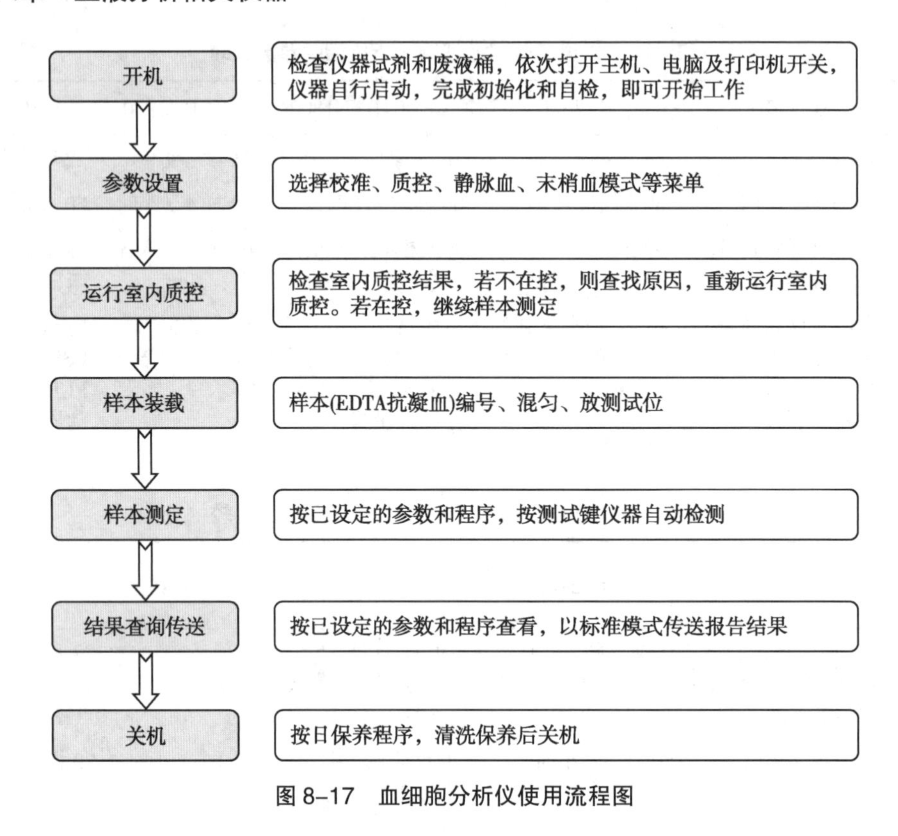

图 8–17 血细胞分析仪使用流程图

1. 安装环境 适宜的温度和湿度、清洁的环境、稳定的电压和良好的接地是安装血细胞分析仪的必备条件。

2. 维护

（1）检测器维护：检测器的微孔为血细胞计数的换能装置，是仪器故障好发部位。全自动血细胞分析仪具备自动保养功能，半自动则应在每天关机前按照说明书要求，对小孔管的微孔进行清理。任何情况下，都必须使小孔管浸泡于新的稀释液中。按要求定时按不同方式清洗检测器：如工作期间，每测完一批样本，按几次反冲装置，以冲掉沉淀在管路中的变性蛋白质；每日工作完毕，用清洗剂清洗检测器至少 3 次，并把检测器浸泡在清洗剂中；定期卸下检测器，用 3%～5% 次氯酸钠浸泡清洗，用放大镜观察微孔是否清洁。

（2）液路维护：目的是保持液路内部的清洁，避免细微杂质引起的计数误差。清洗时向样本杯中加入 20ml 仪器专用清洗液，按动几次计数键，使比色池、定量装置及管路内充满清洗液，然后停机浸泡至少 12 小时（一般指关机后至次日工作开始时），再用稀释液反复冲洗后使用。仪器若长期停用，应将稀释液导管、清洗剂导管、溶血剂导管等置于去离子水或纯水中，按数次计数键，冲洗残留在管道内的试剂，直到充满去离子水后关机待用。

（3）机械传动部分维护：先清理机械传动装置周围的灰尘和污物，再按要求加润滑油，防止机械疲劳和磨损。

五、血细胞分析仪的常见故障及处理

全自动血细胞分析仪具有良好的自我诊断及人机对话功能，当故障发生时，内置电脑会提示错误信息，并伴有报警声，提醒和帮助操作人员进行故障的识别及排除。

（一）开机时的常见故障及排除

1. 开机指示灯及显示屏不亮　检查电源插座、电源线、保险丝等。

2. RBC 或 WBC 稀释液错误　提示：稀释液不足或进液管不在正确的位置上。解决方法：更换稀释液，检查管路并重新连接。

3. RBC 或 WBC 电路错误　提示：多为计数电路中的故障。解决方法：参照说明书检查内部电路，必要时请工程师更换电路板。

4. 测试条件需设置　提示：备用电池故障或电路断电，导致储存的数据丢失时有该信息提示。解决方法：更换电池，重新设置定标参数或其他条件。

（二）测试过程中常见的错误信息

1. 堵孔　提示：检测器的微孔堵塞是影响检验结果准确性最常见的原因。当检测器小孔管的微孔完全阻塞或泵管损坏时，血细胞不能通过微孔，导致无法正常计数，仪器显示“CLOG”，此时为完全堵孔。而不完全堵孔需要以下方法进行判断：①观察计数时间；②观察示波器波形；③看计数指示灯闪动；④听仪器发出的不规则间断声音。

常见堵孔原因及处理方法：①仪器长时间不用，试剂中的水分蒸发、盐类结晶堵孔，可用去离子水浸泡，待完全溶解后，按 CLEAN 键清洗；②末梢采血不顺或用棉球擦拭微量采血管，导致杂质进入管道；③抗凝剂剂量与全血量不匹配或静脉采血不顺，有小凝块；④小孔管微孔蛋白沉积多，需清洗；⑤血样管盖未盖好，空气中的灰尘落入管内。后四种原因，一般按 CLEAN 键进行常规清洗，若仍不能排除，则需小心卸下检测器进行进一步清理。

2. 气泡　提示：多为压力计中出现气泡，按 CLEAN 键清洗，再测定。

3. 噪声　提示：多为测定环境中有噪声干扰、接地线不良或泵管小孔管较脏所致。将仪器与其他噪声大的设备分开，确认良好接地，清洗泵管或小孔管。

4. 流动比色池提示或 HGB 测定重现性差　多为 HGB 流动池脏所致，按 CLEAN 键清洗 HGB 比色池。若污染严重，需小心卸下比色杯，用 3%～5% 的次氯酸钠溶液清洗。

5. 溶血剂错误　提示：多因溶血剂与样本未充分混合。处理方法：重新测定样本。

6. 细胞计数重复性差　提示：多为小孔管脏或环境噪声大。处理方法同 1 和 3。

（三）检测和验证

设备故障修复后，如果设备故障影响了方法学性能，可通过以下合适的方式进行相关的检测和验证：①可校准的项目实施校准或校准验证；②质控品检测结果在允许范围内；③与其他仪器的检测结果比较；④使用留样再测结果进行判断。

问题与思考

彩图 8-18 为五分类血细胞分析仪的散点图和直方图。在彩图 8-18-1 中，结合计数结果和图形，有哪些异常提示？在血小板直方图中，为何会出现尾部抬高现象？在彩图 8-18-2 中，计数结果显示：网织红细胞比例明显增高，你能在散点图上发现异常所在吗？

第二节 血液凝固分析仪

止血与血栓是一门交叉学科，涉及基础医学、临床医学及预防医学的各个领域，与临床多种疾病的发生、发展及治疗和预后有着密切的关系。随着科学技术的发展和基础医学研究的不断进步，人们对止血与血栓的发生发展认识越来越深刻，临床实验室的检测手段也越来越先进，从传统的手工方法发展到全自动化检测，从单一的凝固法发展到免疫学方法、生物学方法。血液凝固分析仪（automated coagulation analyzer，ACA）简称血凝仪，是采用一定分析技术，对血栓与止血有关成分进行自动检测分析的临床常规检验仪器。

一、血液凝固分析仪的工作原理

早期使用的血凝仪多采用生物学检测方法，即凝固法。随着科学技术和检测方法的进步，血凝仪逐渐将免疫学、生物化学、干化学等技术引入其中，使血凝仪的检测项目日益丰富，从而为临床诊治和预防疾病提供更多的依据。

（一）生物学方法

又称为凝固法，即将凝血因子激活剂加入到待检血浆中，血凝仪连续记录在血浆凝固过程中一系列物理量（光、电、超声、机械运动等）的变化，并将这些变化信号转变成数据，再由计算机分析所得数据并将之换算成最终结果。这类方法发展最早，使用也最广泛。目前，血凝仪使用的凝固法大致可分为：光学法、磁珠法、电流法和超声分析法。

1. 光学法　又称比浊法。样本杯中的血浆在凝固过程中，纤维蛋白原逐渐转变成纤维蛋白，其理学性状会发生改变，其透射光和散射光的强度也会随之改变。血凝仪则根据血浆凝固而导致光强度的变化来判断凝固终点（即纤维蛋白形成的时间）。光学法又可分为：散射比浊法和透射比浊法。

（1）散射比浊法：是根据待检样本在凝固过程中散射光的变化来确定检测终点的。在该方法中，来自发光二极管的光被样本所反射或散射，散射光又被光电二极管接收，仪器将光强度转变成电信号，这些电信号再被传送到检测器进行处理。该法的主要特点是：发射光的二极管与反应管后接收光的光电二极管必须成一定角度，即不在同一直线上。当向样本中加入凝血激活剂后，随样本中纤维蛋白的形成，样本的散射光强度逐步增加。当样本完全凝固以后，散射光的强度不再变化，通常是把凝固的起始点作为0%，凝固终点作为100%，把50%作为凝固时间。光探测器接收这一光学的变化，将其转化为电信号，经放大再行数据处理，描制出凝固曲线（彩图8-19）。

（2）透射比浊法：是根据待测样本在凝固过程中吸光度变化来确定凝固终点的。与散射比浊法不同的是，来自光源的光线经过处理后变成平行光，此平行光透过待测样本后照射到光电管上变成电信号，经放大再行数据处理。当向样本中加入凝血激活剂后，开始的吸光度非常弱，设置为0%，随着反应管中纤维蛋白的形成，标本吸光度也逐渐增强至100%。0～100%之间的光强度变化被描制成一条曲线，仪器通常设定50%所对应的时间为凝固时间。

光学法的优点是灵敏度高、仪器结构简单、易于自动化。缺点是样本的光学异常（如乳糜血等），测试杯的清洁度，加样中可能形成的气泡等都会影响检测。

2. 磁珠法　是根据磁珠运动的幅度随血浆凝固过程中黏度的增加而变化来测量凝血功能的一种方法。根据仪器对磁珠运动测量原理的不同，又可分为光电探测法和电磁探测法。

（1）光电探测法：测试时，测试杯下面的永久磁铁旋转，带动测试杯中磁珠沿杯壁旋转；测试杯的侧壁外安装有红外反射式光电元件，用以监测磁珠运动变化；根据运动力学原理，旋转的磁珠依血浆黏度增大渐向测试杯中心靠拢，光电元件检测不到磁珠运动时测量结束。在该法中光电探测器的作用与光学法中不同的是，它只测量血浆凝固过程中磁珠的变化，与血浆的浊度无关。

（2）电磁探测法：又可称为双磁路磁珠法，其中一对磁路产生恒定的交替电磁场，用于吸引测试杯内磁珠，使之保持等幅振荡运动；另一对磁路利用测试杯内磁珠摆动过程中对磁力线的切割所产生的电信号，对磁珠摆动幅度进行监测，当磁珠摆动幅度衰减到50%，确定凝固终点（图 8-20）。

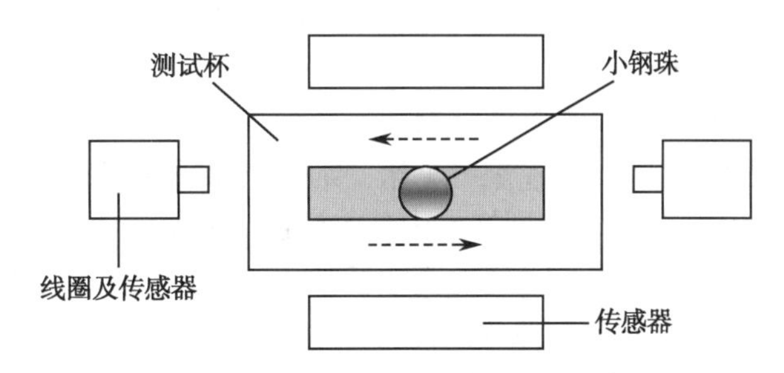

图 8-20　双磁路磁珠法检测原理示意图

磁珠法优点在于不受血浆性状的干扰，使用试剂量少；缺点是磁珠的质量、杯壁的光滑程度等，均会对测量结果造成影响。

3. 电流法　利用纤维蛋白原无导电性而纤维蛋白具有导电性的特点，将待测样本作为电路的一部分，根据凝血过程中电路电流的变化来判断纤维蛋白的形成。由于该法的不可靠性及单一性，所以很快被更敏感、更易扩展的光学法所取代。

4. 超声分析法　利用超声波测定血浆在体外凝固过程中发生变化的半定量方法。在血浆凝固分析过程中，以频率为 2.0～2.7MHz 的石英晶体传感器作为信号的发射器和接收器，当血浆中加入凝血激活剂后，其凝固过程可使石英传感器的发射波发生变化，记录和分析这些变化即可得到所测结果。此方法应用较少，仅限于 PT、APTT 及 Fbg 的测定。

（二）发色底物法

又称为生物化学方法，主要是通过测定产色物质的吸光度变化来推算所测定物质的含量。其基本原理是：通过人工合成与天然凝血因子氨基酸排列顺序相似，并且有特定作用位点的多肽；该作用位点与产色的化学基团相连；测定时由于凝血因子具有蛋白水解酶的活性，它不仅能作用于天然蛋白质肽链，也能作用于人工合成的肽段底物，从而释放出产色基团，使溶液呈色；呈色深浅与凝血因子活性成比例关系，故可进行精确的定量分析（图 8-21）。

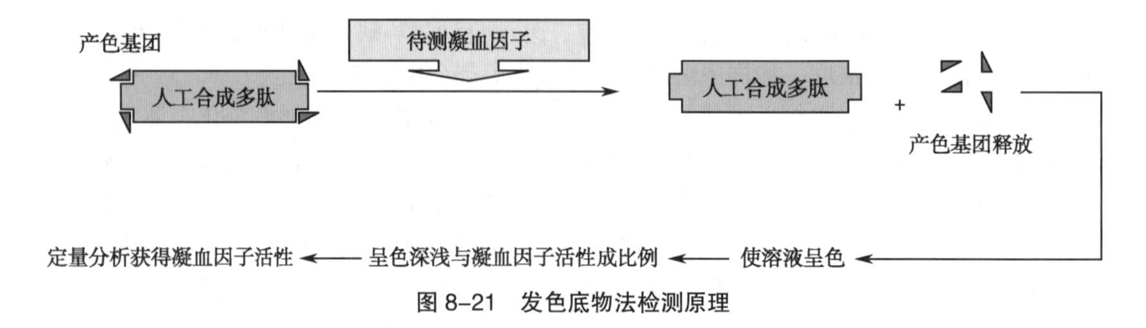

图 8-21 发色底物法检测原理

目前人工合成的多肽底物有几十种，而最常用的产色物质是对硝基苯胺（PNA）。游离的 PNA 呈黄色，其测定波长选用 405nm。在这一波长下，其他物质对光的吸收小于 PNA 对光吸收的 1%。血凝仪使用发色物质检测的指标大致分为 3 种模式，即对酶、酶原和酶抑制物进行测定。

1. 对酶的检测 即在含酶的样本中直接加入产色物质，因为酶可裂解产色物质释放 PNA，检测被检样本在 405nm 处光吸收的变化，就可推算样本中酶的活性。如对凝血酶、纤溶酶等的检测。

2. 对酶原的检测 要对某种酶原进行测定，必须先用激活剂将其彻底激活，使其活化位点暴露，才可将产色物质上的 PNA 裂解下来。加入的激活剂必须过量，因为只有这样才能使酶原全部被激活，酶原的量才会同样本中酶的活性成一定的数量关系。样本中酶的活性可通过 PNA 释放，即可通过样本吸光度的变化反映出来，由此则可推算出样本中酶原的含量。如对凝血酶原、蛋白 C、纤溶酶原等的检测。

3. 对酶抑制物的检测 首先向待检样本中加入过量对应的酶中和该抑制物，剩余的酶可裂解产色物质释放 PNA，监测光强度的变化，就可测出酶的活性，进而可计算出样本中抑制物的含量。如抗凝血酶、α_2- 抗纤溶酶等的检测。

底物显色法灵敏度高、精密度好，且易于自动化和标准化，为血栓 / 止血检测开辟了新的途径。

（三）免疫分析法

是以纯化的被检物质作为抗原，然后用免疫动物的方法制备相应的抗体，将与待测物质相对应的抗体包被在大小均一、直径为 15 ~ 60nm 的胶乳颗粒上，利用抗原抗体的特异性结合反应来对被检物质进行定性或定量的测定。包被后的抗体与抗原结合后形成的复合物体积增大，引起透射光的变化，由吸光度变化推算出所检测物质的含量。实验室使用的方法有：免疫扩散法、火箭电泳法、双向免疫电泳法、酶标法、免疫比浊法。血凝仪使用的是免疫比浊法。

免疫比浊法又可分为直接浊度分析和胶乳比浊分析。直接浊度分析包括透射比浊和散射比浊。是指血凝仪光源的光通过待检样本时，由于待检样本中的抗原与其对应的抗体反应形成复合物使其浊度增加，引起透射光或散射光强度的改变。其光强度变化的程度与抗原的量成一定的数量关系，通过这一数量关系可从透射光或散射光强度的变化来求知抗原的量。胶乳比浊法即是将与待检物质相对应的抗体包被在直径为 15 ~ 60nm 的胶乳颗粒上，使抗原抗体结合物的体积增大，光通过之后，透射光和散射光的强度变化更为显著，从而提高试验的敏感性。主要应用于 D-Dimer、FDP、vWF：Ag 等的测定。

（四）干化学技术

将惰性顺磁铁氧化颗粒（paramagnetic iron oxid particle，PIOP）结合在可产生凝固反应或纤溶反应的干试剂中，在固定垂直磁场的作用下颗粒来回移动。当加入血样本后，血液通过毛细管作用进入反应层，使干试剂溶解，发生相应的凝固反应或纤溶反应，导致干试剂中PIOP摆动幅度减小或增加。间接反映出纤维蛋白的形成或溶解的动态过程，仪器的光电检测器可记录PIOP摆动所产生的光亮变化，这些变化通过信号放大、转换、运算而得到所测结果（图8-22）。该法主要应用于床旁即时检测的便携式血凝仪。

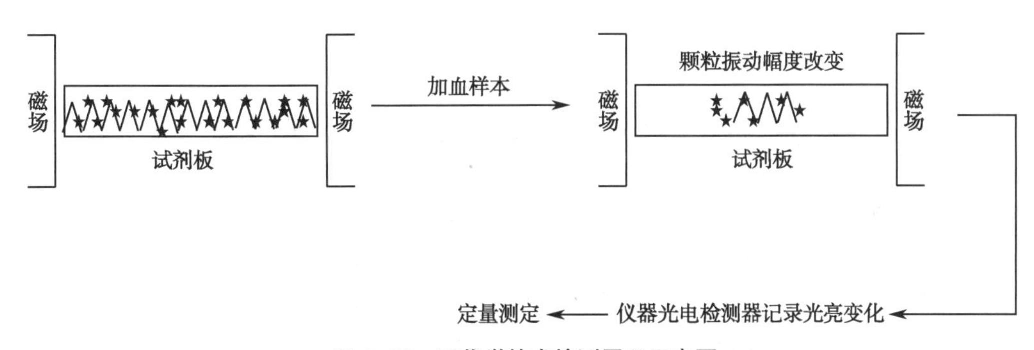

图8-22 干化学技术检测原理示意图

★代表惰性顺磁铁氧化颗粒 ∧代表颗粒震动幅度

二、血液凝固分析仪的基本结构

（一）半自动血凝仪的基本结构

主要由样本和试剂预温槽、加样器、检测系统（光学、磁场）及微机组成。有的半自动仪器还配备了产色底物法检测通道，使该类仪器同时具备了检测抗凝系统和纤维蛋白溶解系统活性的功能。

针对半自动血凝仪受人为因素影响多、重复性较差等特点，有的仪器配有自动计时装置，以告知预温时间和最佳试剂添加时间；有的在测试位添加试剂感应器，感应器从移液器针头滴下试剂后，立即启动混匀装置使之产生振动，使血浆与试剂得以很好地混合；有的仪器在测试杯顶部安装了移液器导板，在添加试剂时由导板来固定移液器针头，从而保证了每次均可以在固定的最佳角度添加试剂并可以防止产生气泡。这些改进，提高了半自动血凝仪检测的准确性。

（二）全自动血凝仪基本结构

全自动血凝仪的结构包括样本传送及处理装置、试剂冷藏位、样本及试剂分配系统、检测系统、计算机、输出设备及附件等。

1. 样本传送及处理装置　血浆样本由传送装置依次向吸样针位置移动，多数仪器还设置了急诊进样位置，使常规样本检测在必要时可以暂停，优先测定急诊样本。样本处理装置由样本预温盘及吸样针构成，前者可以放置几十份血浆样本。吸样针将血浆吸取后放于预温盘的测试杯中，供重复测试、自动再稀释后测试用。

2. 试剂冷藏位　可以同时放置几十种试剂进行冷藏，避免试剂变质。

3. 样本及试剂分配系统　包括样本臂、试剂臂、自动混合器。样本臂会自动提起样本盘中的测试杯，将其置于样本预温槽中进行预温。然后试剂臂将试剂注入测试杯中（性能优越的全自动血凝仪为避免凝血酶对其他检测试剂的污染，有独立的凝血酶吸样针），由自动混合器将试剂与样本充分混合后送至测试位，已检测过的测试杯被自动丢弃于特设的废物箱中。

4. 检测系统 是仪器的关键部件。血浆凝固过程通过前述多种方法进行检测。

5. 计算机控制系统 根据设定的程序指挥血凝仪进行工作，并将检测得到的数据进行分析处理，最终得到测试结果。通过计算机屏幕或打印机输出测试结果。还可对患者的检验结果进行储存、统计，并可记忆操作过程中的各种失误。

6. 附件 主要有系统附件、条码扫描仪、阳性样本分析扫描仪等。

三、血液凝固分析仪的性能指标与评价

（一）主要性能指标

1. 测试参数 目前，医学实验室使用的血凝仪的测试范围很广泛，大致包括以下内容：凝血酶原时间（PT）、部分凝血活酶时间（APTT）、纤维蛋白原定量（Fbg）、凝血酶时间（TT）、D-二聚体（D-Dimer）、纤维蛋白（原）降解产物（FDP）、外源凝血因子、内源凝血因子、蛋白C（PC）、蛋白S（PS）、抗凝血酶（AT）、血管性假性血友病因子（vWF）、肝素（普通/低分子）等。除以上常规检测项目外，用户还可以根据需要自定义测试项目。

2. 测试速度 不同型号的仪器其测试速度有一定的差别，处理速度大致集中在PT：180～360测试/小时；APTT：80～160测试/小时；Fbg：60～120测试/小时；D-Dimer：90～202测试/小时。

3. 样本量 各仪器会有不同，以CS-2100i为例，一般用量为PT、APTT：50μl；TT：100μl；D-Dimer：25μl；Fbg：10μl。

4. 血凝仪常见项目的示值范围（表8-8）

表8-8 血凝仪常见项目的示值范围

检测项目	PT	APTT	Fbg	TT
示值范围	5～180s	5～300s	0.25～10g/L	5～180s

5. 打印 包括测试结果、质控数据、质控图、标准曲线等在内的所有重要信息，都可以通过外接打印机进行打印。

（二）性能评价

选择高质量的血凝仪，对于保证止血与血栓检验的质量至关重要。血凝仪的评价通常包括两个方面：一般性能评价和技术性能评价。

1. 一般性能评价 包括：①产品质量50%：其中仪器应具有的特征占25%、仪器自动化程度占15%、免费维护保养能力占10%；②价格占25%；③厂商评估占10%；④担保占5%；⑤售后服务占5%；⑥可接受性占5%。

2. 技术性能评价　国际血液学标准化委员会（ICSH）对血凝仪性能评价的标准如下：

（1）精密度：包括批内精密度和批间精密度（日间）。

批内精密度以连续检测结果的变异系数为评价指标。取 3 个浓度水平（正常、中度异常和高度异常）的临床样本或质控品各 1 份，每份样本按常规方法重复检测 11 次，计算后 10 次检测结果间的变异系数，应符合表 8-9 的要求。

批间精密度以室内质控在控结果的变异系数为评价指标。至少使用 2 个浓度水平（含正常和异常水平）的质控品，在检测当天至少进行 1 次室内质控，剔除失控数据后（失控结果已得到纠正），按批号或者月份计算在控数据的变异系数，应符合表 8-9 的要求。

表 8-9　常用凝血试验的批内及批间精密度检测要求

检测项目	批内 CV%≤		批间 CV%≤	
	正常样本	异常样本	正常样本	异常样本
PT*	3.0	8.0	6.5	10.0
APTT*	4.0	8.0	6.5	10.0
Fbg**	6.0	12.0	9.0	15.0

*批内精密度检测时，异常样本的浓度水平要求大于仪器检测结果参考区间中位值的 2 倍

**批内精密度检测时，Fbg 异常样本的浓度要求大于 6g/L 或小于 1.5g/L

（2）正确度：使用两个水平（正常值及异常值）的定值质控品分别测定各项目，连续测定 3 次，计算算术平均值及相对偏倚，均值应在质控血浆标示的范围内，相对偏倚应符合表 8-10 的要求。或可使用正常人混合的新鲜血浆和异常值血浆样本，与已通过注册、具有相同预期用途、原理与结构相似的检测系统进行方法学比较，其相对偏倚也应满足表 8-10 要求。

表 8-10　常用凝血试验项目测定的正确度要求

项目名称	要求（相对偏倚 %≤）	
	正常样本	异常样本
Fbg（g/L）	10.0	20.0
APTT（s）	5.0	10.0
PT（s）	5.0	10.0
TT（s）	10.0	20.0

（3）携带污染：即不同样本对测定结果的影响，包括高值样本对低值样本的污染及低值样本对高值样本的污染两个方面。

高值样本对低值样本的污染：将低值样本置样本架 1 和 3 位置，高值样本置于 2 位置，每个样本分别测定 3 次，记录结果：N1、N2、N3；A1、A2、A3；N4、N5、N6。计算携带污染率 k1=［N4-Mean（N1，N2，N3）］/Mean（N1，N2，N3）。

低值样本对高值样本的污染：将高值样本置样本架 1 和 3 位置，低值样本置于 2 位置，每个样本分别测定 3 次，记录结果：A1、A2、A3；N1、N2、N3；A4、A5、A6。计算携带污染率 k2=［A4-Mean（A1，A2，A3）］/Mean（A1，A2，A3）。携带污染率（k1 和 k2）的要求见表 8-11。

表 8-11 常用凝血试验项目的携带污染率的要求

项目	携带污染率（%）
Fbg（g/L）	≤10.0
APTT（s）	≤10.0
PT（s）	≤10.0

（4）线性范围：取已知定值的质控物、定标物或新鲜混合血浆，在不同稀释度（4～5 个浓度）时，测定各个相关分析参数，观察其是否随血浆被稀释而发生相应变化。线性回归方程的斜率在 1±0.05 范围内，相关系数 r≥0.975 或 r^2≥0.95。FIB 项目满足要求的线性范围在厂家说明书规定的范围内。

（5）干扰：指血凝仪在样本异常或有干扰物存在时的抗干扰能力。如考察高黄疸、乳糜、溶血标本，对试验结果有无影响。可以使用溶血样本、黄疸样本及脂血样本，按一定比例加入正常混合血浆，以原空白混合血浆作为空白对照，分别测定 PT、APTT、Fbg，每个样本重复检测两次取均值，计算偏离值，应 <10%。

（6）可比性分析：即相关性分析，评价时最好选择参考方法作为对比方法，这样在解释结果时，就可将方法间的任何分析误差都归于待评价方法。但由于目前大多数血凝分析项目缺乏参考方法，故也可使用已知性能并经校准的血凝仪做平行测定。

3. 血凝仪之间的比对 目前，随着检验项目的增多及样本量的增加，很多临床实验室同时会有两台及以上相同或不同型号的全自动血凝仪同时使用。为保证检测结果的准确性，检测同一项目的不同方法、不同分析系统应定期（至少 6 个月）进行结果的比对。比对实验中，一般采用室内质控达标、室间质评优秀的仪器作为基准仪器，对进行比对的仪器应确认其分析系统的有效性及确认其性能指标符合要求。

（1）样本的选择：共选用病人标本 40 份，其中包含正常、异常结果的标本，进行 PT、APTT 和 Fbg 等项目的比对。在基准仪器和比对仪器上分别检测这 40 份样本，计算比对仪器和基准仪器之间的结果偏差百分比。

（2）要求：比对的偏差范围在下表的范围内（1/2CLSI）为满足要求，40 份标本中至少有 32 份（≥80%）满足表 8-12 要求为比对合格。

表 8-12 血凝仪比对主要参数偏差要求

主要参数	PT	APTT	Fbg
偏差 %≤	7.5	7.5	10.0

（3）评价后处理：若一致性可接受，则可使用实验室内任一仪器进行样本检测。若参与比对仪器与基准仪器在检测某一项目的一致性上不可接受，则应停用该实验仪器进行该项目的检测，并分析比对失败的原因。可对仪器进行校准，或在必要时通知工程师进行检修后再进行比对直到合格。

（三）常见血凝仪的特点

不同的血凝仪采用的检测原理不尽相同，其检测项目、测试速度等也会有差别。常见血凝仪的性能特点见表 8-13：

表 8-13 常见血凝仪的性能特点

型号	STAGO	CA-7000	CS-5100
检测项目	PT、APTT、Fbg、TT、外源凝血因子（Ⅱ、Ⅴ、Ⅶ、Ⅹ）、内源凝血因子（Ⅷ、Ⅸ、Ⅺ、Ⅻ）、D-Dimer、PC 等	PT、APTT、Fbg、TT、外源凝血因子（Ⅱ、Ⅴ、Ⅶ、Ⅹ）、内源凝血因子（Ⅷ、Ⅸ、Ⅺ、Ⅻ）、PC、PS、α_2-AP、PLG、D-Dimer、vWF：Ag、FDP 等	PT、APTT、Fbg、TT、外源凝血因子（Ⅱ、Ⅴ、Ⅶ、Ⅹ）、内源凝血因子（Ⅷ、Ⅸ、Ⅺ、Ⅻ）、PC、PS、α_2-AP、PLG、D-Dimer、vWF：Ag、FDP 等
检测方法	凝固法、吸光度法（两点法、速率法）、发光免疫法（两点法、速率法）	凝固法、发色底物法、免疫法	多波长检测系统：凝固法、发色底物法、免疫分析法、凝集法
检测速度	PT：310tests/h；PT 和 APTT 组合时约为 260tests/h	PT：280tests/h；PT 和 APTT 两项测试时最快可达 500tests/h，组合时约为 300tests/h	PT：400tests/h；D-Dimer：202tests/h
标本要求	吸量体积：5 ~ 200μl	吸量体积：5 ~ 50μl	吸量体积：5 ~ 50μl
检测位	4 个平行的凝固法 / 吸光度法轨道	光学检测部：散射光测定单元 24 个；透射光探测单元 4 个	10 个通道适用于凝固法、发色底物法和免疫分析法；其中 4 个可用于凝集法
试剂位	45 个试剂位，温度控制在 15 ~ 19℃	58 个试剂位	45 个试剂位：40 个（10℃）；5 个（室温）。专用的试剂位倾斜试剂减少试剂死腔量
测试管理	自动进样	10 个样本位连续进样，可原始管上机	自动进样，可带盖帽穿刺
急诊插入功能	专用急诊位，急诊样本随时插入，优先检测、优先报告	专用急诊位，急诊样本随时插入，优先检测、优先报告	专用急诊位，急诊样本随时插入，优先检测、优先报告
反应杯	每个反应杯内预先装有不锈钢小珠，将 1000 个反应杯形成反应杯轮待用	采用独立的反应杯，一次最多可放置 1200 个反应杯	通过内部反应杯箱自动供应，容量为 1000 个

四、血液凝固分析仪使用与维护

（一）全自动血凝仪的使用流程如下（图 8-23）

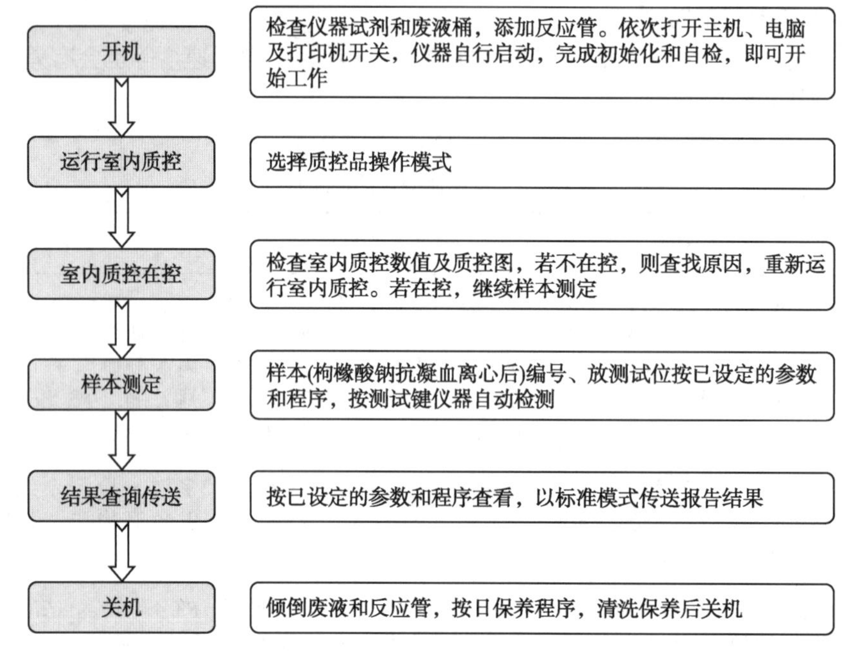

图 8-23 血液凝固分析仪使用流程图

（二）仪器的维护

1. 半自动血凝仪的维护　包括：使用稳压器保证电源电压为 220V ± 10%；避免阳光直射和远离强热源物体，以保持仪器温度恒定在 37.0℃ ± 0.2℃；防止受潮和腐蚀；保持测试槽清洁并严禁有异物进入；若为磁珠型血凝仪，则仪器和加珠器都必须远离强电磁干扰源，并使用一次性测试杯及钢珠，以保证测定精度。

2. 全自动血凝仪的维护

（1）每日维护：检查压力和真空泵、检查温度、检查并将气动单元的防逆流瓶中的液体倒掉、丢弃废物箱中的废物、添加反应管、丢弃用过的反应管、准备试剂、清洗进样针、清洁仪器外表面等。

（2）每周维护：主要是清洁仪器内部和对液路的冲洗。

（3）每月维护（由仪器维修工程师负责）：清洁传动滑轮，并加润滑油，防止因积尘而使运动部件运行不到位，而影响工作。

总之，定期维护是非常必要的，它可以让仪器保持良好的工作状态，以便为临床提供准确、快捷的服务。

五、血液凝固分析仪常见故障及处理

全自动血液凝固分析仪同全自动血细胞分析仪一样，也具有良好的自我诊断及人机对话功能，当有故障发生时，会提示错误信息，并伴有报警声，提醒和帮助操作人员进行故障的识别及排除。

（一）开机时的常见故障及排除

1. 开机指示灯及显示屏不亮 检查电源插座、电源线、保险丝等；

2. 开机后不能进入正常工作状态并显示“压力错误” 检查压力，可能的原因有：气动装置电源断开；气动装置与主机之间的真空或压力管线断开；气动装置与主机之间的信号电缆断开；压力调节不正确；气动装置或压力调节器破裂。纠正措施：打开气动装置的电源；保证真空或压力管线连接正确；保证信号电缆连接正确；调节“压力调整旋钮”至允许范围。

3. 显示“温度错误” 可能的原因有：仪器开机时间较短，温度尚未达到要求的操作值；室温太高或太低；恒温器功能不正常。纠正措施：等待温度达到要求的操作值；保证室温在 15 ~ 30℃范围内；若恒温器功能不正常则需与工程师联系。

（二）测试过程中常见的错误及排除

1. 进样器错误 可能的原因有：样本支架定位不正确；样本支架在测量线内移动不正常；进样器无法将样本支架送出原位等。纠正措施：将样本支架复位；对于样本支架不正常的移动，要检查是否有异物阻碍支架的运动或给轴承施加润滑剂；对于无法将样本支架送出测量线时，要检查是否有污物黏结在浮式终端传感器上或接收样本支架的位置是否已经饱和。

2. 探头错误 可能的原因有：缓冲液不足或检测用试剂不够；样本探头在采样时有外来物阻止了样本分配臂的移动；样本吸出位置的试管中没有样本或样本体积不够。纠正措施：及时添加，保证缓冲液和（或）检测用的试剂足够量；去除影响样本分配臂移动的异物；保证有足够体积的待检血浆。

（三）分析过程中常见的错误及排除

1. 轻度凝血 可能的原因：样本不正常；试剂不好。纠正措施：检查样本；查看试剂是否受到污染、保存是否规范、试剂分配是否错误、试剂是否不够或试剂不正常，再重新测定样本。

2. 分析超时 可能的原因：样本不正常；试剂不好；缓冲液为冷却状态。纠正措施：检查样本；查看试剂是否受到污染、保存是否规范、试剂分配是否错误、试剂是否不够或试剂不正常，如果再分析后仍为“分析超时”，则用实验室的其他检测方法代替。

3. 不凝血 可能的原因：样本不正常；试剂不好或试剂不分配。纠正措施：检查样本是否符合检测要求（如检验用血样本已经凝固或当应用比浊法工作原理时，样本严重乳糜会干扰仪器对凝固终点的判断而导致出现此类提示）；检查使用的试剂是否受到污染、量是否足够或不正常，再次分析样本，如果仍出现“不凝血”，则应重新配制试剂。

4. 超出范围 可能的原因及纠正措施分别是：①纤维蛋白原，可能由于纤维蛋白原浓度过低或过高、标准曲线不正确导致。则应检查纤维蛋白原稀释范围及标准曲线。②凝血酶原时间（PT）和活化部分凝血活酶时间（APTT），可能由于样本不正常、试剂等问题导致 PT 和 APTT 超出仪器检测范围。纠正措施首先是检查样本；其次是查看试剂是否受到污染，存储是否规范，分配是否正确，试剂是否足够或正常。如果样本、试剂及设备条件均被接受，在反应试管中再分析样本及确认凝血构成，或者用所在实验室的其他检测方法来代替。

（四）检测和验证

设备故障修复后，应首先分析故障原因，如果设备故障影响了方法学性能，可通过以下合适的方式进行相关的检测、验证：①可校准的项目实施校准或校准验证；②质控品检测结果在允许范围内；③与其他仪器的检测结果比较；④使用留样再测结果进行判断。

第三节　全自动血型分析仪

输血医学是现代医学的重要组成部分，从对血型的初步认识到目前将输血作为一种成熟的治疗手段，经历了四百多年的发展历程。随着配血技术的发展，输血科实验室操作已经从完全的手工到半自动，再发展到全自动。许多实验室已配备了适应现代医学发展和临床需要的全自动血型分析仪，对 ABO 血型正反定型、Rh 血型鉴定、交叉配血、不规则抗体筛查和新生儿溶血病筛查等多种项目进行自动化分析，为保障临床输血安全提供了可靠的基础。

一、全自动血型分析仪的工作原理

手工法血型血清学技术应用于临床已有近百年的历史。其中盐水凝集法因其操作简便、结果可靠而备受欢迎。但由于手工法易出现人为差错，且不适合大批量样本的处理，因此，为适应近代输血实验室的发展需求，从 20 世纪 60 年代开始，有学者开始进行血型微量、快速检测的研究，使血型自动化检测逐渐趋于成熟。目前，自动化血型分析仪用于血型鉴定、交叉配血以及不规则抗体筛查越来越广泛。该仪器常与计算机系统连接，其检测数据可以直接传输到中央处理器，实现数据交换和信息化传递。在整个实验过程中没有任何手工操作，减少了人为差错的发生频率，保证了实验质量。全自动血型分析仪的工作原理大致包括以下几方面：

1. 微孔板法　微孔板反应孔中包被有抗体（抗 A、抗 B、抗 D 标准血清），加入受检红细胞，在孔中经过孵育后，如果红细胞表面存在 A 抗原、B 抗原或 D 抗原，就会与相应的抗体发生凝集反应，利用摄像数码分析技术进行凝集判断，确定血型。全自动微板凝集分析系统是处理血标本较快的血型检测系统之一，能够批量检测。该系统可以完成即时混合悬浮、孵育、漩涡离心等技术操作，达到全自动血型分析的功能。

2. 微柱凝胶技术　这是抗原抗体反应与凝胶分子筛技术相结合的产物。通过调节葡聚糖凝胶的浓度来控制分子筛孔径大小，使分子筛只允许游离红细胞通过，从而达到分离凝集红细胞和游离红细胞的目的。即：将红细胞和血清加在凝胶的上部反应，离心以后，凝集红细胞将受到凝胶的阻碍而停留在凝胶的上部或凝胶中，则证明发生凝集反应，可判为凝集反应阳性；反之，若所有红细胞都停留在凝胶底部，则证明未发生凝集反应，可判为凝集反应阴性。应用于血型鉴定、交叉配血、不规则抗体筛查等。

3. 玻璃珠微柱法　同微柱凝胶技术类似。ABO/RhD 卡的微管中装填有玻璃微珠和抗 A、抗 B、抗 D 标准血清，如果红细胞表面存在 A 抗原、B 抗原或 D 抗原，就会与相对应的抗体发生凝集反应，玻璃微珠具有分子筛的作用，可以阻止凝集的红细胞在离心力的作用下通过玻璃微珠，使其悬浮在玻璃微珠层的上端，未凝集的红细胞则通过玻璃微珠之间的微小空隙到达微管底部。若微管中填充直径均一的玻璃微珠和抗人球蛋白试剂（抗 -IgG 和抗补体 C_3），红细胞表面抗原与其相对应的 IgG 抗体结合以后，在离心力的作用下不断向管底沉降，并与抗人球蛋白结合形成红细胞凝集，在离心力的作用下，凝集的红细胞悬浮在玻璃微珠层的上端。此法同样可应用于血型鉴定、交叉配血及不规则抗体筛查等。

4. 其他血型鉴定新技术　如采用Capture技术、基因芯片、基因分型、磁珠微粒检测等技术进行血型鉴定，是建立在免疫学、分子生物学基础上的新型鉴定技术。可以进行红细胞弱不规则抗体检测及筛选、血型基因分型等。

二、全自动血型分析仪的基本结构

目前，实验室常用的全自动血型分析仪有WADiana、SWING-SAXO、Techno及ORTHO AutoVue Innova几种，大都使用微柱凝胶技术原理。其基本结构类似：

1. 样本位　样本架设置了48～96个样本位，有的仪器可以连续装载样本，有急诊样本优先的功能。

2. 试剂位　有五十多个试剂位，可以对试剂进行混匀和自动识别。

3. 试剂卡架　如WADiana全自动血型分析仪采用凝胶卡式检测方法，该类仪器具备独立开放的试剂卡存放位，可容纳数十至数百张试剂卡。

4. 孵育器　大都有多个独立的孵育器，可以保证孵育温度和充足的孵育时间。

5. 传输系统　由一个可以在仪器内部的各个处理模块之间进行试剂卡传输的机械臂和吸样探针构成。

6. 离心机　有一个或多个独立的离心机，以保证可以接受到自动传输系统运送来的试剂卡，自动平衡，保证离心效果和检测速度。

7. 判读工作站　多使用高分辨率的摄像数码分析技术进行结果的判读。

8. 计算机控制系统　根据设定的程序指挥全自动血型分析仪进行工作，并将判读结果通过计算机屏幕显示或打印机输出。还可对患者的检验结果进行储存、统计。

9. 附件　主要有系统附件、条码扫描仪等。

三、全自动血型分析仪的性能指标

（一）主要性能指标

1. 检测项目　大部分的全自动血型分析仪都可以检测包括ABO血型正、反鉴定；Rh血型及其亚型鉴定；直接和间接抗人球蛋白试验；新生儿血型鉴定；孕妇抗体滴度检测；新生儿溶血病筛查（新生儿直接抗人球蛋白试验、抗体游离试验、细胞放散试验）；交叉配血（主、次侧）；不规则抗体筛查等。

2. 测试状态　样本管扫描、试剂卡装载、加样、稀释、孵育、离心、判读结果，大都可以自动完成，无须人工干预。

3. 测试速度　每小时70～100张试剂卡不等。

4. 样本量　样本最小检测体积250μl。

（二）仪器校准及评价

1. 定期对自动加样系统进行校准

（1）自动加样系统加样量准确性：用精密度足够高的分析天平称量一张空白试剂卡的质

量，记为 M_0，以蒸馏水为样本，加至试剂卡微孔中，再次称量试剂卡的质量。执行 3 次操作，分别记为 M_1、M_2、M_3，计算相对偏差 =（$M_1+M_2+M_3-3\times M_0$）/ 样本加入质量 ×100%。结果应符合：25、50μl 为相对偏差不超过 ±4%；250μl 相对偏差不超过 ±3%。

（2）自动加样系统加样重复性：用精密度足够高的分析天平称量一张空白试剂卡的质量，以蒸馏水为样本，加至试剂卡微孔中，再次称量试剂卡的质量。执行 10 次操作，计算在加蒸馏水样本前后的质量差值，计算 10 次质量差值的平均值、相对偏差和变异系数。结果应符合：25、50μl 为 CV（%）≤4%；250μl 为 CV（%）≤3%。

（3）自动加样系统携带污染：自动加样系统吸取 A 型标准红细胞后，再吸取 O 型标准红细胞，执行正常测试程序，抗 A 管中应不出现凝集。

（4）孵育系统温度校准：①将测温仪的探头分别置于不同的孵育区域内，对其温度进行设定后，等待 15 分钟至温度值趋于稳定后，记录不同探头测得的温度；②当孵育温度设定为 37℃时，各个孵育区域的温度应为 37℃ ±1℃。

（5）离心机转速的校准：离心机实际转速与所设定转速的偏差不超过 0.5%。

（6）离心机时间校准：当离心开始时计时，离心开始减速时停止计时，时间误差应≤10 秒。

（7）抓卡器的校准：使用仪器专用工具在孵育位、离心位、复检位、平衡位对抓卡器进行检测卡传输校准。

2. 定期对检测准确性和重复性进行校准

（1）检测准确性：① ABO/Rh 血型系统测定。用血型卡检测已知标准 A、B、O、AB、RhD+、RhD- 红细胞，结果应与预期值相符。② Coombs′ 试验测定。用 Coombs′ 卡检测已知 Coombs′ 试验阳性和阴性样本共 10 例，结果应与预期值相符。

（2）检测重复性：① ABO/Rh 血型系统测定。使用同一份样本，用血型卡进行重复操作 3 次，结果应一致。② Coombs′ 试验测定。使用同一份样本，用 Coombs′ 卡进行重复性检测 3 次，结果应一致。

3. 仪器报警功能　模拟样本量、试剂量、试剂卡不足及血液中出现凝块等情况，常规操作自动加样系统，应能够提供相应报警。

（三）常见全自动血型分析仪的特点

目前临床输血科实验室采用的全自动血型分析仪多应用微柱凝胶技术，现对常见全自动血型分析仪的技术指标简单介绍如下（表 8-14）。

表 8-14　常见全自动血型分析仪技术指标介绍

技术指标	型号		
	WADiana	ORTHO AutoVue Innova	SWING-SAXO
方法学	凝胶卡式	玻璃珠卡式	凝胶卡式
试剂卡载体	葡聚糖凝胶	玻璃珠	葡聚糖凝胶
微孔数	8 孔	6 孔	6 孔
样品位	48 个	42 个	36 个
急诊样品位	可随机插入	固定 6 个位置	无急诊位

续表

技术指标	型号		
	WADiana	ORTHO AutoVue Innova	SWING-SAXO
加样方式	直接穿刺加样	按3孔或6孔格式，先打孔后加样	先打孔后加样
运行速度	320个测试/小时，8个柱子，相当于40张卡/小时	基本速度≥480个测试/小时，相当于≥45张卡/小时	基本速度相当于≥43张卡/小时
主要用途	血型检测；交叉配血；免疫性溶血性贫血筛查；抗人球蛋白实验；补体介导的溶血病筛查；新生儿溶血病、产前滴度检测等	血型鉴定；交叉配血；抗体筛选/抗体鉴定；酶实验；新生儿溶血实验；特殊血型抗原鉴定；直接抗人球蛋白实验等	血型检测；交叉配血；免疫性溶血性贫血筛查；抗人球蛋白实验；新生儿溶血病等
加样精度	CV<10.0%（10μl） CV<3.0%（25μl） CV<2.5%（50μl）	CV≤5.0%（10μl） CV≤2.0%（25μl） CV≤1.5%（50μl）	CV≤4.0%（25μl） CV≤4.0%（50μl） CV≤3.0%（250μl）
结果判读	自动判读，图像模糊处理，结果异常自动提示	高精度CCD技术，分辨率高，正反两面扫描卡，自动判读结果，具备错误结果提示功能	图像处理，自动判读结果异常自动提示

四、全自动血型分析仪的使用与维护

（一）仪器的使用

常见全自动血型分析仪的工作流程基本包括以下几个步骤，见图8-24。

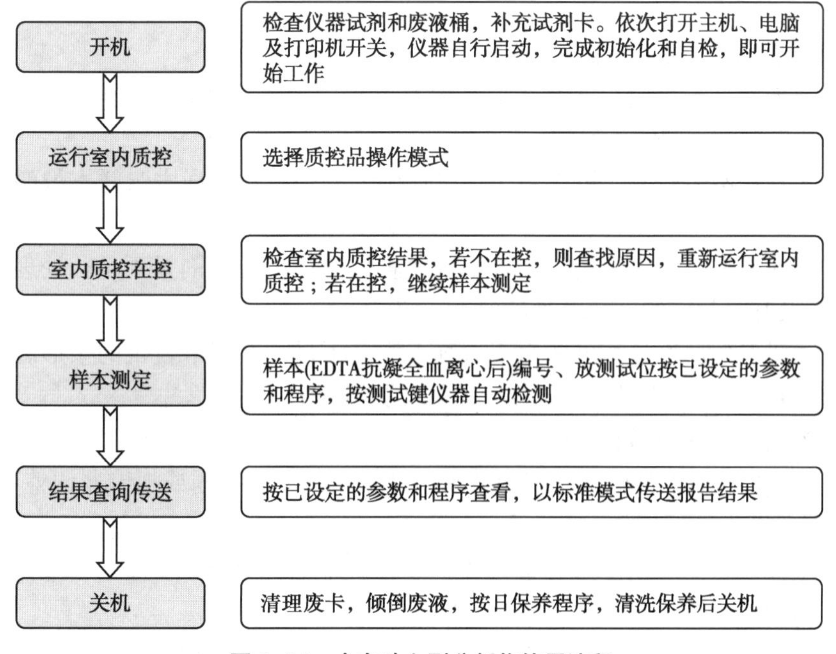

图8-24　全自动血型分析仪使用流程

（二）仪器的维护

通过对仪器设备进行定期的维护保养，可以保持其性能的稳定性和可靠性。几乎所有的全自动血型分析仪都包括日维护、周维护、月维护、半年维护等，维护的内容包括一般检查、清洗管路、表面清洁与消毒及仪器性能的检测。前4项可以由用户执行，仪器性能检测只能由指定的技术人员实施。维护的具体内容如下：

1. 日维护 在完成一批测试或完成一天的工作后，对液路系统进行清洗；清空废卡盒内废卡及废液瓶内废液；退出操作程序，关闭仪器，若仪器需要24小时开机使用，为保证操作程序流畅运行，需每日重启电脑一次，便于数据的自动备份；对样品盘和试剂盘进行清洗；每日用湿润的抹布对仪器外表面进行擦拭，除去浮尘。

2. 周维护 除执行日维护外，主要是对仪器内部的清洗，包括对旋转进样器、加样针、废液瓶和废卡盒的清洗。

3. 月维护 除执行周维护外，应该每月一次对仪器进行消毒处理，如用0.5%次氯酸钠溶液消毒废液瓶、加样针；用75%乙醇溶液对仪器的外表面进行消毒，或当有危险的物质溅出污染仪器时，也必须进行该步操作。

4. 每半年维护 除执行月维护外，需检查仪器的总体性能是否达标以及对光路系统进行保养校准等。

五、全自动血型分析仪常见故障及处理

（一）仪器自动检测和特定项检测中的问题

如试剂不够或废液太满；离心机中或复检卡架上有试剂卡，则仪器不能正常进入工作。解决方法：添加试剂、倾倒废液；取走离心机或复检架上所有试剂卡后继续运行仪器。

（二）仪器识别中的常见问题及处理

1. 样本管未找到 可能由于条形码标签粘贴错误或未在相应位置放置样本管。处理：正确粘贴条形码或确认正确的放置样本位置。

2. 样本管直径不能检测 可能由于试管倾斜。处理：检查样本盘样本位的弹簧片位置是否正确。

3. 指定试剂丢失或容量不足 由于试剂放置位置错误或试剂量不足。处理：将试剂放置正确的位置及补足相应的试剂以达足量。

4. 指定试剂卡数量不足 可能由于试剂卡数量不足；试剂卡自带的条形码有问题；有些孔已经使用过或者液面不足等。处理：添加或更换新卡。

（三）仪器运行中的问题及处理

1. 试剂卡丢失、抓卡失败或不能释放卡 由于试剂卡有问题或抓卡器调整不当。处理：手工取出试剂卡或装载新卡。

2. 真空或负压不足 由于液体瓶盖不严，液体瓶管路连接有问题或液路系统有泄漏。处理：检查瓶盖和连接管路。

3. 离心动作不正确 离心时，不平衡加大。处理：中断实验批次，检查离心机，检查平衡卡。

4. 通信中断　计算机与全自动血型仪连接失败。处理：检查连接线，保证正常连接。

（马晓露）

第四节　血液黏度计

血液流变分析仪器是指对全血、血浆或血细胞流变特性进行分析的检验仪器。主要有：血液黏度计、血沉分析仪、红细胞变形测定仪、红细胞电泳仪、黏弹仪等。本节主要介绍血液黏度计。

血液黏度测定在心脑血管疾病的诊断和治疗及监测中有重要价值。血液黏度的大小直接影响到血液循环中阻力的大小，因此，血液黏度也必然影响组织血液灌流量的多少，所以对血液黏度测定有十分重要的临床意义。能否准确测量血液黏度依赖于黏度计性能的好坏。

一、血液黏度计的概述

血液黏度计按工作原理分为毛细管式黏度计和旋转式黏度计。毛细管式黏度计分为多电极式黏度计、红外多切变黏度计和压力传感式黏度计；旋转式血液黏度计分为锥－板式或圆筒式黏度计。

按自动化程度分为半自动黏度计和全自动黏度计。后者与前者相比，主要是增加了自动进样、自动清洗、自动吹干、计算机控制等功能。

目前，市场上的血液黏度计分为三个档次，低档的水银毛细管式黏度计；中档的锥－板式黏度计；高档的悬丝式或气浮式黏度计。其中以锥－板式黏度计占有量最大，以悬丝或气浮式黏度计的占有量最小，但后者的精确度最好，它不仅能准确测定（1～200）s^{-1} 不同剪切率下的全血黏度，而且可自动绘出流体的流动曲线和黏度时间曲线，能对血液的非牛顿特性进行更深刻的描述。

二、血液黏度计的工作原理与基本结构

（一）毛细管黏度计

1. 工作原理　牛顿流体遵循泊肃叶（Poiseuille）定律，即一定体积的液体，在恒定的压力驱动下，流过一定管径的毛细管所需的时间与黏度成正比。临床上常测定一定体积的血浆与同体积蒸馏水通过毛细玻璃管所需要的时间之比，称为血浆比黏度（ratio of viscosity）。即：血浆比黏度＝血浆时间/蒸馏水时间。

2. 基本结构　包括毛细管、储液池、控温装置、计时装置等。

3. 仪器特点　测定牛顿流体黏度结果可靠，适用于血浆、血清等样本测定。但难以反映全血等非牛顿流体的黏度特性，对进一步研究 RBC、WBC 的变形性和血液的黏弹性等也无能为力。

（二）毛细管微流量 - 压力传感式黏度计

1. 工作原理 这是近年来新发展的的毛细管式黏度计。仪器在一个密封的模拟血流在人体流动的毛细管内，加一定的压力，让血液在毛细管内流动，流动的同时压力也不断减小，血流动的速度也随压力不同而发生变化；仪器通过计算机系统监测压力与流速变化的一组数据，测量出不同压力下的血液黏度。

2. 基本结构 由测量系统、计算机系统和自动进样系统三部分组成。

3. 仪器特点 实现了在由高到低连续变化的剪切力的作用下，使流体（全血或血浆）在模拟人体血管的玻璃检测器中流动，适用于科研对全血或血浆黏度的检测。压力传感器式的毛细管黏度仪所测得的不同剪切率下的黏度值，是通过数学换算、曲线拟合而得的，其拟合公式一般为经验公式，是否通用于临床，需要验证。

（三）旋转式黏度计

1. 工作原理 锥 - 板式由同轴锥体与切血平板组成，其间充满被测样本，当切血平板以一定的角速度旋转时，力矩通过被测样本传递到锥体，再被力矩测量系统感知，见图 8-25。而圆筒式是由两个同轴圆筒组成，圆筒间充满被测样本，当外筒以一定的角速度旋转时，力矩通过被测样本传递到内筒，再被力矩测量系统感知。样本黏度的大小与传入力矩的大小成正比。数据处理系统将测得的力矩大小进行处理得出样本黏度结果。

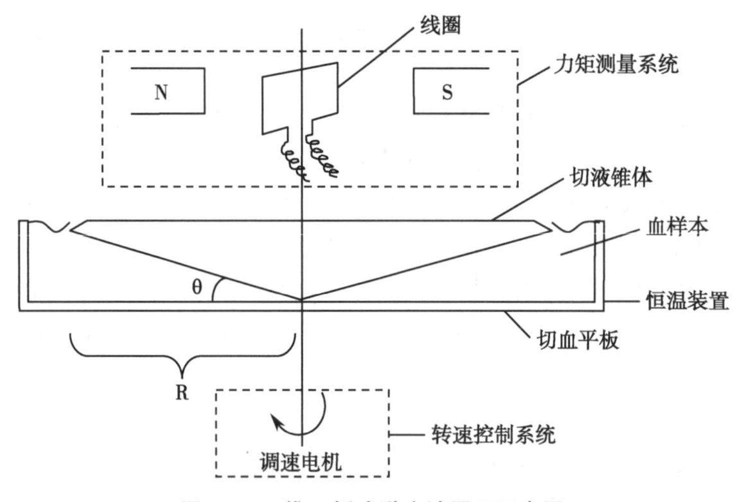

图 8-25 锥 - 板式黏度计原理示意图

2. 基本结构 旋转式血液黏度计由：①样本传感器，由同轴锥 - 板或同轴圆筒组成。②温度控制系统。③转速控制系统。如先进的黏度计使用伺服电机，可使电机的控制速度和位置精度非常准确。它将电压信号转化为转矩和转速以驱动控制对象。其主要特点是，当信号电压为零时无自转现象，转速随着转矩的增加而匀速下降。④力矩测量系统，它有一般轴承、空气轴承和悬丝式等几种方式，三者的灵敏度也随此顺序增高。⑤自动清洗系统。⑥计算机控制与数据处理系统等几个部分组成。

3. 仪器特点 能在稳态下测定不同剪切率时全血等非牛顿流体的黏度，结果准确，可定量地了解全血的流变特性，RBC 与 WBC 的聚集性、变形性、时间相关性等很多流变特性。但不适于血浆、血清等牛顿流体样本黏度的测定，结果偏高。

三、血液黏度计的主要技术指标与性能评价

（一）主要技术指标

1. 性能指标　①黏度测试范围：（0.7 ~ 30）mPa · s；②剪切率变化范围：（1 ~ 200）s^{-1}，用户可参考使用手册自行设置，其分辨率为 $1s^{-1}$；③黏度值重复性 CV<3%；④准确度：± 3%；⑤控温准确度：± 0.5℃，稳定性：± 0.2℃；⑥样本用量 0.8 ~ 2.0ml 不等；⑦测试时间：稳态法多在 3 ~ 5 分钟 / 样本，而快速法多在 20 ~ 30 秒 / 样本。

2. 基本测试参数　血浆黏度、全血黏度（指全血表观黏度、相对黏度、还原黏度）等。

（二）性能评价

仪器在安装、维修及使用一定时间后，应对仪器的重复性、灵敏度与量程、正确度、分辨率、温度控制等性能进行评价。

1. 重复性　取比容在 0.40 ~ 0.45 范围内的同一血样本，或用同一种标准黏度油，按照仪器操作规程在一定的剪切率时重复测量 6 ~ 10 次，计算 CV 值。在高剪切率时，血液表观黏度的 CV<3%；在低剪切率时，血液表观黏度 CV<5%。

2. 灵敏度与量程　不论是毛细管式还是旋转式黏度计，剪切应力的灵敏度与量程是血液黏度计的关键指标，力矩测量系统中的测力传感器应具有 10mPa 灵敏度才能测定 $1s^{-1}$ 的血液黏度，对于一个恒定剪切应力的黏度计，这一控制范围应包括 10 ~ 1000mPa。国际血液学标准化委员会（ICSH）对血黏度计提出的专业参考指标为：剪切率 1 ~ $200s^{-1}$；剪切应力 10 ~ 200mpa。

研究表明，$1s^{-1}$ 剪切率下的黏度值反映的是患者初期的病变情况，$10s^{-1}$ 剪切率下的黏度值反映的是患者中后期的病变情况，所以，观察低剪切率下的黏度值对全面反映患者的病变过程有重要意义。

3. 分辨率　指黏度计能识别出的血液表观黏度最小变化量。一般以血细胞比容的变化反映仪器的分辨率。取比容在 0.40 ~ 0.45 范围内的正常人全血，以其血浆调节比容的变化。在高剪切率 $200s^{-1}$ 状态下，仪器应能反映出比容相差 0.02 时的血液表观黏度的变化；在低剪切率 $5s^{-1}$ 以下状态，仪器应能反映出比容相差 0.01 时的血液表观黏度的变化。上述测量各测定 5 次以上取均值。

4. 正确度　①以国家标准物（GBW136 标准黏度液）为准进行鉴定。先用 9mPa · s 左右的标准黏度油对黏度计进行标定；在剪切率（1 ~ 200）s^{-1} 范围内分别用低黏度标准黏度液（3mPa · s 左右）和高黏度标准黏度液（18mPa · s 左右）测定其黏度，分别测定 3 ~ 5 次取均值，再与标准值比较。②选用 37℃时的纯水在剪切率（1 ~ 200）s^{-1} 范围内分别测定 3 ~ 5 次取均值，再与纯水标准黏度值 0.69mPa · s 比较。③要求实际测定值与真值的相对偏差 <3%。

5. 仪器温度控制　温控误差的检测方法：①将仪器充分预热，当测量池温度稳定在设定温度 37℃时，开始检测。②将标准温度计放置在测量池或测量孔内，等温计显示稳定后每隔 2 分钟读 1 次数，连读 3 ~ 5 次。③计算实测温度与设置温度（37℃）间的绝对误差；计算最大温度测量值与最小温度测量值的差异。

血液黏度是随温度的变化而变化的，它与黏度呈负相关，特别是在低剪切率下温度

对黏度测定的影响更大，故仪器温度控制的精度直接影响测定结果的准确度。国际上通常将37℃作为测试温度，ICSH对血黏度计温度控制提出的专业参考指标为：准确控制在37℃ ±0.5℃方能满足测定要求，所以，血液黏度计须有精密的温控系统，才能确保在37℃的条件下进行测量。

6. 剪切率准确性的检测　全血为非牛顿性流体，其黏度随剪切率的改变而变化，所以仪器剪切率的准确性是保证血黏度测量准确性的一个重要因素。

剪切率与黏度计测量台转速的关系为：

$$D=k\omega$$

式中：D为剪切率；k为传感器系数；ω为测量台转速

力矩测量系统传感器系数k为常数，可从厂家或有关技术资料中获得该值。从剪切率与黏度计测量台转速的关系可以得知：检测仪器剪切率的准确性实际上就是检测黏度计测量台转速的准确性。

在仪器整个剪切率范围内，选择3～5个点，包含高剪切率和低剪切率，用标准转速表逐点进行测量，得出各点剪切率的相对误差。

许多厂家在产品的技术指标中没有给出剪切率的误差范围，但在产品的生产标准中，有的厂家定为≤2%。

四、血液黏度计的使用与维护

（一）黏度计的使用

1. 基本操作流程　血液黏度计的使用较为简单，其基本操作流程见图8-26。

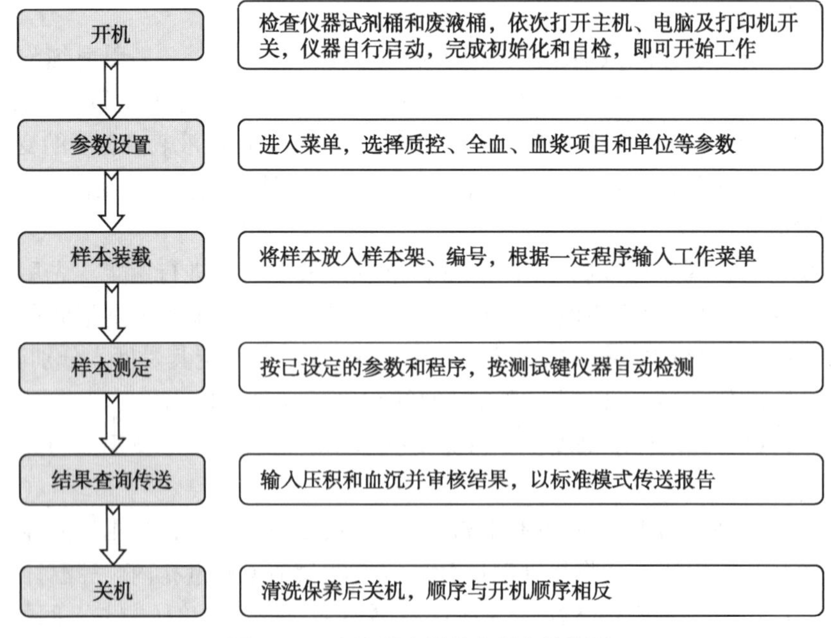

图8-26　血液黏度计基本操作流程图

2. 影响血液黏度测量准确性的因素 ①仪器经移动或震动，工作台已经倾斜。②测量池清洗不彻底，样本被污染，产生测量误差。③样本预热时间不够或样本温度不均匀，引起测量误差。④标定值发生了改变，需用标准黏度油重新标定仪器。⑤仪器机芯孔内进入了血液、清洗液或其他异物等。⑥机芯有磨损。

（二）毛细管黏度计的校准与维护

1. 校准 黏度计出厂时标明了毛细管内径和标定值 t_o，即温度在 37℃时纯水的流出时间。复检其准确度时，可用纯水在 37℃时测得时间比 $D=(t-t_o)/t_o$，要求 $D \leq 1\%$。

2. 维护 ①严格用蒸馏水多次冲洗毛细管，以克服残留液影响，干燥后方可测量下一样本。②定期用中性洗涤剂彻底清洗管子底、壁，再用蒸馏水清洗干净，以避免蛋白质等对毛细管的污染，然后根据参比液流出的时间来判断管子是否合格。③全血黏度随温度变化较复杂，有资料显示，在 20℃以下时，全血相对黏度随温度降低而增加；在 41℃以上时，其黏度随温度升高而增加。故须确保毛细管和样本温度一致并严格控制在仪器所要求的范围内。

（三）旋转式黏度计的校准与维护

1. 校准 严格按仪器校准 SOP 文件的要求设置剪切率、温度、时间、打印控制及自动清洗条件等。完成参数设定后，用国家计量单位所标定的标准牛顿油，按仪器说明进行标定。日常工作中也可以用纯水检测仪器，看水的黏度是否为 0.69mPa·s（37℃）。

2. 维护 包括安装要求、日常保养、切液锥保养等方面。

（1）安装要求：①仪器应在额定的功率、电压下工作，如果电压波动大，则必须使用稳压装置；②环境应干净无尘，特别是机芯部位不允许落入尘埃污物；③除安装时的水平调节外，为了保证检测质量，建议用户每月至少作一次水平调整；每次移动仪器或测值不良时要首先检测水平是否良好。

（2）日常保养：每天测试第一份样本前和最后一份样本后，以及每次测试完毕后均应进行自动或人工冲洗，并清洁废液瓶，加满蒸馏水瓶，以备下次使用。

（3）锥－板式黏度计切液锥的保养：①当切液锥表面有血凝块或纤维蛋白等污染物时，使用温水加中性洗涤剂进行手动清洗，推荐每日做一次手动清洗；②所用清洗液为中性（如洗洁精），最好是仪器专用清洗液，不得使用消毒液、化学腐蚀剂和溶剂类液体。③在取下切液锥之前，必须抽空液槽内的样本，以免将样本带到中轴尖上而损坏仪器。④切血板或切液锥、驱动轴等敏感部件在测试和清洗时，要注意动作轻柔。⑤清洗结束后，用柔软干净的纸巾清洁切液锥以及液槽，将切液锥和定心罩放置原来位置。⑥清洗和加样时切勿将清洗液和样本加入轴孔内，否则会导致测试不准，甚至损坏机芯。

（4）液槽保养：每天清洗工作结束后要检查排液口是否通畅，并使用柔软干净的纸巾清洁液槽，如果液槽内有血凝块或纤维蛋白等污染物，可使用温水加中性洗涤剂进行清洁。

（5）清洗系统保养：如发生清洗无力或不上水现象，要先检查进液泵管是否良好，液体是否足够，其次检查管道是否通畅，并使用注射器抽吸各清洗管道。如还不能解决请同工程师联系。

（6）排废系统保养：每天清洁废液桶并检测瓶内干簧管传感器是否灵敏可靠；检测方法：把废液瓶盖颠倒，仪器屏幕提示“废液瓶满”说明正常，如未提示则需向工程师求助解决。

第五节　自动血沉分析仪

血沉是临床诊断和疗效观察的一项重要参数，其结果对许多疾病的活动、复发、发展有监测作用，有较高的参考价值。同时它与血液流变学中许多指标之间存在着相关性，常作为红细胞聚集、红细胞表面电荷、红细胞电泳的通用指标。所以，它属于血液流变分析仪器中的一种。

以前，血沉的主要测定方法仍为传统的手工方法魏氏法（Westergren），该法对血沉过程所涉及的测量、计算、记录由人工完成，测试过程费时、费力，易产生人为误差，不适应大批量检测。自 20 世纪 80 年代以来，随着光电技术与计算机技术及机械自动化技术在传统方法上的成功运用，诞生了自动血沉分析仪。它结构简单，成本低廉，操作简便，检验准确，省时省力，自动化程度高，能和其他仪器联机使用，易在各级医院推广普及。

一、自动血沉分析仪的工作原理

所有自动血沉测定仪的工作原理都是在魏氏法的基础上进行设计的，仪器采用光电比浊、红外线阻挡和摄像机自动扫描分析法等技术记录红细胞的沉降轨迹，其中以红外线阻挡技术最常用。

红外线阻挡原理是仪器根据红细胞下沉过程中血浆浊度的改变，采用红外线探测技术由微机自动控制定时扫描红细胞与血浆界面位置，动态记录血沉全过程，数据经计算机处理后得出检测结果。

红细胞沉降前，管内血液均呈红色，可吸收红外线；沉降后，血液分为上下两层，上层为透明血浆，可透过红外线，下层的红细胞等物质呈褐红色，可吸收红外线；测量时利用两层间的色彩差异，使用一对红外线发射和红外线接收管上下定时移动，来感知红细胞和透明血浆的分界面，在一定时间内测出红细胞的动态沉降情况，通过数据处理系统计算得到红细胞沉降率。

二、自动血沉分析仪的基本结构

血沉自动分析仪由光源、沉降管、检测系统、数据处理系统 4 个部分组成。

1. 光源　采用红外光源或激光。

2. 血沉管　即沉降管，为透明的硬质玻璃管或塑料管。

3. 检测系统　一般仪器采用光电阵列二极管，其作用是进行光电转换，把接收到的光信号转变成电信号。

4. 数据处理系统　由放大电路、数据采集处理软件和打印机组成。其作用是将检测系统的检测信号，经计算机的处理，驱动智能化打印机打印出结果。数据采集处理软件设计了数据采集、数据分析、数据库、打印等模块。其软件流程见图 8–27。

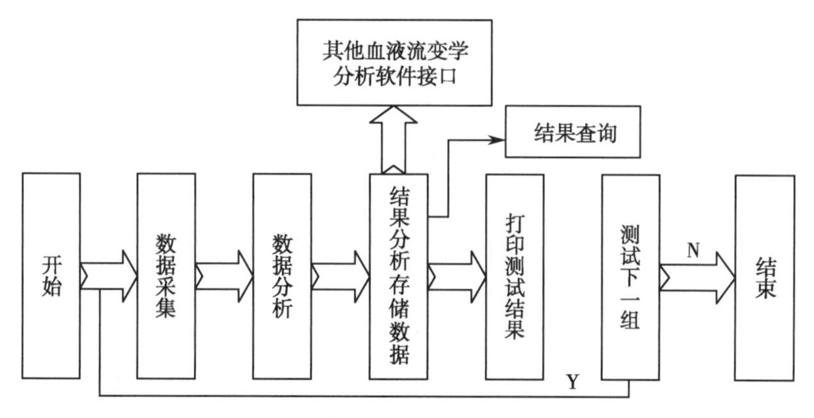

图 8-27　自动血沉分析仪工作流程图

三、自动血沉分析仪的性能

1. 主要性能指标　自动血沉分析仪的主要性能指标见表 8-15。

表 8-15　自动血沉分析仪的主要性能指标

参数	性能指标	参数	性能指标
检测时间	20～60 分钟；动态法或标准魏氏法可选；定时精度≤1 分钟	温度湿度	温度 15～30℃，温控精度 ±0.3℃，湿度 <85%
测试通道	10～100 孔不等	电源	220V/50Hz（110V/60Hz）
检测速度	50～200 个样本 / 小时	质控功能	高档仪器有质控试剂
重复性	检测重复性 CV≤3%；各通道一致性≤±5%	结果报告	打印出血沉结果及动态血沉曲线；高档仪器可自动校准到 25℃报告结果
分辨率	读数分辨率 ±0.2mm 结果分辨率 ±1mm	显示器	LCD 402 带背景光的液晶显示器
样本采集	真空管或普通管	打印机	针式或热敏打印机
样本量	0.6～1.2ml 不等	数据接口	RS232C 接口可外接计算机；具备单机、联机两种功能，可与血流变仪器实现数据传输功能
条形码	全自动血沉分析仪配有条形码识别系统		

2. 性能评价

（1）性能评价：自动血沉分析仪的性能评价以国际血液学标准化委员会推荐的魏氏法为标准，主要评价仪器的重复性、分辨率、准确性、相关性和抗干扰性（异常样本）及温度控制的可靠性等指标。评价时注意抽取高、中、低 3 组血沉值各 10 份以上样本进行试验。

（2）自动血沉仪的特点：自动血沉仪采用先进的光学检测装置，自动温度补偿，克服了手工法中的读数误差以及血沉管的清洁度、放置位置、室温过高过低而影响血沉等所引起的误差。手工魏氏法与自动动态血沉仪法性能的比较见表 8-16。

表 8-16　手工魏氏法与自动血沉分析仪法性能的比较

方法	性能特点
魏氏法	1. 推荐方法　是国际血液学标准化委员会推荐的参考方法
	2. 简便快捷　设备简单投入少、耗材少、无键操作、随时测定样本
	3. 人为影响因素多　如血沉管垂直度，实验室温度，判读时间等，不利于质量控制
	4. 耗材少　血沉管重复利用，但每次皆应清洗干净，有蛋白质黏附管壁会使血沉减慢
	5. 效率低　需手工制作样本、计时、温度校正等烦琐程序，耗时长，不利于批量检测
	6. 生物安全　开放式操作，已造成操作者及实验室环境的污染
自动血沉分析仪法	1. 方法精确可靠　光学检测装置、自动温度补偿，检测结果与传统魏氏法高度相关
	2. 利于规范化操作　避免了人为主观误差（如判读时间），利于室内质量控制，提高室间的可比性
	3. 动态检测功能　完整记录红细胞沉降的全过程，可显示和打印血沉动态图表
	4. 快速高效　省略了手工方法的制作样本、计时、温度校正的烦琐程序，自动混匀，耗时少，适于批量检验
	5. 共享功能　通过 RS232 串行接口可与其他设备或与计算机直接连接，传递数据，适应医院网络化发展
	6. 干净安全　采用密封血沉管，检测样本全过程封闭，避免操作者及实验室环境污染

四、自动血沉分析仪的使用与维护及常见故障处理

1. 自动血沉分析仪的使用　自动血沉分析仪的使用比较简单，其基本操作流程包括了以下几个步骤（图 8-28）。

2. 仪器的维护　①将仪器安装在清洁、通风处的水平实验台上，避免潮湿、高温，远离高频、电磁波干扰源；②使用过程中，要避免强光的照射，否则会引起检测器疲劳，计算机采不到数据；③使用前要按程序清洗仪器，同时要定期彻底清洗并进行定期校检。

3. 仪器常见故障的处理　临床常用的动态血沉分析仪的常见故障及维修处理见表 8-17。

表 8-17　自动血沉分析仪常见故障

故障现象	原因及处理方法
打印结果误差特别大	测量臂内光电管受阳光照射，应置避光处，调好水平或管外血污未擦尽、或血沉管严重污染需处理等
测量结果稍有误差或自检时打印某管错误	可能测量头对应处粘有血污，用酒精棉球擦拭；或光电管灵敏度下降，可反时钟方向调打印机下方电位器
测量头臂上下不停	计算机采不到数据，若因强光照射，应避光；或挡光片松动需加固
测量头停止不动	若因操作不当引起，关机后稍停再重开；若是机器受到污染，则要彻底清洗

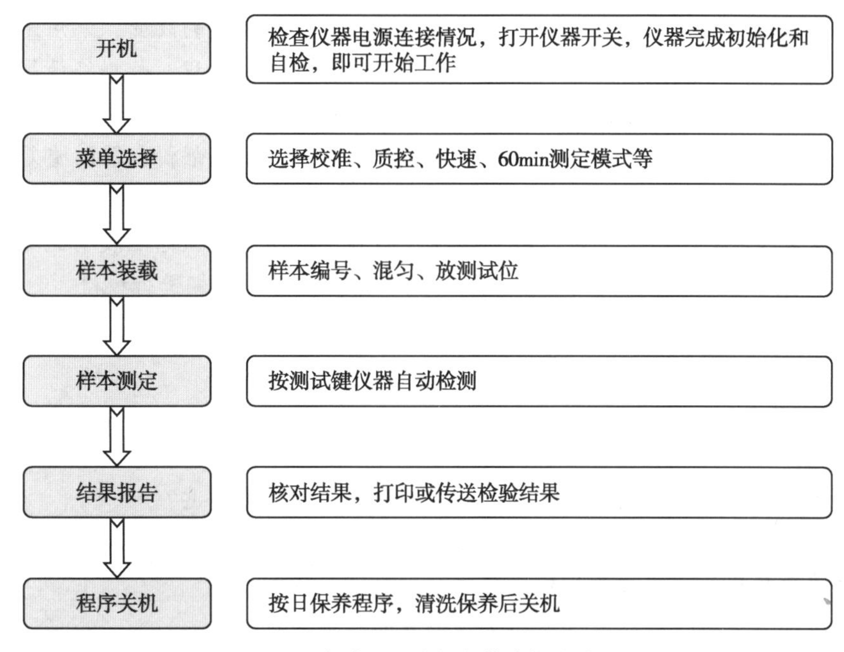

图 8-28　自动血沉分析仪基本操作流程图

学习小结

全自动血细胞分析仪在电阻抗原理的基础上逐步完善对外周血白细胞的分类计数。采用荧光核酸染色技术，可以对网织红细胞、网织血小板等进行检测。对仪器进行严格的性能评价（包括精密度、正确度、携带污染率、线性范围、白细胞分类计数和可比性分析等），以保证检验质量。

血液凝固分析仪常用的检测方法有：凝固法、发色底物法、免疫学法及干化学检测法等。同血细胞分析仪一样，血凝仪也需要进行性能评价以及定期做好维护，了解常见故障及其排除方法，保证全自动血凝仪的正常运行。

全自动血型分析仪可以完成快速、自动的血型检测、交叉配血、不规则抗体筛查、新生儿溶血病、抗人球蛋白等多项检测。定期对全自动血型分析仪进行吸液系统、孵育系统、离心系统和检测卡传输系统进行校准，以保证分析系统的正常运行。

毛细管黏度计是依据牛顿流体遵循泊肃叶定律，即一定体积的液体，在恒定的压力驱动下，流过一定管径的毛细管所需的时间与黏度成正比。仪器由毛细管、储液池、控温装置、计时装置等几个部分组成；有价廉、操作简便、速度快、易普及等特点。

旋转式黏度计是以牛顿黏滞定律为依据而设计的锥－板式（或筒－筒式）仪器，锥－板间（或筒－筒间）充满被测样本，当切血平板（或外筒）以一定的角速度旋转时，力矩通过被测样本传递到锥体（或内筒），再被力矩测量系统感知，样本黏度的大小与传入力矩的大小成正比，数据处理系统将测得的力矩大小进行处理得出样本黏度结果。仪器由样本传感器、转速控制与调节系统、力矩测量系统、恒温系统等组成。为保证黏度计测量精度和正常工作，在安装、维修及使用一定时间后，应对仪器准确度、分辨率、重复性、灵敏度与量程等进行鉴定。

自动血沉测定仪原理：是根据红细胞下沉过程中血浆浊度的改变，采用光学阻挡原理，扫描红细胞与血浆界面位置，动态记录红细胞沉降的全过程，数据经计算机处理后得出检测结果。仪器由光源、沉降管、检测系统、数据处理系统四个部分组成。仪器性能评价以国际血液学标准化委员会推荐的魏氏法为标准，主要评价仪器的重复性、分辨率、准确性、相关性和抗干扰性及温度控制的可靠性等指标。工作中要加强仪器的维护：①仪器保持清洁、通风干燥，避免潮湿、高温，远离高频、电磁波干扰源；②使用过程中，避免强光照射；③使用前按程序清洗仪器，同时要定期进行校检。

复习题

1. 请简要介绍联合检测型血细胞分析仪常用的检测技术有哪些？
2. 血细胞分析仪网织红细胞计数检测原理。
3. 血细胞分析仪的主要性能指标有哪些？
4. 评价血细胞分析仪的精密度包括哪两个方面，如何操作？
5. 如何进行血细胞分析仪之间结果的比对？
6. 简述全自动血凝仪光学法和免疫法检测原理。
7. 全自动血凝仪技术性能评价包括哪些内容？
8. 如何进行血凝仪之间结果的比对？
9. 全自动血型分析仪微柱凝胶技术的检测原理。
10. 全自动血型分析仪定期校准和评价的内容包括哪些？
11. 毛细管黏度计和旋转式黏度计的检测原理有何不同，仪器有何特点？
12. 影响血液黏度测量准确性的因素有哪些？
13. 如何对本单位的黏度计进行性能评价和保养？
14. 血沉自动分析仪的测定原理与传统魏氏法的测定原理有何异同点？
15. 本单位的血沉自动分析仪基本结构有哪些，如何评价其仪器性能？
16. 如何对血沉自动分析仪进行维护？为什么？

（贺志安）

第九章

尿液检验相关仪器

学习目标

1. 掌握　尿液干化学分析仪的工作原理、使用方法和常见故障及处理；尿液有形成分分析仪的工作原理、使用方法和常见故障及处理。
2. 熟悉　尿液干化学分析仪的分类和分析仪的结构；尿液有形成分分析仪的分类和分析仪的结构。
3. 了解　尿液干化学分析仪的发展和临床应用；尿液有形成分分析仪的分类。

尿液分析（urinalysis）一般指尿液常规（urine routing）检查。传统的尿液常规检查内容一般包括尿液的物理学检查、化学检查和显微镜检查三大部分。尿液常规检查是临床基础检验的重要内容，是临床诊断的重要过筛手段，是对肾脏疾病评估最常用且不可替代的首选检验项目。随着检验医学的发展，尿液检验仪器也在飞速发展，尿液分析仪已由半自动发展为全自动，具有操作简便、快速准确等优点，广泛应用于临床。用于尿液分析的仪器大致可分为二类：一类用于尿液化学分析，一类用于尿液有形成分分析。

尿液化学分析的仪器包括湿化学尿液分析仪和干化学尿液分析仪。其中干化学尿液分析仪主要用于自动评定干试纸法的测定结果，因其结构简单、使用方便，目前广泛应用于临床。

尿液有形成分分析仪近年来发展了一些新的方法（例如用单克隆抗体识别各种细胞），但就商品化的尿液有形成分分析仪而言，按测量原理分类，目前只分成镜检图像式细胞法和流式细胞法两类。在镜检图像式尿沉渣分析仪中按测量池的不同，又可分为一次性标准定量板式和流动池式两种。

第一节　尿液干化学分析仪

尿液干化学（urine dry chemistry）分析技术到目前已有五十余年的发展历史，在我国也有四十多年的应用历史。20 世纪 90 年代由于计算机技术的高度发展和广泛使用，尿液分析仪的自动化得到迅猛发展，由原来的半自动尿液分析仪发展为全自动尿液分析仪。

一、尿液干化学分析仪的工作原理

（一）尿液干化学分析仪试带

单项试带以滤纸为载体，将各种试剂成分浸渍后干燥，作为试剂层，再在其表面覆盖一层纤维素膜作为反射层。试剂带浸入尿液后，与试剂发生反应，可产生颜色变化。

多联试带是将多种项目试剂块集成在一个试剂带上，使用多联试带，浸入一次尿液可同时测定多个项目。试带的结构采用了多层膜结构：第一层尼龙膜起保护作用，防止大分子物质对反应的污染，保证试带的完整性；第二层绒制层，它包括过碘酸盐区和试剂区，过碘酸盐区可破坏维生素 C 等干扰物质，试剂区含有试剂成分，主要与尿液所测定物质发生化学变化，产生颜色变化；第三层是吸水层，可使尿液均匀快速地浸入，并能抑制尿液流到相邻反应区；最后一层选取尿液不浸润的塑料片作为支持体。多联尿试带结构见图 9-1。

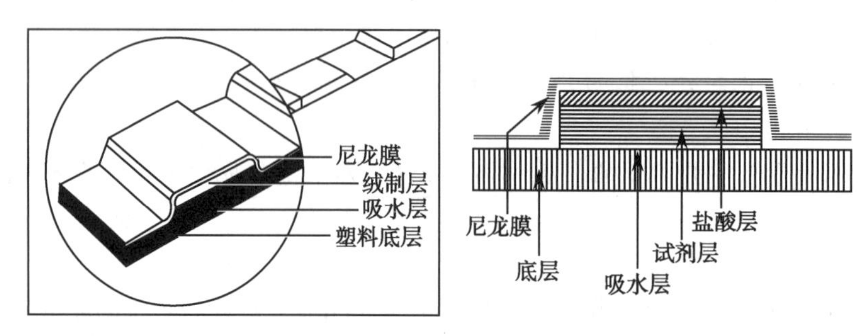

图 9-1 多联尿试带结构示意图

不同型号的尿液分析仪使用配套的专用试带。试带要比测试项目多一个空白块，有些仪器还多一个位置参考块。各试剂块与尿液中被测定成分反应而呈现不同颜色。空白块是为了消除尿液本身的颜色及试剂块分布的状态不均等产生的测试误差而设置的，可以提高测量的准确度。位置参考块是为了消除在测试过程中因每次测定试剂块的位置不同而产生测试误差设置的。分析仪每次检测试带之前，检测头都会移到参考位置进行自检，必要时，自动调整发光二极管的亮度和灵敏度，以提高检测的信噪比。

（二）尿液干化学分析仪试带检测原理

虽然不同型号的尿液分析仪使用自己配套的尿液干化学试带，但其检测原理基本相同。常见尿液干化学试带各分析模块的测试原理见表 9-1。

（三）尿液干化学分析仪检测原理

尿液干化学分析仪器以反射光测定为基本原理。把试带浸入尿液后，除了空白块外，其余的试剂块都因和尿液发生了化学反应而产生了颜色变化。试剂块的颜色深浅与光的反射率成比例关系，而颜色的深浅又与尿液中各种成分的浓度成比例关系。只要测得光的反射率即可求得尿液中各种成分的浓度。一般采用微电脑控制，采用球面积分仪接受双波长反射光的方式测定试带上的颜色变化进行半定量测定。测定波长是被测试剂块的敏感特征波长，另一种为参比波长，是被测试剂块的不敏感波长，用于消除背景光和其他杂散光的影响。采用双波长测定法，抵消了尿液本身颜色引起的误差，可提高测量精度。

表 9-1 常见尿液干化学试带各分析模块的测试原理

测试项目	测试原理
pH	采用酸碱指示剂法，一般采用双指示剂系统进行检测
尿液比密	尿液中的阳离子与试带中的离子交换体中的氢离子交换，氢离子被释放并与试带中的酸碱指示剂反应，根据指示剂的颜色变化推知尿液中的电解质含量，以此代表尿液比密
白细胞	模块区主要含吲哚酚酯，粒细胞中的酯酶能水解吲哚酚酯产生吲哚酚，吲哚酚再引发后续的颜色反应
隐血	血红蛋白中亚铁血红素具有过氧化物酶样作用，催化过氧化氢释放新生态氧，进一步使色原氧化显色
尿葡萄糖	尿液中的葡萄糖在试带模块中葡萄糖氧化酶的作用下生成葡萄糖酸内酯和过氧化氢。过氧化氢在过氧化物酶的作用下，以过氧化氢为电子受体使色原氧化而显色
蛋白质	采用指示剂蛋白质误差原理。在一定的 pH 环境中，尿液的蛋白质离子被带有相反电荷的指示剂离子吸引而造成溶液中指示剂进一步电离，从而使指示剂染色改变
尿酮体	含丙酮或乙酰乙酸的尿液与试带上的亚硝基铁氰化钠反应，颜色转变为紫色
亚硝酸盐	利用亚硝酸盐在酸性环境中与芳香胺发生重氮反应形成重氮盐，随后与 α-萘胺发生偶联反应而显色
尿胆红素	在强酸性介质中，胆红素与试带上的重氮盐发生偶联反应，生成红色偶联化合物
尿胆原	采用 Ehrlich 醛反应原理或根据在酸性环境中尿胆原与重氮盐的偶联反应而显色的原理

仪器的检测过程为：光源发出的光通过照射在试带的模块上，试带模块颜色的深浅对光的吸收及反射是不一样的，颜色越深，吸收光量值越大，反射光量值越小，则反射率越小；反之颜色越浅，吸收光量值越小，反射光量值越大，则反射率也越大。也就是说颜色的深浅与尿液样品中的各种成分的浓度成正比。其反射率可从下式中求出：

$$R(\%)=\frac{Tm \cdot Cs}{Ts \cdot Cm}\times 100\% \tag{9-1}$$

R：反射率；Tm：试剂块对测定波长的反射强度；Ts：试剂块对参考波长的反射强度；Cm：空白块对测定波长的反射强度；Cs：空白块对参考波长的反射强度。

二、尿液干化学分析仪的基本结构与功能

尿液分析仪一般由机械系统、光学系统、电路系统三部分组成。其结构见图 9-2。

（一）机械系统

机械系统由机械运输装置组成，包括传送装置、采样装置、加样装置、测量测试装置。其主要功能是将待检的试剂带传送到检验区，分析仪检测后将试剂带排送到废物收集盒。

（二）光学系统

光学系统通常包括光源、单色器、光电转换装置三部分。光线照射到反应区表面产生反射光，反射光的强度与各个项目的反应颜色成正比。不同强度的反射光经光电转换器转换为电信号后送微处理器进行处理。

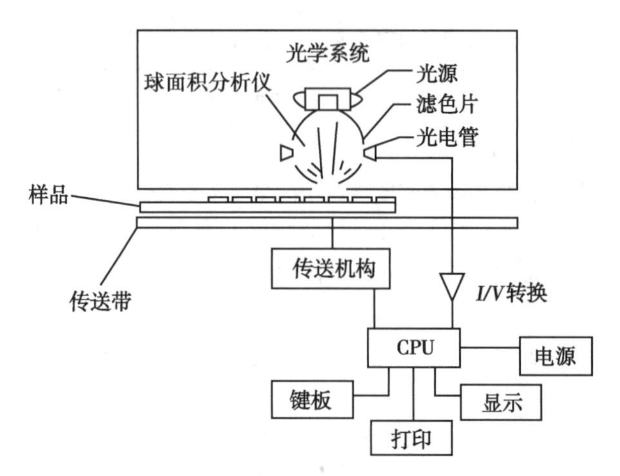

图 9–2　尿液干化学分析仪结构示意图

（三）电路系统

包括微处理器和数字转换器。主要功能是将光学系统转换得到的电信号换算为相应物质的浓度值，显示测定结果。电路系统能够控制整个机械、光学系统的运作，并可通过软件实现多种功能。

除此之外，部分尿液干化学分析仪还有真空吸引装置，可以除去尿液干化学试纸带上多余尿液，以免相邻模块上的固相试剂通过尿液的传递相互污染。

三、尿液干化学分析仪的使用与维护

（一）安装

安装前，应仔细阅读分析仪操作手册，对仪器的安装指南和仪器安装所需的条件做全面了解，严格按照说明书安装即可。全自动尿液分析仪应由生产厂家的技术人员进行安装，以免安装失误导致不必要的损失。尿液分析仪是一种精密的电子仪器，为了保证实验的准确度，仪器应满足如下的安装条件。

1. 应安装在清洁、干燥、通风处，避免潮湿。最好有空调装置（室内温度在 10～30℃，相对湿度应≤80%）。

2. 安装在稳定牢固的水平实验台上。禁止安装在高温、阳光直接照射处；并远离高频、电磁波干扰源、热源及有易燃气体产生的地方。

3. 应安装在大小适宜、有足够空间便于操作的地方。

4. 要求仪器接地良好，电源电压稳定。

（二）调试

新仪器安装后或每次大维修之后，必须对仪器技术性能进行测试评价、调校，以保证检验质量。目前各医院使用的尿液分析仪的厂家、种类不一，型号各异，但仪器的校正及性能评价均应包括以下 5 个方面：

1. 校准仪器

（1）仪器调试：按仪器厂商规定的要求，调整仪器使其处于最佳工作状态，包括仪器安装的位置、仪器工作室的温度和湿度、仪器检测速度、打印显示功能是否在规定范围之内。

避免阳光等其他光源的直接照射、外源性振动、外源性电源干扰等。

（2）检查仪器检测系统：用标准试带校正条对仪器进行检测，观察其是否在规定的范围内。

2. 检查仪器和多联试带的准确性　按仪器规定的测定范围配制一定浓度的标准物，在严格操作的前提下，每份标准物重复检测 3 次，观察其符合程度。

3. 检查仪器和多联试带的精确性　取人工尿质控液（低浓度和高浓度各 1 份）和自然尿标本（正常尿和异常尿各 1 份），连续检测 20 次，观察每份标本每次检测是否在靶值允许的范围内（一般每次检测最多相差一个定性等级）。

4. 评价敏感性（Se）和特异性（Sp）　将尿液干化学分析仪和传统显微镜及尿液理化检查结果进行对比，以传统法为基准，计算仪器检测的 Se 和 Sp。

$$Se=\frac{\text{真阳性数}}{\text{真阳性数}+\text{假阳性数}} \tag{9-2}$$

$$Sp=\frac{\text{真阴性数}}{\text{真阴性数}+\text{假阴性数}} \tag{9-3}$$

5. 建立仪器检测参数的参考区间　以传统法为基准，结合多联试带检测范围，建立符合本实验室尿分析仪的参考区间。

（三）使用

仪器型号不同操作方法不一，可参照仪器使用说明书进行操作。基本操作流程见图 9-3。但使用时应注意下列事项：

1. 上岗前培训　操作人员上岗前必须仔细阅读仪器说明书，了解仪器的测定原理、操作规程、校正方法以及仪器保养要求。

2. 开机前检查　电源是否插好，废带槽和废液瓶是否清空，再将废液瓶盖盖紧，最后确认打印机上是否装有打印纸，无打印纸时不得开机空打，否则容易将其损坏，缩短使用寿命。

3. 仪器校准　部分仪器开机后虽会自动校准，但仍应每天坚持将仪器随机所带的校准带进行测定，观察测定结果与校准带标示结果是否一致，只有完全一致才能证明该仪器处于正常运转状态，并记录校准结果。

4. 仪器维护　保持仪器的清洁，才能维持良好的运行。

5. 标本要求　使用干净的尿杯，留取新鲜的混匀尿液，2 小时内检查完毕。

6. 尿试带要求　①使用仪器配套的尿试带，试带从冷藏温室取出到恢复至室温前，不要打开盛装试剂带的瓶盖；②每次取用后应立即盖上瓶盖，防止试剂带受潮变质；③试剂带浸入尿样的时间为 2 秒，试剂带上过多的尿液应用滤纸吸走，所有试剂块包括空白块在内都要全部浸入尿液中。

7. 环境要求　仪器使用最佳温度应在 20～25℃，尿液标本和试剂带最好也维持在这个温度范围内。

8. 结果解释　各类尿液分析仪设计的结果档次差异较大，不能单独以符号代码结果来解释测定结果，要结合半定量值进行分析，以免因定性结果的报告方式不够妥当给临床解释带来混乱。

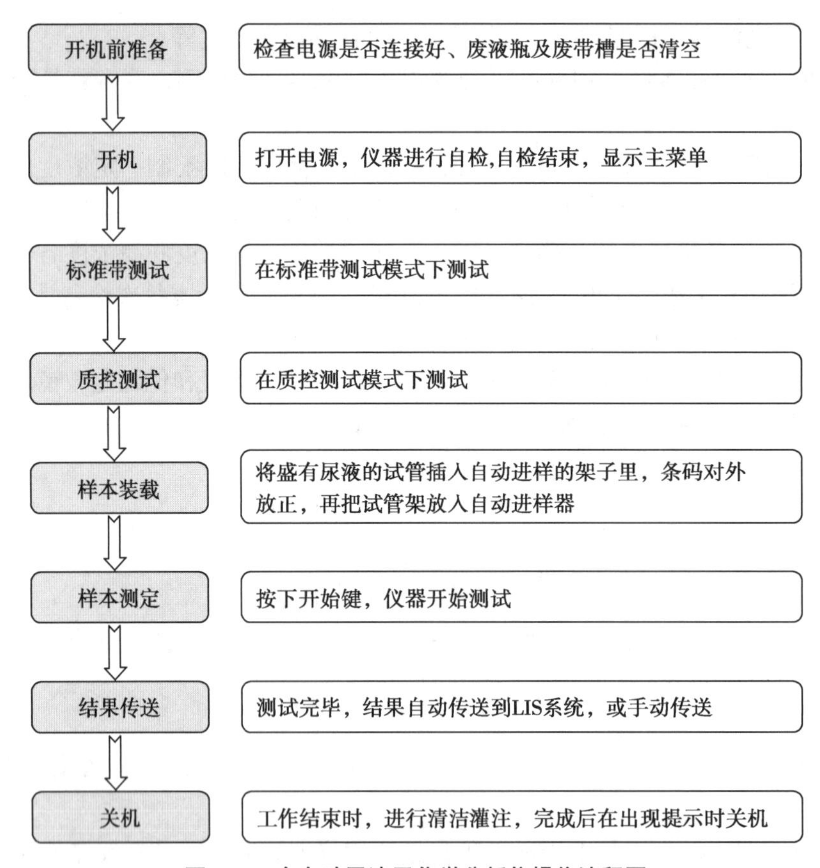

图 9-3 全自动尿液干化学分析仪操作流程图

（四）维护与保养

1. 日常维护 尿液分析仪是一种精密的电子光学仪器，在常规工作中必须严格按一定的操作规程进行操作，做好日常维护，否则会因使用不当而影响实验结果。

（1）操作尿液分析仪之前，应仔细阅读仪器说明书及尿试剂带说明书；每台尿液分析仪应建立作业指导书，并严格按其进行操作。

（2）开机前要对仪器进行全面检查（各种装置及废液装置、打印纸情况等），确认无误后才能开机。测定完毕，要对仪器进行全面清理、保养。

（3）仪器的使用要有专人负责，每天对仪器运行情况、出现的问题，以及维护、维修情况逐项登记。

2. 尿液干化学分析仪的保养

（1）日保养：用柔软干布或蘸有温和去污剂的软布擦拭仪器，保持仪器清洁。从仪器中取下推进器、工作台、步进板，用清水冲洗后，用软布依次擦干，将擦拭完的部件安装回原位。

（2）每周或每月保养：①要定期对仪器内部进行清洁，仪器内部主要由内壳及电路构成。内壳一般有灰尘及尿液结晶，可用略湿的纱布擦去污物，电路用无水酒精清洗即可。②光学部分在试剂带上面扫描，容易被逐渐弄脏，应定期清理，先将光学部分移出，然后用柔软的湿纱布（无水乙醇）擦拭光学部分。③各类尿液分析仪要根据仪器的具体情况进行每周或每月保养。

四、尿液干化学分析仪的常见故障与处理

仪器的故障分为必然性故障和偶然性故障。必然性故障是各种元器件、零部件经长期使用后，性能和结构发生老化，导致仪器无法进行正常的工作；偶然性故障是指各种元器件、结构等因受外界条件的影响，出现突发性质变，而使仪器不能进行正常的工作。尿液分析仪出现故障的原因分为以下几类（表 9–2）：

表 9–2 尿液分析仪常见故障及处理

故障	故障原因	处理方法及措施
打开电源仪器不启动	电源连接部分松动	检查电源连线
	保险丝断裂	更换保险丝
光强度异常	灯泡安装不当	重新安装灯泡
	灯泡老化	更换灯泡
	电压异常	核实电源电压
传送带走动异常	传送带老化	更换传送带
	马达老化	更换马达
	仪器欠佳	请维修人员维修
检测结果不准确	使用变质的试剂带	更换试剂带
	使用不同型号的试剂带	确认试剂带型号符合要求
	定标用试剂带污染	重新定标
校正失败	校正带被污染	更换校正带
	校正带弯曲或倒置	确认校正带是否正常
	校正带位置不当	确认校正带位置是否正确
	光源异常	请维修人员维修
打印机错误	打印设置错误	重新设置打印机
	打印纸位置不对	确认打印纸位置正确
	打印机欠佳	请维修人员维修

1. 人为引起的故障　由于操作不当引起的故障，一般多由操作人员对使用程序不熟练或不注意所造成。故障轻者导致仪器不能正常工作，重者可能损害仪器。因此在操作使用前，必须熟读用户使用说明书，了解正确的使用操作步骤，减少这类故障的产生。

2. 仪器设备质量缺陷引起的故障　仪器元器件质量不好、设计不合理、装配工艺上因疏忽造成的故障。

3. 长期使用后的故障　这类故障与元器件使用寿命有关，因各种元器件衰老所致，所以是必然性故障，如光电器件、显示器的老化，传送机械系统的逐渐磨损等。

4. 外因所致的故障　由仪器设备的使用环境条件不符合要求所引起的故障，常常是造成仪器故障的主要原因。一般指的是电压、温度、电场、磁场及振动等。

第二节　尿液有形成分分析仪

尿液有形成分（urine formed element）是指来自泌尿道，并以可见形式排出、脱落和浓缩所形成的有形物质的总称。尿液有形成分检查过去一般采用普通光学显微镜，有时也用干涉、相差、偏振光、荧光、扫描及透射电镜等对尿沉渣中的有形成分进行检查和识别。自从1988年研制出第一台高速摄影机式尿沉渣自动分析仪后，尿液有形成分分析仪在原有的基础上功能逐步完善，自动化程度越来越高。迄今为止尿液有形成分分析仪大致有两类：一类是流式细胞术分析；另一类是影像分析技术，又分为流动式和静止式两种。

一、流式细胞术尿液有形成分分析仪

（一）工作原理

采用流式细胞分析技术、荧光染色技术和电阻抗技术对尿中的各种颗粒进行分析。当尿液标本被稀释并经荧光染料染色后，在液压系统作用下从样品喷嘴出口进入鞘液流动室时，被无粒子的鞘液包围，使每个细胞以单个纵列的形式通过流动池的中心轴线，在这里每个细胞被氩激光光束照射，并接受电阻抗检测。不同的细胞表现出不同的荧光特性和电阻抗信息。仪器将这些信号进行综合分析，而得到尿液中细胞的数量和相关的形态学信息。其工作原理见图9-4。

（二）仪器结构

流式细胞术全自动尿液有形成分分析仪主要包括鞘流系统、光学检测系统、电阻抗检测系统、电子处理系统。其结构示意图见图9-5。

1. 鞘流系统　反应池染色标本随着真空作用吸入到鞘液流动池，使尿液细胞一个一个地通过加压的鞘液输送到流动池，提高细胞计数的准确性和重复性。

2. 光学检测系统　光学系统由氩激光（波长488nm）、激光反射系统、流动池、前向光采集器和前向光检测器组成。样品流到流动池，每个细胞被激光光束照射，产生前向散射光和前向荧光的光信号，将光信号放大再转变成电信号，然后输送到微处理器。

3. 电阻抗检测系统　电阻抗检测系统包括测定细胞体积的电阻抗系统和测定尿液导电率的传导系统，其基本功能是从电压脉冲信号中获得细胞体积和细胞数量信息，测量尿液的电导率。

4. 信号处理系统　从样品细胞中获得的光信号转变成电信号，从样品中得到的电阻抗信号和传导性信号，被感受器接收后直接放大输送给微处理器。所有这些电信号通过波形处理器整理，再输给微处理器汇总，得出每种细胞的直方图和散射图，通过计算得出每微升各种细胞数量和细胞形态。

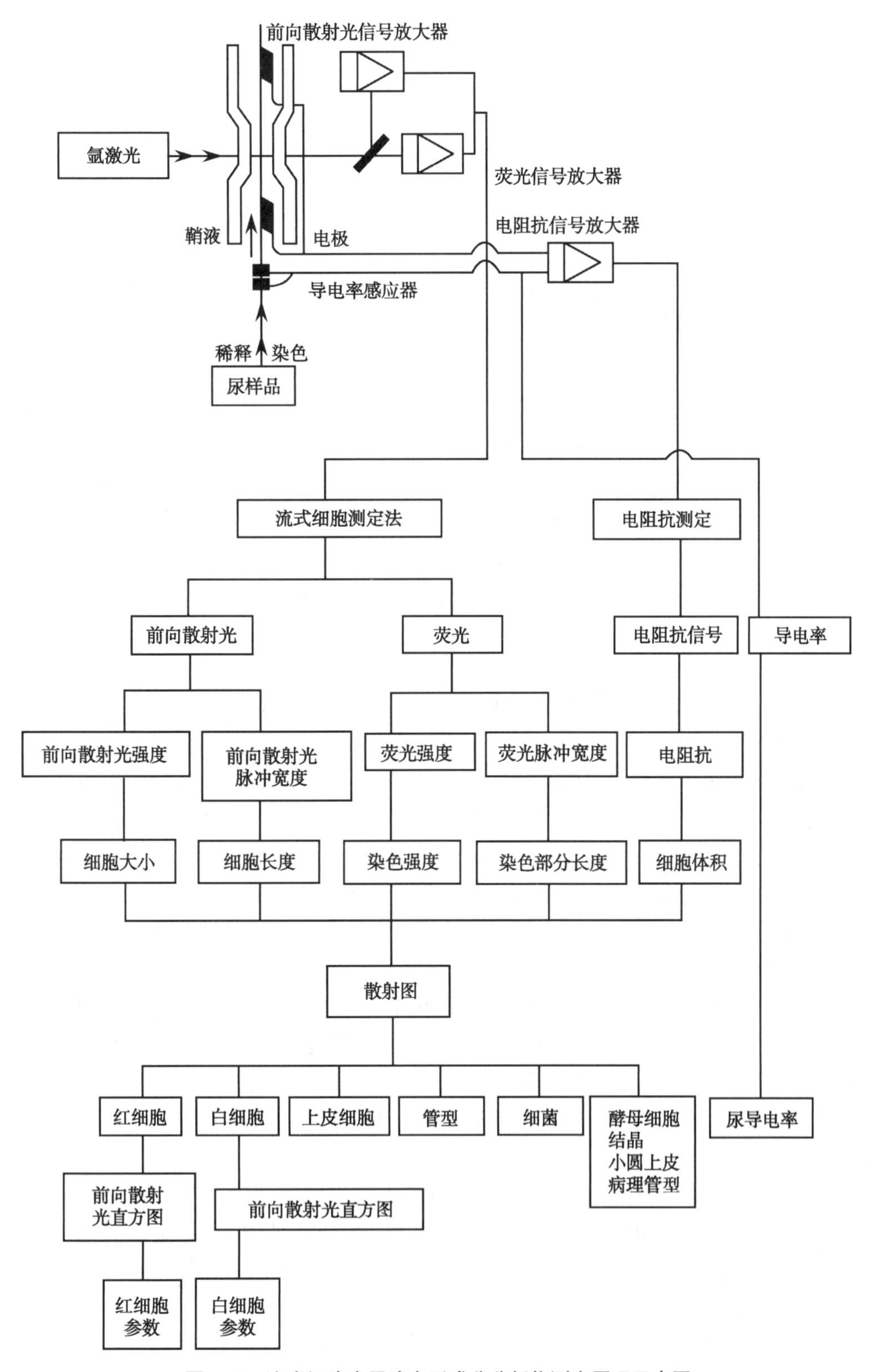

图 9-4 流式细胞术尿液有形成分分析仪测定原理示意图

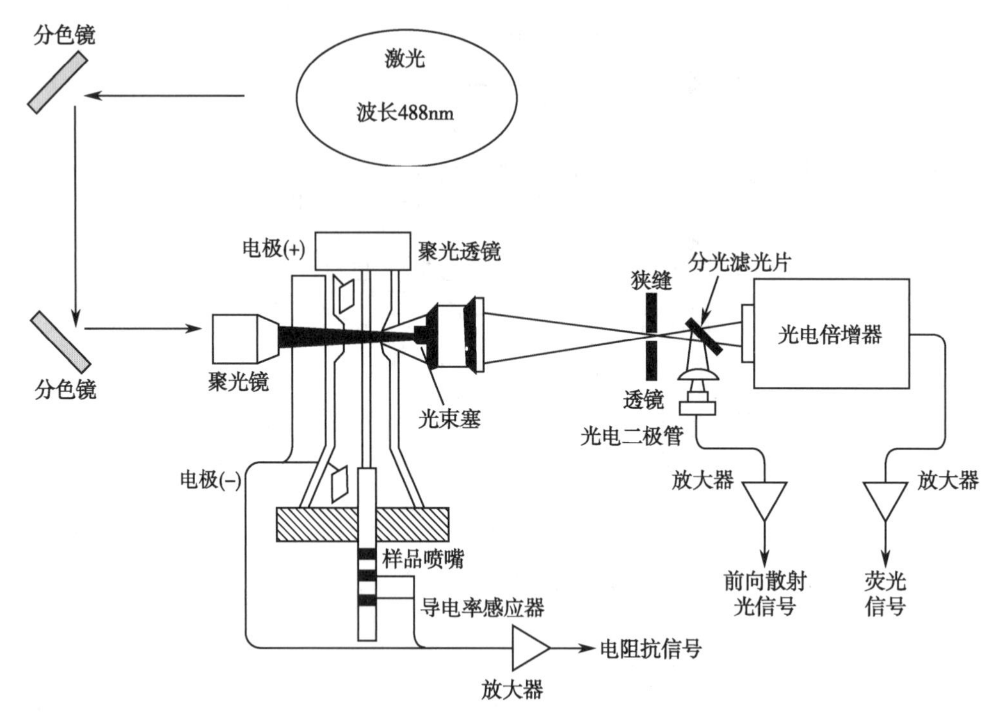

图 9–5 流式细胞术尿液有形成分分析仪结构示意图

（三）尿有形成分细胞的识别分析系统

该系统可得到尿中红细胞、白细胞、上皮细胞、管型、细菌的定量测定结果，不仅给出各种有形成分的单位体积的含量报告，还可提供每高倍视野下细胞数量的换算结果。可对病理性管型、结晶、精子、小圆上皮细胞、酵母样菌给出提示性报告和定量报告。此外，还可给出均一性红细胞、非均一性红细胞、混合性红细胞的建议性提示和尿液电导率的结果。可在屏幕上显示有形成分的直方图和散点图，也可打印或向 LIS 系统传输这些数据和图形，而直方图和散点图对结果的分析判断，甚至辅助诊断均具有一定的应用价值。

（四）检测项目和相应参数

1. 红细胞（RBC） 红细胞出现在第一个和第二个散射图的左角。由于红细胞在尿液中直径大约是 8.0μm，没有细胞核和线粒体，所以荧光强度（FI）很弱。红细胞在尿液标本中大小不均且部分溶解成小红细胞碎片，或者在肾脏疾患时排出的红细胞也大小不等，因此红细胞前向散射光强度（FSC）差异较大。一般 FI 几乎极低和 FSC 大小不等都可为红细胞。

2. 白细胞 比红细胞稍大，前向散射光强度也比红细胞稍大一些，但白细胞含有细胞核而红细胞无细胞核，因此它有高强度的前向荧光，能将白细胞与红细胞区别开来，白细胞出现在散射图的正中央。当白细胞存活时，白细胞会呈现前向散射光强而前向荧光弱；当白细胞受损害或死亡时，会呈现前向散射光弱而前向荧光强的变化。

3. 上皮细胞（EC） 体积大，散射光强且都含有细胞核、线粒体等，荧光强度也比较强。大的鳞状上皮细胞和移行上皮细胞分布在第二个散射图的右角。

4. 管型 种类较多且形态各不相同，仪器不能完全区分开这些管型性质，只能检测出透明管型和标出有病理管型的存在。

透明管型由于管型体积大和无内含物，有极高的前向散射光脉冲宽度和微弱的荧光脉冲宽度，出现在第二个散射图的中下区域。而病理性管型（包括细胞管型）的前向散射光脉冲宽度和荧光脉冲宽度都极高，出现在第二个散射图的中上区域。当仪器标明有病理性管型时，只有通过离心镜检，才能确认是哪一类管型。

5. 细菌　由于体积小并含有 DNA 和 RNA，所以前向散射光强度要比红、白细胞弱，但荧光强度要比红细胞强，又比白细胞弱，因此细菌分布在第一个散射图红细胞和白细胞之间的下方区域。

6. 其他检测　全自动尿液有形成分分析仪除检测上述参数外，还能标记出酵母细胞（YLC）、精子细胞（SPERM）、结晶，并能够给出定量值。

酵母细胞和精子细胞由于含有 RNA 和 DNA，荧光强度很高，繁殖过程中的酵母细胞和精原细胞荧光强度更强，这些细胞散射光强度与红、白细胞差不多，所以酵母细胞散射图分布在红、白细胞之间的区域。由于酵母细胞的前向散射光脉冲宽度小于精子细胞的前向散射光脉冲宽度，根据前向散射光脉冲宽度，可将酵母细胞和精子细胞区别开来。但在低浓度时，精子细胞与酵母细胞区分有一定的难度。在高浓度时，部分酵母细胞对红细胞计数有交叉作用。

结晶出现在散射图红细胞区域，由于结晶的多样性，所以其散射光强度分布很宽，尿酸盐依靠自己的荧光，其分布区域和红细胞重叠在一起，因结晶的中心分布不稳定，所以它和红细胞能够被区分开。当尿酸盐浓度增多时，部分结晶会对红细胞计数产生影响。因此，当仪器对酵母细胞、精子细胞和结晶有标记时，都应离心镜检，才能真正区分。

7. 导电率的测定　导电率与渗量有密切的关系。导电率代表溶液中溶质的质点电荷，与质点的种类、大小无关；而渗量代表溶液中溶质的质点（渗透活力粒子）数量，与质点的种类、大小及所带的电荷无关，所以导电率与渗量又有差异。如溶液中含有葡萄糖时，由于葡萄糖是无机物，没有电荷，与导电无关，但与渗量有关。

其检测项目和分析指标见表 9-3。

表 9-3　流式细胞术尿液有形成分分析仪检测项目

指标	区域（位置）	分析指标
1. 红细胞	第一个和第二个散射图的左角	①每微升尿的红细胞数 ②每高倍视野的平均红细胞数 ③均一性红细胞的百分比 ④非均一性红细胞的百分比 ⑤非溶血性红细胞的数量和百分比 ⑥平均红细胞前向荧光强度 ⑦平均红细胞前向散射光强度 ⑧红细胞荧光强度分布宽度
2. 白细胞	散射图的正中央	①每微升尿的白细胞数 ②每高倍视野的平均白细胞数 ③平均白细胞前向散射光强度
3. 上皮细胞	第二个散射图的右角	①上皮细胞数量 ②每微升尿的小圆上皮细胞数

续表

指标	区域（位置）	分析指标
4. 管型		
透明管型	第二个散射图的中下区域	
病理性管型	第二个散射图的中上区域	
5. 细菌	第一个散射图红细胞和白细胞之间的下方区域	
6. 其他		
酵母细胞和精子细胞	红、白细胞之间的区域	
结晶	散射图红细胞区域	
7. 导电率		

（五）仪器的使用和保养及常见故障

一般应由仪器制造公司的技术人员进行安装。仪器必须安装在通风良好，远离电磁干扰源、热源，防止阳光直射，防潮的稳定水平实验台上（最好是水泥台）。空间大小适宜，仪器两侧至少有0.5m空间，仪器后面最少有0.2m空间。最好安装在有空调装置的房间内（室内温度为15～30℃，最适温度为25℃，相对湿度应为30%～85%）。

1. 校准程序

（1）仪器校准的原则：①全自动尿液有形成分分析仪安装时或搬运后，对仪器进行一次校准定标；②分析仪每次大修或更换了主要的零部件后需要进行校准；③通过质控发现系统偏差时，应对仪器进行校准，确保分析结果的准确性。

（2）仪器校准步骤：全自动尿液有形成分分析仪的校准只能由经过制造商严格培训的高级工程师来操作，经过专门培训的技术人员通过分析校准品并对仪器适当调整来校准仪器。

全自动尿液有形成分分析仪的校准至少包括下列内容：①荧光检测及光学系统调整，水路及信号放大；②电阻抗通道和电导率检测；③前向散射光检测系统；④细菌。

用校正品可以有效地校准全自动尿液有形成分分析仪的整体性能及其测试的所有参数，技术人员通过调整仪器，使得分析结果都在校准品允许的范围之内。通过质控物可以检测该系统的运行状态，以便每天都能确认仪器经过校准后的状况。

2. 使用和注意事项　安装新仪器时或每次较大维修之后，必须对仪器技术性能进行调试，这对保证检验质量起着重要的作用。全自动尿液有形成分分析仪的鉴定必须由仪器制造公司的工程师来进行。

（1）使用：每天开机前，操作者要对仪器的试剂、打印机、取样器和废液装置等状态进行全面检查，确认无误后方可开机。自检通过后，检查本底。本底检测通过后，进行仪器质控检查。质控通过后，方可进行样品测试。操作流程见图9-6。

（2）注意事项：下列情况时应禁止上机检测：

1）尿液标本血细胞数>2000个/L时，会影响下一个标本的测定结果；

2）尿液标本使用了有颜色的防腐剂或荧光素，可降低分析结果的可信性；

3）尿液标本中有较大颗粒的污染物，可引起仪器阻塞。

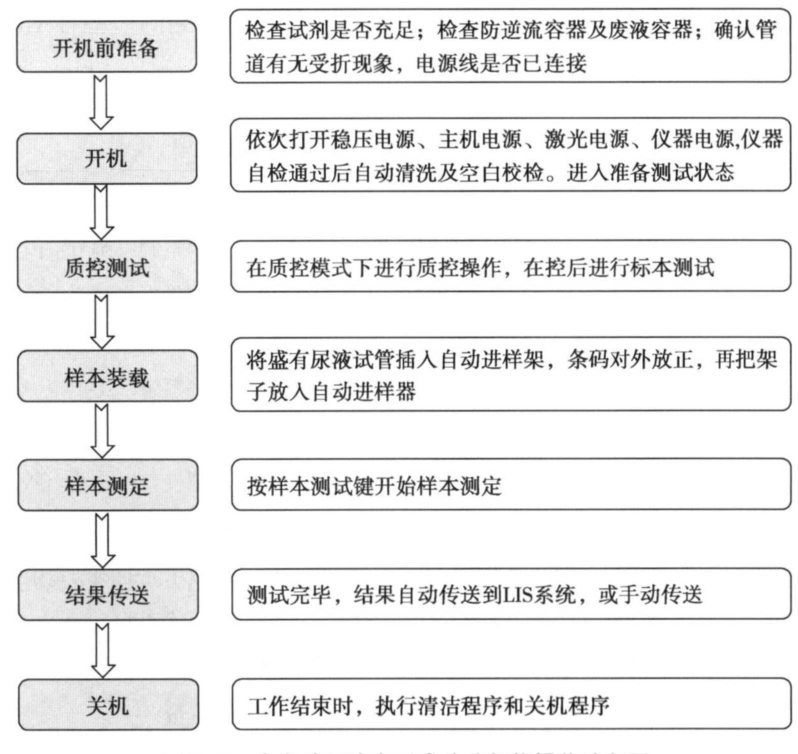

图 9-6　全自动尿液有形成分分析仪操作流程图

3. 维护与保养　流式细胞术尿液有形成分分析仪从吸取尿样到输出结果，系统的所有操作过程，都实现了自动化。为了保证仪器的正常使用和测量结果的准确性，必须做好日常维护工作，设定保养周期并认真执行保养程序。

（1）日常维护：仔细阅读分析仪使用说明书，建立作业指导书，严格按操作程序进行工作。

（2）仪器的保养

1）每日保养：每日用完后倒净废液和积液，用水清洗干净，用清洗剂清洗仪器；结束一天的工作之后要执行关机程序，当仪器连续使用时每 24 小时至少执行 1 次；当关机程序结束之后关闭电源。关闭电源按以下顺序进行：主机单元、激光单元、激光变压器单元、压缩机单元及打印机。

2）每周保养：清理进样过滤器，首先关掉主机单元的电源，释放压力后，将进样过滤器拆下；将清洁注射器连接到拆下来的进样过滤器上，并将容器放在接近于吸液器顶部的位置，然后反复吸入和排干 CELLCLEAN 来清洁过滤器，再用水代替 CELLCLEAN，反复吸入和排干来清洁进样过滤器；以拆卸进样过滤器相反的次序重新安装它。

3）每月保养：仪器在每月工作之后或在连续进行 9000 次测试循环之后，应由专业人员进行保养。

4）每年保养：每年要对仪器的激光设备、光学系统进行检查。

4. 常见故障及处理　流式细胞术尿液有形成分分析仪是采用流式细胞术、电阻法、电导体、激光和荧光染色法来分析尿液中的有形成分，具有操作简便快速、稳定、准确、重复性好等特点。日常工作中我们要维护保养好，遇到问题及时发现处理，如遇到仪器检测系统内部故障，则需请专业技术人员进行检修。仪器使用中遇到的一些常见问题和处理方法见表 9-4。

表 9-4 尿液有形成分分析仪常见故障及处理

故障	故障原因	处理方法及措施
温度错误	温度处于 33 ~ 37℃范围之外	打开室内空调以调节室内温度
试剂瓶错误	试剂量不足或浮子开关故障	检查试剂量更换试剂
		检查浮子开关
		检查液路系统
背景错误	液路中有气泡	重新执行冲洗
	试剂被污染	更换试剂
真空错误	管子和接头处有压力泄漏	检查管子和接头的松紧
	压缩机单元的阀门室中有液体	将压缩机单元的阀门室中的液体清除
自动进样器错误	传感器有污垢	清除传感器污垢
	标本架位置错误	试管架复位
	标本太少	检查标本量
压力错误	管子和接头处有压力泄漏	检查管子的连接和接头的松紧
	压力未达到所需范围	调至正常范围
	压力阀有缺陷	请专业工程师维修
通信错误	数据线故障	检查数据线
	数据库错误	定期清理数据库
激光错误	激光单元电源关闭	检查激光单元电源
	激光单元老化	请专业工程师维修更换

二、影像型尿液有形成分分析仪

（一）流动式影像型尿液有形成分分析仪

1. 检测原理　采用平板鞘流技术，在样本不断地流过平板时通过自动数码显微成像系统进行数字影像的拍摄，所经过的有形成分会瞬间被拍摄下来。再通过粒子识别软件和神经网络系统将拍摄的图像分割成含有单独粒子的图像，并将每个含有单独粒子的图像和数据库中的标准模板进行比对，根据被拍摄到的粒子大小、外形、对比度、纹理特征等众多特征信息来初步鉴别。这些粒子的图像都可以在屏幕上分类别显示。

2. 仪器结构

（1）流动式显微数字成像模块：采用层流平板鞘流技术，使被检样品进入检测系统，并在流动过程中应用全自动智能显微镜的数字摄像镜头（CCD）高速拍摄有形成分照片。

（2）计算机分析处理模块：用于对拍摄的数字图像进行分割，通过神经网络系统对数字图像进行分析、处理、归纳，再通过计算机对图像和数据进行显示、存储和管理，由计算机主机、软硬件系统、显示器、键盘和鼠标构成。

（3）自动进样模块：仪器配有自动进样装置，具有条码识别功能，可自动对标本进行识别和编号。

（二）静止式影像型尿液有形成分分析仪

1. 检测原理 经离心处理后样本中的有形成分被沉淀在薄板的一侧，形成一个沉淀物层面，该薄板被转移至内置的显微镜平台上，并处于数码照相机的可调焦距范围内，而沉淀于同一平面的有形成分在经过仪器的自动对焦后正好处于数码相机的拍摄焦点上。所有拍摄的图像通过仪器内部的高级图像处理软件进行处理，该软件数据库中会有包括所有可识别粒子的特征信息，应用人工神经网络和其他智能数学模型的识别判定算法，将所拍摄的尿中粒子根据其各自的特征信息通过多个数学模型与数据库中的信息进行比对、计算、分类和计数。

对仪器尚不能识别的成分，或者形态特征接近而误判的成分，还可通过图片复核的方式，由有经验的检验人员进行确认、核实或修改。

2. 仪器结构 静止式影像型尿液有形成分分析系统是采用数字图像分析技术对尿液中的有形成分进行分类和计数的仪器。主要由自动传输和进样系统、自动混匀和取样系统、微型自动离心机、物镜头、CCD数码相机、神经网络系统、图像分析和管理软件、存储和打印软件等系统构成。仪器在测定过程中还需要一个特殊的、一次性使用的尿液有形成分定量分析方形薄板。

三、尿液有形成分分析工作站

（一）工作原理

尿液分析仪对尿样进行干化学分析，尿液干化学分析的结果传送到计算机中，再对离心后的尿沉渣用显微镜进行检查，显微镜的图像传送到计算机中，在屏幕上显示出来。只要识别出尿沉渣成分，输入相应的数目，标准单位下的结果就会自动换算出来。

（二）仪器结构

1. 标本处理系统 内置定量染色装置，在计算机指令下自动提取样本，完成二次定量、染色、混匀、冲池、稀释、清洗等主要工作步骤。

2. 双通道光学计数池 计数池由高性能光学玻璃经特殊工艺制造，池内腔高度为0.1mm，池底部刻有标准计数格。

3. 显微摄像系统 光学显微镜配备摄像装置，将采集到的沉渣图像的光学信号，转换为电子信号输入计算机进行图像处理。

4. 计算机及打印输出系统 系统软件对主机及摄像系统进行控制，并编辑出检测报告模式。

5. 尿液干化学分析仪 自动尿液沉渣工作站电脑主机上有与尿液干化学分析仪连接的接口，可接收并处理相关信息。

（三）仪器的性能特点

1. 定量准确 使用微升级定量结构，定量准确。

2. 精确度高 输送入流动计数室的细胞分布无显著性差异。

3. 视野清晰 流动计数室是用优质光学玻璃在高温、高压的条件下整块制取的，光洁平整，无任何缝隙，厚度标准，因此，图像明亮，透光率高，无折射现象，提供最佳的清晰度。

4. 全程自动 自动采集、进样、染色、稀释和排液、数据采集等。

5. 安全洁净 进样、冲洗过程是在全封闭的管中进行，操作者无须接触尿样，所以使用十分安全，避免医源性感染。

6. 系统网络 本系统能把干化学检查结果与镜检结果（包括数字和图像）贮存在计算机上，打印出完整的尿液分析报告单。查询、检索非常方便，可连接计算机网络终端，实现无纸化传输。

四、尿液有形成分分析仪的应用

现代尿液分析除理学、化学检验外，最重要的是对尿液中有形成分进行检查。尿液有形成分检测方法繁多，有直接检查法、沉淀检查法、离心检查法，也有染色的或不染色的。由于检测方法不统一，很容易导致结果的差异，造成实验室之间缺乏可比性。在使用尿液有形成分分析仪时，必须注意以下事项：

1. 尿液沉渣显微镜镜检 其是“尿常规”检查的重要内容之一，是泌尿系统诊断、鉴别诊断及疗效观察的“金标准”，迄今无一台仪器能完全代替显微镜镜检。

2. “干化学”与“尿流式”关系 尿液干化学检测是靠化学检测间接来求得的，特异性不太强，而且对于尿液中管型、上皮细胞、滴虫、精子、结晶、细菌等无法检出。干化学为“粗筛”，假阳性高，也存在一定的假阴性，“尿流式”相对假阳性、假阴性较少，减少有些不必要的镜检并对红细胞形态分析有重要临床价值。

3. 操作必须标准化 提高检验人员质量意识和技术素质，不断进行标准化的教育，系统地进行有关尿液有形成分检查临床价值及实验技能的培训，不断提高尿液有形成分检验的水平。

4. 建立显微镜复检标准 原则上，每一个尿标本都应进行尿沉渣显微镜镜检，在尿液标本量非常多而操作人员相对较少的情况下，既使用标准化操作又要及时、快速、准确发出报告是困难的。为解决这一矛盾，实验室应建立显微镜复检标准，根据干化学结果或尿流式的“提示”，进行“镜检筛选”，以便能用较充裕的时间进行标准化的镜检。

尿液有形成分检验的规范化、统一化对检验结果的准确性、客观性有重要影响，其操作规范化能有效减少人为误差，更有利于临床疾病诊断和疗效观察。目前尿液有形成分检查规范化在临床检验界已引起广泛重视，这也是尿常规检验中迫切需要解决的问题。

学习小结

尿液分析的仪器分为尿液化学分析和尿液有形成分分析二类。尿液化学分析的仪器包括湿化学和干化学尿液分析仪。

干化学尿液分析仪介绍了干化学尿液分析仪的原理、基本结构、使用和维护。尿液干化学试带由保护层、抗干扰层、试剂层、吸水层和支持层构成，试带各分析模块发生化学反应后，通过测定反射光获得尿液成分的相关信息。尿液分析仪是一种精密的电子光学仪器，在常规工作中必须严格按一定的操作规程进行操作，做好日常维护和保养。

尿液有形成分分析仪大致有两类，一类是流式细胞术分析；另一类是影像分析技术，又分为流动式和静止式两种。

流式细胞术分析采用流式细胞分析技术、荧光染色技术和电阻抗技术对尿中的各种颗粒进行分析；流动式影像型尿有形成分分析仪采用平板鞘流技术，在样本不断地流过平板时通过自动数码显微成像系统进行数字影像的拍摄，根据被拍摄到的粒子的特征信息来初步鉴别；尿有形成分分析工作站对尿样进行干化学分析和离心后的尿沉渣用显微镜检查相结合综合获得尿液检测结果。对不同种类的尿液有形成分分析仪要按照仪器要求进行维护保养及常见故障的处理。

复习题

1. 尿液分析仪是如何分类的？
2. 尿液干化学分析仪的检测原理是什么？
3. 流式细胞术尿液有形成分分析仪的工作原理是什么？
4. 尿液干化学分析仪的组成包括哪些？
5. 如何正确使用和评价尿液分析仪器的检测结果？

（潘洪志　常　东）

第十章

微生物检验相关仪器

学习目标

1. 掌握　生物安全柜的工作原理、Ⅱ级生物安全柜的分型及功能特点；电热恒温培养箱、二氧化碳培养箱、厌氧培养箱的工作原理及使用；高压消毒锅的工作原理及使用注意事项；自动血培养仪的工作原理及性能特点；微生物鉴定和药敏分析系统的工作原理及性能特点。
2. 熟悉　生物安全柜的分级特点及实验室选用生物安全柜的原则；高压消毒锅的基本结构与维护；革兰自动染片机的工作原理及结构；细菌DNA指纹图谱分析仪的工作原理、主要用途。
3. 了解　生物安全柜内的实验操作注意事项；高压消毒锅的常见故障处理；自动血培养仪的维护保养；微生物自动鉴定和药敏分析系统的维护；革兰自动染片机的使用与维护；微生物检验相关仪器的最新进展。

随着计算机技术、微电子技术、物理、化学等科学技术的飞速发展，微生物培养、鉴定仪器不断推陈出新，使微生物检验鉴定技术逐步向快速化、微机化、自动化方向发展。与传统微生物检验技术相比较，现阶段检验结果更加准确、敏感、简便、快速。本章主要介绍生物安全柜、相关培养箱、高压消毒锅、自动血培养仪、微生物鉴定和药敏分析系统等常用仪器以及微生物检验仪器的最新进展。

第一节　生物安全柜

生物安全柜（biological safety cabinet，BSC）是用于实验室处理各类临床标本过程中保护操作者本人、实验室环境以及实验材料不被含有病原微生物的气溶胶（aerosol）（悬浮在气体介质中、粒径一般为0.001～100μm的固态、液态微粒所形成的胶溶态分散体系），所感染的箱型空气净化负压安全装置。现已广泛应用于医疗卫生、制药、生物制品、科研等领域，并为此提供无菌、无尘、安全的工作环境。

一、生物安全柜的工作原理

（一）生物安全柜的工作原理

主要是将柜内空气向外抽吸，使柜内保持负压状态、安全柜内的气体不能外泄从而保护工作人员。外界空气经高效空气过滤器过滤后进入安全柜内，以避免处理样品被污染；同时，柜内的空气也需经过高效空气过滤器过滤后再排放到大气中以保护环境。生物安全柜的气流过滤见图10–1。

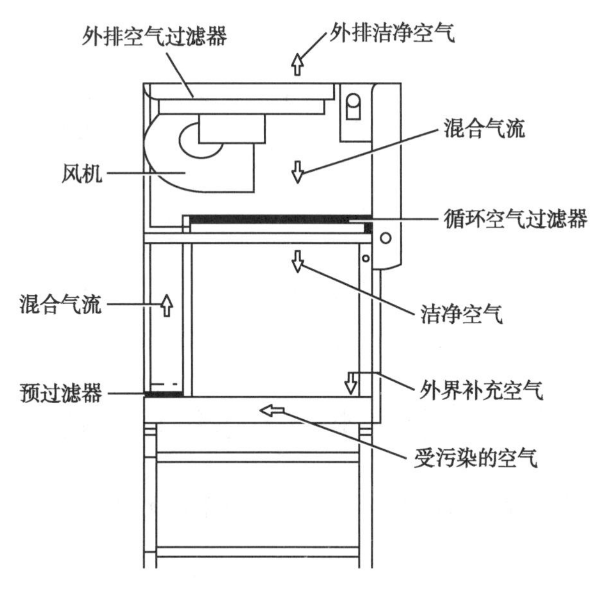

图10–1　生物安全柜的气流过滤示意图

（二）生物安全柜的分类

我国现执行的《中华人民共和国医药行业标准：生物安全柜》（YY0569–2005）于2006年正式实施，按照YY0569–2005标准，生物安全柜的分类如下。

根据气流及隔离屏障设计结构，将生物安全柜分为Ⅰ、Ⅱ、Ⅲ级。

1. Ⅰ级生物安全柜　指用于保护操作人员与环境安全而不保护样品安全的通风安全柜，目前已较少。使用时空气通过前窗操作口进入柜内，流过工作台表面后被过滤并经排气口排到大气。空气的流动为单向、非循环式。前窗操作口向内吸入的负压气流保护操作人员的安全，从安全柜内排出的气流经高效空气过滤器过滤后排出，保护环境不受污染。

2. Ⅱ级生物安全柜　指用于保护操作人员、环境以及样品安全的通风安全柜，也是临床生物防护中应用最广泛的一类生物安全柜。前窗操作口向内吸入的气流用以保护操作人员的安全；工作空间为经高效空气过滤器净化的垂直下降气流用以保护产品的安全；安全柜内的气流经高效空气过滤后排出，以保护环境不受污染。

Ⅱ级生物安全柜按排放气流占系统总流量的比例及内部设计结构，将其划分为A1、A2、B1、B2四个类型。不同类型的Ⅱ级生物安全柜的性能特点比较见表10–1。

3. Ⅲ级生物安全柜　是具有完全密闭、不漏气结构的通风安全柜。工作空间内为经高效空气过滤器净化的无涡流的单向流空气。安全柜正面上部为观察窗，下部为手套箱式操作口，在安全柜内的操作是通过与安全柜密闭连接的橡皮手套完成的。安全柜内对实验室的负压应不低于120Pa。下降气流经高效空气过滤器过滤后进入安全柜，而排出的气流应经过双层高效空气过滤器过滤或通过一层高效空气过滤器过滤和焚烧来处理。

表 10-1 不同类型Ⅱ级生物安全柜性能特点比较

类型	A1 型	A2 型	B1 型	B2 型
最小平均吸入口风速	0.4m/s	0.5m/s	0.5m/s	0.5m/s
经过滤后再循环至工作区的气流比例	70%	70%	30%	0%
外排气流特点	30% 气体经过滤后外排至实验室内或室外	同 A1 型，但气体循环通道、排气管及柜内工作区为负压	70% 气体经过滤后通过专用风道排入室外	100% 气体经过滤后通过专用风道排入室外
非挥发性有毒化学品及放射性物质操作	可（微量）	可	可	可
挥发性有毒化学品及放射性物质操作	否	可（微量）	可（微量）	可（少量）

二、生物安全柜的结构与功能

不同类型的生物安全柜结构有所不同，一般由箱体和支架两部分组成，下面以Ⅱ级生物安全柜为例进行介绍。

生物安全柜箱体内部含有前玻璃门、风机、门电机、进风预过滤罩、净化空气过滤器、外排空气预过滤器、照明光源和紫外光源等设备见图 10-2。

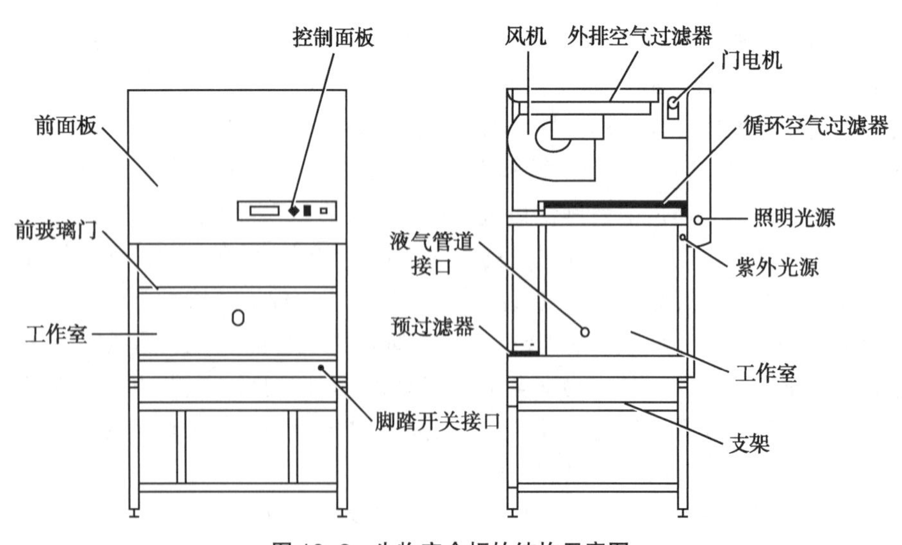

图 10-2 生物安全柜的结构示意图

1. 前玻璃门 操作时安全柜正面玻璃门推开 1/3，上部为观察窗，下部为操作口。操作者的手臂可通过操作口进入工作区内，并通过观察窗进行观察。

2. 空气过滤系统 是保证设备性能的最主要结构。由进风口预过滤罩、进气风机、风道、排风预过滤器、净化空气过滤器、外排空气预过滤器等组成。其主要功能是保证洁净空气进入工作室的同时，在工作室内形成垂直气流（一般≥0.3m/s），保证工作室内的洁净度达到 100 级。并且净化外排气体，防止环境污染。目前空气过滤器主要有 HEPA、ULPA。

高效空气过滤器（high efficiency particulate air filte，HEPA）过滤效率可达 99.99%～100%，对直径为 23～25nm 的病毒颗粒也可完全拦截。超高效空气过滤器（ultra low penetration air filter，ULPA），对 0.1～0.2μm 的微粒、烟雾和微生物等尘埃粒子的过滤效率达到 99.999% 以上，它们是生物安全柜的主要防护结构。

3. 外排风箱系统 提供排气的动力，将工作室内因操作所致的不洁气体抽出，并由外排过滤器净化，保护操作的样品；由于工作室为负压，使前玻璃门处向内的补给空气平均风速达到一定程度（一般≥0.5m/s），防止安全柜内气体外溢，保护操作者的安全。

4. 前玻璃门驱动系统 由门电机、前玻璃门、牵引机构、传动轴和限位开关等组成，使前玻璃操作轻便顺畅，并且周边密封良好。

5. 紫外光源 位于前玻璃门内侧，固定在工作室的顶端，装有紫外线灯管，用于安全柜内的消毒。

6. 照明光源 位于前面板内侧，保证工作室内达到一定的亮度。

7. 控制面板 有电源开关、紫外线灯、照明灯开关、风机开关、控制前玻璃门上下移动的开关，及有关功能设定和系统状态显示的液晶显示屏等。

三、生物安全柜的性能评价

定期检测生物安全柜的性能指标，测试项目包括垂直气流速度、工作窗口气流流向和流速、工作区洁净度、噪声、光照度、排风、HEPA 过滤器检漏等。检测应符合以下要求：

1. 工作窗口的气流流向检测 可采用发烟法或丝线法在工作窗口断面检测，检测位置包括工作窗口的四周边缘和中间区域。结果为工作窗口断面所有位置的气流均向内。

2. 工作区洁净度检测 采用尘埃粒子计数器在工作区检测。粒子计数器的采样口置于工作台面向上 20cm 高度位置，其测量点服从行、列均为 20cm 的网格分布。每列至少测量 3 点，每行至少测量 5 点。结果为尘埃粒子数不得高于产品标准要求。

3. 箱体的漏泄检测 把生物安全柜密封并加压到 500Pa 的压力，用皂泡检漏。

4. HEPA 过滤器的检测 HEPA 过滤器有一定的使用寿命，随着使用期的延长，细菌和尘埃聚集在过滤器上，会导致 HEPA 过滤器压力损失的增大。HEPA 过滤器的使用寿命到期后，应立即更换。

四、生物安全柜的使用与维护

（一）生物安全柜的应用

我国的《实验室－生物安全通用要求》（GB19489-2008）根据对所操作生物因子采取的

防护措施，将实验室生物安全防护水平分为 4 个级别：

1. 生物安全一级实验室（BSL–1） 适用于操作对健康成年人已知无致病作用的微生物，如用于教学的普通微生物实验室等。

2. 生物安全二级实验室（BSL–2） 适用于操作对人或环境具有中等潜在危害的微生物的实验室。

3. 生物安全三级实验室（BSL–3） 适用于主要通过呼吸途径使人传染上严重甚至致死疾病的致病微生物及毒素的实验室，通常已有预防传染的疫苗和治疗药物。

4. 生物安全四级实验室（BSL–4） 适用于对人体具有高度危险性，通过气溶胶途径传播或传播途径不明的实验室，目前尚无有效的疫苗或治疗方法的致病微生物及其毒素。

不同级别的实验室选用生物安全柜的原则见表 10–2。

表 10–2 生物安全实验室选用生物安全柜的原则

实验室级别	生物安全柜选用原则
一级	一般无需使用生物安全柜或使用Ⅰ级生物安全柜
二级	当可能产生微生物气溶胶或出现溅出的操作时，可使用Ⅰ级生物安全柜；当处理感染性材料时，应使用部分或全部排风的Ⅱ级生物安全柜；若涉及处理化学致癌剂、放射性物质和挥发性溶媒，则只能使用Ⅱ–B 级全排风（B2 型）生物安全柜
三级	应使用Ⅱ级或Ⅲ级生物安全柜；所有涉及感染材料的操作，应使用全排风型Ⅱ–B 级（B2 型）或Ⅲ级生物安全柜
四级	应使用Ⅲ级全排风生物安全柜。当人员穿着正压防护服时，可使用Ⅱ–B 级生物安全柜

（二）生物安全柜的安装

不同类型的生物安全柜安装要求各不相同，应按照各种安全柜安装的具体要求严格执行。下面是生物安全柜安装的一般要求：

1. 生物安全柜在搬运过程中，严禁将其横倒放置和拆卸，应在搬入安装现场后拆开包装。

2. 生物安全柜应安装于排风口附近，不应安装在气流激烈变化和人员走动多的地方，不应安装在门口，并且应处于空气气流方向的下游。

3. 生物安全柜的背面、侧面离墙的距离宜保持不小于 150 ~ 300mm 的检修距离，顶部应留有不小于 300mm 的空间。

4. 排风系统应能保证生物安全柜内相对于其所在房间为负压，且安装时需方便排风高效空气过滤器的更换。

5. 如果安全柜内需要其他气体，应同时安装气体管道。

（三）生物安全柜内使用的注意事项

1. 个人防护 ①在使用安全柜时要求穿防护服，戴防护手套；最好戴口罩和帽子，根据需要戴防护眼罩或面罩。②安全柜只有在工作运行正常时才能使用，柜子的风扇在工作完成后要再运行 5 分钟才能关闭。

2. 安全柜内物品摆放原则 ①柜内放置的仪器和材料等物品保持最低数量；②按照从清洁区到污染区的原则摆放；③所有物品尽可能放在工作台中后部，前玻璃门进气口不能被纸、设备或其他东西阻挡；④盛放废弃物及污物的容器应摆放在柜内污染区。

3. 紫外线灯的使用 ①每周对紫外灯进行清洁，除去可能影响消毒效果的灰尘和污垢；②每次生物安全柜的认证要检查紫外灯的亮度，以确保适度的光发射量。

4. 尽量避免使用明火 因为明火可造成生物安全柜内的气流紊乱、干扰气流模式，并且可能破坏高效空气过滤器。

5. 操作宜缓慢 ①在安全柜内进行操作时手臂应缓慢移动；②手臂不能频繁进出安全柜；③操作完毕后，应将手臂从柜内缓慢抽出，避免将柜内污染空气带出；④操作者背后其他人员的活动量要达到最少以避免影响正常的气流。

6. 柜内移动物品时应尽量避免交叉污染 柜内有两种及以上物品需要移动时，需按照低污染物品向高污染物品移动的原则。

7. 避免震动 离心机等仪器造成的震动会将积留在滤膜上的颗粒物质抖落导致柜内洁净度降低，仪器散热片排风口气流还可能影响柜内的正常气流方向，所以应避免将此类仪器放入安全柜。

（四）生物安全柜的维护与保养

1. 每次实验结束后应对安全柜工作室进行清洗和消毒。

2. 高效空气过滤器有一定的使用寿命，到期后应立即更换。由于过滤器可能带有污染物，最好请专业人员来更换，并需注意安全防护。

3. 有下列情况之一时，应对生物安全柜进行现场检测：①生物安全实验室竣工后，投入使用前，生物安全柜已安装完毕；②生物安全柜被移动；③对生物安全柜进行检修；④生物安全柜更换高效空气过滤器后；⑤生物安全柜一年一度的常规检测。

测试项目包括垂直气流速度、操作窗口气流流向和流速、工作区洁净度、噪声、光照度、排风、高效空气过滤器检漏等。

第二节 培 养 箱

培养箱是用于组织、细胞、微生物培养的一种必备设备，它通过对培养环境条件的控制，制造出一个能使细菌、细胞更好地生长繁殖的环境。不同类型的培养箱可为不同细胞与细菌生长提供所需的适宜温度和气体成分。培养箱是大中型医院实验室、科研机构进行日常工作必不可少的重要设备，常用培养箱有电热恒温培养箱、CO_2 培养箱和厌氧培养箱等。

一、电热恒温培养箱

电热恒温培养箱适合于普通的细菌培养和封闭式细胞培养，并常用于有关细胞培养的器材和试剂的预温及恒温。电热恒温培养箱有隔水式电热恒温培养箱和气套式电热恒温培养箱，两者的基本结构相似，只是加热方式有所不同。隔水式电热恒温培养箱的温度变化幅度比气套式电热恒温培养箱小，因而在使用上更具有优势。

（一）电热恒温培养箱的工作原理

以隔水式恒温培养箱为例，工作室壁内装有电热板层，将电能转换为热能；热能将工作室内侧的左、右和底部的隔水套层加热，使工作室内温度升高；室内装有低噪声小型风机，以保证箱内温度均匀；控温系统通过室内的热敏电阻对箱内温度进行精确控制。隔水式恒温培养箱的结构原理图见图 10–3。

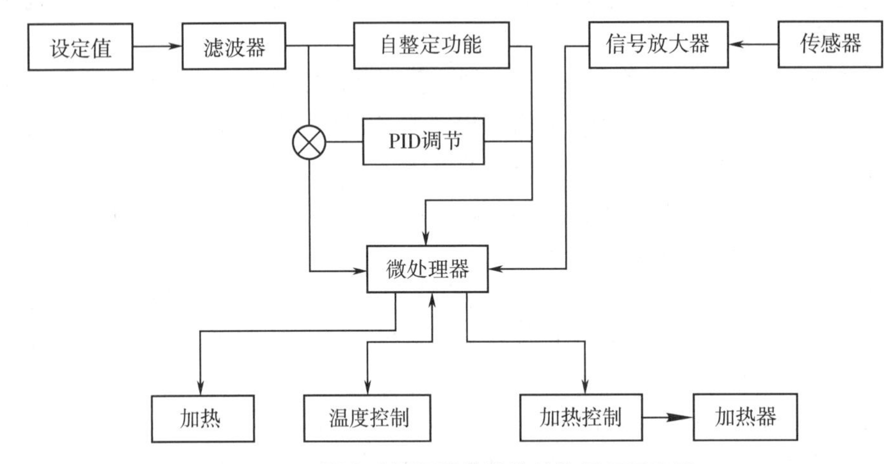

图 10–3 隔水式恒温培养箱的结构原理示意图

（二）电热恒温培养箱的结构

隔水式恒温培养箱的基本结构：外观为优质钢板制造的立式箱体，内门用钢化玻璃制成，无须打开内门即能清晰观察箱内的培养物品。工作室由双层不锈钢亚弧焊接制成，里面一般放置 2 ~ 3 层用于承托培养物的不锈钢搁板，可以方便移动，并可任意改变高度。工作室和钢化玻璃内门之间装有硅橡胶密封圈，工作室外壁左、右和底部通过隔水套加热，工作室预装有一只低噪声小型风机，以保证箱内温度均匀。箱体外壳和工作室外壁填充硬质聚氨酯隔热。水套上部设有溢水口直通箱体底部，并有低水位报警功能。

电源开关和电源指示灯、微电脑智能控温仪均设置在培养箱上部，微电脑智能控温仪采用自整定 PID 技术（PID：通过控制器参数自动调整来实现对压力、温度、流量等参数的智能调节技术。P：比例控制；I：积分控制；D：微分控制），具有控温迅速、精度高的特点。设定温度和箱内温度均有数字显示，具有上限跟踪报警功能，可通过触摸按键设定参数。

（三）电热恒温培养箱的性能指标

保持培养箱内恒定的温度环境是维持培养物生长繁殖的重要因素，因此精确可靠的温度控制系统是恒温试验正常进行的重要指标。

1. 温度调节范围：室温 +5 ~ +60℃。
2. 温度波动：±0.5℃。
3. 温度均匀性：±1℃。
4. 工作电源：220V，50Hz。

（四）电热恒温培养箱的使用与维护

1. 电热恒温培养箱的使用　常用于细胞培养以及细菌病毒培养、育种、发酵及其他恒温试验等，在使用电热恒温培养箱过程中，最重要的是隔水层的加水和智能控温仪的温度设定。

（1）培养箱应放置在具有良好通风条件的室内，外壳必须接有效接地线，以保证使用安全在其周围不可放置易燃易爆物品。

（2）隔水层的加水：将加水外接头旋入箱体左上侧的进水接口处，再用橡皮管连接水龙头。第一次使用时，打开低水位指示灯，指示灯亮且伴有报警声，水位逐渐升高，当低水位指示灯灭、报警声消失时，应及时关闭水龙头。同时观察溢水口，若溢水口有水溢出时，应把左下侧放水塞头拔出放水，没有水溢出时应立即将塞头塞紧。

（3）温度设定：按控温仪的功能键“SET”进入温度设定状态，SV 设定显示闪烁，再按移位键配合加键或减键至所需温度，设定结束按功能键“SET”确认。设定结束后培养箱进入升温状态，加热指示灯亮。当箱内温度接近设定温度时，加热指示灯反复多次忽亮忽熄，表示控制进入恒温状态。

（4）控温仪的 PID 自整定控制：如果对控温精度和波动度有较高的要求，可采用 PID 自整定控制。各种仪器的自整定控制的调节按其说明书进行。

（5）箱内物品放置切勿过挤，必须留出空间，便于空气流动。

（6）箱内外应保持清洁，使用完毕应及时清洁，长期不用要求放置于干燥室内。

2. 电热恒温培养箱的常见故障与处理　电热恒温培养箱是实验室的常用设备，使用率很高。为保证仪器的可靠工作，应了解并能排除仪器的常见故障。电热恒温培养箱的常见故障及排除方法见表 10–3。

表 10–3　电热恒温培养箱的常见故障及排除方法

故障现象	故障原因	排除方法
1. 无电源指示	1. 电源线未插好或断线 2. 熔断器开路	1. 插好电源插头、检查电源线 2. 更换熔断器
2. 箱内温度不上升	1. 设定工作温度小于环境温度值 2. 控温仪损坏 3. 风机损坏 4. 电热丝接触不良或电热丝断了 5. 继电器（或接触器）触点接触不良	1. 调整设定温度 2. 更换控温仪 3. 更换风机 4. 电热丝接触不良时请旋紧电热丝接点螺母。电热丝断则需更换电热丝 5. 清洁继电器或接触器的触点
3. 设定温度与箱内温度相差过大或温度达到设定值后仍大幅度上升	1. 温度传感器损坏 2. 过于频繁地开关箱门 3. 物品放置过密 4. 控制参数偏差	1. 更换温度传感器 2. 尽量减少开关箱门的次数 3. 保证工作室内热空气正常循环 4. 修正控制参数
4. 超温报警异常	1. 设定温度过低 2. 控温仪损坏	1. 调整设定温度 2. 更换控温仪
5. 漏水	箱体损坏	送厂家修理

二、二氧化碳培养箱

二氧化碳培养箱（CO_2 培养箱）可为箱内提供一定浓度二氧化碳气体和相对湿度，为细胞与微生物正常生命活动创造了适宜的环境条件。该培养箱已广泛应用于各种组织和细胞的培养、病毒增殖、细菌培养和克隆技术等。CO_2培养箱种类繁多，根据工作原理，可以分为气套式CO_2培养箱、红外CO_2培养箱、高温灭菌CO_2培养箱、光照低温培养箱、恒温恒湿培养箱等。

（一）CO_2培养箱的工作原理与基本结构

CO_2培养箱按加热方式分为水套式CO_2培养箱和气套式CO_2培养箱两种，它们各有优点。水套式加热是通过一个独立的水套层包围内部的箱体来维持温度恒定的。气套式加热是通过遍布箱体气套层内的加热器直接对箱体进行加热的，又叫六面直接加热，与水套式相比，具有加热快、温度恢复迅速的特点。

1. 水套式CO_2培养箱　又可分为单内舱水套式培养箱和双内舱水套式培养箱两种。箱内的CO_2传感器有热传导（T/C）传感器和红外（IR）传感器两种。当箱内温度和湿度相对稳定时，选用T/C控制；当箱内温度和湿度水平频繁波动时，选用IR控制。

（1）结构特点：不同厂家生产的水套式CO_2培养箱结构各有不同。常用的水套式CO_2培养箱，其水套注入口用于注满水；水套排气口不能覆盖，用以在水套注满过程中或热胀冷缩时让空气逸出。加热式内门为了保持箱内干燥，可以双向开启；箱内气体取样口可使用Fyrite（气体测定仪）或类似工具提取箱内CO_2样本的含量，若只控制O_2而不控制CO_2时应将气体取样口的端口保持塞帽状态。

（2）运行模式：一般水套式CO_2培养箱允许设置运行、设置、校正、系统配置等4个基本模式。其运行模式通常是培养箱在操作过程中的默认模式。为培养箱运行输入设定值，包括温度、超温、CO_2和O_2浓度等，校正变化的系统参数直至用户满意为止，包括温度偏移、CO_2零点、CO_2浓度范围、O_2浓度范围、相对湿度（RH）偏移等。

2. 气套式CO_2培养箱

（1）结构特点：采用直接加热方式，加热组件环绕所有外夹套，能均匀加热，用玻璃纤维绝缘包绕；箱体不需注水、排水；CO_2取样口位于箱体的前部；与水套式相比重量较轻；采用过温保护系统，当温度过高可自动切断电源；可选配HEPA过滤系统，箱体内气体每分钟被过滤1次，快速达到100级气体质量，能为细胞提供理想环境。

（2）运行模式：气套式CO_2培养箱内的温度范围是5～50℃，箱内的CO_2传感器同水套式CO_2培养箱。

3. 高温灭菌CO_2培养箱　箱内的CO_2传感器可分为热传导传感器和红外传感器两种，输入CO_2压力为100kPa，控制温度在5～50℃，环境湿度在37℃时为95%。

（1）结构特点：培养箱具有双重灭菌功能，可24小时持续灭菌和不定期高温灭菌。灭菌温度为140℃，可除去各类真菌以及各类细菌。

（2）运行模式：微机控制系统可以实现对高温灭菌全过程的实时监控。按下控制面板的绿色按钮后，开始高温消毒，显示REMOVE HEPA信息；如果仪器自检到IR传感器，会显示REMOVE IR SENSER信息；显示STERILIZING HEAT PHASE信息，表示培养箱正逐渐升至灭菌温度；显示STERILIZING信息，说明培养箱正在高温杀灭所有细菌、真菌和难去除的孢子；显示STERILIZING COOL PHASE信息，培养箱正逐渐降至常温。

（二）CO_2培养箱的性能评价

包括温度控制精度、CO_2浓度控制精度及测量系统自动校准功能、箱内湿度、洁净级别等。

1. 温度控制精度　保持培养箱内恒定温度是维持细胞健康生长的重要因素，精确可靠的温度控制系统是细胞培养箱不可或缺的部分。多数 CO_2 培养箱的温度范围为环境温度以上5℃到50℃，温度控制精度为 ±0.1℃。

2. CO_2 浓度控制精度及测量系统自动校准功能　多数 CO_2 培养箱的 CO_2 气体范围为0~20%，控制精度为 ±0.1%，稳定性为 ±0.2%，均匀性为 ±0.1%。该培养箱由于使用中的开门会造成箱内 CO_2 浓度不能稳定在设定值，因此必须选择带有二氧化碳测量系统自动校准功能的培养箱。

3. 箱内湿度　维持足够湿度水平并且有足够快的湿度恢复速度才能避免因过度干燥而导致培养失败。培养箱的湿度蒸发面积越大，越容易达到最大相对饱和湿度并且开关门后湿度恢复时间越短。

4. 洁净级别　污染是导致培养失败的一个主要原因，因而洁净级别也是培养箱的一个重要指标。

（三）二氧化碳培养箱的维护及常见故障处理

1. 二氧化碳培养箱的维护　本机应安装在空气干净、无日光直射、无强电磁场及辐射能量，周围温差变化比较小的室内。为保证 CO_2 箱控温精度，建议在15~25℃的环境下使用。CO_2 钢瓶开启前，一定要拧松减压阀，防止输气胶管爆破。培养箱应有良好的接地装置，以保证安全。搬运培养箱时不能倒置，不能抬箱门，以免门变形。

2. 二氧化碳培养箱的常见故障处理　当环境温度与设定温度差大于（室温 +5℃）时，应用空调降低周围环境温度，在培养的全过程中，应保持环境温度没有明显的变化，否则环境温度的变化将引起 CO_2 箱内控温不准。使用过程中应经常监视减压阀输出压力及两个流量计的流量，切不可随意拧动控制箱内的各类阀门。若 CO_2 箱内浓度有偏差应先找出各相关数值不准的原因，才能略微调整。

三、厌氧培养箱

厌氧菌必须在降低氧化还原电位的无氧环境中进行培养。常用的厌氧培养方法有厌氧罐法、气袋法和厌氧培养箱法等。前两种方法不需特殊设备，适用于小型实验室。厌氧培养箱是目前厌氧菌培养的最佳设备。

（一）厌氧培养箱的工作原理

厌氧培养箱亦称厌氧培养系统（anaerobic system），是一种在无氧环境条件下进行细菌培养及操作的专用装置。它能提供严格的厌氧状态、恒定的温度培养条件和一个系统化、科学化的工作区域，提高了厌氧菌的阳性检出率。因此厌氧培养箱是临床及科研进行厌氧微生物检测的理想设备。通过催化除氧系统和自动连续循环换气系统保持箱内的厌氧状态。厌氧手套培养箱的气路见图 10-4。

1. 自动连续循环换气系统　该系统的作用是最大程度地减少 O_2 含量。培养箱与真空泵相连，自动换气功能可由按钮控制，通过自动化装置自动抽气、换气，使箱内产生厌氧状态。

2. 催化除氧系统　厌氧菌最佳生长气体条件是85%N_2、5%CO_2 和10%H_2。箱内采用钯催化剂，可以催化无氧混合气体内的微量氧气与氢气反应，生成水后再由干燥剂吸收。催

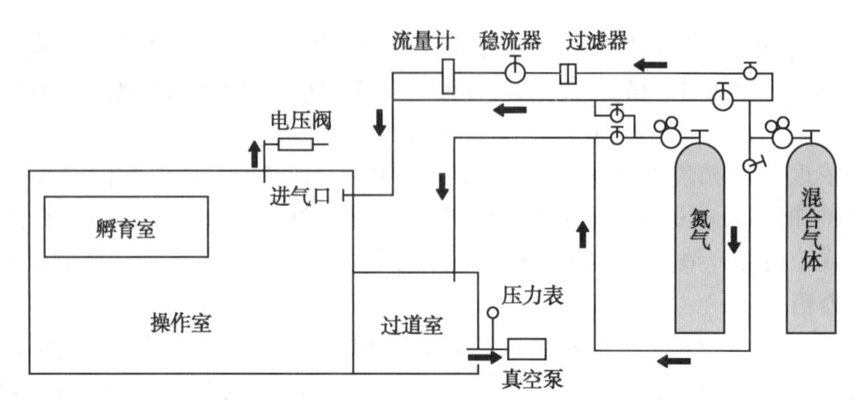

图 10-4　常用厌氧手套培养箱气路示意图

化剂片和干燥剂片分别密封于筛网中组成三层催化剂片（第一层含有活性炭过滤器，能吸附 H_2S；第二层是钯催化剂片，可催化微量氧气与氢气反应；第三层是干燥剂片，作用是吸水）。三层催化剂薄片插入气流系统，风扇使箱内气体得到连续循环除氧。

（二）厌氧培养箱的基本结构

厌氧培养箱为密闭的大型金属箱，由手套操作箱和缓冲室两个部分组成，操作箱内还附有小型恒温培养箱。

1. 缓冲室　是一个传递舱，具有内外两个门。在其后部与一个间歇真空泵相连，缓冲室可随时自动抽气换气形成无氧环境。在缓冲室的后部，连接有厌氧气体管。

2. 手套操作箱　其前面装有塑料手套，操作者双手经手套伸入箱内操作，使操作箱与外界隔绝。操作箱内侧门与缓冲室相通，由操作者用塑料手套控制开启。操作工作室内附有小型细胞培养室。

3. 小型恒温培养　细胞培养室的操作温度通常固定在 35℃，亦可调节，变化范围是“室温 5～70℃”，控制精度为 ±0.3℃。当温度过高时，会发出报警。

（三）厌氧培养箱的使用与维护

当所有要转移的物品被放入缓冲室后，关闭外门；按下“Cycle Start”键即可自动去除缓冲室中的氧气。循环换气预设有 3 个气体排空阶段、两个氮气净化阶段和一个缓冲室平衡气压阶段。其换气过程是：

1. 厌氧培养箱的使用　①气体排空：真空泵抽真空，此时缓冲室内外门都紧闭；② N_2 净化：缓冲室内充纯化的 N_2 至大气压；③气体排空：抽真空，将 N_2 和微量 O_2 抽出，使缓冲室气体达无氧状态；④ N_2 净化：缓冲室内充纯化的 N_2 至大气压；⑤气体排空：抽真空，将 N_2 和痕量 O_2 抽出；⑥气压平衡：缓冲室向工作室充入厌氧气体，平衡缓冲室内的气压与气体成分。此时，厌氧状态灯显示为 ON，可将内门打开，钯催化剂将除去余下的少量 O_2。将标本、培养基等放进缓冲室内，使它们变为厌氧状态后再移入操作室。操作者经手套伸入箱内进行标本接种、培养和鉴定等全部工作。

2. 厌氧培养箱的维护　培养箱三层催化剂片中，第一层活性炭使用寿命仅为 3 个月，不可重复使用；第二层钯催化剂片使用寿命为 2 年，每个星期需再生 1 次（方法：是将其置于 160℃标准反应炉中烘烤 2 个小时）；第三层干燥剂片使用寿命为 2 年，每星期需再生 2 次。

第三节　高压消毒锅

高温对细菌有明显的致死作用，主要机制是凝固菌体蛋白质，也可能与细菌DNA单螺旋断裂、细菌膜功能受损及菌体内电解质浓缩有关。高温灭菌可分为干热灭菌和湿热灭菌。

干热灭菌的杀菌作用是通过高温下的脱水干燥和大分子变性完成的，干烤箱为常用的干热灭菌器。湿热灭菌法可在相对较低的温度下达到与干热法相同的灭菌效果，因为湿热时蛋白质易吸收水分，更易凝固变性；水分子的穿透力比空气大，更易均匀传递热能；高压蒸汽有潜热存在，可迅速提高被消毒物体的温度。

高压灭菌锅是常用的湿热灭菌器，它有温度较高，灭菌所需时间较短；蒸汽穿透力强；蒸汽冷凝时释放汽化热，能迅速提高物品的温度；物品不过分潮湿等优点。

一、高压消毒锅的工作原理与基本结构

高压消毒锅又名高压蒸汽灭菌锅，其用途广泛，适用于医疗卫生、科研等单位的医疗器械、敷料、玻璃器皿、溶液培养基、病原微生物标本等物品的消毒灭菌。高压蒸汽灭菌锅可分为手提式、直立式、横卧式等，它们的构造及灭菌原理基本相同。

（一）高压消毒锅的工作原理

水在大气中100℃左右沸腾并产生蒸汽。在密闭的容器中通过电热丝通电加热，水沸腾蒸发产生水蒸气并形成压力，水蒸气的压力增加，沸腾时温度将随之增加，压力越大，温度越高。因此，在消毒锅内部形成一个高温和高压的蒸汽环境，利用蒸汽潜热大、穿透力强、容易使蛋白质变性或凝固的原理，对各种器具、培养物进行消毒与灭菌。

（二）高压消毒锅的基本结构

高压蒸汽灭菌锅有各种形式及规格，主要由一个可以密封的桶体（外锅和内锅）、压力表、排气阀、安全阀及电热丝等组成，见图10–5。

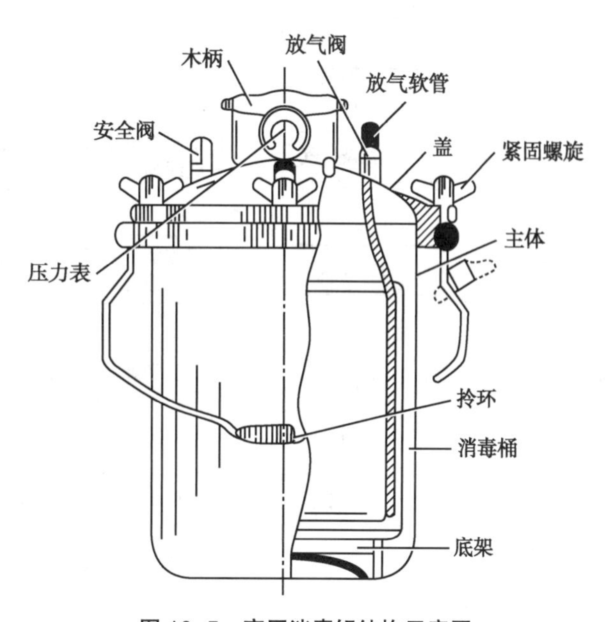

图10–5　高压消毒锅结构示意图

1. 外锅　供装水产生蒸汽之用。坚厚，其上方或前方有金属厚盖，盖有螺栓，借以紧闭盖门，使蒸汽不能外溢。锅底部装有电热丝，供电后将水加热。水加热后，灭菌器内蒸汽压力升高，温度也随之升高，压力越大，温度越高。

外锅壁上装有排气阀、温度计、压力表及安全阀。排气阀用于排出空气；压力表用以显示锅内压力及温度；安全阀又称保险阀，利用可调弹簧控制活塞，使锅内气压维持在一定范围，超过定额压力即自

行放气减压，以保证在使用中的安全，防止锅体爆炸。

2. 内锅 为放置灭菌物的空间。

二、高压消毒锅的性能指标

1. 温度控制 温度控制是影响消毒效果的关键，保持控温范围在 5～132℃，消毒物温度控制均一精度在 121℃ ±0.5℃，确保消毒过程温度的准确性、均一性。

2. 压力控制 灭菌压力为 0.14～0.165mPa，压力表精度不低于 2.5 级。

3. 时间设定 通常当压力表指示蒸气压力增加到 103.43kPa 时，温度则相当于 121.3℃，在这种温度下 20 分钟即可完全杀死细菌的繁殖体及芽胞。故一般高压消毒锅时间设定在 15～20 分钟。

4. 电压要求 选择 AC220V.50Hz/2kW 的电源，连接地线。

5. 容积 根据不同的需求选择不同的型号容积。

三、高压消毒锅的使用

（一）高压消毒锅的使用

高压消毒锅适用于耐高温、高压及不怕潮湿的物品的灭菌处理，如普通培养基、生理盐水、敷料、手术器械、玻璃器材、隔离衣、病原微生物标本等物品的消毒灭菌。广泛应用于医疗、科研及生物制品等领域。高压消毒锅的操作流程见图 10–6。

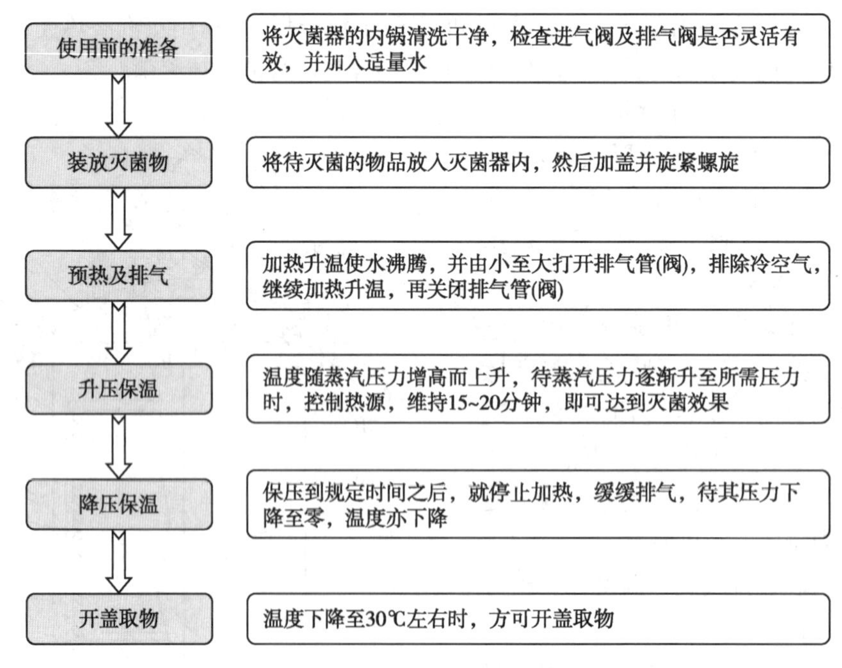

图 10–6 高压消毒锅的操作流程

（二）高压消毒锅使用注意事项

1. 在压力上升前，排尽冷空气　高压蒸汽灭菌法能否达到灭菌的关键是在压力上升之前，必须先把蒸汽锅内的冷空气完全驱尽。否则即使压力表已达 103.43kPa，锅内温度仅有 100℃，这样芽胞不能被杀死，造成灭菌不彻底，所以必须进行排气。

2. 注意正确的降压冷却方法　①一般通过自行冷却的方式进行降压。如果急需使用灭菌物，可以稍打开排气阀降压，但排气阀不能开得过大，排气不能过急，否则灭菌器内骤然降压，灭菌物内的液体会突然沸腾，将棉塞冲湿，甚至外流。②另外，降压时压力表上读数虽已降至“0”时，灭菌物内温度有时还会在 100℃以上，如果开锅太快还有沸腾的可能，所以最好在降压后再稍停片刻，待灭菌物温度下降后再出锅。③灭菌物灭菌后仍处于高温时，容器内呈真空状，降温过程中外部空气要重新进入容器，一般叫“回气”；降温过快，回气就急，若棉塞不严密，空气中的杂菌就会重新进入灭菌物使其污染，这往往会造成高压蒸汽灭菌的失败，所以应等待压力、温度自行下降后再开盖取物。

3. 保证充足的水分　消毒锅在使用前，应检查水位是否达到水位线，若水量不足则不能为灭菌提供充足的水蒸气，不能维持锅内高温和高压的蒸汽环境。因此，水量不足时应添加足够的蒸馏水至水位线，以保证充分、有效的消毒灭菌。

4. 注意安全　在压力表显示未归零时，不得擅自打开消毒锅盖，以免发生危险。

四、高压消毒锅的维护与常见故障处理

（一）高压消毒锅的维护

1. 定期清洗消毒锅的内锅　清洗时应使用无氯的清洗剂，因为氯会对不锈钢材料产生腐蚀，清洗完毕后彻底冲洗。

2. 清洁蒸汽发生器水垢断开电源后，清洁机器自带的蒸汽发生器，在压力表显示蒸汽压力约为 10kPa 时，打开排气阀，在压力的作用下蒸汽发生器中水垢被破坏后随着水一起排出。

3. 检查外锅的密封情况、压力、温度和指示灯的功能。

（二）高压消毒锅的常见故障处理

见表 10–4。

表 10–4　高压消毒锅的常见故障及处理办法

故障现象	原因	处理方法
压力表温度与数字显示不一致	锅内存有冷空气	适量开启排气排水阀
水位超过高水位，高水位灯不亮	水位气内孔堵塞异物	疏通管道
高水位灯亮，显示温度不上升	1. 保温时间未设定 2. 固态继电器损坏 3. 电热管损坏	1. 设定保温时间 2. 更换固态继电器 3. 更换电热管
锅内无水，加热灯亮	水位端接触铜壳	迅速切断电源
压力表内有水蒸气	接头漏气	拧紧接头

第四节 自动血培养仪

菌血症和败血症是临床上严重危及患者生命的疾病，所以提高血培养阳性率，及时、准确地作出病原学诊断对疾病的诊断和治疗具有极其重要的意义。此外，血培养检测系统还可用于其他体液标本如脑脊液、关节腔液、腹腔液、胸腔液等病原微生物的检测。随着科学技术的进步和微生物学的发展，血培养所用的培养基、培养方法以及信号检测技术均有所改进和提高，出现了许多智能型的血培养系统。

一、自动血培养仪的工作原理

自动血培养仪主要由恒温孵育系统（培养基、恒温装置、振荡培养装置）和检测系统组成。该仪器先通过培养系统对血培养瓶中的细菌进行培养，细菌在生长繁殖过程中分解产生的代谢产物，会引起培养基的变化，通过检测系统自动监测培养基（液）中的混浊度、pH、代谢终产物 CO_2 的浓度、荧光标记底物或代谢产物等的变化，定性检测出微生物的存在。

目前已有多种类型的自动血培养系统在临床微生物实验室应用，根据其检测原理的不同可分为如下 4 类：

（一）检测培养基导电性和电压的血培养系统

该系统是在血培养基中添加一定的电解质而使血培养基具有一定的导电性能。微生物在生长代谢的过程中可产生质子、电子和各种带电荷的原子团（例如在液体培养基内 CO_2 转变成 HCO^-_3），通过电极检测培养基的导电性或电压变化可判断有无微生物生长。

（二）应用测压原理的血培养系统

许多细菌生长过程中，常伴有消耗或产生气体现象，如很多需氧菌在胰酶消化大豆肉汤中生长时，由于消耗培养瓶中的氧气，故首先表现为吸收气体。而厌氧菌生长时最初均无吸收气体现象，仅表现为产生气体（主要为 CO_2），导致培养瓶内压力的改变。培养瓶配有压力感受器或激光扫描仪，通过感受压力或扫描瓶底隔膜位置升降（反映瓶内压力变化），将压力变化转换为电压信号传入计算机，并以时间为横坐标显示曲线，曲线随微生物消耗或产生气体量的多少呈现上升或下降趋势。以 ESP（extra sending power）血培养仪为例其检测原理见图 10-7。

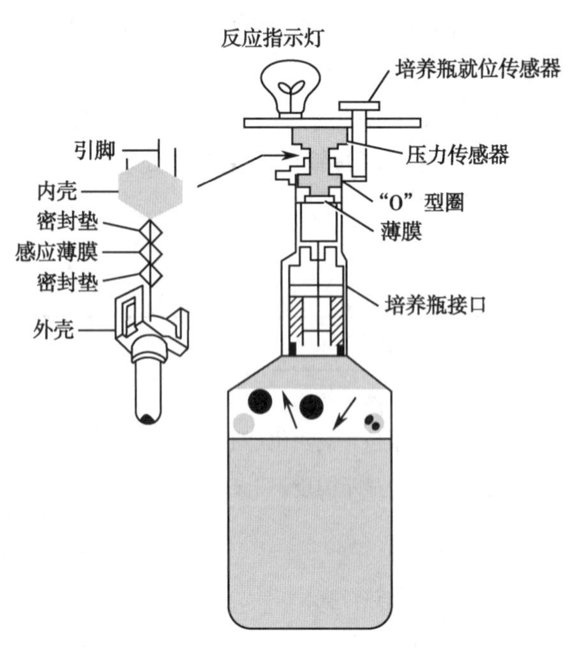

图 10-7 ESP 血培养仪检测原理示意图

（三）应用光电原理监测的血培养系统

该系统是目前国内外应用最广泛的自

动血培养系统，其原理是微生物在代谢过程中必然会产生终代谢产物 CO_2，引起培养基 pH 及氧化还原电位改变。利用光电比色检测血培养瓶中某些代谢产物量的改变，可判断有无微生物生长。

（四）应用均质荧光衰减原理的血培养检测系统

该系统的液体培养基内含有发荧光的物质分子。在孵育过程中，如有病原微生物生长，其代谢过程中会产生 H^+（使培养基变酸）、电子（使培养基中某些物质还原）和（或）各种带电荷的原子团（如在液体培养基内 CO_2 变成 HCO^-_3），发荧光的物质分子在受到这些因素的影响后，改变自身结构而转变成不发荧光的化合物。通过检测每个培养瓶内发出的荧光，若出现荧光衰减的现象，就提示有微生物的存在。

二、自动血培养仪的基本结构

自动血培养系统的仪器型号较多，外观也各不相同，但工作原理相似的同类仪器其结构基本相同。通常自动血培养系统主要由主机、培养瓶、计算机及外围设备组成。

（一）主机

自动血培养仪分为恒温孵育系统和检测系统两部分。

1. 恒温孵育系统　设有恒温装置和震荡培养装置。培养瓶支架根据容量不同可分为 50、120、240 瓶等，在样品进行恒温培养的同时不断进行检测分析。

2. 检测系统　不同的半自动和全自动血培养检测系统根据其各自检测原理设有相应的检测系统。检测系统可设在瓶支架底部、侧面，有的仅有一个检测器，自动传送系统按顺序将每个培养瓶送到检测器所在位置进行检测分析。

（二）培养瓶

目前常用的培养瓶种类有需氧培养瓶、厌氧培养瓶、小儿专用培养瓶、结核菌培养瓶、高渗培养瓶、中和抗生素培养瓶等，根据临床不同需要灵活选用。为保证样品的阳性检出率，要求接种血量为 10ml，婴儿培养瓶接种量为 5ml。培养瓶应避光保存于 15～30℃环境中。若存放于冰箱则易产生沉淀，此时需将培养瓶室温放置至沉淀消失后方可使用。

（三）数据管理系统

培养瓶检测系统均配有计算机，提供必要的数据管理功能。数据管理系统是血培养检测系统重要组成部分，用来判断并发放报告。通过条码识别样品编号，记录和打印检测结果，进行数据的存储和分析等。

三、自动血培养仪的性能特点

这类仪器具有培养基营养丰富，检测灵敏度高，适于多种病原菌的培养检测且所需时间短，抗干扰能力强、污染明显减少等特点。检测系统由计算机控制，对血培养实施连续、无损伤瓶外监测。

1. 培养基营养丰富　不同微生物对营养和气体环境的要求悬殊，患者的年龄和体质差异较大及培养前是否使用抗菌药物等要素，自动血培养系统不仅提供不同细菌繁殖所必需的营养成分，而且在瓶内空间还充有合理的混合气体，无须外接气体。最大限度检出所有阳性标本，防止假阴性。

2. 细菌易于生长 以连续、恒温、振荡方式培养，更易于细菌生长。

3. 避免交叉污染 采用封闭式非侵入性的瓶外监测方式，避免标本交叉感染，且无放射性污染。

4. 自动连续监测 缩短了细菌生长的检出时间，保证了阳性标本检测的快速、准确。培养瓶可随时放入培养系统，并进行追踪检测。

5. 阳性结果报告及时 阳性结果及时报警提示，85% 以上的阳性标本能在 48 小时内被检出。

6. 结果查询简便 培养瓶多采用双条形码技术，查询患者结果时，只需扫描报告单上的条码，就可直接查询到结果及生长曲线。

7. 数据处理功能较强 数据管理系统随时监测感应器的读数，依据数据的变化来判定标本的阳性或阴性，并可进行流行病学的统计分析。

8. 设有内部质控系统 保证仪器的正常运转。

9. 检测范围广泛 不仅可进行血液标本的检测，也可以用于临床上所有无菌体液，如骨髓、胸腔积液、腹水、脑脊液、关节液、穿刺液、心包积液等的细菌培养检测。

四、自动血培养仪的使用与维护

1. 使用 ①工作室内应洁净，使室温保持在 18 ~ 25℃，湿度在 40% ~ 70%，否则仪器会报警。②仪器应避免阳光直射或热原辐射，留有足够的散热空间，配备 UPS 电源。③仪器工作时不能频繁或长时间开主机门，避免引起箱内温度改变，特别是探测器检测时不得打开主机门。④放入主机 2 小时内的培养瓶不得转动和变位，否则会引起假阳性。⑤使用后的培养瓶应按医疗废物妥善处理。⑥对主机所连的电脑，不得修改或删除安装使用的软件，不得安装与仪器工作无关的软件。

2. 维护

（1）日维护：①每天应密切观察计算机软件界面和主机外部指示灯显示是否正常，记录显示器显示各孵育架和箱体温度；②使用前应仔细检查每个培养瓶的外观，不能使用出现裂纹或破损的培养瓶；③每天检查主机上指示灯和报警信号状态：打开主机门，从上向下逐项扫描门板上的条形码，孵育架所有红色、绿色瓶位、主机面板上指示灯应亮，报警声响 3 次，则仪器为正常状态。

（2）周维护：每星期要拆下仪器左右两侧的空气过滤器，用清水清洗待干，并替换为备用空气过滤器。

（3）月维护：①每月要检查仪器内温度计读数与显示屏温度是否一致，应为（35 ± 1.5）℃；②每隔 3 个月应把仪器内的探测器用干棉签清洁；③注意定期备份数据。

五、自动血培养仪的常见故障处理

自动血培养仪是精密仪器，在使用过程中，不可避免会出现各种各样的故障，当仪器提示存在错误或警告信息时，操作者应立即针对不同的情况予以处理：

1. 温度异常（过高或过低） 多数情况下是由于仪器门打开的次数太多引起，需注意尽量减少仪器门开关次数，并确保培养过程中仪器门是紧闭的。通常培养仪的门要关闭30分钟后才能保持温度平衡。

血培养仪的培养温度条件要求较严格，必须在35～37℃范围内，为维持正确的培养温度，应经常进行温度核实。虽然系统温度会持续地显示在仪器上，必要时还是需用温度校对瓶进行手工核实，需注意温度计应经国家标准温度核对设备校正。

2. 仪器对测试中的培养瓶出现异常反应 BacT/Alert培养仪运行中，有时仪器测定系统认为某一瓶孔目前是空的，但是实际上孔内还有一个被测的培养瓶（无论是阳性或阴性的），此时应通过打印或“Problem Log”命令读出存在问题的瓶孔号。若整个区块中的所有瓶号都被显示出来，那可能是区块有问题；若只列出一个瓶孔号，那就只是这个瓶孔有问题。故障排除方法：如果这一个孔内的培养瓶已经被非法卸出，则可以不管这一信息；如果孔内还有培养瓶，则卸出此瓶，装入到另一孔内，然后对前孔作质控。在BACTEC9050血培养仪中，若培养瓶未经扫描条形码就放入仪器内，或虽已扫描，但未放入规定的瓶孔中，这些培养瓶无法被系统识别而归为“匿名瓶”，在显示屏上会出现提示信息。此时应将“匿名瓶”取出，重新扫描后放入。

第五节 微生物鉴定和药敏分析

20世纪后期，随着微生物学与工程技术的发展，以及计算机技术的广泛应用，逐步发明了许多微量快速培养基、微量生化反应系统和自动化检测仪器，使微生物检验由原来的手工操作实现了自动化，实现了从生化模式到数字模式的转化。目前已有多种微生物鉴定及抗菌药物敏感性测试系统问世，如Vitek、MircoScan、Phoenix、Sensititre、Biolog等。已用于临床微生物实验室、卫生防疫和商检系统，主要功能包括微生物鉴定、抗菌药物敏感性试验（antimicrobial susceptibility test，AST）及最低抑菌浓度（minimal inhibitory concentration，MIC）的测定等，大大提高了检测结果的准确性、可靠性。

一、微生物鉴定和药敏分析仪系统的工作原理

（一）微生物鉴定原理

采用生物信息数码鉴定原理即给每种细菌的反应模式赋予一组数码，建立数据库。通过对未知菌进行有关生化试验并将生化反应结果转换成数字模式，计算并比较数据库内每个细菌条目对系统中每个生化反应出现的频率总和，获得相似系统鉴定值即细菌名称。

微生物自动鉴定系统的鉴定卡通常包括常规革兰阳（阴）性板（卡）和快速荧光革兰阳（阴）性板（卡）两种，其检测原理有所不同。常规革兰阳（阴）性板（卡）对各项生化反应结果（阳性或阴性）的判断是根据比色法的原理，系统以各孔的反应值作为判断依据，组成数码并与数据库中已知分类的单位相比较，获得相似系统鉴定值；快速荧光革兰阳（阴）性板（卡）则根据荧光法的鉴定原理，通过检测荧光底物的水解、荧光底物被利用后的pH变化、特殊代谢产物的生成和某些代谢产物的生成率来进行菌种鉴定。

（二）药敏分析仪的工作原理

自动化抗菌药物敏感性试验使用药敏测试板（卡）进行测试，其实质是微型化的肉汤稀释试验。将抗菌药物微量稀释在条孔或者条板中，加入菌悬液孵育后放入仪器或在仪器中直接孵育，仪器每隔一段时间自动测定菌悬液的浊度或测定培养基中荧光指示剂的强度或荧光原性物质的水解程度，以反映细菌的生长情况，得出待检菌在各药浓度的生长斜率，经回归分析得到最低抑菌浓度 MIC 值，并根据临床与实验室标准委员会（Clinical and Laboratory Standards Institute，CLSI）标准得到相应的敏感度：敏感（sensitive，S）、中度敏感（middle-sensitive，MS）和耐药（resistance，R）。

药敏测试板也分为常规测试板和快速荧光测试板两种。常规测试板的原理为比浊法，如 Vitek 系统，在含有抗菌药物的培养基中，浊度的增加提示细菌生长，根据判断标准解释敏感或耐药。快速荧光测试板的检测原理为荧光法，如 Sensititre 系统，在每一个反应孔内参考荧光强度的变化，来反映抑菌情况，若细菌生长，表面特异酶系统水解荧光底物，激发荧光，反之无荧光。以最低药物浓度仍无荧光产生的浓度为最低抑菌浓度（MIC）。

二、微生物鉴定和药敏分析系统的基本结构与功能

（一）测试卡（板）

各种微生物自动鉴定与药敏分析系统均配有测试卡或测试板。测试卡（板）是系统的工作基础，各种不同的测试卡（板）具有不同功能。最基本的测试卡（板）包括革兰阳性菌鉴定卡（板）、革兰阴性菌鉴定卡（板）、革兰阳性菌药敏试验卡（板）和革兰阴性菌药敏试验卡（板）。使用时应根据涂片和革兰染色结果进行选择。此外，有些系统还配有分别可以鉴定厌氧菌、酵母菌、需氧芽胞杆菌、奈瑟菌和嗜血杆菌、李斯特菌、弯曲菌等菌种的特殊鉴定卡（板）以及多种不同菌属的药敏试验卡（板）。

各测试卡（板）上都附有条形码，上机前经扫描后可被系统识别，以防标本混淆。

（二）菌液接种器

绝大多数微生物自动鉴定及药敏分析系统都配有自动接种器，大致可分为真空接种器和活塞接种器，前者较为常用。仪器一般都配有标准麦氏浓度比浊仪，操作时只需把稀释好的菌液放入比浊仪中确定浓度即可。

（三）培养系统和监测系统

测试卡（板）接种菌液后即可放入孵箱/读板器中进行培养和监测。一般在测试卡（板）放入孵箱后，监测系统要对测试卡进行一次扫描，并将各孔的检测数据自动存储起来作为以后读板结果的对照。有些通过比色法测定的测试卡经适当的孵育后，有些测试孔需添加试剂，此时系统会自动添加，并延长孵育时间。

监测系统每隔一段时间对每孔的透光度或荧光物质的变化进行检测。快速荧光测定系统可直接对荧光测试板各孔中产生的荧光进行测定，并将荧光信号转换成电信号，数据管理系统将这些电信号转换成数码，与原已储存的对照值比较，推断出细菌的类型及药敏结果。常规测试板则直接检测电信号，从干涉滤光片过滤的光通过光导纤维导入测试板上的各个测试孔，光感受二极管测定通过每个测试孔的光量，产生相应的电信号，从而推断出菌种的类型及药敏结果。

（四）数据管理系统

数据管理系统就像整个系统的神经中枢，始终保持与孵箱/读数器、打印机的联络，控制孵箱的温度，自动定时读数，负责数据的转换及分析处理。当反应完成时，计算机自动打印报告，并可进行菌种发生率、菌种分离率、抗菌药物耐药率等流行病学统计。有些仪器还配有专家系统，可根据药敏实验的结果提示有何种耐药机制的存在，对药敏实验的结果进行"解释性"判读。

三、微生物鉴定和药敏分析系统的性能评价

1. 自动化程度高　可自动加样、联机孵育、定时扫描、读数、分析、打印报告等，节省人力并减少人为差错和误差。

2. 功能范围大　包括需氧菌、厌氧菌、真菌鉴定及细菌药物敏感性试验、最低抑菌浓度（MIC）测定。测试卡（板）的抗菌药物组合种类较多，便于临床实际应用选择。

3. 检测速度快　快速荧光测试板的鉴定时间一般为2~4小时，绝大多数细菌的鉴定可在4~6小时内得出结果，常规测试卡（板）的鉴定时间一般为18小时左右。

4. 结果准确　鉴定微生物种类广泛，系统具有较大的细菌资料库，鉴定细菌种类可达五百余种，可进行数十甚至一百多种不同抗菌药物的敏感性测试。

5. 减少差错　使用一次性测试卡（板）可避免由于洗刷不洁而造成的人为误差。

6. 数据处理软件功能强大　可根据用户需要，自动对完成的鉴定样本及药敏试验进行统计，并组成多种统计学报告。

7. 软件和测试卡（板）大多可不断升级更新　检测功能和数据统计功能不断增强，使设备功能不易老化。

8. 设有内部质控系统　保证仪器的正常运转。

四、微生物鉴定和药敏分析系统的使用与维护

（一）微生物鉴定和药敏分析系统的使用

不同的微生物鉴定和药敏分析系统操作步骤基本相似，一般可分为分离培养待测细菌；选择致病菌纯种扩大培养；按要求配制一定浊度的菌悬液；将菌悬液接种至测试卡（板），培养一定时间；培养后的测试卡（板）仪器自动读数，计算机处理数据后报告鉴定结果，基本操作步骤见图10-8。

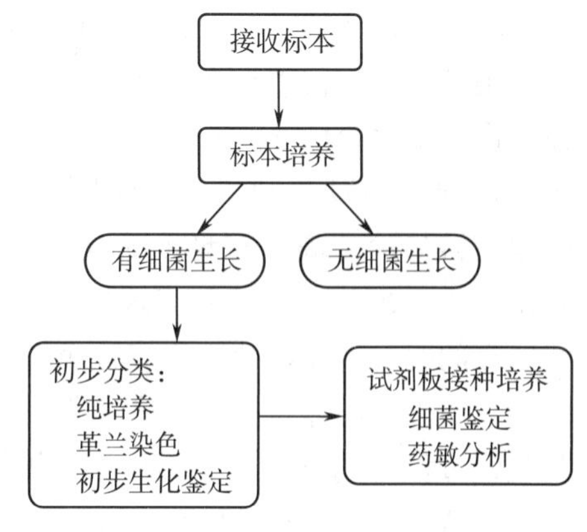

图10-8　微生物鉴定和药敏分析系统基本操作步骤

（二）微生物鉴定和药敏分析系统的维护

目前临床常用的自动化微生物鉴定和药敏分析系统种类、型号繁多，检测原理和仪器结构不尽相同。为保证检测结果的可靠性和准确性，必须做好仪器的系统校正和设备的维护和保养，使其处于良好的工作状态。

1. 严格按照操作手册的规定进行开、关机及各种操作，防止因程序错误造成设备损伤和信息丢失。

2. 定期清洗比浊仪、真空接种器、封口器、读数器及各种传感器，避免由于灰尘而影响判断的正确性。

3. 定期用标准比浊管对比浊仪进行校正，用 ATCC 标准菌株测试各种测试卡，并做好质控记录。

4. 建立仪器使用以及故障和维修记录，详细记录每次使用情况和故障的时间、原因和解决办法。

5. 定期由工程师作全面保养及例行校正，并排除故障隐患。

第六节　微生物检验仪器进展

长期以来，微生物鉴定主要根据其形态、染色和生化特征，进行手工鉴定。这些方法不仅程序复杂，费时费力，且在方法学和结果的判定、解释等方面易受个人经验影响，难以进行质量控制。20 世纪 80 年代后，随着科学技术的飞速发展，各类微生物检测、分析仪相继问世，如全自动平板接种仪、微生物鉴定与药敏分析仪、革兰自动染片机、细菌 DNA 指纹图谱分析仪等，这些仪器的出现使微生物鉴定逐渐向快速化、微机化、自动化方向发展，大大缩短了临床检测的工作时间并提高了检测的准确性。在此基础上又提出微生物自动分析流水线这一先进概念，即从检验前标本的处理到检验中仪器自动分析检测再到发送报告的全过程自动化，达到实验室自动化整合的目的。这将是今后临床微生物实验室检查的发展方向和趋势。

一、革兰自动染片机

微生物标本的染色是医学实验室病原菌形态学诊断的一项基本技术，主要包括革兰染色和抗酸染色。长期以来，实验技术人员主要依靠手工操作来完成，存在耗费时间长、染色效果不稳定、操作烦琐、个人经验性强难以标准化等缺点，因此，在微生物实验室使用全自动标本染色机，不仅能够实现实验技术操作的自动化，降低实验人员制片中的劳动强度，而且还可进一步改善标本的染色效果，提高病原菌诊断水平。

1. 革兰自动染片机的工作原理　通过仪器的操作面板选择染色步骤及不同的复染液，样本溶液经涂片离心转盘（图 10-9）高速旋转的离心作用后，使溶液中微量的菌体浓缩并固定干燥至玻片上。涂片完成后，将涂片固定在玻片转盘卡片槽中（图 10-10），卡片槽之间留有间距，避免玻片互相接触而发生交叉污染。运用自动喷雾染色技术，按仪器设定的革兰染色步骤，通过负压泵从染液瓶吸出所需溶液，经喷嘴向旋转的涂片喷出染液以完成染色及脱色过程（图 10-11），最后涂片被烘干。

2. 革兰自动染片机的基本结构　包括操作面板、涂片离心转盘、玻片转盘、喷嘴、负压泵、染料瓶及染料输送管道等，仪器外观见彩图 10-12。

图 10-9　涂片离心转盘

图 10-10　玻片转盘

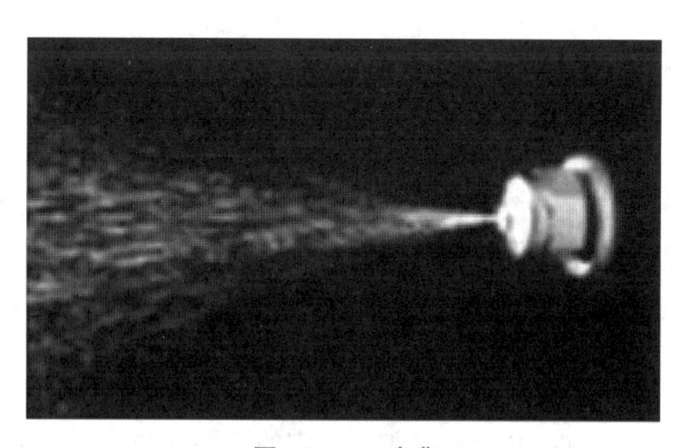

图 10-11　喷嘴

3. 革兰自动染片机的使用流程　见图 10-13。

4. 革兰自动染片机的性能特点　传统的手工染片费时、费力且染色量小，而普通染片机虽然能代替手工劳动，但也存在着染色量小，染色程序单一等缺点。与之相比，革兰自动染片机主要有以下优点：①操作简单，且染色效果良好，尤其适用于批量染色。②染色过程采用雾化喷染，有效解决了染色不均匀的问题。③按照操作者需求对细菌涂片可选择手工固定或仪器自动固定。④根据涂片厚薄设定试剂（如结晶紫、碘液、脱色液等）用量，降低消耗，节约成本。⑤染色完成后仪器自动干燥涂片，可直接镜检。

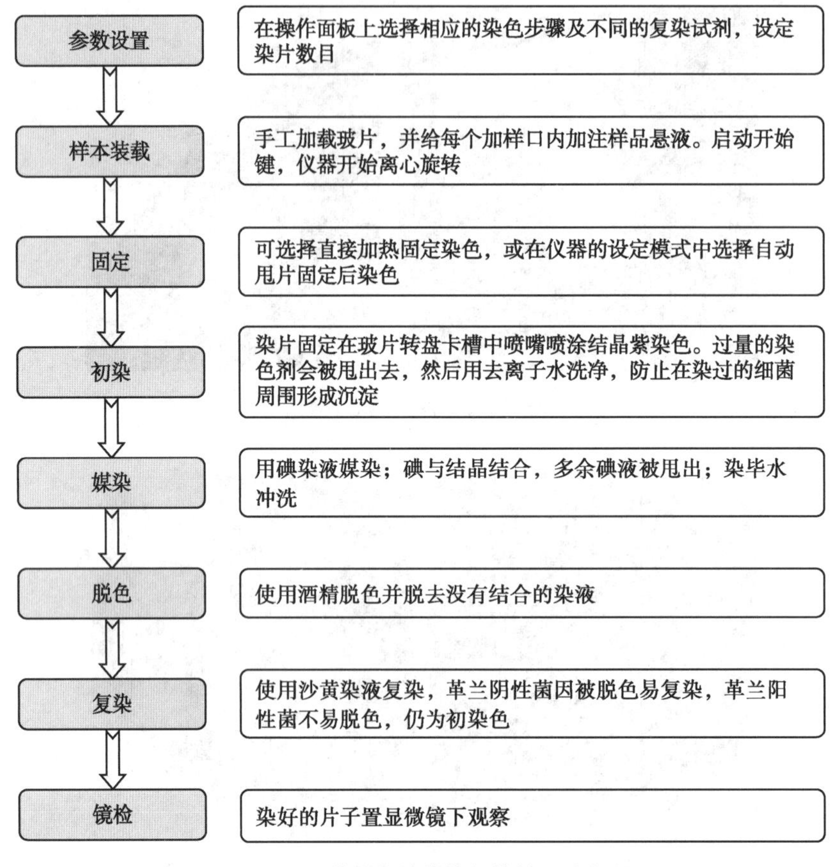

图 10-13　革兰自动染片机的使用流程图

5. 革兰自动染片机的注意事项与维护

（1）由于使用染液中含有易挥发成分，染片机应放置通风处。

（2）染片过程中会有大量的废液产生，因此，染片机的出水口应接入排污管道中。

（3）染片机的水槽底部有数个漏孔，要注意定期清洗，以免被水垢等物堵塞。

（4）做好机器保养、清洗工作，定期添加染液。

二、细菌 DNA 指纹图谱分析仪

长期以来，形态学特征和生化反应是细菌鉴定的主要依据。由于细菌形态多样，且易受培养条件的影响，同一细菌种属之间其生长特性及生化特征极其相似，以形态和生化特征差异为基础的传统鉴别方法很难对相近种属细菌作出明确鉴定，至于相同种属不同菌株的鉴定更是困难。近年来，随着分子技术的发展，依据微生物基因组特点的 DNA 指纹图谱分析技术应用到细菌的种属鉴定中。

微生物 DNA 指纹图谱分析仪（彩图 10-14），是基于细菌基因组内重复序列聚合酶扩增技术（rep-PCR 技术）的新型仪器。由于每种菌株所得到的指纹图谱都是特定的，因此指纹图谱的特异性，可用以区分不同菌株。

1. 细菌 DNA 指纹图谱分析仪工作原理与基本结构

（1）工作原理：运用 rep-PCR 技术，使用针对细菌基因组内相对保守性短重复序列的引物，进行 PCR 扩增，通过电泳条带的比较分析，揭示基因组间的差异，从而在种以下水平对细菌进行鉴定分析。选用的相对保守性短重复序列包括基因外重复回文序列（repetitive extragenic palindromic，REP）、肠杆菌基因间重复一致序列（enterobacterial repetitive intergenic consensus，ERIC）等，它们在属、种、菌株水平上分布有差异，在进化过程有相对保守性。

（2）基本结构：包括主机、显示器、涡旋芯片振荡器、芯片工作站以及微流电泳分析系统等（彩图 10-15）。

2. 细菌 DNA 指纹图谱分析仪的使用流程（图 10-16）　首先需要纯化微生物菌落，抽提菌株 DNA，加入 rep-PCR 引物使之与细菌基因组短重复序列配对（图 10-17）；经过指纹图谱试剂盒 PCR 扩增形成多个不同长短的片段（图 10-18）；再根据扩增片段的质量差异进行电泳分离，得到由多条带组成的、强弱不一的电泳图（图 10-19），通过计算机分析转化为 rep-PCR DNA 指纹图谱（图 10-20）。

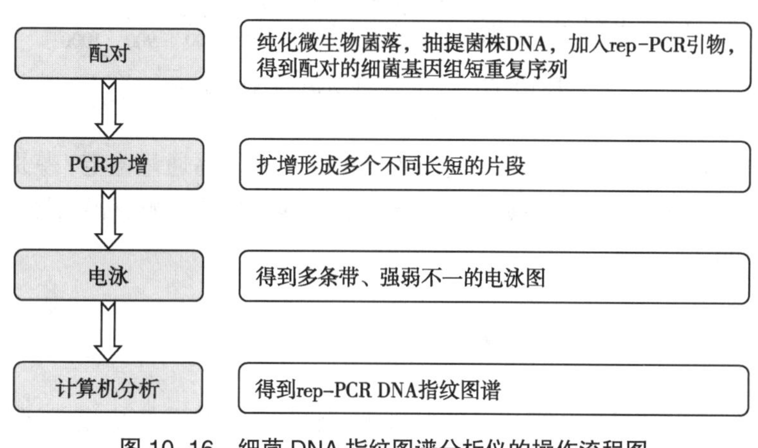

图 10-16　细菌 DNA 指纹图谱分析仪的操作流程图

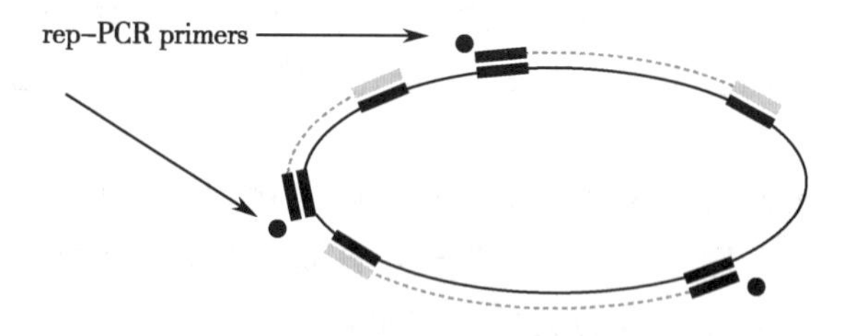

图 10-17　rep-PCR 引物与重复序列配对

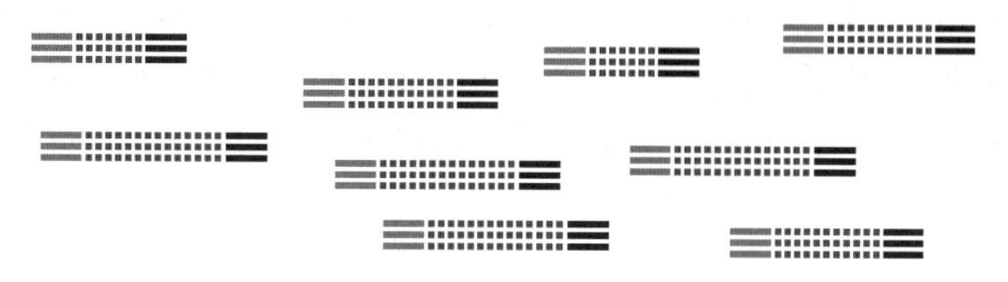

图 10-18　经过 PCR 扩增形成多个不同长短的片段

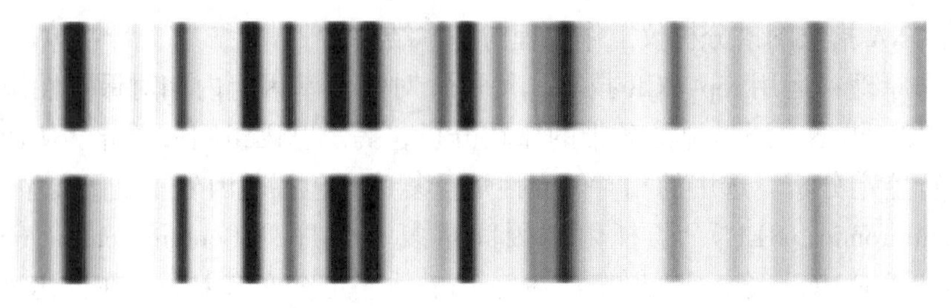

图 10-19　扩增的片段电泳分离

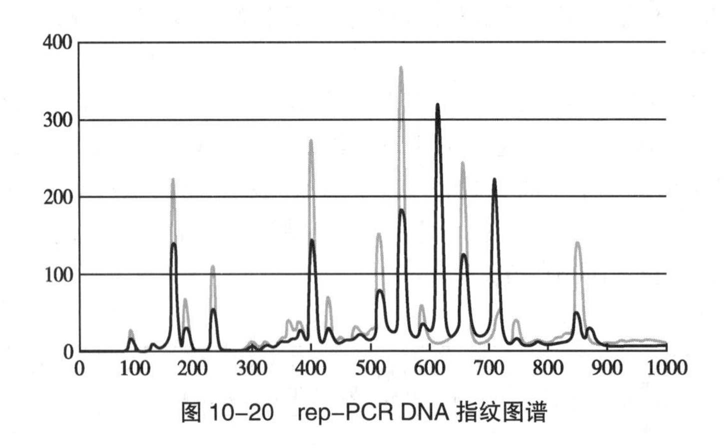

图 10-20　rep-PCR DNA 指纹图谱

3. 细菌 DNA 指纹图谱分析仪的用途　①准确、快速、高通量鉴定/鉴别细菌，确保合理应用抗生素；②有效、精确地辨别和追踪细菌感染和污染的来源及传播途径，监测院内感染传播；③流行病学调查。

三、微生物自动分析流水线

20 世纪 70 年代在微量生化反应系统基础上，将细菌的生化反应模式转化成数学模式，演化为半自动化或自动化微生物检测鉴定系统，从而开辟了微生物检测与鉴定的新领域。随着科技的发展，检验仪器从早期的半自动检测仪到目前的全自动快速检测仪，可鉴定的微生物种类范围不断扩大，鉴定速度越来越快，自动化程度也越来越高，加快了微生物检测自动化的进程。

随着自动化程度在微生物领域的不断提高，理想的微生物检验系统在自动化基础上形成细菌自动化分析流水线（彩图 10-21），可做到：自动化碟（包括前处理）、自动孵育、自动监测菌落的生长状况（将菌落生长良好的平皿筛选出来）、屏幕看碟（选菌落）、自动药敏（屏幕选择）、自动涂片（甩片）、自动染色、屏幕看片、生长与药敏的实时监测、自动危急值报告、耐药机制检测等，实现细菌从涂片、染片、培养、鉴定及药敏分析的一体化。使操作人员免于接触细菌，降低了生物危害，减少了重复劳动，提高了实验室效率。我们相信，随着生命科学和计算机技术的进步，这种细菌自动化分析流水线必将在临床实验室应用及科研中发挥重要的作用。

学习小结

生物安全柜是常用的空气净化装置，可以在处理各类临床标本过程中对操作者本人、实验室环境以及实验材料起到保护作用，避免被含有病原微生物的气溶胶所感染。生物安全柜分为Ⅰ、Ⅱ、Ⅲ级，其中Ⅱ级生物安全柜在临床实验室应用最普遍。Ⅱ级生物安全柜按功能不同又分为A1、A2、B1、B2四个类型。

培养箱可以通过对培养环境条件的控制，为细胞、组织、微生物提供更好的生长繁殖环境。按功能可分为电热恒温培养箱、CO_2培养箱、厌氧培养箱。电热恒温培养箱适用于普通细菌培养和封闭式细胞培养。CO_2培养箱可分为气套式、水套式、高温灭菌式等，其结构的核心部分为CO_2调节器、温度调节器和湿度调节装置。厌氧培养箱是通过催化除氧系统和自动连续循环换气系统保持箱内的厌氧状态，使厌氧菌的接种、培养、鉴定等全部工作都在无氧环境下进行，可提高厌氧菌的阳性检出率。

高压消毒锅利用蒸汽潜热大、穿透力强、容易使蛋白质变性或凝固的原理，对各种器具、培养物进行消毒与灭菌。使用时应注意保持锅内充足的水量，在升压前先排气，降压冷却后方可开盖取物。

自动血培养仪主要由恒温孵育系统和检测系统组成。根据检测原理的不同可分为以下4类：以检测培养基导电性和电压为基础的血培养系统、应用测压原理的血培养系统、采用光电原理监测的血培养系统以及应用均质荧光衰减原理的血培养检测系统。自动血培养仪使用过程中应保持工作环境的洁净，尽量减少仪器开关门次数及开门时间，以保持培养箱内的温度平衡。

自动微生物鉴定和药敏分析系统主要由测试卡（板）、菌液接种器、培养和监测系统、数据管理系统组成。通常采用数码鉴定原理通过计算并比较数据库内每个细菌条目对系统中每个生化反应出现的频率总和，自动将这些生物数码与编码数据库进行对比，获得相似系统鉴定值，得到鉴定细菌的名称。自动化抗菌药物敏感性试验的实质是微型化的肉汤稀释试验。将菌悬液加入不同稀释浓度的抗菌药物条孔或条板中孵育，仪器每隔一定时间自动测定细菌生长的浊度，或测定培养基中荧光物质的强度，观察细菌的生长情况。得出待检菌在各药物浓度的生长斜率，经回归分析得到MIC根据CLSI标准得到相应敏感度："S"、"MS"、"R"。

革兰自动染片机通过离心转盘将微量的菌液浓缩固定、干燥到玻片上，经自动喷雾染色技术向涂片喷出染液以完成染色及脱色过程，至烘干涂片。实现了从涂片、固定、染色、脱色及复染的全自动化。

细菌DNA指纹图谱分析仪能快速、准确地对微生物在亚种和菌株水平上进行鉴定。基于细菌基因组学的特征，利用重复序列聚合酶技术，将rep-PCR引物与分布在基因组上的、特异性的重复序列配对、扩增形成多个不同长短的片段，经电泳分离得到由多条带组成的、强弱不一的电泳图，通过计算机分析转化为该细菌DNA指纹图谱。

微生物自动化分析流水线实现了细菌从培养、涂片、染片、鉴定及药敏分析为一体的自动化作业。

复习题

1. 生物安全柜的工作原理是什么？
2. Ⅱ级生物安全柜分为哪几个类型，各自的性能特点有哪些？
3. 常用的培养箱分为哪几类，其工作原理有何不同？
4. CO_2 培养箱的基本结构有哪些，如何评价其性能特点？
5. 高压消毒锅的工作原理及灭菌特点是什么？
6. 使用高压消毒锅的注意事项有哪些？
7. 自动血培养仪检测和分析系统按原理可分为哪几类？简述各自的性能特点。
8. 微生物鉴定和药敏分析系统的基本结构和工作原理是什么？
9. 简述革兰自动染片机的工作原理。
10. 简述细菌 DNA 指纹图谱分析仪的工作原理及基本结构。

（李光迪）

第十一章

细胞分子生物学检验相关仪器

学习目标

1. 掌握　流式细胞仪的工作原理和基本结构；PCR 核酸扩增仪的工作原理和基本结构。
2. 熟悉　流式细胞仪的光学系统组成、主要性能指标及测量方法；流式细胞仪分选器的组成、分选原理及影响因素；PCR 核酸扩增仪的温度控制方式和操作规程；实时荧光定量 PCR 技术的原理、分类和特点。
3. 了解　流式细胞仪信号所代表的意义、质量控制要素和主要应用领域；PCR 核酸扩增仪性能评价和临床应用；生物芯片分析仪的工作原理与基本结构。

随着分子生物学理论和技术在医学领域的广泛应用，许多疾病的诊断已深入到分子水平。临床检验也不断向分子水平扩展，许多临床实验室也陆续增加了一些把形态学和功能学紧密结合的分子细胞生物学仪器。本章主要介绍临床实验室常用的流式细胞仪、PCR 基因扩增仪和生物芯片分析仪。

第一节　流式细胞仪

流式细胞仪（flow cytometer，FCM）是以激光为光源，利用流体力学、电子物理、光电测量和免疫荧光等多种技术对快速流动的单个细胞进行多参数分析或分选的新型高科技仪器。

流式细胞仪工作的基础是流式细胞技术，该技术是利用多种技术方法对处于快速直线流动状态中的生物颗粒进行点对点的多参数定量分析和（或）定性分选，已成为现代医学研究最先进的分析技术之一。

FCM 分析的对象是生物学颗粒，其中主要是各类细胞，如真核细胞、细菌、真菌、杂交细胞、聚集细胞等，此外还包括细胞器、染色体、大的免疫复合物、DNA、RNA、蛋白质、病毒颗粒、脂质体等。分析的内容涉及生物颗粒形态结构和理化性质等多个方面，包括细胞大小、细胞形态、胞浆颗粒化程度、DNA 含量、总蛋白质含量、细胞膜完整性和酶活性等。

单克隆抗体技术、定量细胞化学和定量荧光细胞化学的不断成熟和融合，使FCM作为一项生物检测技术已经日臻完善。FCM在细胞生物学、免疫学、肿瘤学、血液学、病理学、遗传学等学科中都得到广泛的应用，在临床检验中有着非常广泛的应用前景，并将为检验医学科学研究发挥更大的作用。下面主要介绍FCM的分析原理、结构、性能指标、技术要求、维护和应用等。

一、流式细胞仪的分析原理

FCM检测的是带有荧光标记的快速流动的单个细胞，因此对样品进行处理、制备高质量的单细胞悬液并进行特异荧光染色是分析的前提，而保证液流以单细胞快速通过检测区是该技术的关键。这一关键是利用流体力学的原理，通过层流技术实现的。

在样品泵气体压力作用下，悬浮在样品管中的单细胞经管道进入流式细胞仪的流动室，沿流动室的轴心向下流动形成样品流（彩图11–1）。同时，鞘液泵驱使鞘液在流动室轴心至外壁之间向下流动，形成包绕样品流的鞘液流。鞘液流和样品流在喷嘴附近组成一个圆柱流束，自喷嘴的圆形孔喷出，与水平方向的激光束垂直相交，相交点即为测量区。

在测量区，受激光照射荧光染色的细胞发出荧光，同时产生光散射。这些信号分别被光电倍增管和光电二极管接收，并转换为电子信号，再经过模/数转换为数字信号，计算机通过相应的软件储存、计算、分析这些数字化信息，就可得到细胞的大小、核酸含量、酶和抗原的性质等信息。

在定性分析基础上，将符合预设参数的细胞分离出来就是分选。这一技术是通过流动室振动和液滴充电实现的（彩图11–2）。

在压电晶体上加上频率为30kHz的信号，使其产生同频率的机械振动，带动流动室随之振动，以此导致通过测量区的液柱断裂成一连串均匀的液滴。此前各类细胞的特性信息在测量区已被测定，并储存在计算机中。当符合分选条件的细胞通过形成液滴时，FCM就为其充以特定的电荷，而不符合分选条件的含细胞液滴和不含细胞的空白液滴不被充电。带有电荷的液滴向下落入偏转板间的静电场时，依所带电荷的不同分别向左偏转或向右偏转，落入指定的收集器内。不带电的液滴不发生偏转，垂直落入废液槽中被排出，从而达到细胞分类收集的目的。

二、流式细胞仪的基本结构

FCM由流动室与液流驱动系统、激光光源与光束形成系统、光学系统、信号检测与分析系统、细胞分选系统等五部分组成。

（一）流动室与液流驱动系统

流动室与液流驱动系统的构成见图11–3。其中流动室（flow chamber）是FCM的核心部件，大多由石英玻璃制成。在石英玻璃中镶嵌一块宝石，宝石中央开一个孔径为430μm×180μm的长方形孔，让细胞单个流过。检测区在该孔的中心或下方，被测样品在此与激光束相交。由石英玻璃制成的流动室光学特性良好，液流流速较慢，细胞受照时间长，可收集的细胞信号光通量大，配上广角收集透镜，可获得很高的检测灵敏度和测量精密度。

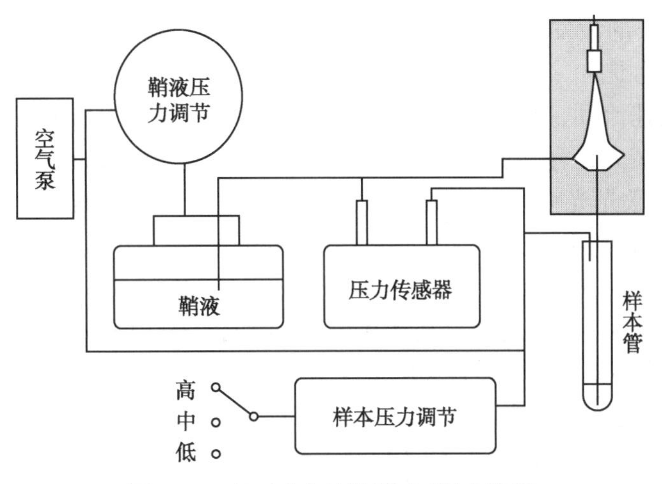

图 11-3　流动室与液流驱动系统示意图

流动室内充满了鞘液。样品流在鞘液流的环抱下形成流体动力学聚焦，使样品流不会脱离液流的轴线方向，并且保证每个细胞通过激光照射区的时间相等，从而得到准确的细胞信息。鞘液的作用是将样品流环抱。鞘液流是一种稳定流动的液体，操作人员无法随意改变其流动的速度。

空气泵产生压缩空气，通过鞘流压力调节器在鞘液上施加一个恒定的压力，这样鞘液以匀速运动流过流动室，在整个系统运行中流速是不变的。调高样本的进样速率，可以提高采样分析的速度。但这并不是提高样本流的速度，而是缩短细胞间的距离，使单位时间内流经激光照射区的细胞数增加。

检测区激光焦点处的能量呈正态分布（图 11-4），中心处能量最高。当样本速率选择高速时，处在样本流不同位置的细胞或颗粒，受激光照射的能量不同，被激发出的荧光强度也有差异，这可能引起测量误差。所以，当检测分辨率要求高时，进样速率应选用低速进样。

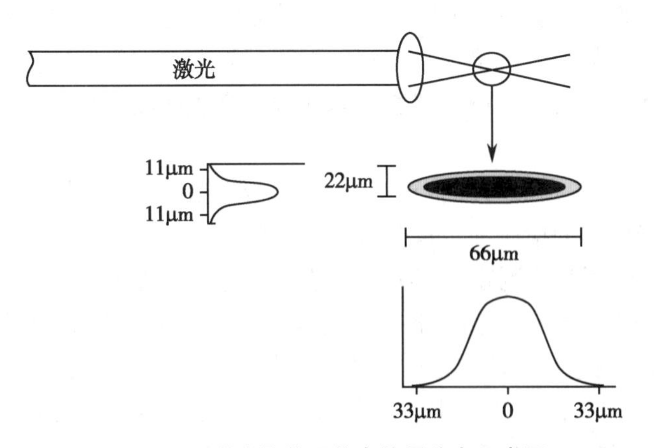

图 11-4　激光聚焦及焦点能量分布示意图

（二）激光光源与光束形成系统

激光（laser）是一种相干光源，它能提供单波长、高强度和高稳定性的光照，所以激光是细胞微弱荧光快速分析的理想光源。多数 FCM 采用氩离子气体激光器，可以产生 488.0nm

和 514.5nm 两种波长的激发光，有些仪器可增配小功率半导体激光器（波长 635nm），拓宽了荧光染料的应用范围。

由于细胞的快速流动，每个细胞经过光照区的时间仅为 1 微秒左右，且细胞所携带荧光物质被激发出的荧光信号强弱与被照射的时间和激发光的强度有关，因此细胞必须达到足够的光照强度。激光光束在到达流动室前，先经过透镜将其聚焦，形成几何尺寸约为 22μm × 66μm 即短轴稍大于细胞直径的光斑（图 11–4）。

（三）光学系统

FCM 的光学系统由若干组透镜、滤光片和小孔组成，其作用是将不同波长的光信号进行分离、聚集后，送入不同的光电转换和电子探测器。

滤光片（filter）是主要的光学元件，可以分为三类：长通滤光片只允许特定波长以上的光通过，特定波长以下的光不能通过，用 LP 表示。如 LP500 滤光片，可以让 500nm 以上的光通过，500nm 以下的光被吸收或返回。短通滤光片与长通滤光片相反，特定波长以下的光通过，特定波长以上的光被吸收或返回，用 SP 表示。带通滤光片允许一定波长范围内的光通过。滤光片上有两个数值，一个为允许通过波长的中心值，另一个为允许通过光波段的范围。如 BP500/50 表示其允许 475 ~ 525nm 波长的光通过。

（四）信号检测与分析系统

FCM 收集和分析的光信号包括激光信号和荧光信号，其光电转换元件主要是光电倍增管（photomultiplier tube，PMT），能将这些光信号转换成电信号，电信号输入到放大器进行线性放大或对数放大。

1. 激光信号　来自于激发光源，波长与激发光相同，分为前向角散射和侧向角散射。散射光不依赖细胞样品的染色等制备技术，称为细胞的物理参数，也称为固有参数。

（1）前向角散射：前向角散射与被测细胞的大小有关，确切地说与细胞直径的平方密切相关。

（2）侧向角散射：侧向角散射是指与激光束正交 90° 方向的散射光信号。侧向散射光对细胞膜、细胞质、核膜的折射率更为敏感，可提供细胞内精细结构和颗粒性质的信息。

目前采用这两个参数组合，可区分裂解红细胞后外周血白细胞中淋巴细胞、单核细胞和粒细胞 3 个细胞群体，或在未进行裂解红细胞处理的全血样品中找出血小板和红细胞等细胞群体。

2. 荧光信号　当激光光束与细胞正交时，标记细胞内的特异荧光素受激发发射荧光信号，通过对这类荧光信号的检测和定量分析能了解所研究细胞的数量和生物颗粒的情况。荧光信号的种类和强弱除了与待测物质有关外，还与荧光染色选用的荧光素密切相关。

（1）激发光谱与发射光谱：由于各类荧光素的分子结构不同，其荧光激发谱与发射谱也各异，选择染料或单抗所标记的荧光素必须考虑仪器所配置的光源波长。目前 FCM 常配置的激光器波长为 488nm，通常选用的染料有碘化丙啶（propidium iodide，PI）、藻红蛋白（phycoerythrin，PE）、异硫氰酸荧光素（fluorescein isothiocyanate，FITC）和多甲藻素叶绿素蛋白（peridinin chlorophyll protein，PerCP）和五甲川菁（penta methyl cyanine，Cy5）等。有些仪器还配置了半导体激光器，其激发波长为 635nm，可激发 APC、To–Pro3 等染料，拓宽了 FCM 的应用范围。

（2）光谱重叠的校正：当细胞携带两种以上荧光染料时，受激光激发会发射两种以上不同波长的荧光，理论上可通过选择滤片使每种荧光仅被相应的检测器检测。但由于目前所使用的各种荧光染料都是宽发射谱性质，虽然它们之间发射峰值各不相同，但发射谱范围有一定的重叠。如图 11-5 所示，阴影为探测器检测光谱的范围，FITC 探测器将探测到少量的 PE 光谱，而 PE 探测器则检测到较多的 FITC 光谱。

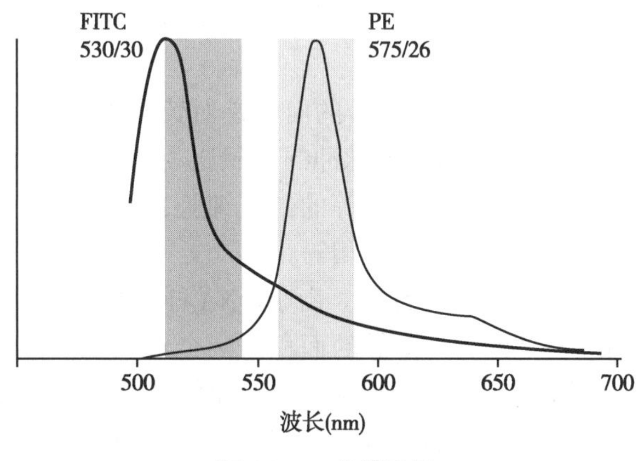

图 11-5　光谱重叠

为了减少各荧光间的相互补偿，可以采用双激光立体光路技术的四色 FCM 系统，其原理见图 11-6。图中点 A 通过透镜 f 成像在 A′ 处，而点 B 通过透镜 f 成像在 B′ 处。在光电倍增管前放上一个小孔，作为空间滤波器，排除其他杂散光信号，从而确保了 A 点光源进不了 B′ 点处，B 点光源也进不了 A′ 点处。因此，避免第一激光（488nm）激发出的 FL1、FL2、FL3 和第二激光（635nm）激发出的 FL4 间的补偿。当然 FL1、FL2 和 FL3 是来自于同一点光源，它们之间的补偿是不可避免的。

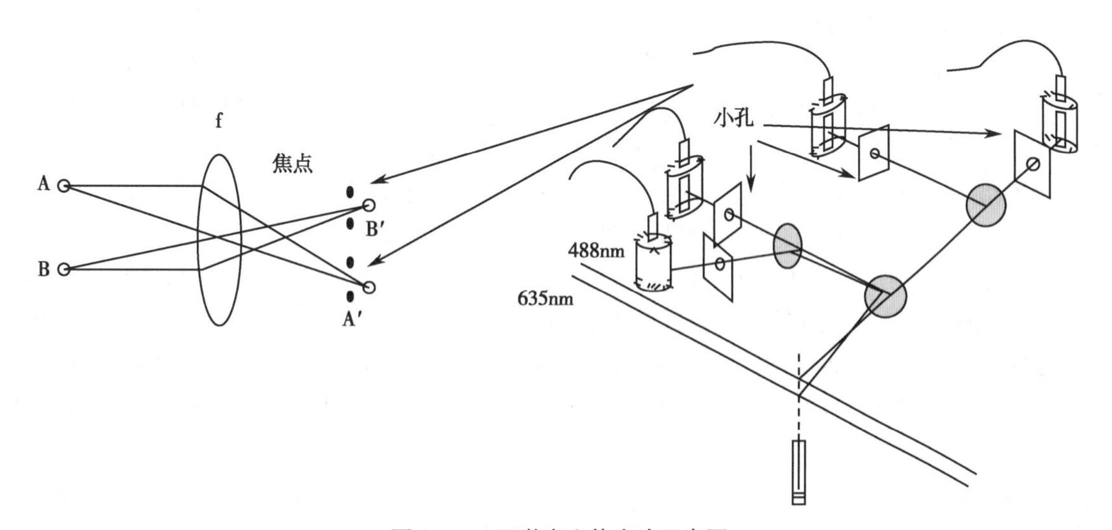

图 11-6　双激光立体光路示意图

FCM 检测的主要是荧光信号。当携带荧光素的细胞与激光束正交时，荧光素受激发发出荧光，经滤光片分离不同波长的光信号分别到达不同的 PMT，PMT 将光信号转换成电信号，经不同的电子线路放大后进行测量和分析。

（3）荧光信号线性测量和对数测量：线性放大器的输出与输入是线性关系，细胞 DNA 含量、RNA 含量、总蛋白质含量等的测量一般选用线性放大测量。在免疫学样品中，细胞膜表面抗原的分布有时相差几十倍甚至几万倍，如用线性放大器，将无法在一张图上清晰地将细胞阳性群、阴性群同时显示出来。因此，在细胞膜表面抗原等的荧光检测时，通常使用对数放大器。如果原来输出是 1，当输入增大到原来 10 倍时，输出为 2，当输入增大到原来 100 倍时，输出为 3 等。

（4）荧光信号的面积和宽度：荧光信号的面积是对荧光光通量进行积分测量，一般对 DNA 倍体测量时采用面积，这是因为荧光脉冲的面积比荧光脉冲的高度更能准确反映 DNA 的含量。当形状差异较大，而 DNA 含量相等的二个细胞，得到的荧光脉冲高度是不等的，但经过对荧光信号积分后，所得到的信号值相等。

荧光信号的宽度常用于区分双联体细胞。由于 DNA 样本极容易聚集，当两个 G_1 期细胞粘连在一起时，其测量到的 DNA 荧光信号的面积与一个 G_2 期细胞相等，这样就会导致 G_2 期细胞比例增高，影响检测的准确性。但如果进行荧光信号的宽度检测，由于双联体细胞所得到的荧光宽度信号大于单个 G_2 期细胞，就容易将二者区分开来。

（五）细胞分选系统

大型 FCM 还有细胞分选系统。分选系统由水滴形成、充电和偏转三部分组成。

1. 水滴形成　形成稳定的水滴是提高细胞分选质量的关键。安装在流动室上的压电晶体加有数万赫兹的电信号，压电晶体可以带动流动室一起振动。通过压电晶体的振动使自喷孔喷出的流束形成水滴。液流从喷孔出来后，需要经过一段距离才形成水滴。这段距离大约 10～20 个波长，测量区应尽量靠近喷嘴以避免受振动干扰。

喷嘴的振动频率即每秒钟产生水滴的数目。当喷嘴直径为 50μm 时，信号频率为 40kHz，则每秒钟产生 4 万个水滴。若每秒钟流出的细胞是 1000 个，则平均每 40 个水滴中只有 1 个水滴是有细胞的，其他皆为空白。

2. 水滴充电　为了分选细胞，需要细胞在经过测量区时，FCM 判断出哪个细胞满足了分选的条件，并产生一个逻辑信号。此信号驱动充电脉冲发生器，使之产生充电脉冲，当满足分选条件的细胞将要形成水滴时，充电脉冲正好对它进行充电。可见给水滴充电的脉冲并不是在做出分选决定时立即产生并加到流束上的，而是当细胞将要形成水滴时才加上的，这一段等待时间依赖于喷孔的直径、细胞与激光束相交点的位置等因素。

从细胞通过测量区到水滴形成的时间大约为几十毫秒，这个时间称为延迟时间。从理论上说，可用单稳定态振荡器产生分选所需要的时延，实际上是用一个称为移位寄存器的数字电路产生时延，这种时延便于调整。延迟时间受到一系列因素的影响，如测定所需平均延迟时间的不准确性、喷射液流的变化、水滴分离点的变化、细胞本身对水滴形成条件的影响等。

3. 水滴偏转　当水滴从流束上将要断开时，给含有这个水滴的流束充电，则水滴从流束上断开后便带有同极性的多余表面电荷。水滴如果在与流束将分离时，未被充电，则离开流束的水滴不带电荷。下落的水滴通过一对平行板电极形成的静电场时，带正电荷的水滴向带负电的电极板偏转，带负电荷的水滴向带正电的电极板偏转，不带电的水滴垂直下落不改变其运动方向，这样就可用容器分别收集各种类型的水滴。

三、流式细胞仪的主要性能指标

FCM 的性能指标分为分析指标和分选指标，前者包括灵敏度、分辨率和分析速度等，后者包括分选速度、分选纯度和收获率等。

（一）分析指标

1. 灵敏度　是衡量仪器检测微弱荧光信号的重要指标，包括荧光检测灵敏度和前向角散射光检测灵敏度。荧光检测灵敏度一般以能检测到单个微球上最少标有 FITC 或 PE 荧光分子数目来表示，现在的 FCM 均可达到检测小于 100 个荧光分子的指标。前向角散射光检测灵敏度是指能够检测到的最小颗粒大小，目前商品化的 FCM 可以测量到直径为 0.2 ~ 0.5μm 的生物颗粒。

2. 分辨率　分辨率是衡量仪器测量精度的指标，通常用变异系数（coefficient of variation，CV）率表示：

$$CV=\frac{\delta}{\mu}100\% \qquad (11-1)$$

式中 δ 是分布的标准误差，μ 是分布的平均值。

如果一组含量完全相等的样本，用 FCM 测量，理想的情况是 CV=0，但在整个检测中，会产生许多误差，其中包括样本含量本身的误差、样本进入测量室的微小变化和仪器本身的误差等，实际得不到 CV=0 的理想情况。CV 值越小，测量误差就越小，一般 FCM 在最佳状态时 CV 值 <2%。CV 值的计算除了采用以上的计算公式外，还可以用半高峰宽来计算，半高峰宽指在峰高一半的地方量出峰宽，它与 CV 率有以下的关系：

$$CV=半高峰宽/\mu\times 0.4236\times 100\% \qquad (11-2)$$

上述公式是建立在正态分布的条件下，而实际情况所得的测量数据分布常常是非对称图形，故采用半高峰宽所计算得到的 CV 率要明显小于前面用统计公式得到的 CV 率。

3. 分析速度　分析速度以每秒分析的细胞数来表示。当细胞流过测量区的速度超过 FCM 响应速度时，细胞产生的荧光信号就会丢失，这段时间称为 FCM 的死时间（dead time）。死时间越短，我们就说这台仪器处理数据越快，一般可达到 300 ~ 6000 个 / 秒左右，有些 FCM 已经达到每秒几万个细胞。

（二）分选指标

1. 分选速度　它指每秒可提取所选细胞的个数，目前一般 FCM 的分选速度为 300 个 / 秒，高性能的 FCM 最高分选速度可达每秒上万个细胞。

2. 分选纯度　它指 FCM 分选的目的细胞占分选细胞百分比，一般 FCM 的分选纯度可以达到 99% 左右。

3. 分选收获率　它指被分出的细胞占原来溶液中该细胞的百分比。通常情况下，分选纯度和收获率是互相矛盾的，纯度提高则收获率降低，反之亦然。这是由于细胞在液流中并不是等距离一个接着一个有序地排着队，而是随机的。一旦两个细胞挨得很近时，在强调纯度和收获率不同的条件下，仪器会做出取舍的决定。因此，选择哪种模式要视具体实验要求而定。

四、流式细胞仪的使用与维护

（一）FCM 的使用

FCM 的操作比较复杂，要经过专门培训才能上机操作，其基本程序见图 11-7。在使用过程中，对样品的制备、荧光染料的选择、阴性对照的设置和质量控制程序等都要按照要求严格执行，这是保证获取正确检验数据的重要环节。

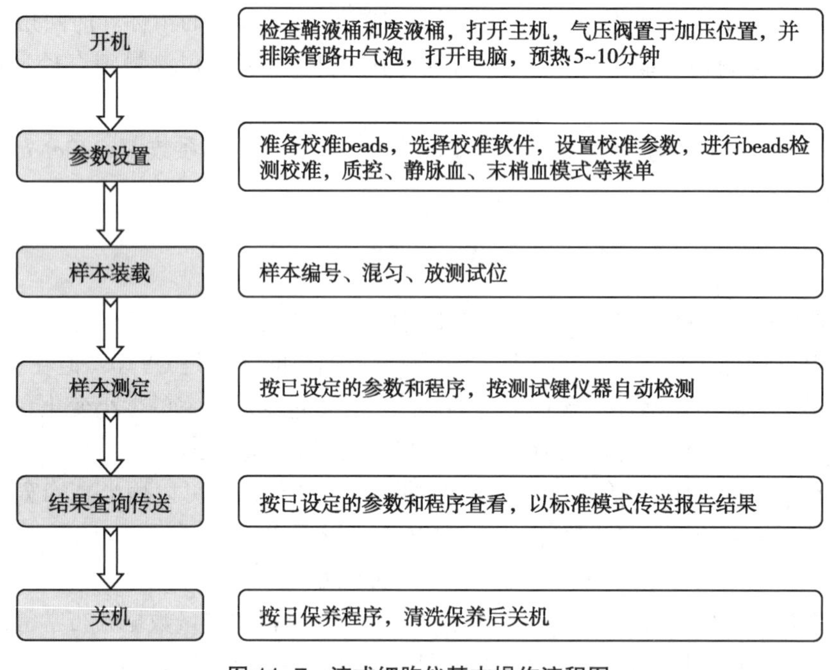

图 11-7 流式细胞仪基本操作流程图

1. 样品制备 FCM 测量的是每个细胞产生的散射光和荧光信号，所以制备高质量的单细胞悬液是流式细胞分析的重要环节。不管 FCM 测定的标本是外周血细胞、培养细胞，还是组织来源细胞，如果有两个或多个细胞间粘连重叠，或者细胞碎片过多，都将影响检测信号的真实性。不同来源的细胞应按照相应的处理程序制成高质量的单细胞悬液，才能上机测定。

2. 荧光染色与标记染色 荧光信号是流式细胞免疫分析技术中，检测的主要信号，被测定的信号参数主要包括散射光信号和荧光信号。散射光信号是激光照在细胞上所产生的前向光和侧向光信号。荧光信号可以来源于细胞的自发荧光，但大部分是由被分析细胞经特异性荧光染料染色再通过激光束激发后所产生的。因此，被分析细胞在制备成单细胞悬液后，与带有特异性染料的抗体孵育，待检成分与荧光染料染色后才能上机进行检测。因此，荧光染料的选择和标记细胞的方法是保证荧光信号产生和检测特异性的关键技术之一。

3. 校准 FCM 的应用已经从科研进入临床，并正逐步成为免疫学检验中的常用设备。但在临床检测过程中，应对涉及 FCM 的各个工作环节和仪器性能进行严格的质量控制和规范化操作，以确保各项检测数据和指标的可靠性，这样才能为临床诊疗和科学研究提供准确的数据。为避免测量过程中仪器条件的漂移而引起检测的误差，使用FCM进行样品检测前，必须采用参考校正标准品对仪器进行校正，以保证FCM在整个实验过程中的仪器的各个系统处于最佳工作状态，从而保证样品检测的准确性和特异性。

（1）光路与流路校正：主要目的在于确保激光光路与样品流处于正交状态，使FCM检测时的变异最小，从而控制仪器的CV值。在流路校正物中，含有标准大小的荧光微球，其物理性质、生物学特性和化学性质均经过标定。用这些标准的荧光微球对FCM进行校准验证，所获得CV值越小，说明仪器工作状态精度越高。CV值一般在2%～3%，不超过5%～10%。

（2）PMT校准：随着使用时间的增加，FCM的光电倍增管的放大功率会有所改变，这样将会影响对样品检测的灵敏度。对FCM光电倍增管的校正是在使用前进行的一项重要质控指标。为保证样品检测时FCM处于最佳工作状态，应采用质控品进行PMT校准，必要时进行电压补偿，以确保FCM检测灵敏度不会因PMT放大功率的降低而改变。

（3）绝对计数的校准：在免疫学检测上，往往需要对测定细胞进行绝对计数。为保证计数的准确性，应采用绝对计数标准品建立仪器的绝对计数标准。所选用的绝对计数标准品首先要经过标定，如以计算1000个细胞为1ml，作为设定标准。在样本测定时，就可以以此为标准进行绝对计数，从而获得绝对计数的标准值。

（二）FCM的维护

FCM的维护主要包括日常维护和定期维护。日常维护包括使用前、中、后的一些基本措施，如使用不间断电源（UPS）或加用过保护装置，并用稳压器，使激光电源的电压波动范围应小于 ±10%；冷却水必须使用过滤器，并保证压力和流量，以避免水道阻塞造成激光源的损坏；环境温度应保持室温在18～24℃，相对湿度小于85%；安装可靠地线等。定期维护主要是样品管和鞘液管道每周应用漂白粉液清洗，避免一些微生物生长；FCM室内应注意避光、防尘、除湿。

（三）FCM常见故障及排除

FCM的常见故障及排除见表11-1。

表11-1　流式细胞仪的常见故障及简单排除方法

故障信息	引起故障的可能原因	解决方法
清洗液高度错误	清洗液少了	加清洗液
清洗液高度警示	清洗液传感器失灵	与制造商联系
数据处理速率错误	数据太大，难以处理	稀释样品
文件名错误	输入的文件名与系统冲突	输入另一个文件名
存取数据时发生错误	流式细胞仪不能存取数据	关、开计算机重试
程序错误	软件不能执行该程序	选择主菜单上的重建项
程序号太大	程序号不能大于32	取消一些程序，再输入相应的号码
没有激光束	激光器关闭	检查电源，开激光器
激光器开启错误	激光器门打开	关激光器门

续表

故障信息	引起故障的可能原因	解决方法
参数太多	选择的参数应小于 8 个	取消某些参数，重新选择
参数不存在	程序中无此参数	重新建立程序
样品压力错误	因为样品管坏了，样品不能被压入流动室	换一个样品管
建立样品压力错误	流式细胞仪连接错误	检查连接，开关机重试

五、流式细胞仪的应用

流式细胞仪作为近年来发展起来的一种新型现代化细胞学分析仪器，具有许多同类仪器无法比拟的特性，目前已经广泛应用于基础医学、临床医学和医学检验多学科的医疗实践和科学研究中，特别是在免疫学、细胞生物学、血液学、肿瘤学、药物学等领域显示了广阔的应用前景。

（一）在免疫学中的应用

FCM 被誉为现代免疫技术基石之一，广泛地应用于免疫理论研究和临床实践。随着单克隆抗体技术的日益成熟，FCM 的应用范围逐年扩大，在淋巴细胞及其亚群分析、功能分析、免疫分型、免疫细胞的系统发生及特性研究、机体免疫状态的监测、肿瘤细胞的免疫检测、细胞周期或 DNA 倍体分析、细胞表面受体及抗原表达与疾病的关系研究、免疫活性细胞的分型与纯化、淋巴细胞亚群与疾病的关系分析、免疫缺陷病的诊断和器官移植后的免疫学监测等诸多方面都得到了广泛应用。

（二）在血液学中的应用

在血液学上 FCM 主要应用于血液细胞的分类、分型，造血细胞分化的研究及血细胞中各种酶（如过氧化物酶）的定量分析等方面。如用 NBT 和 DNA 双染色法，FCM 可研究白血病细胞分化与细胞增殖周期变化的关系；检测母体血液中 Rh（+）或抗 D 抗原阳性细胞，可以了解胎儿因 Rh 血型不合而发生严重溶血的可能性；检测血液中循环免疫复合物可以诊断自身免疫性疾病（如红斑狼疮）；可以用于血液病及淋巴瘤的发病机制、诊断方法、治疗措施和预后评价的研究等。

随着 FCM 功能的提高和单克隆抗体技术的进步，目前对白血病和淋巴瘤标本进行多参数标记分析，同时测定细胞膜抗原、细胞质抗原和 DNA 含量。DNA 含量检测和细胞周期分析对血液系统恶性疾病的诊断、治疗和预后分析相当重要。FCM 对白血病复发的主要根源和微小残留病变检出具有高特异性和敏感性，可以早期检出微小残留病变，对微小残留病变患者在缓解期进行检测，避免疾病复发。白血病患者的异常白细胞在分化过程中受外因、内因或突变等因素的影响呈克隆性异常增殖。FCM 与单克隆抗体联合应用对白血病细胞进行免疫分型。白血病免疫分型是选择化疗方案和判断预后的重要依据。FCM 与单克隆抗体联合应用对白血病细胞进行免疫分型，可以提高白血病分型诊断的符合率，为指导治疗和判断预后提供帮助。

（三）在细胞生物学中的应用

FCM 在细胞生物学领域内的应用，是 FCM 在基础研究中应用范围最广泛的领域。目前，细胞生物学研究中，应用最频繁也最普通多的是细胞周期分析，包括细胞周期、DNA倍体、细胞表面受体和抗原表达的相互关系，细胞周期各时相的百分比和细胞周期动力学参数的测定等内容。对同一细胞的参数测定技术则导致了对细胞周期的一些新发现，典型的方法是用吖啶橙双染色技术。这个技术不仅可进行细胞周期分析，而且也给细胞周期研究带来了一些全新的概念。在方法学上，除一般的可以用化学染色方法，还可以用有抗溴脱氧脲嘧啶核苷单克隆抗体技术，通过该技术可以进行免疫活性细胞的分型与纯化、分析淋巴细胞亚群与疾病的关系、免疫缺陷病研究。流式细胞测量和分选技术在染色体、精子和精细胞的研究以及分子遗传学方面也都有用武之地，在微生物、病毒、高等植物等领域也均有广泛应用。

（四）在肿瘤学中的应用

FCM已成为肿瘤学主要研究手段之一。DNA倍体含量测定是鉴别良、恶性肿瘤的特异指标。近年来已应用DNA倍体测定技术，对白血病、淋巴瘤、肺癌、膀胱癌、前列腺癌等多种实体瘤细胞进行检测。特别是近年来随着荧光细胞化学技术的发展和荧光标记单克隆抗体探针的完善，为利用流式细胞技术研究各种肿瘤抗原、肿瘤蛋白、致癌基因提供了新方法，极大地提高了肿瘤学的研究水平。

（五）在艾滋病检测中的应用

艾滋病也称为获得性免疫缺陷综合征（acquired immune deficiency syndrome，AIDS），它是由人类免疫缺陷病毒（HIV）感染人体后，HIV选择性侵入人类T淋巴细胞亚群中的$CD4^+$T辅助细胞（Th细胞），病毒侵入Th细胞后，病毒失去包膜，经逆向转录后形成单链DNA，再复制形成双链DNA，在患者的Th细胞中循环复制，使Th细胞群体受到破坏，T细胞亚群比例失衡，T淋巴细胞功能降低，进一步导致全身免疫功能受损。

FCM用于AIDS免疫功能检测是最重要的检测手段，采用三参数荧光标记计数可对T淋巴细胞及亚群进行分析，并通过动态监测T细胞亚群可以区别HIV感染者和AIDS发病者。仅为HIV携带者，病毒未复制时，其Th细胞下降不明显；当发展为AIDS时，Th细胞水平明显下降，如Th1细胞<Th2细胞时，HIV在细胞间的传播和感染更强，更易发生AIDS。同时，当HIV阳性而无症状的患者，其Tc对Tc激活剂不反应，其体内$CD4^+$Th细胞水平下降迅速，条件致病微生物的感染率也同时增加；对Tc激活剂反应敏感者，说明$CD4^+$Th细胞水平降低较慢或不降低，降低了发生AIDS的概率。

（六）在自身免疫性疾病中的应用

在自身免疫性疾病中，某些HLA抗原的检出率比正常人群的检出率高。最典型的疾病是强直性脊柱炎，其外周HLA-B27的表达及表达程度与疾病的发生有很高的相关性。FCM可以利用HLA-B27/HLA-B7双标记抗体检测HLA-B27阳性细胞，同时又可排除交叉反应。通常58%～97%的强直性脊柱炎患者可检出这种抗原，而正常人仅2%～7%可检出这种抗原。FCM检测HLA-B27快速、特异、敏感，为强直性脊柱炎的临床诊断提供了有力的帮助。

（七）在药物学方面的应用

FCM不仅可以检测药物在细胞中的分布和研究药物的作用机制，而且也可用于筛选新药。如化疗药物对肿瘤细胞的凋亡机制，可通过测DNA凋亡峰和Bcl-2凋亡调节蛋白等进行观察。

第二节 PCR 核酸扩增仪

20 世纪 60 年代分子生物学的理论体系逐步形成，实验技术也不断完善，但如何特异、高效、简便、快速地进行核酸片段的扩增一直是这一领域的难题之一。聚合酶链反应（polymerase chain reaction，PCR）技术是生物医学的一项革命性创举，为该难题的破解带来了转机，推动了现代医学由细胞水平向分子水平、基因水平的发展，应用于分子生物学的各个领域，也已成为现代分子生物学领域不可缺少的实验技术。

用 PCR 方法进行核酸扩增的仪器叫 PCR 核酸扩增仪（PCR nucleic acid amplifier），简称 PCR 仪。PCR 技术的发展，促使各种 PCR 仪的诞生。从 1988 年世界上第一台 PCR 仪被推出，至今多种自动化 PCR 扩增仪相继问世，促进了 PCR 技术的广泛应用。其中实时荧光定量 PCR 仪以其特异性强、灵敏度高、重复性好、定量准确、速度快、全封闭反应等优点已成为分子生物学领域的重要工具。

一、PCR 核酸扩增仪的工作原理

（一）PCR 技术的原理

PCR 技术的基本原理类似于 DNA 的天然复制过程，其特异性依赖于与靶序列两端互补的寡核苷酸引物（primer）。PCR 由变性 – 退火 – 延伸 3 个基本反应步骤构成。

1. DNA 的变性　双链 DNA 加热到变性温度（93℃左右）并保温一定时间后，解开螺旋成为两条 DNA 单链，均可作为扩增的模板。

2. 模板 DNA 与引物的退火（复性）　经加热变性成单链的模板 DNA 在温度降至退火温度（55℃左右）后复性。由于引物长度远小于模板，而且摩尔浓度高，因此在退火温度下引物更容易按碱基序列互补配对原则结合到模板链上。

3. 引物的延伸　与 DNA 模板结合的引物在 DNA 聚合酶的作用下，以 dNTP 为反应原料，靶序列为模板，Mg^{2+} 和合适 pH 缓冲液存在条件下，按碱基配对原则与半保留复制原理，合成一条新的与模板 DNA 链互补的新链。上述 3 个步骤称为一个循环，约需 2～4 分钟，每一循环新合成的 DNA 片段继续作为下一轮反应的模板，经多次循环（25～40 次），约 1～3 小时，即可将待扩增的 DNA 片段迅速扩增至上千万倍（图 11–8）。

（二）PCR 仪的工作原理

PCR 仪是利用 PCR 技术在体外对特定基因大量扩增，用于以 DNA/RNA 为分析对象的实验或检测。PCR 技术的关键因素是反应温度，因此 PCR 仪的工作关键是温度控制，是由“变性温度 – 退火温度 – 延伸温度”3 个梯度构成的程控循环升降温度过程。PCR 仪的控温方式主要有以下 4 种：

1. 水浴锅控温　以不同温度的水浴锅串联成一个控温体系，用机械臂将样品在不同水浴锅间移动，实现温度循环。这种控温方式的特点是样品与水直接无缝接触，控温准确，温度均一性好，无边缘效应，但这类仪器体积大，自动化程度不高，需人为干预，更换水浴锅时控温不稳定，目前已少用。

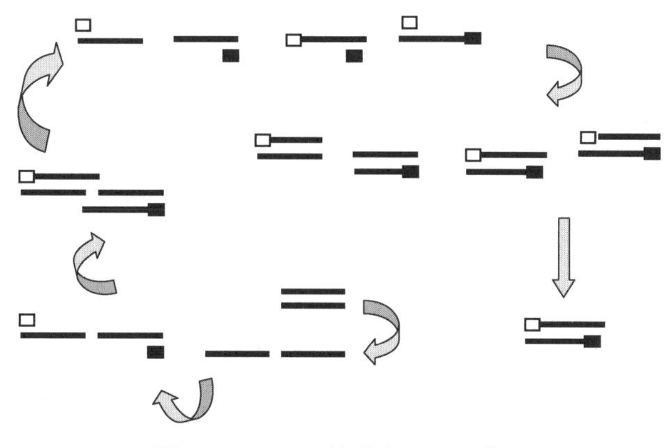

图 11-8 PCR 的基本原理示意图

2. 压缩机控温 由压缩机自动控温，一台机器便可完成整个 PCR 流程，控温较水浴锅方便。但升温过程中，由于一些加热元件，比如半导体、金属块本身会积蓄能量，虽然温度探头探测温度到达了设定温度，但半导体、金属块上积蓄的能量仍然会传给 PCR 体系，这种升温惯性导致实际的温度高于设定的温度，叫 overshooting 现象。仪器停止加热后需经过一个平衡时间才能从 overshooting 状态中回复到真正的设定温度。同理，在降温过程中造成的实际温度短时间内会低于设定温度称为 undershooting，而退火温度过低则有可能影响引物与模板的特异性结合，从而影响扩增效率。

3. 半导体控温 半导体控温器是电流换能型器件，既能制冷，又能加热，通过控制输入电流的大小和方向，可实现高精度的温度控制。该控温方式具有控温方便，体积小，相对稳定性好。但仍有边缘效应，温度均一性尚有欠缺，各孔扩增效率可能不一致，并且仍存在温度 overshooting 现象。

4. 离心式空气加热控温 由金属线圈加热，采用空气作为导热媒介，温度均一性好，各孔扩增效率高度一致，能够满足荧光定量 PCR 的高要求，直接发展为离心式的定量 PCR 仪。

二、PCR 核酸扩增仪的结构

经过二十多年的发展，PCR 核酸扩增仪的种类日益增多。根据 DNA 扩增的目的和检测的标准可以将 PCR 仪分为普通定性 PCR 扩增仪和实时荧光定量 PCR 扩增仪。普通定性 PCR 扩增仪按照变温方式不同，可分为水浴式 PCR 仪、变温金属块式 PCR 仪和变温气流式 PCR 仪三类；按照功能用途 PCR 核酸扩增仪可分为梯度 PCR 仪和原位 PCR。实时荧光定量 PCR 仪（real-time quantitative PCR，RQ-PCR）根据其结构的不同，可分为金属板式实时荧光定量 PCR 仪、离心式实时定量 PCR 仪和各孔独立控温的荧光定量 PCR 仪等三类。

（一）普通定性 PCR 核酸扩增仪的结构

1. 水浴式 PCR 仪 一般由 3 个不同温度的水浴槽和机械臂组成，采用半导体传感技术、电子技术和计算机技术进行水浴温度的测量、显示和控制，并经计算机控制由机械臂完成样品在每个水浴槽的置放以及槽间的移动。此类 PCR 仪体积较大，但变温快、时间准、温度均一，目前国内应用较少。

2. 变温金属块式PCR仪 其中心是由铝块或不锈钢制成的热槽，上有不同数目甚至不同规格的凹孔，用来放置样品管。凹孔内壁加工精密，保证与样品管紧密接触。一般通过半导体加热和冷却，并由微机控制恒温和冷热处理过程，通过键盘和显示器实现人机交流，并可编程、存储或删除程序。此类PCR仪装置比较牢固耐用，温度变换平稳，有利于保持TaqDNA聚合酶的活性。

3. 变温气流式PCR仪 由机壳、热源、冷空气泵、控制器及辅助元件等组成。热源由电阻元件和吹风机组成，形成热空气枪借空气作为热传播媒介，由大功率风扇及制冷设备提供外部冷空气制冷，精确的温度传感器构成不同的温度循环。此类仪器不用金属精密加工，成本较低；整个系统没有液体流动及制冷剂，安全程度高。PCR仪配上微机和软件，可灵活编程。

4. 梯度PCR仪 由普通PCR仪衍生出的具有温度梯度功能的PCR核酸扩增仪。使用梯度PCR仪，多种变性温度和延伸温度可在一台扩增仪上同时完成，既节省实验时间、提高实验效率，又节约实验成本。PCR反应能否成功，退火温度是关键，虽然有各种各样的PCR引物设计软件或者经验公式计算最合适的退火温度，可是模板中碱基的组合千变万化，经验公式得到的数据不一定都合适。梯度PCR仪每个孔的温度可以在指定范围内按照梯度设置，根据扩增结果，一步就可以摸索出最适反应条件。

5. 原位PCR仪 即在细胞内进行PCR扩增，而组织细胞的形态不被破坏，它是原位杂交与PCR技术的结合。以往手工方法操作复杂，扩增效果及实验结果重复性均不理想。原位PCR仪以其创新的设计比较好地解决了这些问题。原位PCR仪与普通PCR仪区别在于其样品基座上有若干平行的铝槽，每条铝槽内可垂直放置一张载玻片，每张载玻片面均与铝槽紧密接触，温度传导极佳，控温很精确。目前也有在普通PCR仪上增加原位PCR模块的，就可以进行原位PCR扩增。不少厂家的PCR仪都可以提供原位适配器，配有支持原位PCR模块的PCR仪可以一机两用，比较经济。

（二）实时荧光定量PCR核酸扩增仪的结构

荧光实时定量PCR是在PCR反应体系中加入特异性的荧光染料或探针，荧光信号的变化真实地反映了体系中模板的增加，通过检测荧光信号，可以实时监测整个PCR反应过程，最后通过标准曲线对未知模板进行定量分析。自1996年推出世界上第一台商品化实时荧光定量PCR扩增仪以来，经过十多年来的发展，定量PCR扩增仪不断推陈出新。但不论如何变化，定量PCR仪通常由两部分组成，即PCR系统和荧光检测系统。荧光检测系统主要包括激发光源和检测器，现在的主流是多色多通道检测，激发通道越多，适用的荧光素种类越多，仪器适用范围就越宽。

1. 金属板式实时荧光定量PCR仪 即传统的96孔板式定量PCR仪，由第三代的半导体PCR仪发展而来，在原位PCR仪的基础上，增加荧光激发和检测模块，升级为荧光定量PCR仪。此类PCR仪可作普通PCR仪使用，带梯度功能，但温度均一性差，有边缘效应，标准曲线的反应条件难以做到与样品完全一致。

荧光定量PCR仪的激发光源多为卤钨灯，与5色滤光镜配合，可同时激发96或384个样品；检测器为超低温CCD成像系统，可同时多点多色检测，能有效分辨FAM/SYBRGreenI、VIC/JOE、NED/TAMRA/Cy3等多种荧光染料。随机配制的定量PCR引物和探针设计软件Primer Express可以设计定量PCR所需的TaqM探针。各型号荧光定量PCR仪均有实时动态和终点读板两种模式。实时动态模式能动态显示PCR扩增曲线的生成，定量线性范围大于9个数量级，5000和10 000个拷贝的DNA模板可信度可达99.7%，用于定量DNA或RNA拷贝数；终点读板模式可用于点突变检测、单核苷酸多态性分析、基因型鉴定等。

2. 离心式实时定量PCR仪　这类仪器的PCR扩增样品槽被设计为离心转子的模样，借助空气加热，转子在腔内旋转。由于转子上每个孔均等位，每个样品孔之间的温度差异小于0.01℃，保障了标准曲线和样品之间反应条件的一致性。以空气为加热介质，实现与反应体系无缝接触，加热均匀，接触面积大。离心式实时定量PCR仪激发光源大多采用使用寿命较长的发光二极管冷光源，运行前无需预热，无须校正。由于样品置于转子上可移动，所以仪器使用的是同一个激发光源和检测器，随时检测旋转到跟前的样品，有效减少系统误差，定量线性范围可达10个数量级。但这类仪器离心转子小，可容纳样品量少，有的需用特殊毛细管作样品管，增加了使用成本，也不带梯度功能。

3. 各孔独立控温的荧光定量PCR仪　各孔独立控温的定量PCR仪设计非常独到，不同样品槽分别拥有独立的智能升降温模块，各孔独立控温，可以在同一台定量PCR仪上分别进行不同条件的定量PCR反应，随时利用空置的样品槽开始其他定量反应，使用效率非常高。升降温速度高达10℃/s，控温精度高。每个模块独立控制的激发光源和检测器直接与反应管壁接触，保证荧光激发和检测不受外界干扰。该类仪器整合多通道光学检测系统，能有效分辨FAM/SYBRGreenI、Tet/Cy3、TexasRed和Cy5等多种荧光染料，可对同一样品进行多靶点分析，同时检测4种荧光信号。可使用Taqman探针、分子信标、Amplifluor引物等多种检测方法，定量线性范围可达9个数量级。其软件允许一台仪器同时操作多个样品模块，既满足高速批量要求，又能灵活运用，还可实现任意梯度反应。但是上样不如传统方法方便，而且需要独特的扁平反应管，使用成本较高。适合多指标快速检测，但目前在国内应用尚少。

三、PCR核酸扩增仪的性能指标

（一）温度控制

温度控制是决定PCR反应能否成功的关键，主要包括温度的准确性、均一性以及升、降温速度，对PCR扩增仪而言温度控制就意味着质量。而梯度PCR仪还必须考虑仪器在梯度模式和标准模式下是否具有同样的温度特性。

1. 温度的准确性　指样品孔温度与设定温度的一致性，是PCR反应最重要的影响因素之一，直接关系到实验的成败，一般要求显示温度和样品实际温度精确到0.1℃。由于PCR是一个指数级扩增的过程，不论是变性、退火还是延伸都需要准确控制温度，尤其是退火温度。扩增过程中退火温度的细微变化会被放大，直接影响结果。

2. 温度的均一性　指样品孔间的温度差异，关系到不同样品孔之间反应结果的一致性，一般要求样品基座温差小于0.5℃。如果PCR仪的温度均一性不佳，尤其是最外周的样品孔，其“位置的边缘效应”会影响结果的可重复性。实验过程中可能出现这样的情况：用同样的样品，同样的PCR反应程序，最后的结果差异非常明显，或许就是因为不同样品孔的温度不均一性所致。

3. 升降温的速度　升降温速度快，能缩短反应进行的时间，提高工作效率，也缩短了可能的非特异性结合反应的时间，提高PCR反应特异性。目前PCR扩增仪的温控方式已经从以前相对稳定耐用的压缩机转向了升降温速度更快的半导体。此外，制作承托样品管的基座模块材料的导热性也影响升降温速度（银的热传导速率是铝的2倍）。例如，有升降温速度高达5℃/s的银质镀金基座，还有升降温速度可达6℃/s和4.5℃/s的银质模块。

由于样品管与基座接触的紧密性、基座的导热性、邻近样品管的相互影响都会影响样品的实际升降温速度，所以仪器的升降温速度和样品管中样品的升降温速度并非一回事。目前PCR仪一般都具有模块温控模式和反应管温控模式。在模块温控模式下，仪器根据探测器直接探测的承载样品金属基座温度进行控制，该模式适用于长时间的静态孵育，如连接、酶切、去磷酸化等。在反应管温控模式下，仪器根据探测器所探到的温控模块的温度由计算机计算出样品管内或PCR板孔内样品液的温度来进行控制。一般情况下，反应管温控更准确，因为管内样品的温度无法与温控模块同时达到预设温度，由于PCR反应中的孵育过程一般都非常短暂，如果采用模块温控模式，反应混合物孵育的时间与程序设定的时间会有相当大的差距。而反应管温控模式精确的算法能自动补偿时间，确保反应混合物按照程序设定的时间维持预设温度，而且适合各种类型的反应管。

4. 不同模式下的相同温度特性　主要针对梯度PCR仪而言。现在的PCR仪已经拥有更强大更灵活的功能，可以进行不同功能模式的转换。带梯度功能的PCR仪，不仅应考虑梯度模式下不同梯度各排间温度的均一性和准确性，还应考虑仪器在梯度模式和标准模式下是否具有同样的温度特性。如果存在差异，则可能导致在梯度模式下得出最佳反应条件，并以此条件在标准模式下单独做，但结果却不尽如人意。这方面现在已拥有专利技术，能以同样的温度变化速率到达所有设定的梯度温度，因而在梯度模式下具有恒定的温度性，保证了在梯度模式和标准模式下相同的温度特性。

5. 热盖温度　目前的PCR仪通常都配备热盖，可使样品管顶部温度达到105℃左右（控制温度范围一般为30～110℃），避免蒸发的反应液凝集于管盖而改变PCR反应体积，无须再向反应管内添加石蜡油，减少了后续实验的麻烦。

（二）荧光检测

1. Ct值重复性误差　Ct值，即循环阈值，是荧光定量PCR技术中一个很重要的概念。C代表Cycle，t代表threshold，Ct值的含义是，每个反应管内的荧光信号到达设定的阈值时所经历的循环数，每个模板的Ct值与该模板的起始拷贝数的对数存在线性关系，起始拷贝数越多，Ct值越小。因此，CT值重复性误差对核酸定量的可靠性和正确性十分重要，一般要求CV≤2.5%。

2. 荧光检测范围　由于PCR是一个指数级扩增的过程，微量的起始拷贝数不同，经过几十个循环后，其荧光差别将十分巨大，因此，荧光检测范围是仪器的重要性能指标，一般要求DNA或RNA达到10^1～10^{10}copy/ml。

3. 仪器的检测通道数量　复合PCR实验已成为一种流行趋势，它能节省试剂和时间，在短时间内获得结果，因此要求仪器具备多通道检测能力。目前以4通道检测的居多，部分仪器具有6个检测通道。

（三）其他

1. 样品基座容量和样品数　多数PCR仪配备了可更换的多样化样品基座，以匹配不同规格的样品管（0.2ml、0.5ml PCR管；8、12联排管；96微孔板等），常用0.2ml×96孔。有的 PCR 仪，同一个样品基座有不同规格的样品孔，无需更换基座即可分别使用不同规格的样品管，但因高度不同，热盖不能作用，不同反应管不能同时使用。

2. 软件功能　新型的 PCR 仪都常规使用优质配套软件，此类软件易学易用，还具有实时信息显示、记忆存储多个程序，及自动倒计时、自动断电保护等功能。

四、PCR 扩增仪的使用及常见故障

（一）操作规程

普通 PCR 扩增仪的操作非常简便，接通电源，仪器自检，设置温度程序或调出储存的程序运行即可。定量 PCR 扩增仪的操作和普通 PCR 仪基本相同。一般来说，先打开 PCR 仪电源，再打开相连电脑中的相应软件，分别设置温度程序、采集通道，并可根据不同仪器的要求进行一些特殊设置，在仪器中放好 PCR 管，盖好仪器，运行设置好的反应程序。仪器工作过程中不要试图打开机器，以免损坏仪器。某些类型仪器在反应过程中可以在软件中对样品进行编辑，反应结束后分析结果。关机时通常先关软件，再关 PCR 仪，最后关电脑。

（二）常见故障

1. 荧光染料污染样品孔　请工程师清洁样品孔。

2. PCR 管融化　可能是温度传感器或热盖出问题，需工程师检修。

3. 个别孔扩增效率差异很大　半导体加热的仪器使用久了就可能出现这个故障，可能的原因是半导体模块出现坏点，需工程师检修。

4. 荧光强度减弱或不稳定　原因有滤光片发霉或有水汽等，需工程师检修；或光源损耗（以卤钨灯为光源的），需更换光源；或需调节检测元件灵敏度，也需工程师调试。

5. 仪器工作时出现噪声　可能的原因是 PCR 管没有放好（对于空气加热的仪器），可自行检查；或风扇松动，需工程师检修。

6. 仪器采集荧光时有不正常的噪声　某些光纤传导信号的定量 PCR 仪可能出现这一问题，需工程师检修或更换配件。

7. 机器搬动后不能正常工作或不能正常采集荧光信号　对于某些光路系统复杂的仪器，应尽量避免自行搬动仪器。出现这种情况后需工程师重新调试。

8. PCR 反应假阴性　原因很多，其中 PCR 仪控温不准也是一个重要原因，可使用电子测温仪校准温度。

五、PCR 核酸扩增仪的临床应用

随着科技的发展，分子诊断已成为实验诊断学的一个重要组成部分，不仅能早期对疾病进行准确的诊断，还能确定个体对疾病的易感性，检出致病基因携带者，并对疾病的分期、分型、疗效监测和预后作出判断。PCR 技术以其快速、灵敏、特异、简便、重复性好、易自动化等优点，已广泛应用于医学相关领域。

（一）感染性疾病的分子诊断和研究

应用 PCR 扩增仪，可以定性或定量检测致病微生物的核酸。动态、定量地检测病原体核酸，能对疾病的疗效判断和预后提供客观的依据。PCR 技术尤其适用于检测一些培养周期

长或缺乏稳定可靠检测手段的病原体。在血清学检测、病毒分离、PCR 技术 3 种检测病毒的方法中，PCR 技术的检出率最高。

（二）遗传性疾病的分子诊断和研究

随着分子生物学新技术的发展，PCR 扩增仪在遗传性疾病的分子诊断和研究中的应用越来越受重视。遗传性疾病的发病基础是核酸分子结构变异与核酸的表达产物蛋白质或酶分子结构的改变。传统的临床诊断方法往往不能早期发现遗传性疾病，PCR 技术诞生之初就应用于 β- 珠蛋白基因突变和镰刀形红细胞贫血的产前诊断，无论敏感性还是特异性均优于传统方法。目前临床用 PCR 诊断的遗传性疾病通常为单基因遗传病，如 β- 地中海贫血、镰刀形红细胞贫血、Huntington 舞蹈病、苯丙酮尿症、血友病等。

（三）恶性肿瘤的分子诊断和研究

恶性肿瘤尤其是血液恶性肿瘤常伴有特异性基因的易位，这种易位往往可以作为监测临床治疗效果的一种肿瘤标志。尽管治疗方案的改进已使患者的生存期大大延长，但是缓解期的患者仍存在复发的危险性。因此微小残留病的检测对于进一步调整治疗方案至关重要。实时荧光定量 PCR 扩增仪正成为检测微小残留病的一种必备研究工具，通过对肿瘤融合基因的定量检测能指导临床对患者实行个体化治疗。PCR 用于癌基因和抑癌基因缺失与点突变的研究以及肿瘤相关病毒基因的研究，也十分方便。总之 PCR 扩增仪使肿瘤的诊断、预后判断及微量残留肿瘤细胞的监测更为简便、快速、准确。

（四）在移植配型中的应用

经典的 HLA 分型是通过血清学或混合淋巴细胞培养方法进行分析。20 世纪 80 年代后期，分子生物学技术被引入 HLA 领域，人们在 PCR 基础上发展了各种 DNA 分型技术检测 I 类和Ⅱ类抗原位点的等位基因，如对肾脏移植患者，应用 PCR-SSP 法对 HLA- Ⅰ类（A、B 位点）、Ⅱ类（DR、DQ 位点）基因进行基因分型。

（五）在法医学和卫生安全中的应用

在法医学上，应用 PCR 扩增仪能以痕量标本如血迹、头发、精斑等扩增出特异的 DNA 片段，进行个体识别（DNA 身份证）、亲子鉴定、侵权鉴定和性别鉴定等。

在卫生安全方面，PCR 扩增仪可应用于：①食品微生物的检测，如食品致病菌肉毒梭菌、乳酸菌等的检测和水中细菌指标测定；②转基因食品的检测；③动、植物检疫等。

第三节 生物芯片分析仪

生物芯片（biochip）是临床分子生物学检验常用技术之一，是一种大样本、高通量、特异、快速的生物分子检测方法。该技术采用光导原位合成或微量点样等方法，将大量生物样品（如核酸片段、多肽分子甚至组织切片、细胞等）有序地固化于支持物（如玻片、硅片、聚丙烯酰胺凝胶、尼龙膜等载体）的表面，组成密集二维分子排列，然后与已标记的待测生物样品中靶分子杂交，通过激光共聚焦扫描或电荷偶联摄影像机（CCD）等特定的仪器对杂交信号的强度进行快速、并行、高效的检测分析，对靶分子的序列和数量进行检验。

生物芯片分析仪是生物芯片检测过程中的重要仪器。通过生物芯片分析仪可以将芯片上测定的结果转变成可供分析处理的图像数据，正确、有效地获取芯片上的生物信息。

一、生物芯片分析仪的工作原理与基本结构

目前的生物芯片分析仪主要有两种：CCD系统生物芯片分析仪和激光共聚焦生物芯片分析仪。前者具有结构简单、体积小、检测速度快、成本低等优点，对于点阵相对较低的生物芯片的检测有明显的优势；后者以激光作光源，采用共聚焦探测光路，结合高速X向扫描和Y向步进，实现了对生物芯片的扫读和分析。激光共聚焦扫描仪具有检测灵敏度高、动态范围宽、信噪比好、测量精度高等优点，可望成为今后的主流机型。

（一）CCD系统生物芯片分析仪

根据检测信号的不同，CCD系统生物芯片分析仪主要有3种，即它激式荧光检测、化学荧光检测和对用放射性核素曝光的胶片进行检测，目前常用的是它激式荧光检测生物芯片分析仪。该仪器适用于化学自发光、多种激发荧光等生物芯片弱光样片的检测和分析。主要由冷却型零级CCD、光学物镜、氙灯光源、均匀照明系统、暗箱、电机驱动选择的发射窄带干涉滤光片和激发窄带干涉滤光片、图像采集卡等部分组成（图11-9）。

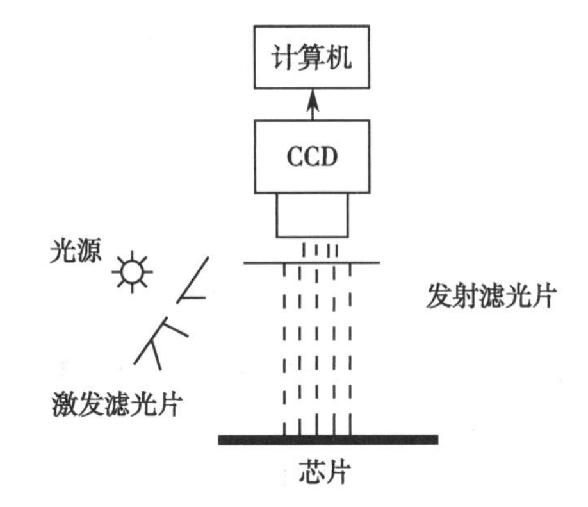

图11-9　CCD系统生物芯片分析仪基本原理示意图

1. 光源　CCD系统生物芯片分析仪采用高压汞灯作为光源，用均匀化处理的特殊波长的光激发生物芯片上的荧光，结构比较简单。

2. 激发滤光片　经激发窄带滤光片可去除其他波长的光，降低检测背景。

3. 发射滤光片　靶分子在单色光激发下产生荧光，再经发射窄带干涉滤光片过滤投射到摄像头。

4. CCD和计算机　发射荧光信号由摄像镜头捕获，成像在CCD相面上，再传至图像采集卡，将信号转化成数字信号进行处理。

该仪器的成像范围为36mm×28mm，空间分辨率达30μm，可检测多种荧光如cy2、cy3、cy5、cy5.5、FITC、Texas、Red等。同时，该仪器还设有芯片架，可放24片芯片。

（二）激光共聚焦生物芯片分析仪

激光共聚焦生物芯片分析仪的原理见图11-10。仪器工作时，利用激光照射生物芯片激发荧光，荧光收集物镜收集荧光，通过二色分光镜，经窄带滤光片滤光后，汇集在探测针孔上，由光电倍增管探测，最后经电路放大、转换传到计算机进行处理，获取其中包含的生物信息。其主要组成部分有：

1. X向电机、Y向电机、X驱动器、Y驱动器及丝杠等组成扫描工作台，采取的扫描方式是：光源固定即光束保持不变、荧光探测器固定、扫描工作台按一定规律移动的扫描方式。这种扫描方式被称为物体扫描，其优点是轴线平直，光路稳定，可以实现大面积的扫描。简言之，本仪器就是利用光电倍增管对点像探测结合高速XY扫描实现对生物芯片信息的大量获取。所以工作台系统和荧光信号接收系统都很重要。扫描承片台可放置25mm×75mm的标准样片。

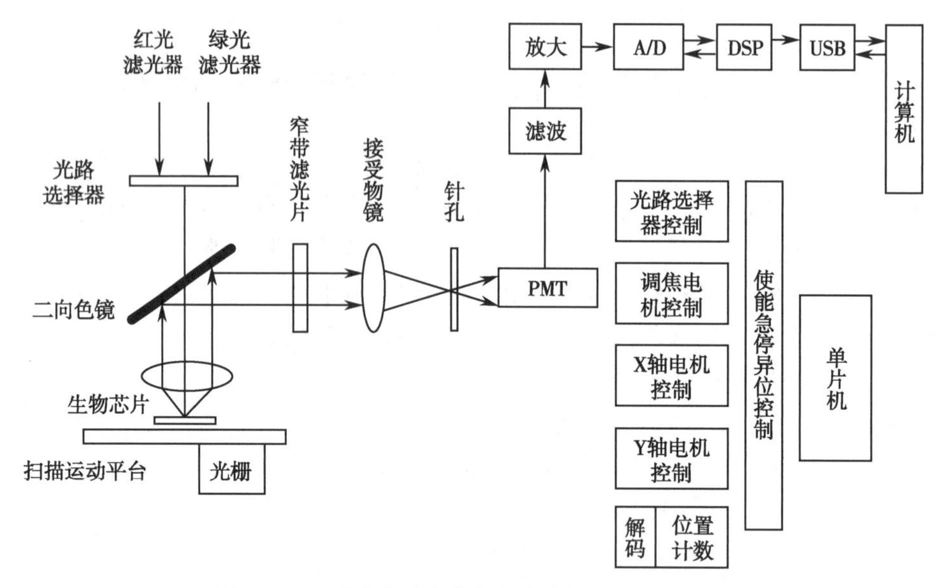

图 11-10　激光共聚焦生物芯片分析仪原理示意图

2. 激光器、窄带滤光片和二色分光镜等组成激光共聚焦光路；光源是两个激光器，分别用于激发 cy3 和 cy5 两种荧光染料，扫描时可以选择适当的激光器功率，也可以通过两个快门选择激光束。

3. 光电倍增管作为荧光信号探测器，可用来探测芯片发出的荧光信号，其增益可选。

4. 计算机用于处理和分析光电探测器探测到的荧光信号并合成图像。

该仪器用户可定义的扫描面积是 22mm × 70mm；扫描分辨率是 5 ~ 100μm；灵敏度是 0.2 荧光分子 /μm^2；用户可以看到芯片扫描图像（TIFF 图像或 BMP 图像），并可得到以 Excel 方式输出图像数据分析结果。

二、生物芯片分析仪的临床应用

生物芯片分析仪是伴随着生物芯片的产生而产生的，在基因表达水平的检测、基因测序、药物筛选、基因诊断和个体化医疗方面都得到应用。

（一）基因表达水平的检测

用基因芯片进行的表达水平检测可自动、快速地检测出多个基因的表达情况，据此研究疾病的基因表达谱。例如，有学者用人外周血淋巴细胞的 cDNA 文库构建一个代表 1046 个基因的 cDNA 微阵列，来检测体外培养的 T 细胞对热休克反应后不同基因表达的差异，结果发现有 5 个基因在处理后存在非常明显的高表达，11 个基因中度表达增加和 6 个基因表达明显抑制。该结果还用荧光素交换标记对照和处理组及 RNA 印迹方法证实。现今，利用人类基因组计划的成果，用基因组芯片检测在不同生理、病理条件下的人类所有基因表达变化是临床分子生物学检验的重要内容之一。

（二）基因诊断

从正常人的基因组中分离出 DNA，与 DNA 芯片杂交就可以得出标准图谱。从患者的基因组中分离出 DNA，与 DNA 芯片杂交就可以得出病变图谱。通过比较、分析这两种图谱，就可以得出病变的DNA信息，进而做出基因诊断。这种基因芯片诊断技术以其快速、高效、敏感、经济、平行化、自动化等特点，将成为一项现代化诊断新技术，是基因芯片中最具有商业化价值的应用。目前，肝炎病毒检测诊断芯片、结核杆菌耐药性检测芯片、多种恶性肿瘤相关病毒基因芯片等一系列诊断芯片逐步开始进入市场。此外，把P53基因全长序列和已知突变的探针集成在芯片上，制成P53基因芯片可以用于癌症的早期诊断；构建相关基因的cDNA微阵，用于检测风湿性关节炎（RA）相关的基因，以探讨DNA芯片在感染性疾病诊断方面的应用。

（三）药物筛选

如何分离和鉴定药物的有效成分是目前中药产业和传统的西药开发遇到的重大障碍。基因芯片技术是解决这一障碍的有效手段，它能够利用基因芯片分析用药前后机体的不同组织、器官基因表达的差异，从基因水平解释药物的作用机制，也可以用cDNA表达文库得到的肽库制作肽芯片，从中筛选到起作用的部分物质，还可以利用RNA、单链DNA有很大的柔性，能形成复杂的空间结构，更有利与靶分子相结合，可将核酸库中的RNA或单链DNA固定在芯片上，然后与靶蛋白孵育，形成蛋白质-RNA或蛋白质-DNA复合物，可以筛选特异的药物蛋白或核酸，因此芯片技术和RNA库的结合在药物筛选中将得到广泛应用。

（四）个体化医疗

临床上，同样药物的剂量对不同患者的疗效可能差异很大，副作用的大小差异也很大，这可能与患者遗传学上存在差异（单核苷酸多态性，SNP），导致对药物产生不同的反应有关。例如细胞色素P450酶基因存在广泛变异，这些变异除对药物产生不同反应外，还与易犯各种疾病如肿瘤、自身免疫病和帕金森病有关。如果利用基因芯片技术对患者先进行诊断，再开处方，就可对患者实施个体优化治疗。又如乙肝有较多亚型，HBV基因的多个位点如S基因、P基因及C基因区易发生变异。若用乙肝病毒基因多态性检测芯片每隔一段时间就检测1次，这对指导用药防止乙肝病毒耐药性很有意义。再如将AIDS病毒反转录酶RT基因突变部位的全部序列构建为DNA芯片，则可快速地检测患者基因发生突变位点和类型，从而可对症下药，对指导治疗和预后有很大的意义。

学习小结

流式细胞术是在单细胞分析和分选基础上发展起来的一种新的细胞参数计量技术。流式细胞仪是近年来发展起来的现代细胞学分析技术中的常用仪器。它具备快速、准确、量化等特性，目前已经广泛应用于临床医疗实践和科学研究中的免疫学、细胞生物学、血液学、肿瘤学、药物学等诸多领域。它是将特异荧光染料染色后的悬浮分散的单细胞放入样品管，在气体压力的作用下，悬浮在样品管中的单细胞形成样品流进入流式细胞仪的流动室，染色的细胞受激光照射后发出荧光，同时产生散射光。经过转换器转换为电子信号后，经模/数转换输入计算机。计算机通过相应的软件储存、计算、分析这些数字化信息，就可得到细胞的大小、活性、核酸含量、酶和抗原的性质等指标。当某类细胞的特性与要分选的细胞相同时，流式细胞仪就会在这类细胞形成液滴时给含有这类细胞的液滴充以特定的电荷，带有电荷的液滴向下落入偏转板间的静电场时，依所带电荷的不同分别向左偏转或向右偏转，落入指定的收集器内，从而达到细胞分类收集的目的。

流式细胞仪的结构可分为流动室及液流驱动系统，激光光源及光束成形系统，光学系统，信号检测与贮存、显示、分析系统，细胞分选系统等5个部分。其主要性能指标包括：荧光测量灵敏度、仪器的分辨率、前向角散射光检测灵敏度、分析速度和分选指标。

PCR扩增仪是分子生物学实验室常用的基因扩增仪器，可以分成两大类，即普通PCR扩增仪和实时荧光定量PCR扩增仪。普通PCR扩增仪除了一般定性PCR扩增仪外，还包括带梯度PCR功能的梯度PCR仪以及带原位扩增功能的原位PCR仪；实时荧光定量PCR扩增仪通常由PCR系统和荧光检测系统组成，荧光检测系统包括激发光源和检测器。PCR核酸扩增仪工作关键是温度控制，包括温度的准确性、均一性以及升降温速度。

以PCR核酸扩增仪作为工具，不仅能早期对疾病作出准确的诊断，还能确定个体对疾病的易感性，检出致病基因携带者，并对疾病的分期、分型、疗效监测和预后作出判断。

生物芯片分析仪是生物芯片检测过程中的重要仪器。通过生物芯片分析仪可以将芯片上测定的结果转变成可供分析处理的图像数据，正确、有效地获取芯片上的生物信息。目前的生物芯片分析仪主要有两种：CCD系统生物芯片分析仪和激光共聚焦生物芯片分析仪。生物芯片分析仪是伴随着生物芯片的产生而产生的，凡是用到生物芯片技术的地方就必须利用生物芯片分析仪进行结果检测，因此，该仪器在基因表达水平的检测、基因测序、药物筛选、基因诊断和个体化医疗方面都得到应用。

复习题

1. 流式细胞技术有何特点，其分析对象主要有哪些？
2. 流式细胞仪由哪些部分构成，其主要性能指标有哪些？
3. 流式细胞仪分选器的分选原理是什么，有哪些影响因素？
4. PCR技术的基本原理是什么，有何意义？
5. PCR核酸扩增仪的温度控制方式有哪些？
6. 生物芯片分析仪在临床实验室应用前景如何？

（李平法）

第十二章

即时检验相关仪器

学习目标

1. 掌握　即时检验的概念；即时检验的主要技术；理想的即时检验仪器应具备的特点。
2. 熟悉　即时检验的不足及对策；即时检验仪器的临床应用。
3. 了解　快速血糖仪基本原理、基本结构、维护和常见故障及故障排除；快速血气分析仪基本原理、基本结构、维护和常见故障及故障排除；金标数码定量阅读仪的基本原理、基本结构、维护和常见故障及故障排除。

第一节　即时检验概述

一、即时检验的概念

即时检验（point-of-care testing，POCT）亦称为床边检验，因其快速、简便的特点深受用户的喜爱，是近年来检验医学发展最活跃的领域之一。对于POCT有多种理解和定义。POCT在空间距离上靠近患者，操作上由非检验专业人员（临床医生、护士或患者本人）执行，快速分析患者标本并准确获取检验结果的分析技术或者说测试不在大型的主实验室而在一个可移动的系统平台内进行。目前，国内外均还没有一个统一的定义可概括和诠释POCT的确切内涵，但围绕缩短检验周期这一核心任务，将POCT译为“即时检验”更能概括和阐明其内涵。本章将对即时检验的概念、技术、原理、特点、分类、即时检验技术的临床应用和常用仪器等方面进行阐述。

二、即时检验技术的原理

POCT临床测试的发展主要得益于一些新技术的应用。POCT技术的运用和整合主要分为四大类：①把传统方法中的相关液体试剂浸润于滤纸和各种微孔膜的吸水材料中，成为整合的干燥试剂块，然后将其固定于硬质型基质上，成为各种形式的诊断试剂条；②把传统分析仪器微型化，操作方法简单化，使之成为便携式和手掌式的设备；③将上述两者整合为统一的系统；④应用生物感应技术，利用生物感应器检测待测物。

三、即时检验的主要技术及特点

（一）即时检验的主要技术

理论上，各种传统实验技术和方法只要经适当的技术改进均能用于 POCT 领域。本章就当前临床上质量较好、使用较多、发展较快、认可较高的典型技术作简要介绍。

1. 简单显色（干化学法测定）技术　将多种化学反应试剂干燥、固定在试纸片上，加上检验标本（全血、血清、血浆、尿液等）后产生颜色反应，通过肉眼观察（定性）或仪器检测（多为半定量）读取结果。

2. 多层涂膜（干化学法测定）技术　由感光胶片制作技术移植而来。将多种反应试剂依次涂布在片基上，制成干片，用仪器检测，可准确定量。

3. 免疫金标记技术　胶体金颗粒具有高电子密度的特性，在显微镜下可观察到金标蛋白结合处黑褐色颗粒，当这些标记物在相应的标记处大量聚集时，肉眼可见红色或粉红色斑点，这一反应可通过银颗粒的沉积而放大。

4. 生物传感器技术　利用离子选择电极、底物特异性电极和电导传感器等特定的生物检测器进行分析检测。

5. 免疫荧光技术　通过检测板条上激光激发的荧光，定量检测以 pg/ml 为单位的单个或多个标志物。

6. 生物芯片技术　生物芯片技术是最新发展起来的技术。其特点是在小面积的芯片上同时测定多个项目。

7. 红外和远红外分光光度技术　此类技术多用于无创性检测仪器，如经皮肤检测血液中血红蛋白、胆红素、葡萄糖等成分。

8. 其他技术　如快速酶标法或酶标联合其他技术（间接血凝、免疫荧光技术等）检测病原微生物；电阻抗法测血小板聚集特性；免疫比浊法测定 C 反应蛋白（CRP）、D- 二聚体（D-D）；电磁原理检测止、凝血的一些指标等。

（二）即时检验的主要特点

美国临床实验室标准化协会（Clinical and Laboratory Standards Institute，CLSI）于 1995 年 3 月发表的 AST2-P 文件中对 POCT 的要求是：开展 POCT 的核心是为了方便患者快速而又价廉地得到检验结果。按照这一要求，POCT 的组成应包括：地点、时间、保健、照料、检验和试验等方面。POCT 要达到更新、更快、更方便、更准确等要求，以满足医院和患者的需要。POCT 仪器要实现小型、便携、操作简单、结果报告即时，不需太多的时间，不需特定的地方，非实验人员经培训后即可进行检测，以便节省大量卫生资源。POCT 与传统实验室检测的主要区别见表 12-1。

表 12-1　POCT 与传统实验室检测的主要区别

比较项目	临床实验室检测	POCT
周转时间	慢	快
标本鉴定	复杂	简单

续表

比较项目	临床实验室检测	POCT
标本处理	通常需要	不需要
血标本	血清、血浆	多为全血
校正	频繁	不频繁
试剂	需要配制	随时可用
消耗品	相对少	相对多
检测仪器	复杂	简单
对操作者的要求	专业人员	普通人员即可
每个试验花费	低	高
试验结果质量	高	一般

四、即时检验技术的分类

（一）简单显色技术

简单显色技术是运用干化学测定的方法，将多种反应试剂干燥并固定在纸片上（干片的基本结构如图 12-1 所示），被测样本的液体作为反应介质，被测成分直接与固化在载体上的干试剂进行反应。加入待测标本后产生颜色反应，可以直接用肉眼观察（定性）或仪器检测（半定量）。如尿液蛋白质、葡萄糖、比密、维生素 C、pH 等项目以及血中前降钙素（PCT）的半定量检测多采用干化学技术。

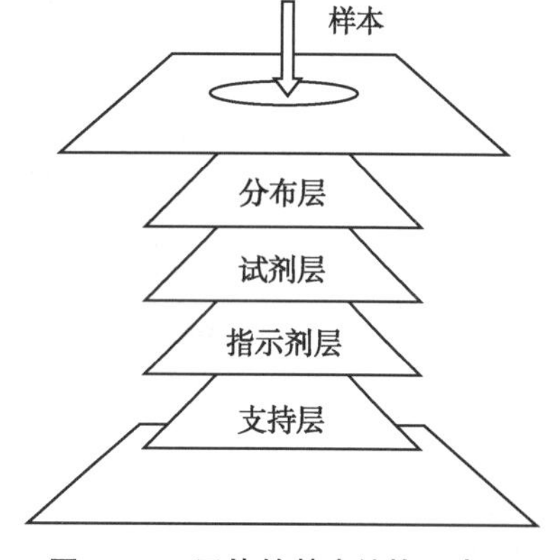

图 12-1 干片的基本结构示意图

（二）多层涂膜技术

多层涂膜技术是从感光胶片制作技术引申而来的，也属于干化学测定，将多种反应试剂依次涂布在基片上并制成干片。这种干片比运用简单显色技术的干化学纸片均匀平整，用仪器检测，可以准确定量。按照干片制作原理的不同，可以分为采用化学涂层技术的多层膜法（图 12-2）和采用离子选择性电极原理的差示电位多层膜法（图 12-3）。

1. 化学涂层技术的多层膜法　该类干式试纸的正面加上样品，样品中的水将干片上的试剂溶解，使之与待测成分在干片的背面产生颜色反应，并用反射光密度计检测、进行定量。干片中的涂层按其功能分为 4 层：分布层（有时又分成扩散层和遮蔽或净化剂层）、试剂层、指示剂层、支持层。此类方法的使用已经比较多见，最具代表性的仪器为干式全自动生化分析仪，可用于测定血糖、尿素氮、蛋白质、胆固醇、胆红素等三十多个生化项目。

2. 差示电位多层膜法　该类膜片（干片）包括两个完全相同的“离子选择性电极”，该离子选择电极由离子选择敏感膜、参比层、氯化银层和银层、支持层组成，并以一纸桥相连。测定时取待测血清和参比液分别加入并列而又独立的两个电极构成的加样槽内即可测定

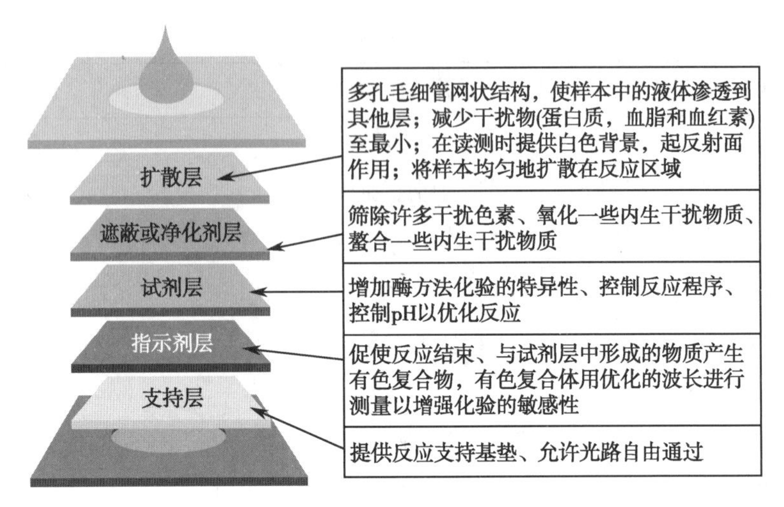

图 12-2　多层涂膜技术化学法结构示意图

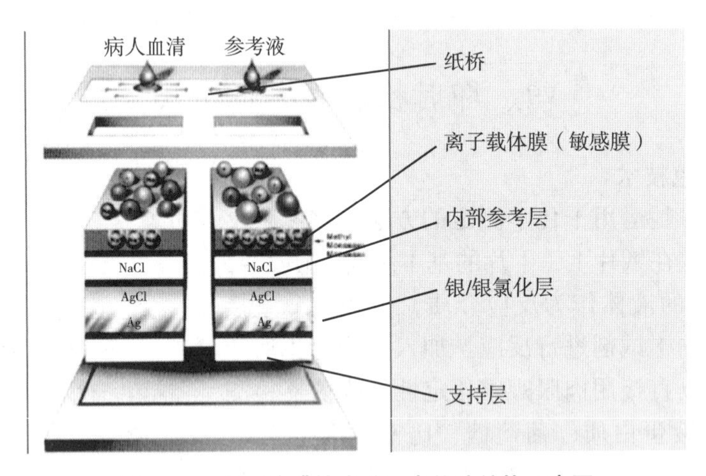

图 12-3　多层涂膜技术差示电位法结构示意图

两者的差示电位。若待测样品液与参比液中的待测无机离子浓度相同，则差示电位为零，若两者浓度不同，则可以由差示电位的相应值计算该离子的浓度。该多层膜的使用是一次性的，不存在电极老化和蛋白沉积的缺点且标本用量少，在临床上应用广泛，多用于血清钾、钠、氯生化电解质检测项目等。

（三）免疫金标记技术

胶体金颗粒具有高电子密度特性，其特点是可以牢固吸附在抗体的表面而不影响抗体的活性，当金标记抗体与抗原反应聚集到一定浓度时，肉眼可见红色或粉红色斑点，这一反应可以通过银颗粒的沉积被放大。运用该类技术主要方法有斑点免疫渗滤法和免疫层析法。

1. 斑点免疫渗滤法　免疫渗滤技术是以硝酸纤维素膜为载体，利用微孔滤膜的可过滤性，使抗原抗体反应和洗涤在一特殊的渗滤装置上以液体滤过膜的方式迅速完成。应用该技术的斑点金免疫渗滤试验（dot immunogold filtration assay，DIGFA）广泛应用于临床的多种定性检测指标，如检测抗结核杆菌抗体、抗核抗体、人全血中的抗 -HBc 抗体以及血或尿中的 HCG 等。此类方法所测项目大多为定性或半定量的结果，不需要特殊的仪器。免疫渗滤装置见图 12-4。

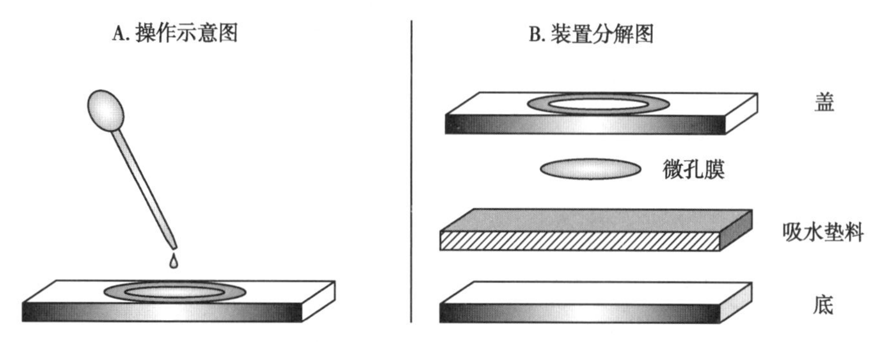

图 12-4 免疫渗滤装置及操作示意图

2. 免疫层析法 免疫层析技术按照检测原理和运用方式的不同，可分成两个系统：

（1）免疫层析法，以酶反应显色为基础，主要用于小分子药物的定量检测，见图 12-5；

（2）复合型免疫层析法，以胶体金颗粒或着色粒子作标志物，层析条为多种材料复合而成，多用于定性的检测，也有定量分析系统。目前，大多采用复合型免疫层析技术，如斑点免疫层析试验（dot immunochromatographic filtration assay，DICA），其分析原理与 DIGFA 基本相同，只是反应液体的流动不是直向而是横向流动。此类技术操作简便、快速（只需一种试剂，只有一步操作），可肉眼观察，给出定性结果；也可以用金标定量仪器检测出定量结果，如一些性激素、病原微生物、肿瘤标记物、毒品以及大便潜血的检测。

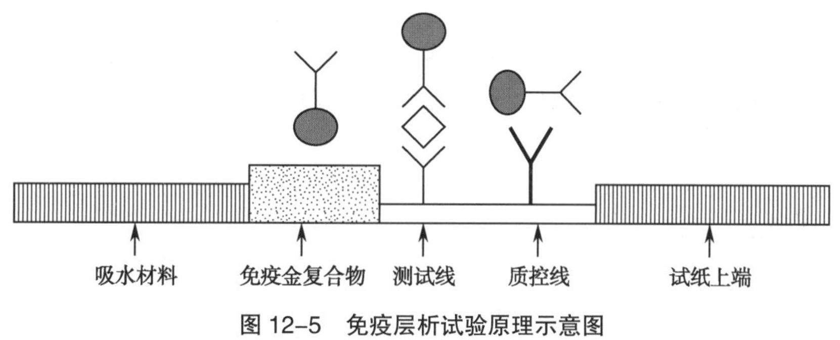

图 12-5 免疫层析试验原理示意图

（四）免疫荧光技术

免疫荧光技术（其结构见图 12-6）是将免疫学方法（抗原抗体特异性结合）与荧光标记技术结合起来研究特异蛋白抗原在细胞内分布的方法，又称为荧光抗体技术（fluorescent antibody technique）。该技术兼具特异性强、敏感性高、检测速度快等特点，且由于荧光素所发出的荧光可在荧光显微镜下检出，从而可对抗原进行细胞定位。也可通过检测板条上激光激发的荧光，定量检测板条上单个或多个标志物。

近年来，出现了一种基于免疫荧光的新型检测技术——时间分辨荧光免疫测定（time resolved fluorescence immunoassay，TRFIA）。该技术采用镧系元素铕（Eu）螯合物作为其荧光标记物，专为中小型实验室、急诊室和医生办公室而设计。同传统的免疫荧光技术相比，大大提高了床边诊断的准确性和精确性，可用于心肌损伤（肌钙蛋白 I、肌红蛋白 Mb、肌酸激酶同工酶 CK-MB）、生殖和感染标志物等指标的定量测定。

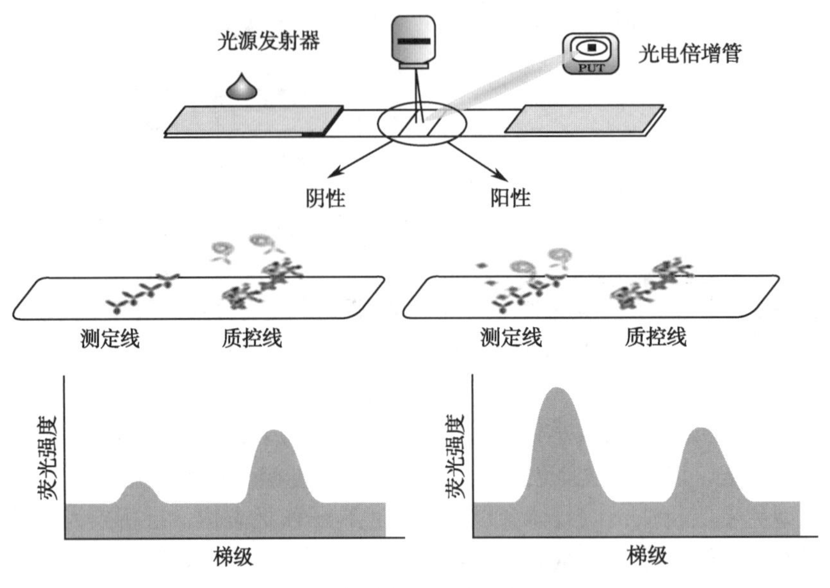

图 12-6　免疫荧光技术原理示意图

（五）红外分光光度技术

红外分光光度技术（其原理见彩图 12-7）是利用物质对红外光的吸收进行结构分析、性质鉴定和定量测定。此类技术常用于经皮检测仪器，检测血液中的血红蛋白、胆红素、葡萄糖等成分。目前采用该技术的即时检验仪器主要有无创伤自测血糖仪、无创（经皮）胆红素检测仪、无创全血细胞测定仪等。该类仪器轻便、廉价且能满足无创伤自测血糖含量，准确率大于 90%。而更为便捷的手表式无创伤血糖测定仪已问世，美国 FDA 已于 2002 年批准其上市。该类仪器可实现连续检测患者血液中目的成分而无须抽血，避免抽血可能引发的交叉感染和血液标本的污染，降低每次检验的成本和缩短报告时间。

（六）生物传感器技术

生物传感器技术是利用离子选择电极、底物特异性电极、电导传感器等特定的生物检测器进行分析检测。该类技术是酶化学、免疫化学、电化学与计算机技术结合的产物，利用它可以对生物体液中的分析物进行分析，该类技术的典型代表是葡萄糖酶电极传感器和荧光传感器。

1. 葡萄糖酶电极传感器　目前，生物传感器技术已经广泛应用于手掌型血糖仪以及相关的胰岛素泵领域。电化学酶传感器法微量血糖测试仪，采用生物传感器原理将生物敏感元件酶同物理或化学换能器相结合，对所测定对象作出精确的定量反应，并借助现代电子技术将所测得信号以直观数字形式输出的一类新型分析装置。采用酶法葡萄糖分析技术，并结合丝网印刷和微电子技术制作的电极，以及智能化仪器的读出装置，组合成微型化的血糖分析仪。根据所用酶电极的不同可以分为两类，一类采用葡萄糖脱氢酶电极（其原理见彩图 12-8、标本采集操作见彩图 12-9），另一类采用葡萄糖氧化酶电极。

2. 荧光传感器　血气分析仪是荧光传感器（图 12-10）相关的 POCT 仪器最具代表性的一种。其使用光学传感器技术，利用干化学的检测原理全自动测量血液 pH、PCO_2、PO_2、K^+、Na^+、Cl^- 等。

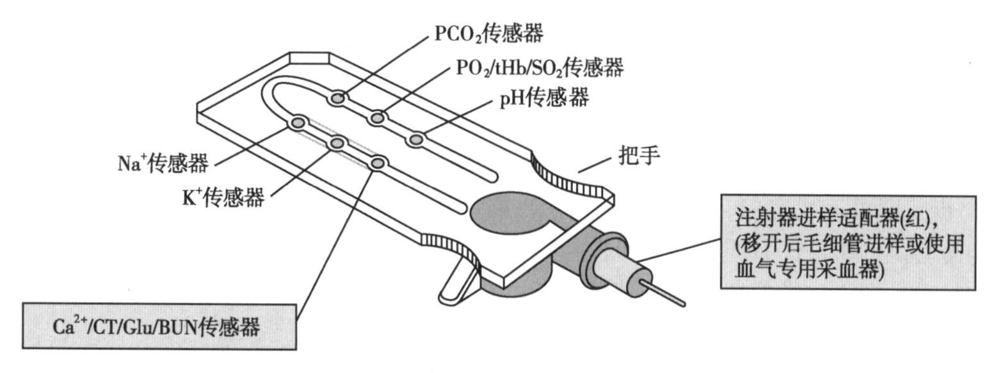

图 12-10　一次性荧光传感器测试卡示意图

（七）生物芯片技术

生物芯片（彩图 12-11）是现代微加工技术和生物科技相结合的产物，它可以在小面积的芯片上短时间内同时测定多个项目。利用生物芯片技术可以实现对原有检验仪器微型化，制作便携式仪器、用于即时检验，如血细胞分析、酶联免疫吸附试验，血气分析和电解质分析等都可进行 POCT。生物芯片检测仪器是一种光、机、电、计算机以及现代分子生物学等多学科高度结合的精密仪器，主要是利用强光照射生物芯片上的生物样品以激发荧光，并通过高灵敏度的光电探测器探测荧光强度，最后由计算机对探测结果进行分析处理以获得相关的生物信息。

（八）其他的即时检验技术

其他 POCT 技术还包括快速酶标法或酶标联合其他技术检测病原微生物；电阻抗法测定血小板聚集特性；免疫比浊法测定 C 反应蛋白（CRP）、D- 二聚体；电磁原理检测止、凝血的一些指标等。

第二节　即时检验技术的常用仪器

随着生物检测技术的深入发展，人们生产出各式各样基于这些技术的即时检验仪器。其中部分仪器已在临床和相关实验室中广泛应用，部分仪器则刚刚投入市场，产品质量和效益正接受用户的考核。

一、常用即时检验仪器的基本特征

（一）即时检验仪器的分类

即时检验的项目不同，所用检验仪器的品牌与型号不一致，导致目前 POCT 检验仪器的分类尚无一个统一的标准，但大致有下面 3 种分类方法：

1. 按照用途分类　快速血糖检测仪、电解质分析仪、血液分析仪、血气分析仪、抗凝测定仪、心肌损伤标志物检测仪、药物应用监测仪、酶联免疫检测仪、放射免疫分析仪、甲状腺激素检测仪等。

2. 根据体积大小和重量分类　便携型、桌面型、手提式、手提式一次性使用型等。

3. 根据所用的一次性装置分类　卡片式装置、单一或多垫试剂条、微制造装置、生物传感器装置、其他多孔材料等多种装置。

（二）理想的 POCT 仪器应具备的特征

一台理想的 POCT 仪器应具备以下特点：①仪器小型化，便于携带；②操作简单，一般 3～4 个步骤即可完成实验；③报告即时化，缩短检验周期；④经权威机构的质量认证；⑤仪器与配套试剂中应配有质控品，可监控仪器和试剂的工作状态；⑥仪器检验项目具备临床价值和社会学意义；⑦仪器的检测费用合理；⑧仪器试剂的应用不应对患者和工作人员的健康造成损害或对环境造成污染。

二、即时检验的不足及对策

（一）即时检验发展中存在的不足

POCT 是一个新兴发展的领域和方向，尚存在一些不足和问题，需要我们不断去探讨、规范和管理，以利于其得到进一步发展及完善。

1. 质量保证问题　质量是检验的核心和关键。而对于 POCT，质量保证问题是影响 POCT 发展的最大因素。由于各种 POCT 分析仪的准确度和精密度各不相同，且缺乏统一的室内和室间质量控制。同时 POCT 主要由非检验人员（如医师和护士等工作人员）进行检测，他们没有经过适当的培训，不熟悉设备的性能和局限性，缺乏临床检验操作经验，不了解如何进行质量控制和质量保证，这是导致 POCT 产生质量不稳定的重要原因，严重影响 POCT 的开展和应用。

2. 质控措施的缺乏和仪器试剂科技含量的不足是影响质量的重要因素　POCT 质量控制与传统的生化大型仪器不同。大型生化仪所用的液体试剂，有标准品和曲线校正。而 POCT 所用的试剂板、条、块，每个检测单位都是自成体系。受保管条件等多种因素的影响，每块试剂板间可能存在误差，所以对试剂板的要求比液体试剂要求更高。且由于 POCT 仪器试剂应用的终端客户是患者，其质量管理的难度更大。这些使用者大都没有医学背景，而且年龄偏大者居多。而这方面工作又面广、量多，质量控制只能由仪器和试剂供应商来完成，且在购买仪器时仅能作一次全面的培训。医院 POCT 应用者应参考传统检验的模式，建立质量控制程序。质量控制应在检验科的监管负责下，责令 POCT 相关仪器和检测系统接受临检中心室内质控的监督和室间质控，盲点现场检测的考核等。仪器的日常维护和校验应通过使用者在试剂消耗品供应点进行，供应商应强化责任服务意识，确保仪器始终处于良好状态。

3. 循证医学评估问题　从疾病的诊断和治疗来说，POCT 缩短了检验周期，对中心实验室有很好的补充，但对 POCT 仪器及检测结果本身来说，尚缺乏循证医学的评估。美国 NACB 在其《检验医学应用准则》文件中提到，POCT 必须在循证医学基础上进行，即要通过系统评价和 meta 分析等加以证实。循证医学的评价是需要全面收集大样品范围内的研究结果，进行大规模的随机对照实验，联合所有研究结果进行综合分析和评价（Meta 分析），得出综合结论，提出尽可能减少偏倚的证据，再制定新的临床诊疗原则，最后推广到临床实践。由于 POCT 仅仅处于起步阶段，要完成这一整套过程还需要一段较长的时间，只有极少数的科研能够说明使用 POCT 的确能带给患者实实在在的好处。

4. 费用问题　在目前条件下，POCT 单个项目的检测费用高于常规性检测。在大多数人们没有充分认清POCT可缩短检测结果回报时间（TAT），可及时诊疗，缩短病程，降低总体医疗费用的优势前，对应用POCT有单个项目高费用的心理障碍，同时由于单个项目高费用的问题所带来的检测成本与新收费标准也存在潜在的矛盾。

5. 报告书写不规范问题　如使用热敏打印纸直接发报告，报告单上患者资料填写不完整，报告内容不规范（包括检测项目或英文缩写、检测结果、计量单位等）和检测报告者签名不规范等。

6. 思想认识上的误区　人们对POCT没有全面正确的认识，总认为POCT是定性的床边检测，结果的可靠性较差，但实际上许多POCT测试项目已经获得很大的改进。

（二）克服发展中不足的相应对策

1. 尽快建立POCT分析仪严格的质量保证体系和管理规范　目前，许多国家和地区已经或将要颁布适合本国或地区的POCT使用原则。我国已经出台了《关于POCT的管理办法（试行草案）》，该办法对POCT的组织管理、人员的培训、专用仪器的认可、质量保证计划、操作规范、人员安全性及废物处理、即时检验的操作程序、结果的报告以及费用等问题都做了详细的规定与说明。类似的管理规范文件将有效提高POCT的质量保证。

2. 对医、护等非检验人员做POCT仪器使用的严格操作培训　据调查，POCT大部分的不准确结果均由操作误差或仪器使用不当导致。虽然POCT可允许非检验人员操作，但是严格操作培训是保证质量的前提，应放在首位。在美国，开设POCT必须接受政府有关部门的评审，要求规章制度、质控措施、操作程序、实验记录、结果报告、方法评价、参考范围、注意事项、仪器保养及试剂批号等都在每个POCT操作手册中体现。培训合格、上岗证确认后方可上岗操作。

3. 降低单个POCT检测项目的高检验费用　人们已清楚地认识到影响POCT进一步发展的瓶颈是高成本的问题。开展POCT的主要目的是方便患者尽快而又价廉地得到可靠的检验结果，因此，降低POCT的检测费用势在必行。随着高科技的应用，研制出价廉、简便而且性能好的POCT仪器和低成本试剂是最有效的措施。此外更普遍地增加POCT仪器使用量亦可节约综合成本。

4. 加强检测结果的管理与联通　保证POCT设备与常规实验室设备检验结果一致，定期将POCT检测与常规实验室检测进行比对分析，建立有效的质控措施，参与室内和室间质控。建立POCT与医院信息系统的联通，保证检测结果传输的正确性。

5. 对POCT仪器的使用应加强组织管理及多部门协调的管理　省、市临检中心对POCT仪器使用应做好组织管理，与各部门协调开展POCT仪器质控、校正、使用的管理。总体来看，POCT已经迅速发展起来，并因其可便捷快速获取结果的优势得到人们青睐，目前正朝着仪器更小型化、便携化，检测项目多元化，制度管理完善化的目标发展，期望能更好地成为中心实验室的有益补充，为改善医患关系及疾病的防治作出贡献。

第三节　即时检验仪器的临床应用及实例

目前POCT不仅广泛应用于感染科、小儿科、妇科、心血管科、内分泌科等，它还用于自我检测，极大地满足了医院及患者的需要，其发展日渐迅速，临床应用日渐多元化。

一、即时检验仪器的临床应用

（一）在糖尿病中的应用

便携式血糖仪是最具代表性的POCT仪器，是临床、患者家庭最常用的诊断糖尿病的检测仪器。糖尿病诊治须测定并动态监测血糖、糖化血红蛋白与尿微量白蛋白（有助于早期发现糖尿病肾病）等指标，便携式血糖仪具有体积小，便于携带，操作简单快速等特点，可用全血标本进行即时测定，标本无须抗凝、用血量少、无标本制备过程、检测周期大大缩短。

（二）在心血管疾病中的应用

急性心肌梗死（acute myocardial infarction，AMI）发病急，严重影响到患者的生命安全。对于心血管疾病或怀疑是心血管疾病的患者，可用CRP即时检测仪器对待检者进行常规或超敏CRP检测，利用金标定量检测仪检测cTnI、Mb，用干化学分析仪检测CK-MB（单项或3项联合检测），用荧光传感器对脑钠肽（BNP）进行检测。通过即时检验仪器检测这些项目对于心血管疾病的防治有重要意义。

（三）在血液学方面的应用

POCT在血液学方面主要有两个不同的应用领域：一是血液的凝血与抗凝血方面，如口服抗凝剂治疗监测，心脏手术进行时的凝血功能检测；二是血红蛋白定量和血细胞计数，如妊娠期妇女和老年人群需要定期检测血红蛋白含量，放疗、化疗患者随访时的白细胞计数。

（四）在感染性疾病中的应用

常规实验室微生物培养及鉴定周期较长，且基层医院、民营诊所、社区保健所不具备相关的条件。采用生物芯片和免疫金标记技术相关的POCT仪器对细菌性阴道病、衣原体、性病等检测较培养法更为快速和灵敏。POCT仪器也可用于医院中手术前传染病4项（HBsAg、HCV、HIV、TP）检测、内镜检查前的病毒性肝炎筛选等。

（五）在儿科疾病中的应用

对儿童疾病的诊断检测要求轻便、易用、无创伤或创伤性小、样品需求量少、无须预处理、快速得出结果等，以缩短就诊周期，还需要关注父母的满意度。POCT能较好地达到上述要求，而且在诊断病情时父母可一直陪伴在孩子身边，更好地与医护人员交流。

（六）在ICU病房内的应用

POCT检测仪器最能满足重症加强护理病房（ICU）患者的危急、重症的病情需求。目前临床上已使用的POCT检测仪器有：用于体外系统的电化学感应器，可周期性地控制患者的血气、电解质、血细胞比容和血糖等；用于体内系统的，将生物传感器安装在探针或导管壁上，置于动脉或静脉管腔内，由监视器定期获取待测物的数据（由于体内监测仪系统耗费巨大，目前尚未被广泛应用）。

（七）在循证医学中的应用

循证医学是遵循现代最佳医学研究的证据，并将证据应用于临床对患者进行科学诊治决策的一门学科。POCT弥补了传统临床实验室流程烦琐的不足，操作人员可以在实验室外的任何场所进行，快速方便地获取患者某些与疾病相关的数据，便于达到循证医学有据可循的目的。

（八）在医院外的应用

由于POCT检测仪器体积小、便于携带，操作简便等，因此广泛应用于家庭自我保健、社区医疗、体检中心、救护车上、事故现场、出入境检疫、禁毒、戒毒中心、公安部门等医院外各场所。

二、即时检验仪器应用实例

（一）快速血糖仪

1. 快速血糖仪的检测原理　目前快速检测血糖仪多采用葡萄糖脱氢酶法，根据酶电极的响应电流与被测血样中的葡萄糖浓度呈现线性关系来计算血标本中的葡萄糖浓度值。当被测血样滴在电极的测试区后，由于电极施加有一定的恒定电压，电极上固定的酶与血中的葡萄糖发生酶反应，血糖仪显示葡萄糖浓度值。

2. 快速血糖仪基本结构　快速血糖仪的结构比较简单，主要包括设置键、显示屏、试纸插口、试纸槽、密码牌、标本测量室等。检测采用生物电子感应技术，所用试纸利用了葡萄糖脱氢酶法的原理和钯电极技术。

3. 快速血糖仪的维护　快速血糖仪虽然体积小，操作很简单，几秒钟内可出结果，但需要进行很好的维护，才能保证其测量的准确度和精密度。

（1）血糖仪的清洁：当血糖仪有尘垢、血渍时，用软布蘸清水清洁，不要用清洁剂清洗或将水渗入血糖仪内，更不要将血糖仪浸入水中或用水冲洗，以免损坏。

（2）血糖仪的校准：利用模拟血糖液（购买时随仪器配送）检查血糖仪和试纸条相互运作是否正常。模拟血糖液含有已知浓度的葡萄糖，可与试纸条发生反应。当出现以下几种情况之一时需要对血糖仪进行校准：①第一次使用新购的血糖仪；②使用新的一盒试纸条时；③怀疑血糖仪和试纸条出现问题时；④测试结果未能反映出患者感觉的身体状况时；⑤血糖仪不小心摔落后。

4. 快速血糖仪的常见故障及故障排除　快速血糖仪常见故障和处理见表12-2。

表12-2　快速检测血糖仪常见故障及故障排除

常见故障	故障排除方法
插入错误的密码牌或不能识别密码牌	取出密码牌，重新插入与试纸配套的密码牌
检测光路出现错误或测量光路污染	清洁光路，检查试纸在插槽内是否平整和垂直。若显示该信息，联系客户服务中心
试纸插入有误	将检测垫面朝上，沿箭头方向插入试纸，直至其嵌入插槽
血糖仪暴露于强电磁场	移至别处测定，不要靠近移动电话

（二）快速血气分析仪

下面以IRMA快速血气分析仪为临床应用实例，介绍快速血气分析仪的检测原理、基本结构、使用和维护、常见的故障和处理等。

1. 快速血气分析仪的检测原理　IRMA血气分析仪由7.5V电池供电。血样通过微型电极传感器进行信号转化，最后由微机对转化后数据进行处理并将结果存储、显示。定期检测温度质控和电子质控，确保结果稳定可靠。

2. 快速血气分析仪基本结构　IRMA 血气分析仪主要由 IRMA 分析仪、电池充电器、电源、电池、温度卡及热敏打印机组成。

3. 快速血气分析仪的维护　IRMA 血气分析仪的日常维护主要包括电池的维护，打印机的清洁，气压表的校准以及一般清洁。为了获得最佳的电池性能，使用电池接近“空”时要及时充电，充完电的电池不要继续留在充电器中，否则会降低电池性能。打印机要经常清洁，气压表要每年校准一次，确保分析仪的准确度。常需清洁的系统部件如下：

（1）清洁触摸屏、充电器、电源供给器及分析仪表面。

（2）定期清洁电池接触点、电池充电器的接触点。

（3）清洁红外探头：每天检查红外探头的表面，细看有没有灰尘或污染，清洁后探头的方玻璃表面应当是光亮的，反射性能好，测试前探头一定要干透。

（4）清洁边缘连接器：当边缘连接器意外受血液或其他污染物污染，或者是进行室间质量控制（EQC）、全面质量控制（TQC）均失败，传感器出现错误码指出边缘连接器可能受到污染时必须清洁。仪器外部清洁不起作用时，首先切断电源，仪器顶部朝上，拆除左右两个血盒导条，拧掉分析仪下方两个螺钉，将边缘连接器组件提起来，确认连接器插座是否干燥没有污染，如果有污染，清洁干燥后安装，在安装时不要触摸边缘连接器组件的引线，引线受污染会导致 EQC 失败，或传感器出错，安装完毕后用新血盒插入边缘连接器进行一次 EQC 测试来验证分析仪的功能。

4. 快速血气分析仪的常见故障及故障排除　血气分析仪常见故障和故障排除方法见表 12-3。

表 12-3　IRMA 血气分析仪常见故障和故障排除方法

常见故障	故障排除方法
TQC 测试失败	1. 清洁红外探头 2. 清洁温控卡的接口 3. 验证是否使用了正确的温控卡的校准码 4. 验证分析仪与温控卡均已达到室温
EQC 测试失败	重复 EQC 测试
传感器出错	1. 验证血盒已正确平衡 2. 用新血盒重新按程序进行测试 3. 如果出错率一直很高，清洁红外探头与边缘连接器后再运行 EQC 测试仍然不通过，按照清洁边缘连接器顺序更换电子接口
温度出错	1. 血盒温度超过工作温度范围（15～30℃/59～86℃），可换新血盒在工作范围内进行测试 2. 分析仪温度超过工作温度范围（12～30℃/54～86℃），按退出键，断开分析仪电源，让分析仪平衡到工作温度范围内至 30 分钟再测试

（三）金标数码定量阅读仪

金标数码定量阅读仪（colloidal gold digital image reader）属体外诊断（IVD）医用设备，用于胶体金定量试剂盒的快速定量测定。具备体积小、重量轻、性能稳定、功能强、操作使用方便等特点，可用于多个项目的测试，属典型的POCT仪器。

1. 金标数码定量阅读仪的检测原理　金标数码定量阅读仪采用胶体金定量检测的方法，通过读取反应板条（图12–12）上反应斑点颜色深浅来读取结果。反应板上斑点的颜色深浅与待测物浓度相对应，随着待测物浓度的增加，斑点的颜色深度将不断加深。仪器光源照射到反应板上，通过CCD相机拍摄反应区域的图片，主处理器运行图像处理，通过对测量反应斑点的颜色亮度进行分析计算反应板对应的浓度值，并由通讯接口将结果输出。

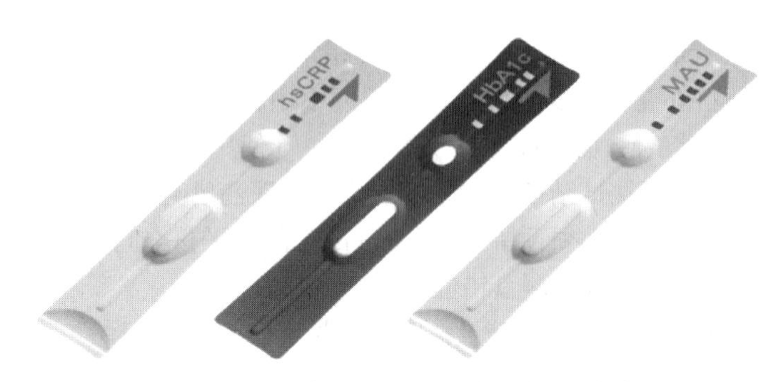

图12–12　金标数码定量阅读仪的反应板条

2. 金标数码定量阅读仪基本结构　金标数码定量阅读仪（其构造见图12–13）主要由主板机、转接板、电机、串口、光学系统、LCD触摸屏组成；光学系统主要由光学摄像头和光源组成。

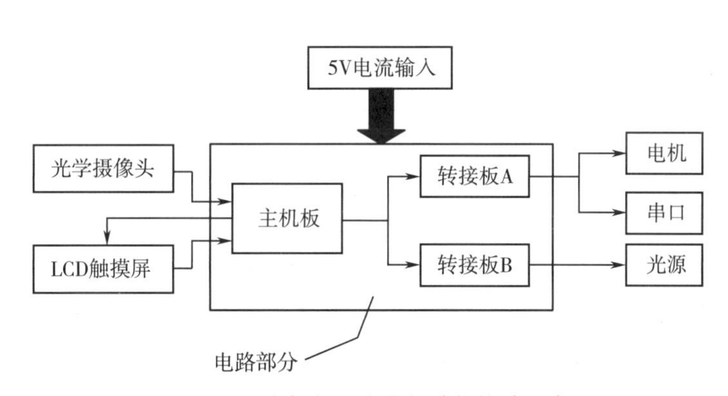

图12–13　金标数码定量阅读仪构造示意图

3. 金标数码定量阅读仪的使用和维护

（1）开机：连接适配器，打开电源开关，仪器通电；仪器预热时间为10分钟，期间不要进行任何操作。

（2）开机校正：①LCD屏幕上出现开机校正询问的界面；②进入“开机校正”模块，检测盘送出，提示放入校正板；③正在对校正板进行校正；④校正板校正完成后，检测盘送出，进入主菜单。

（3）项目检测：下述以hsCRPP血清/血浆为例，介绍“项目检测”模块的操作步骤。①进入主菜单，点击“项目检测”继续；②进入“项目检测”菜单，点击“hsCRPP血清/血浆”继续；③检测盘送出，系统提示方可放入反应板，放入之后点击“下一步”继续。

（4）检测盘送出：检测完成检测盘送出，取出反应板，测试结果在 LCD 上显示，点击“继续测试”则重复上述步骤。

（5）自动打印与上传：在“系统设置”模块下的“系统功能设置”菜单中可设置“自动打印与上传 LIS”的“开”与“关”，当自动打印或上传的 LIS 为“开”时，则检测后信息直接发送。

（6）金标数码定量阅读仪维护：①用干湿棉布擦拭表面，保持仪器表面清洁，禁止用对仪器有影响的有机溶剂，如苯、香蕉水之类进行擦洗。② LCD 触摸屏须用液晶专用擦拭剂或液晶专用擦拭布进行清洁，不能使用水或者酒精溶液等。③请不要将仪器放在阳光或紫外线下照射，以免塑料外壳老化变色。④仪器长期不用时，断开仪器电源，必须平稳摆放。⑤如发现仪器工作不正常时，请立即关掉仪器电源。⑥使用电源必须符合仪器电源的要求，否则对仪器不利。⑦反应板测试结束后请立即取出，按医药废弃物的有关规定处理。⑧仪器应置于平整的桌面上，其右侧必须预留大于 15cm 的无障碍平整空间，以便检测盘正常运动，否则会造成电机失步，从而导致检测盘错位。

4. 金标数码定量阅读仪的常见故障及故障排除见下表 12-4 所示。

表 12-4 金标数码定量阅读仪的常见故障及故障排除

常见故障	故障排除方法
电源适配器无输出或者输出电压过低	用万能表检查适配器输出电压是否符合要求
检测盘进出发生位置偏移	手动将检测盘推入仪器，进行复位
串口无信息输入或输出	检查连接是否正常
仪器飘移超出可纠正范围	按仪器提示正确放置校正板，联系维护人员

学习小结

即时检验亦称为床边检验，是近年来检验医学发展最活跃的领域之一。本章所指的“即时检验”是指在患者身旁，由非检验专业人员（临床医生、护士或患者本人）利用便携式仪器快速分析患者标本并准确获取结果的分析技术，或者说测试不在主实验室而在一个可移动的系统内进行检测。它是大型自动化仪器的补充，具备节省分析前、后标本处理步骤，缩短标本检测周期，快速准确报告检验结果，节约综合成本等优势。

POCT 技术的基本原理大致可分为 4 类：①把传统方法中的相关液体试剂浸润于滤纸和各种微孔膜的吸水材料中，成为整合的干燥试剂块，然后将其固定于硬质型基质上，成为各种形式的诊断试剂条；②把传统分析仪器微型化，操作方法简单化，使之成为便携式和手掌式的设备；③将上述两者整合为统一的系统；④应用生物感应技术，利用生物感应器检测待测物。

目前，常用于即时检验的技术主要有简单显色技术、多层涂膜技术、免疫金标记技术、免疫荧光技术、红外分光光度技术、生物传感器技术、生物芯片技术等即时检验技术。而对于即时检验仪器，目前主要按 3 种方式进行分类：

1. 按照用途分类　快速血糖检测仪、电解质分析仪、血液分析仪、血气分析仪、抗凝测定仪、心肌损伤标志物检测仪、药物应用监测仪、酶联免疫检测仪、放射免疫分析仪、甲状腺激素检测仪等。

2. 根据体积大小和重量分类　便携型、桌面型、手提式、手提式一次性使用型等。

3. 根据所用的一次性装置分类　卡片式装置、单一或多垫试剂条、微制造装置、生物传感器装置、其他多孔材料等多种装置。

无论是按哪种分类标准，理想的POCT仪器应具备的特征为：①仪器小型化，便于携带；②操作简单，一般3～4个步骤即可完成实验；③报告即时化，缩短检验周期；④经权威机构的质量认证；⑤仪器与配套试剂中应配有质控品，可监控仪器和试剂的工作状态；⑥仪器检验项目具备临床价值和社会学意义；⑦仪器的检测费用合理；⑧仪器试剂的应用不应对患者和工作人员的健康造成损害或对环境造成污染。建立在即时检验技术基础之上的即时检验仪器广泛应用于糖尿病、心血管疾病、感染性疾病、发热性疾病等疾病检测及ICU病房、儿科、循证医学等领域。

复习题

1. 即时检验的主要技术有哪些？
2. 即时检验与传统实验室检测的主要区别？
3. 即时检验仪器的临床应用有哪些？

（秦　雪）

第十三章

实验室自动化系统与实验室信息系统

学习目标

1. 掌握　实验室自动化系统的概念；条形码技术在临床检验自动化中的作用。
2. 熟悉　临床实验室信息管理系统的主要作用；实验室自动化系统的结构特点。
3. 了解　实验室自动化系统基本结构；了解实验室自动化系统如何分类。

实验室自动化的发展开始于20世纪70年代的日本。1981年日本Kochi大学医学院的研究者构建组合了国际上第一个完整的实验室自动化系统。1996年IFCC大会上提出了全实验室自动化的概念。到目前，全世界已有近千个实验室建立了全实验室自动化系统，发展非常迅速。全实验室自动化系统覆盖了工作流程中分析前、分析中、分析后的绝大部分，除个别项目外，检验人员只需面对仪器和数据而不必接触标本，所有的标本都封闭于仪器和传送系统中，避免了潜在的污染。全自动化系统使得工作人员致力于更高水平的工作，如结果的确认、新项目的开发等。目前，我国也正在加紧全实验室自动化系统的引进和建立，以最大限度地满足提高工作效率和实现检测质量与国际标准实验室接轨的需求。

第一节　实验室自动化系统

一、实验室自动化系统概述

（一）实验室自动化系统的概念

自20世纪50年代起，临床实验室自动化系统发展经历了三代变化。全实验室自动化系统是继第一代、第二代实验室自动化系统后的第三代实验室自动化系统。实验室自动化系统（laboratory automation system，LAS）是指为了实现对临床实验室内某一个或几个检测系统（如临床化学检验、免疫学检验、血液学检验等）的系统化整合，而将相同或不相同的分析仪器与实验室分析前和分析后的处理系统，通过自动化流水线和信息网络进行连接，形成检验及信息处理的体系，构成全自动化的流水线作业环境，覆盖整个检验过程，形成大规模自动化的检验过程。

首先需要掌握实验室自动化系统几个关键概念：合并、整合、标本管理器和工作单元等。

1. 合并（consolidation） 即“统一化”，指将不同的分析技术或方法集成到一台或有关的一组相互连接的仪器上进行工作。美国实验室自动化协会（ALA）又进一步将实验室自动化细分为以下概念：

（1）分析合并：将多种分析技术集成到一台仪器中。例如AXSYM全自动免疫分析仪，它使用微粒子捕捉酶免疫（MEIA）技术作大分子量分析，以荧光偏振光酶免法（FPIA）作小分子量分析，可同时进行75项免疫指标分析。其主要检查功能有：传染病检查（包括肝炎系列、艾滋病等）、内分泌检查（甲状腺系列、糖尿病系列及其他）、性激素检查、肿瘤标记物检查、遗传学及优生优育检查、治疗药物浓度检测等。

（2）仪器合并：指含有多种分析技术的分析仪器，例如LH755血细胞分析工作站由LH750全自动血细胞分析仪、LH750SM涂片机和LH750ST染片机连接在一起共同完成全血细胞的分析。包括全血细胞计数、白细胞分类及异常血标本推片染色制膜。

2. 整合（integration） 即“集成化”，指将一种分析仪器或多种分析仪器与分析前设备和分析后设备相互连接进行工作。例如Dimension Lynx新型系统，利用了Dimension RxL Max分析仪的设计，通过两种Dimension生化仪系统整合，并将它们联合用于样本处理模块。而任务整合（task integration）则是指将多种自动处理的任务整合为一个可连续处理的进程，例如，一台自动离心机可与一台分析仪集成到一起。

3. 标本管理器（specimen manager） 是一个机械装置，可在分析前储存样品，在分析后对样品进行缓存。

4. 工作单元（workcell） 由一个标本管理器和一台（或多台）仪器组成。一个工作单元可实现分析前的样品存储，分析时标本向分析仪的传送和分析后存储在输出缓存区中。工作单元可通过人工机械手实现系统的自动处理过程。

（1）前处理工作单元：是可进行样品登记和样品处理任务的工作单元，如进行样品检查、条码识别、离心、分样、贴标签和样品缓存等工作。

（2）整合的工作单元：是可与其他前处理工作单元、分析单元集成到一起的多个分析仪器，合并的仪器或工作单元。

（二）实验室自动化系统的分类

习惯上将实验室自动化系统主要分为两个层次，一是实验室模块自动化系统（modular laboratory automation，MLA），即灵活的实验室自动化（flexible laboratory，FLA），二是全实验室自动化（total laboratory automation，TLA）。

1. 实验室模块自动化系统　通常指分析前、分析中、分析后可以分别运行不同系统或工作单元，是根据用户实验室特定所需处理能力灵活进行选择的一套模块工作单元组合。模块工作单元（modular workcell）由两台或两台以上具有相同分析原理的自动分析仪和一台控制器所组成。整个工作流程由中央计算机智能控制，合理分配，实现高速、高效的测定。

实验室模块自动化系统包括分析前和分析后自动化系统。分析前自动化系统是合并自动化分析仪或整合自动化分析仪；分析后自动化系统可以对异常的标本自动进行复检。例如第二代临床实验室自动化系统（CLAS 2），它由标本前处理系统（PAM）和Hitachi7600-110生化分析仪组成，PAM包括投入缓冲模块、离心模块、开栓模块、在线分注模块、输出缓冲模块。在模块工作站基础上发展产生，通常由同一厂商提供的由二台以上具有不同分析原理的相关自动化分析仪和一台控制器组成了模块群，是TLA的基础。MLA的前处理仪器主要有：Power Progress；Lab-Frame Select以及VS250等。

2. 全实验室自动化　是将众多模块分析系统整合成一个实现对标本处理、传送、分析、数据处理和分析的全自动化过程。标本在TLA可完成临床化学、免疫学、血液学等亚专业的任一项目检测。全实验室自动化包括：自动化标本前处理系统、标本自动传送和分选系统、自动分析系统、实验数据/结果处理系统，样本储存系统并能随时对储存标本重新进行测试以及计算机硬件。国际上几个主要的TLA产品有：Clinilog、ADVIA Lab Cell以及Accela等。

TLA以实验室工作的自动化、标准化、系统化、一体化和网络化为特点，比较适合大型的临床实验室。MLA的自动化和系统化程度不如TLA，但更为灵活，运行环境及建设成本更低，因而更适合大部分实验室。

二、实验室自动化系统的基本组成与功能

全实验室自动化的基本组成包括：标本运输系统（STS）、标本前处理系统（PAM）、自动化分析仪、分析后处理输出系统和临床实验室信息系统（LIS）组成。

（一）标本运输系统

标本运输系统又称自动传输系统，负责将样品从一个模块传递到另一个模块，担负着将处理好的样品输送到各分析仪上和将各类自动分析仪（生化分析仪、免疫分析仪、血液分析仪等）联为一体的作用。目前传输系统传送样本的结构主要有智能化传输带和智能自动机械臂，它们的区别为对试管架设计以及运送试管方式的不同。

1. 智能化传输带　其特点是技术稳定、速度快、价格低，因此一直应用于绝大多数实验室的自动化系统中。但它不能处理多种规格的样品容器（从微量血液样品的容器一直到大的尿液样品容器）。为了满足传送带规格的要求，必须将不同样品分装到标准的容器中。它也不能适应实验室布局的改变，当临床实验室因开展新的项目而引入新的分析仪器时，传送带系统不能适应实验室布局改变的要求。

2. 智能自动机械臂　即编程控制的可移动机械手，是对智能化传输带技术的最好补充。安装在固定底座上的机械手，其活动范围仅限于一个往返区间或以机座为圆心的半圆区域内。以安装在移动机座上的机械手为中心，可为多台分析仪器提供标本，可大大扩展其活动范围。机械手有很好的动作可重复性，在优化条件下其定位重复性的误差小于1mm。此外，机械手可容易地载取不同尺寸、形状的标本容器，可轻易地适应多种规格、不同形状的样品容器，当实验室的布局发生改变时，可通过编程转移到新的位置，有很好的灵活性。但可移动机械手只能以整批方式传送样品，若两批传送之间的间隔过长，就会影响整个实验室的检测速度。

TLA通常采用智能传输带与自动机械手臂相结合的运输系统，根据样本不同的检测需求，实现在线分样并合理分配进入不同的分析系统，从而达到最优化的样本传输和最快速的检测效率。

（二）标本前处理系统

标本前处理系统也称预处理系统，其功能包括样本分类和识别，自动装载和样本离心，样本质地识别、提示，样本管去盖，样本再分注及标记。该系统可对样品进行多种方式的标识，包括二维条码、条形码、ID 芯片及图像处理技术，最常用的是条形码识别。

1. 样品的投入和分类　完整的样品投入可包括：①常规样品从样品投入模块进入；②急诊样品从样品投入模块上的急诊口进入；③再测、重复、往复样品从收纳缓冲模块的优先入口进入。架子依次传送顺序是急诊 > 再测 > 常规。

分类是样品登记过程中的第一步，也是对随后的处理过程重要的一步。架子 ID 范围决定如何处理每个架子的“运行类型”（例如尿化学，微量样品架应跳过离心、开盖、分注等过程）。分类的自动化既可以用抓放式的机械手实现，也可以通过在不同样品传送轨道间切换的方式实现。全自动样本处理系统可识别原始管上的条形码和样本管帽的颜色，并通过实验室信息系统（LIS）从医院信息系统（HIS）获取样本相关信息。

2. 自动装载和样本离心　离心单元在全自动标本前处理系统中通常是作为独立可选单元存在的，它可以将不连续的批处理以离心方式整合到自动分析系统中。通常，离心单元的样本处理速度为每小时 200 ~ 300 个样本管，增加离心单元数可以提高样本的处理速度，但也增加了系统的成本。自动装载则是通过机械抓手自动将样本管从轨道上抓取放入离心机。

3. 样本管去盖　样本管除盖过程的自动化，减少了实验室工作人员与样本直接接触机会，避免了生物源污染危险，也提高了工作效率。全自动样本前处理系统对单一的样品管开盖只是一个简单的步骤，但如果处理各种不同的盖帽方式就需要一个非常复杂的机械装置，因此，在选择开盖机时必须先要统一实验室所用试管的标准，尽可能地减少试管种类。

4. 样本再分注及标记　前处理系统可根据 LIS 提供的信息对原始样本进行必要的再分注，以适合实验室不同检验工作平台（如生化、免疫、特定蛋白、TDM 等检测）的要求。对于分注的二次样本管，系统自动地为其加贴与原始样本管相同的条形码标识。分注时机器采用一次性采样吸头，避免发生样本间的交叉污染，样品又可以不受干扰地进行保存。同时机器加贴的条形码更规范，在很大程度上降低了错误率，同时也大大提高了检测速度。

（三）样本前处理系统与样本分析系统的连接

依靠机械轨道实现样本前处理系统与样本分析平台的连接，实现“无人化检验操作”。样本在转运过程中通常是以 4 ~ 10 个试管为一组（在一个试管架上）而提高转运速度。自动传送装置将分门别类的样品转运到实验室相应的工作站（如生化分析仪、血液工作站、免疫分析仪等），无须人工干预自动完成各种检测分析；基于常规的专业系统软件辅助进行结果的审核，自动发出检验结果，对任何可疑的结果会提醒工作人员予以注意；测试结束后，所有样品编号并集中储存，以备必要时取回复查。

（四）分析系统

由各个功能模块和轨道组成，通过不同型号的组合轨道，可以在各种不同布局的空间里安装 LAS。目前实验室使用的绝大多数厂家的各型号的分析仪，包括生化分析仪、免疫分析仪、血液分析仪、电解质分析仪等。

以某一实验室自动化系统为例，系统可包括临床化学和临床免疫系统，临床血液和凝血系统，酶免疫和电泳分析系统。所有在线系统均可离线单独运行，当标本传输系统出现故障时依然可以进行实验室工作。临床化学子系统主机为生化分析仪（AU-5800），时速 2400 项 /

小时，功能与其他生化分析仪相同，主要进行血清酶、血脂和电解质的检测。临床免疫系统主机为全自动化学发光免疫分析仪（Dxi 800），时速 400 项 / 小时，功能与其他免疫分析仪相同，主要进行甲状腺激素、性激素、肿瘤标志物、血药浓度和肌钙蛋白等项目的测定。

（五）分析后输出系统

分析后输出系统（输出缓冲模块）包括出口模块和标本储存接收缓冲区。出口模块用于接收需人工复检标本以及离心完毕的非在线检测标本，以上标本自动投入出口模块中预先设定的各自区域等待人工处理。系统标本储存接收缓冲区可进行在线自动复检，当 LIS 审核报告时，确认某一项目复检后，即向该模块发出复检指令，将需要复检的标本送入复查回路，并送至分析系统进行复检。标本储存接收缓冲区的基本功能是管理和储存标本，即与计算机连接并执行以下功能：读取标本的 ID 以证实标本到来；给到达的标本排序；给排序的标本索引管理。

（六）临床实验室信息系统

临床实验室信息系统（laboratory information system，LIS）实时完成从医院信息系统（hospital information system，HIS）下载患者资料、检验请求信息、上传标本在各模块的状态、标本架号位置、分析结果、数据通信情况等功能。

系统采用条码方式，由医师工作站管理系统根据医嘱生成包含患者病历号、年月日时分秒医嘱记录号与校验码的条形码，同时将相应检查项目医嘱记录代码上传 HIS 的条形码打印处理系统，由条形码打印处理系统根据标本采集时的检验项目形成的特定的条形码，指令 LIS 系统中的条码贴管设备打印条形码并贴在标本容器上。这样分析设备可以通过 LIS 信息直接识别检验标本，根据条形码信息进行分送标本，传输患者基本信息及检验项目，与检验设备进行双向通信，监控标本在各节点的实时状态、结果审核、检验结果查询、打印报告、标本保存等实验室的常规操作，以达到检验全过程中检验信息的自动化管理。

LIS 是以支持实验室日常工作、管理决策、科研等为目标的信息收集、处理、存储、传播和应用的系统，以实验室标本检测全过程中产生的数据管理为主。只有 LIS 和 TLA 全面的无缝衔接，提供给 TLA 大量的实时的患者资料、测试项目等数据资料，才能发挥出 TLA 的巨大优势。

三、实验室自动检验流水线的性能

现代化检验科的管理体系趋向于标准化、数字化和文件化，各个不同的部分已按照模块化的方式互相衔接，以样本流程规划为主线、以临床医学一般规则为基础、以数字化管理为手段来进行布局设计。检验科 LIS 系统、医院 HIS 系统和检验设备流水线（TLA），为数字化管理提供了物质和技术基础。依靠先进硬件和软件，使得检验科可以日常进行海量的数据收集和分析处理，从而提供了崭新的管理手段。

原来有很多检验科是按照标本性质和标本临床来源来区分工作组（临检、血清），或者按照传统分析方法来区分（生化、免疫），由此导致检验科的布局多采用独立分割式，各个专业组分别收取样本、分析和出报告。而新的实验室自动检验流水线可以整合样本的开单、运输、接收和结果发布，从而在样本流程上引进了革命性的变化，在计算机信息系统的支持下串联起检验科的临检、生化、免疫等各个专业，自动完成样本的接收、录入、离心、开盖、分注、检测、样本存储管理等等，从而在形式上非常明显地改变了传统检验科的布局。

实验室自动检验流水线的性能比较：目前，国际上几个主要的实验室自动检验流水线产品有：A&T、ADVIA LabCell®、Modular Analytics 以及 Power Processor 等。各厂家的自动化流水线性能既有共性又有各自的特点。市面上几种常用实验室自动化流水线的性能特点比较见表 13-1。

表 13-1　几种常见实验室自动化流水线性能特点

性能指标	APS	ADVIA LabCell®	Power Process	Modular Analytics
进样管理	上下载 600 管 / 小时；可同时容纳 720 根试管	上下载 800 管 / 小时；可同时容纳 1000 根试管	上下载 800 管 / 小时；可同时容纳 300 根试管	上下载 800 管 / 小时；可同时容纳 300 根试管
样本管类型	必须一致	同时处理不同规格、大小的样本管	必须一致	可处理多种规格样本管
离心去盖	低温离心机，离心速度 320 管 / 小时；开盖速度 600 试管 / 小时	离心 / 开盖速度 240 个样品管 / 小时	2 台自动离心机，离心速度 480 管 / 小时	低温离心机，离心速度 250 管 / 小时，去盖速度 400 管 / 小时
样本传输		2000 样品管 / 小时	120 样品管 / 小时	800 样品管 / 小时
样本分配	直接在轨道上的样品管中吸样	直接在轨道上的样品管中吸样	智能分配到测试仪器上吸样	原始样品分杯模式
样本后处理功能	在线冰箱，自动进行存储、复检、追加检测；最大容量 15 000 管	无在线冰箱，需用户自行存储管理样本	在线冰箱，自动进行存储、复检、追加检测；最大储存量为 3060 管	无在线冰箱，需用户自行存储管理样本
故障应对	单机功能独立性	单机功能独立性	单机功能独立性	单机功能独立性
系统扩展性	可组建生化、免疫分析系统	可组建生化、免疫和血液分析系统	可组建生化、免疫和血液分析系统	可组建生化、免疫和血液分析系统
特殊样本和急诊样本	样本自动分类；急诊样本管理	有独立的专用通道途径、样本管理器途径以及分析仪途径	急诊样本可手动优先插入	有急诊样本优先入口

四、实验室自动检验流水线的使用与维护

（一）实验室自动检验流水线的使用

正常情况下，自动化流水线的日常操作并不复杂，使用时严格按照仪器标准操作规程进行操作即可。对于使用中出现的一般故障，请参看故障代码手册，按提示进行处理，处理后仔细检查，确保轨道无障碍，再使模块运行。

自动化流水线的使用要注意：①严格按照 SOP 文件的要求对流水线进行开、关机操作。②开机前检查样本处理器轨道是否通畅，排查有无异物。③流水线正常运行期间，禁止进行影响轨道运行的操作。④特殊情况，如某一模块发生故障需即时进行维修的，必须先暂停该故障模块。⑤流水线正常运行期间，严禁按动各模块上的紧急制动按钮，否则将导致流水线紧急停止。⑥关机前检查样本处理器轨道，清理所有滞留样本。⑦关机后填写仪器使用情况

登记本。

（二）实验室自动检验流水线的维护

相对于常规操作来说，流水线的维护保养更显得重要。各厂家的自动化流水线系统都有各自的维护保养要求，必须严格按照要求完成所有维护保养工作。

一般流水线的保养包括日维护、周维护、月维护、季度维护和年维护。所有的维护保养程序必须在系统所有模块均处于停止模式下才能进行。季度维护和年维护主要由厂家工程师完成。

1. 每日维护　①清理样本处理器，保持清洁。②检查并确认所有模块轨道上没有异物，保持轨道通畅。③检查离心机样品管固定器，确定其能自由旋转；清理离心机样品仓，确保没有异物。④检查自动脱盖装置，清理脱帽垃圾桶。⑤执行日常关机程序，填写仪器使用登记表。⑥查看并记录样品贮存器的温度。

2. 每周维护　①检查并清洗轨道上所有夹子，必要时更换夹子。②检查并清洗所有机械传送臂，必要时修整。③检查并清洗离心机样品管固定器、转子和滚筒。④使用实验室透镜清洁剂，清洗每个条形码读取器和光学传感器。

3. 每月维护　①检查所有空气软管的钮结或活动接线。依照生产商的空气压缩机使用手册，更换某些已损坏的管材。②检查每个单元后面面板上的冷却风扇。确保每个风扇功能正常。使用真空吸尘器或刷子打扫风扇。③检查离心机中的橙色垫圈，此垫圈位于十个样品管固定器组的两侧。确保垫圈没有损坏或磨损。④检查系统上的所有表面螺丝，拧紧螺丝。⑤检查传送带，以查看其是否破裂或摩擦轨道的侧面。使用真空吸尘器打扫轨道。如果皮带磨损或没有对齐，更换皮带或手动使皮带处于正确位置。

第二节　实验室信息系统

临床实验室信息系统（laboratory information system，LIS），又称为实验室信息管理系统（laboratory information management system，LIMS），是医院信息系统（hospital information system，HIS）的一部分。它贯穿于整个检验过程之中，主要功能是读取患者信息，接收各种实验仪器传出的检验数据以及手工录入的数据，并结合患者资料，生成检验报告，直接打印或通过 HIS 系统发送电子检验报告单，使临床医生能够方便、及时地看到患者的检验结果，是实验室最重要的组成部分之一。采用 LIS 系统能对临床检验工作实行标准化、智能化、自动化规范和监督、及时提醒，减少医疗差错、降低医疗风险，更重要的是还能提高检验科工作的质量和效率。

一、实验室信息系统概述

实验室信息系统在我国经历了一个逐步发展成长的过程。最早期 LIS 是在 DOS 条件下运行的，主要受限于计算机的硬件条件，所用数据库一般为 FoxPro 或 Visual FoxPro。20 世纪 90 年代中后期，工作站的操作系统平台由 DOS 向 Windows 系统过渡，实现了多机联网运行模式。随着 LIS 的发展和医院管理的需要，医院开始实施 HIS 与 LIS 的集成，实现了临床科室、财务科、检验科和信息科对标本信息流和物流的共同管理，这种模式也成为了现代大多数大型医院采用的LIS模式。

1. 实验室信息系统的发展方向　近年来，随着互联网技术的发展，LIS在向着更方便患者的方向发展，具体为：

（1）检验无纸化：从检验申请、标本管理到检验结果的传输可实现完全无纸化，彻底解决标本在传递过程中产生的人为误差。

（2）信息即时化：患者的检验结果报告可与电信公司合作实现短信平台，将化验结果以信息的形式发到患者的手机上。

（3）网络共享化：LIS与HIS、社保及其他系统统一标准，实现多系统的无缝连接和信息共享，在一定区域内，不同医院都可以查询和共享各自的化验结果。

2. 实现TLA的关键因素　目前，国内医院实验室正在向着TLA方向发展，实现TLA的关键因素之一就是“软件系统或信息管理系统”与“样本处理系统”及“样本分析系统”良好匹配。只有将TLA的软件部分与LIS和HIS无缝地整合起来，才能使TLA充分体现出其作用和优势。整个流程中的关键因素就是贴在标本上的可由系统自动识别的条码标签。条码标签由HIS生成，由LIS识别和处理，由TLA实施。要实现真正意义上的全实验室自动化，必然需要一套结合了条码化标本自动识别系统，功能完善而且与医院信息系统高度集成的实验室信息系统。

二、条形码技术在实验室信息系统中的应用

条形码本身不是一个系统，而是一个高效的识别工具。它通过数据库建立条形码与标本信息的对应关系，当条形码的数据传到计算机上时，依靠HIS和LIS系统结合，通过提取数据库中相应的信息而实现实验室自动化。采用条形码能充分发挥自动化流水线高速准确的特点，而且条形码能支持双向通信，使得工作流程进一步简化，工作效率得到大幅度提高。

（一）条形码技术概述

1. 条形码的概念　条形码又称条码（bar code）。中华人民共和国国家标准GB/T 12095-2000对条码的定义为“是由一组规则排列的条、空及其对应字符组成的标记，用以表示一定的信息”。通俗地说，条形码是由一组宽度不同，反射率不同的条和空，按照一定的编码规则（码制）排列，用以表达一组数字和字母符号信息的图形标识符。常见的条形码由反射率相差比较大的黑条和白条（空）组成。黑条是条码中反射率低的部分，白条是条码中反射率高的部分。这种条、空组成的数据编码可供机器识读，而且很容易译成二进制数和十进制数。

2. 条形码的分类　从不同的角度和属性可将条形码分为：

（1）按条码的长度可分为定长条码和非定长条码。前者指条码字符个数固定的条码，后者指条码字符个数不固定的条码；

（2）按条码字符的排列方式可分为连续型条码和非连续型条码。前者指没有条码字符间隔的条码，后者指有条码字符间隔的条码；

（3）按校验方式可分为自校验条码和非自校验条码。前者指条码字符本身具有校验功能

的条码，后者指条码字符本身没有验校功能的条码；

（4）按条码的维度可分为一维条码和二维条码。前者指只在一维方向表示信息的条码，后者指在二维方向表示信息的条码。

若只是为了对物品进行识别，通常采用一维条码。常用的一维条码有25码、交叉25、39、128码及库德巴码等。给物品分配一个代码，代码以条形码符号的形式粘贴或印刷在物品的表面上，可供自动扫描设备进行自动化识读。目前常见的实验室自动化仪器，基本上都支持几种不同的条码。一个实验室要建立条码化检验系统必须采用本实验室内所有仪器设备共同支持的条码类型。

3. 条形码符号的结构　条形码符号一般由左侧空白区、起始符、左侧数据符、中间分隔符、右侧数据符、校验符、终止符、右侧空白区及供人识别的字符组成。

（1）起始符：位于条码的左侧，表示信息开始的特殊符号。它的特殊条和空结构用于识别一个条形码符号的开始。阅读器首先确认此字符的存在，然后处理由扫描器获得的一系列脉冲信号。

（2）左侧数据符：介于起始符和中间分隔符之间的表示信息的一组条码字符，用于代表一定的原始数据信息。

（3）中间分隔符：平分条码符号的特殊符号。

（4）右侧数据符：位于中间分隔符右侧的条码字符。

（5）校验符：用于对扫描识读的条码信息进行验证的字符。条码符号中的各字符被解码器根据该种条码码制规则进行特殊的算术运算，并将运算结果与效验字符比较。若两者一致时，说明读入的信息是有效的。根据条码码制的不同，有些码制的效验字符是必需的，有些码制的效验字符则并非必需。

（6）终止符：位于条码符号右侧，表示信息结束的特殊符号。它的特殊条和空结构表示着一个条形码符号的结束。阅读器识别终止符号即表示条码符号扫描完毕，向计算机传送数据并向操作者提供表示“有效读入”的声音信号反馈。终止字符的使用，避免了不完整信息的录入。当采用校验字符时，终止字符还指示阅读器对数据字符实施校验计算。

（7）右侧空白区：位于终止符之外的无印刷符号且与空的颜色相同的区域。

起始字符和终止字符允许双向扫描，因为它们采用的条、空结构是不对称的二进制序列。当条形码符号被反方向扫描时，阅读器将在进行校验计算和传送信息前把条形码各字符号重新排列成正确的顺序。

在设计条码时还可依据检验过程中所涉及的标本类型及专业组分工加入颜色，用于辨别。

4. 条形码技术的概念　条形码技术是在计算机技术与信息技术基础上发展起来，集编码、印刷、识别、数据采集和处理于一身的自动识别技术，是计算机、光、电、仪器等多学科技术相结合的产物。条码技术的核心是利用光电扫描设备识读条码符号，从而实现条码信息的读取及自动识别，并快速准确地将信息输入到计算机进行数据处理，以达到自动化管理的目的。随着计算机应用的不断普及，条码技术的应用已经涉及社会生活的很多层面，在商品流通、图书馆管理、邮电管理、银行系统、医疗服务、身份识别等众多领域都得到了广泛的应用。

5. 条形码技术的优越性　条形码技术与手工键盘录入及光学字符识别等其他自动识别

技术相比，具有以下明显的优越性：①条码识别准确可靠；②条码识别速度快；③条码识别技术灵活实用；④条码识别过程自由度大；⑤条码设备简单；⑥条码标签容易自制；⑦条码标签具有不可更改性；⑧条码技术纠错能力强；⑨条码系统经济便宜。采用与未采用条形码的实验室信息系统比较见表 13–2。

表 13–2　采用与未采用条形码的 CLIS 比较

步骤	未采用条码技术的 CLIS/HIS		采用条码技术的 CLIS/HIS	
	操作	存在的缺陷	操作	特点
检验单申请	手工填写检验单申请	字迹不清，容易出错	在计算机上申请	快速，准确
付费	录入收费项目，人工收费	较慢，烦琐	刷就诊卡，按检验项目收费	快速，准确
抽血标示	抽血，将检验申请号贴容器上	操作麻烦	抽血时打印条码并贴在试管上	操作简单
标本分送	标本按检验部门分送	标本交接时手工登记	标本按检验部门分送	自动产生标本交接清单
标本处理	标本按项目归类，编号离心加样均手工操作	费时，易出错，操作者直接接触标本，易发生生物污染	不用按项目归类，不用编号，自动离心	准确、简单、操作者不接触标本
标本测定	手工输入标本号与检验项目	可能输错	仪器自动读取条码信息	准确、快速

（二）条形码技术在实验室信息系统中的应用

条形码在我们的日常生活中早已司空见惯，它作为商品的专一性和特殊性标志在我们的生活中发挥着巨大的作用。早在 20 世纪 90 年代初，随着计算机的普及应用，国外临床实验室就已引入了条形码管理。

1. 条形码的应用模式　有两种：一种是采用商品化的条码试管。这种模式操作便利，成本相对较低，但不能在条码上直接看到患者的信息；另一种是在空白不干胶纸上自行打印条码，然后将其粘贴在试管上。这种模式可从条码上阅读到更多患者信息，但要求护理人员打印和粘贴条码，而且需要配备条码打印机和条码标签纸。两种模式各自的特点比较见表 13–3。对于实验室信息系统来说，最好能够同时支持两种模式条码，以适应不同实验室的需求。

表 13–3　商品化条码与自打印条码的特点比较

应用模式	商品化条码试管	自打印条码贴试管
硬件成本	直接采用商品化条码试管，比普通采血试管成本稍高；不需要条码打印机及其配套的标签纸和碳带	每个护理单元需配置一台条码打印机，与之配套的条码标签纸和碳带需要长期消耗
操作的便利性	直接扫描标本容器的商品化条码标签，操作简便	需护士打印条码，然后贴到标本容器上，增加护士的工作量

续表

应用模式	商品化条码试管	自打印条码贴试管
条码标签的可读性	工厂机器印刷，标签粘贴整齐，条码清晰易读，扫描识别率高，极少发生误读	可能由于条码标签贴歪导致扫描识别困难；由于碳带等问题使条码打印不清晰，导致标签无法扫描识别；还可能由于打印机故障，导致无法打印条码而影响工作
条码标签的信息量	只有条码和一串数字，肉眼可读信息少	除条码外，还可打印相关的患者信息和检测项目信息供肉眼识别

2. 条形码应用的基本流程　一般而言，条码在LIS中运行的基本流程是：①医生在工作站中录入患者电子医嘱，门诊患者通过刷卡交费，住院患者在护士执行医嘱时自动扣费；②当需要采集标本时，护士工作站显示患者检验医嘱，系统自动生成并打印唯一号码的条形码，根据条形码上信息（患者基本资料、送检科室、接收科室、检验项目、标本采集量和容器、打印时间），分别粘贴不同容器或直接采用带有该类条形码标签的一次性真空采血管，按照要求采集标本；③通过条形码扫描器将容器标签上的条形码号扫描进电脑，此后只要读到这号码，电脑即会立即显示出该患者基本信息以及检测项目；④采好标本的容器，根据标识或字符提示被送往不同的检验专业工作组；⑤各工作站的电脑根据采集到的信息对分析仪器发出指令，一旦将试管放入分析仪中，其条形码阅读器将对试管上的条形码进行识别，按照电脑发出的指令信息进行测定，测定结束后直接将结果回传给指令电脑中该条形码号的患者基本信息下，形成完整的检验报告单，整个过程自动完成。

三、实验室信息系统的规划和流程设计

实验室信息系统是医院信息系统的重要组成部分，与门诊病历系统/住院病历系统、财务科、信息管理中心等部门都有着紧密的联系，它的网络运行环境与全院网络密切相关。建立和选择怎样的实验室信息系统需要从医院实际情况和系统性能两方面同时考虑。

（一）实验室信息系统的规划

1. 医院的整体情况　实验室信息系统的规划需要考虑医院的实际情况，具体内容包括：①医院的现有业务需求及未来的业务发展需求；②是否具备或愿意具备系统运行的工作流程，包括整个流程中配置与信息系统相配套的计算机硬件、操作系统、数据库等运行环境；③是否拥有规模、技术实力相当的信息技术中心队伍，具备建设信息系统的能力，能随时解决系统运行中出现的问题；④是否愿意在信息系统建设中投入资金。

2. 医院选择信息系统的原则　应考虑以下几条基本原则：①实用性：指系统能适用于医院的具体情况，解决实际问题。②开放性：指规划过程中要考虑实验室系统的开放技术、开放结构、开放系统模块和开放用户接口，以利于系统的维护、升级和与其他系统连接。③扩展性：指系统数据库、处理能力和接口等方面具有扩展空间，在不破坏原有结构，保护原有投资的情况下以满足扩展新功能、新需求的能力。④可靠性：指对网络设计、选型、安装和软件的调试等环节进行统一的规划和分析，确保系统运行具备一定的智能性而又稳定可靠。⑤安全性：指信息系统中具有安全管理体系和安全控制手段，避免病毒的感染和黑客的

入侵等造成系统的崩溃，并能防范一些意外情况的发生（如停电、火灾等）。⑥先进性：指系统能符合各种标准和规范的要求，最好能走在当下的前沿。

医院实验室信息系统的建设只有在充分考虑以上具体情况和设计原则以后，才能选择适合自己医院的实验室信息系统。

（二）实验室信息系统的流程设计

流程（process）是指一个或一系列有规律的行动，这些行动以确定的方式发生或执行，导致某种特定结果的出现。简单地说，流程就是做事的程序、顺序。包括 3 个基本的要素：输入、活动和输出。

1. 传统检验工作流程　目前，我国很多医院还在实行传统的检验工作流程。对于住院患者，首先是医生开检验申请单，然后护士准备采血管，并贴检验单标签，采集标本，通知卫勤人员收标本，卫勤人员传送标本至实验室，检验人员签收标本，分类，离心，检查标本是否符合要求，分杯及标记，查看仪器、试剂、质控状态，录入标本号及检测项目、患者资料，接收仪器测定结果，部分项目复查，审核结果，打印报告，签发，卫勤人员发送检验结果，医生收到检验报告。

整个过程经历二十多个步骤，步骤烦琐，所需人力多，关键是检验人员在整个过程中对标本签收以前的步骤无法干预和监控，从而导致结果产生误差的来源大大增加，引起临床医生对检验结果的怀疑和对检验人员的抱怨。因此这一流程无疑需要改进。采用实验室信息系统给我们带来了希望。

2. 现代检验流程——实验室信息系统的流程设计　利用实验室信息系统可以对条码化检验标本进行“物流”和“信息流”管理，整个过程各关键步骤的执行时间都有记录。

实现检验标本的实验室信息系统管理流程首先需要一个 HIS、LIS 和 LAS 三者间具有通信连接的运行环境，再以粘贴在标本上的条形码作为运行桥梁。医师、护士通过医生工作站、护士工作站在 HIS 中下达或执行检验医嘱。检验科工作人员在 LIS 中根据 HIS 传递过来的医嘱信息接收标本。有关 TLA 上仪器的医嘱信息由 LIS 传送给 LAS。由于一个标本可能涉及生化、免疫和血液等多个检测系统，LAS 再将检验项目信息分别上传给不同的检测系统，并将子标本分注信息传送到分注单元。子标本到达各检验仪器，仪器完成检测后将结果传送回 LAS，LAS 再将结果回传给 LIS。检验科工作人员在工作站上审核检验结果，然后将结果传送到 HIS，供医师、护士查阅。门诊患者检验流程与住院患者检验流程稍有差别，即由医生在工作站申请检验并打印申请单，患者持单交费，在交费站电脑内生成已交费项目，然后统一到抽血站抽血，抽血站护士通过 ID 号可调出患者信息及相应的已交费项目，即可打印出条形码，剩余流程同住院患者检验流程。图 13-1 所示是摘自我国南方某医院检验标本条码管理系统流程图。

四、实验室信息系统的功能和应用

（一）实验室信息系统的功能

实验室信息系统是信息系统在医学实验室领域的具体应用，所以，实验室信息系统既具备所有信息系统共有的基本功能，也具有其自身独特的功能。

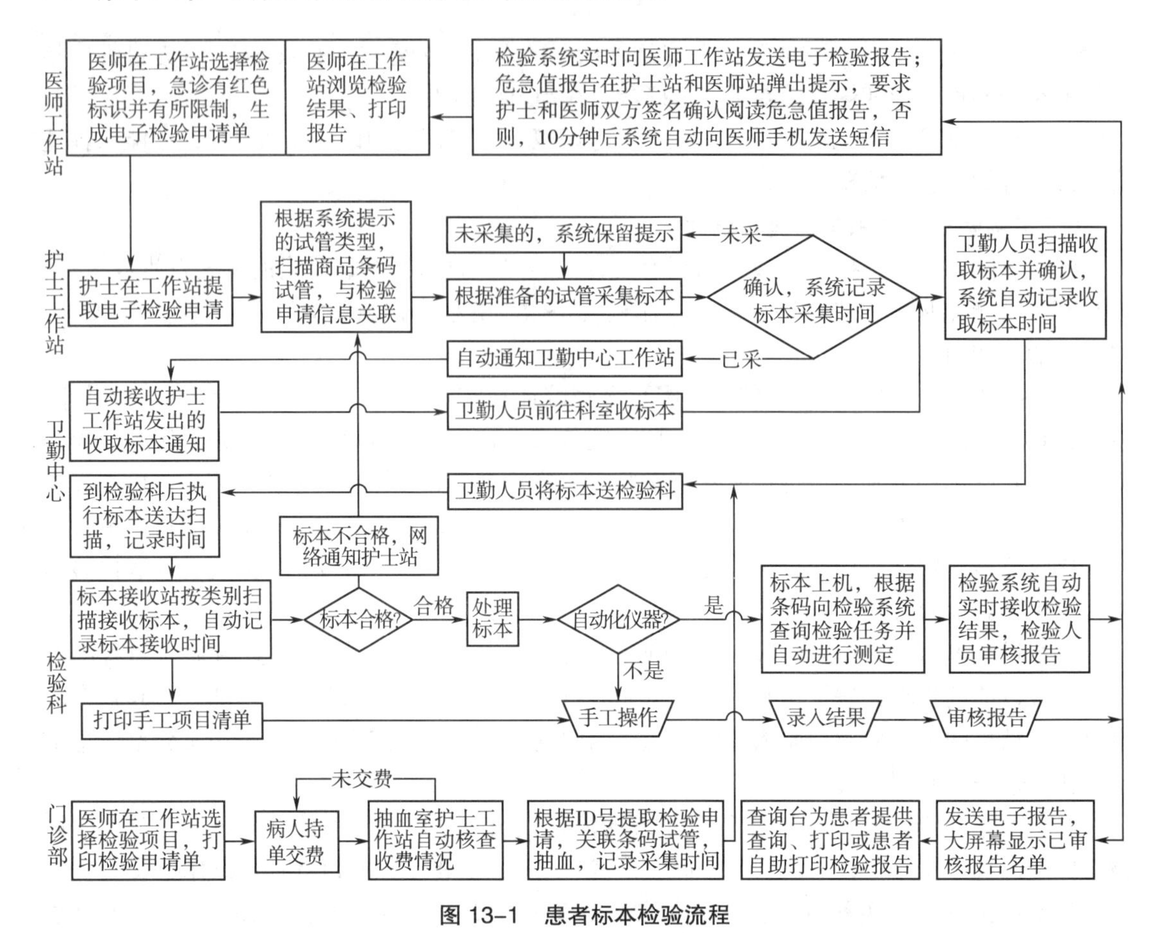

图 13-1　患者标本检验流程

首先，作为医院实验室信息系统，其主要功能是接收各种实验仪器传出的检验数据以及手工录入的数据并结合患者资料，生成检验报告单，直接打印报告单或通过网络发送检验结果，及时为临床医生提供患者的检验结果。

2002 年，原卫生部颁发了《医院信息系统基本功能规范》，其中第六章《临床检验分系统功能规范》对我国实验室信息系统功能做出了基本规定。要求实验室信息系统必须具备以下基本功能：①预约管理；②检验单信息；③登陆功能；④提示查对；⑤检验业务执行；⑥报告处理功能；⑦检验管理功能；⑧检验质量控制功能；⑨统计功能等。

其次，为满足实际工作的需求，实验室信息系统还应具备一些特殊的功能以达到更好的应用效果。一是 LIS 与 HIS 联网的功能，从而能够实现从 HIS 中查询患者的详细信息和治疗情况；二为自动审核功能，通过遵循设定好的若干规则，判断哪些结果是符合逻辑的，从而自动初步审核大部分的检验结果；三是科室事务管理功能。除业务事务外，实验室信息系统还应具备电子考勤、排班、设备管理、试剂管理、安全管理等功能。

（二）实验室信息系统的应用

目前，我国医院有着规模不一、发展不均衡等特点，实验室信息系统的应用也有着不同模式，但在具有一定规模的医疗单位的临床实验室，即使只有一台自动化分析仪，也离不开实验室信息系统的支持。要实现自动化，特别是向着全自动方向发展的实验室，更是离不开一套功能强大的，结合了条码自动识别技术，而且与 HIS 高度集成的实验室信息系统的支持和配合。没有实验室信息系统的应用，全实验室自动化、全院性检验标本条码化管理就无从谈起。

全院性实验室信息系统以条码作为患者信息和医生检验项目申请信息的载体，将其与具体的标本关联起来，并通过网络系统将这种信息在临床系统、勤务支撑系统、检验系统之间传递，真正实现了检验标本物流与患者信息、检验申请信息、自动化测定和检验报告等信息流的完美结合。实验室信息系统的应用极大地方便了临床医师对检验项目的申请，简化并规范了护士对检验标本容器的准备和标本采集的操作过程，可以最大限度地杜绝人为差错。而且，通过实验室信息系统自动记录了标本采集、标本传送、标本接收几个关键环节的具体时间，整个流程真正实现了从分析前、分析中到分析后全过程的高效的自动管理，极大地减少了由于分析前标本采集运送因素所导致的检验结果错误，同时也大大提高了检验工作效率和工作质量，为临床的诊疗工作赢得了更多时间。实验室信息系统的应用已经成为一种必然趋势，也必将拥有巨大的应用前景和空间。

学习小结

实验室自动化系统是指为了实现对临床实验室内某一个或几个检测系统的系统化整合，而将相同或不相同的分析仪器与实验室分析前和分析后的处理系统通过自动化流水线和信息网络进行连接，形成检验及信息处理的系统，构成全自动化的流水线作业环境，覆盖整个检验过程，形成大规模的全检验过程的自动化。包括实验室模块自动化系统和全实验室自动化。

全实验室自动化的基本组成包括：标本运输系统、标本前处理系统、自动化分析仪、分析后处理输出系统和临床实验室信息系统。

实验室自动检验流水线可以整合样本的开单、运输、接收和结果发布，从而在样本流程上引进了革命性的变化，在计算机信息系统的支持下串联起检验科的临检、生化、免疫等各个专业，自动完成样本的接收、录入、离心、开盖、分注、检测、样本存储管理等等。

临床实验室信息系统是应用计算机系统对临床检验工作实行标准化、智能化、自动化规范和监督、及时提醒，减少医疗差错、降低医疗风险，更重要的是还能提高检验科工作的质量和效率。LIS 系统贯通于整个检验流程之中，其主要功能是读取患者信息，接收各种实验仪器传出的检验数据以及手工录入的数据，并结合患者资料，生成检验报告，直接打印或通过 HIS 系统发送电子检验报告单，使临床医生能够方便、及时地看到患者的检验结果。

条形码技术是在计算机技术与信息技术基础上发展起来，集编码、印刷、识别、数据采集和处理于一身的自动识别技术。条码技术的核心是利用光电扫描设备识读条码符号，从而实现条码信息的读取及自动识别，并快速准确地将信息输入到计算机进行数据处理，以达到自动化管理的目的。它具有以下明显的优越性：①条码识别准确可靠；②条码识别速度快；③条码识别技术灵活实用；④条码识别过程自由度大；⑤条码设备简单；⑥条码标签容易自制；⑦条码标签具有不可更改性；⑧条码技术纠错能力强；⑨条码系统经济便宜。

实验室信息系统必须具备以下基本功能：①预约管理；②检验单信息；③登陆功能；④提示查对；⑤检验业务执行；⑥报告处理功能；⑦检验管理功能；⑧检验质量控制功能；⑨统计功能等。同时，还必须具备与HIS联网和自动审核等功能。

复习题

1. 什么是全实验室自动化系统？
2. 实验室自动化系统基本结构有哪些？
3. 全实验室自动化系统的结构特点是什么？
4. 实验室自动化系统如何分类？
5. 条形码技术有何主要作用？
6. 临床实验室信息管理系统的主要作用是什么？

（易 斌）

附　录

临床检验分析仪器分类目录（6840–2013）

序号	名称	品名举例	管理类别
1	血液分析系统	血型分析仪、血型卡	Ⅲ
		全自动血细胞分析仪、半自动血细胞分析仪、全自动涂片机、自动血库系统、血红蛋白测定仪、血小板聚集仪、血糖分析仪、血流变仪、血液黏度计、红细胞变形仪、血液流变参数测试仪、血栓弹力仪、半自动血栓仪、血凝分析仪、全自动血栓止血分析系统、全自动凝血纤溶分析仪、流式细胞分析仪	Ⅱ
2	生化分析系统	全自动生化分析仪、全自动快速（干式）生化分析仪、全自动多项电解质分析仪、半自动生化分析仪、半自动单（多）项电解质分析仪	Ⅱ
3	免疫分析系统	全自动免疫分析仪	Ⅲ
		酶免仪、半自动酶标仪、荧光显微检测系统、特定蛋白分析仪、化学发光测定仪、荧光免疫分析仪	Ⅱ
4	细菌分析系统	结核杆菌分析仪、药敏分析仪	Ⅲ
		细菌测定系统、快速细菌培养仪、幽门螺杆菌测定仪	Ⅱ
5	尿液分析系统	自动尿液分析仪及试纸	Ⅱ
6	生物分离系统	全自动电泳仪、毛细管电泳仪、等电聚焦电泳仪、核酸提纯分析仪、低或中高压电泳仪、细胞电泳仪	Ⅰ
7	血气分析系统	全自动血气分析仪、组织氧含量测定仪、血气采血器、血氧饱和度测试仪、CO_2红外分析仪、经皮血氧分压监测仪、血气酸碱分析仪、电化学测氧仪	Ⅱ
8	基因和生命科学仪器	全自动医用PCR分析系统	Ⅲ
		精子分析仪、生物芯片阅读仪、PCR扩增仪	Ⅱ
9	临床医学检验辅助设备	超净装置、血细胞计数板、自动加样系统、自动进样系统、洗板机	Ⅱ

注：根据《医疗器械监督管理条例》国务院令（第276号）及《医疗器械分类规则》（第15号局长令）

参 考 文 献

1. 丛玉隆. 临床实验室仪器管理. 北京：人民卫生出版社，2012.
2. 曾照芳，贺志安. 临床检验仪器学. 北京：人民卫生出版社，2012.
3. 曾照芳. 临床检验仪器学实验指导. 北京：人民卫生出版社，2012.
4. 邹雄，丛玉隆. 临床检验仪器学. 北京：中国医药科技出版社，2010.
5. 贺志安. 检验仪器分析. 北京：人民卫生出版社，2010.
6. 柴纪严. 基础医学实验仪器使用基本操作方法. 北京：中国医药科技出版社，2009.
7. 庄俊华，冯桂湘，黄宪章. 临床生化检验技术. 北京：人民卫生出版社，2009.
8. 吴丽娟. 临床流式细胞学检验技术. 北京：人民军医出版社，2010.
9. 陈朱波，曹雪涛. 流式细胞术——原理、操作及应用. 北京：科学出版社，2010.
10. 刘艳荣. 实用流式细胞术. 北京：北京大学医学出版社，2010.
11. 张玉海. 新型医用检验仪器原理与维修. 北京：电子工业出版社，2005.
12. 杜立颖，冯仁青. 流式细胞术. 北京：北京大学出版社，2008.
13. 王治国. 临床检验方法确认与性能验证. 北京：人民卫生出版社，2009.
14. 田兆嵩，何子毅，刘仁强，等. 临床输血质量管理指南. 北京：科学出版社，2011.
15. 郭爱民. 卫生化学. 第6版. 北京：人民卫生出版社，2007.
16. 王庸晋. 现代临床检验学. 北京：人民军医出版社，2007.
17. 邹雄，吕建新. 基本检验技术及仪器学. 北京：高等教育出版社，2006.
18. 赵卫国. 即时检验. 上海：上海科学技术出版社，2007.
19. 刘锡光，方成. POCT原理和临床医学实践. 北京：中国医药科技出版社，2006.
20. 彭黎明，王兰兰. 检验医学自动化及临床应用. 北京：人民卫生出版社，2003.
21. 田兆嵩，何子毅，刘仁强. 临床输血质量管理指南. 北京：科学出版社，2011.
22. 汪德清，于洋. 输血相容性检测实验室质量控制与管理. 北京：人民军医出版社，2011.
23. 王治国. 临床检验方法确认与性能验证. 北京：人民卫生出版社，2009.
24. 熊立凡，刘成玉. 临床检验基础. 北京：人民卫生出版社，2011.
25. 中国合格评定国家认可委员会（CNAS）. 医学实验室质量和能力认可准则在血液学检验领域的应用说明. 2011.

中英文名词对照索引

F

G

H

J

彩图 3-6　角式转头

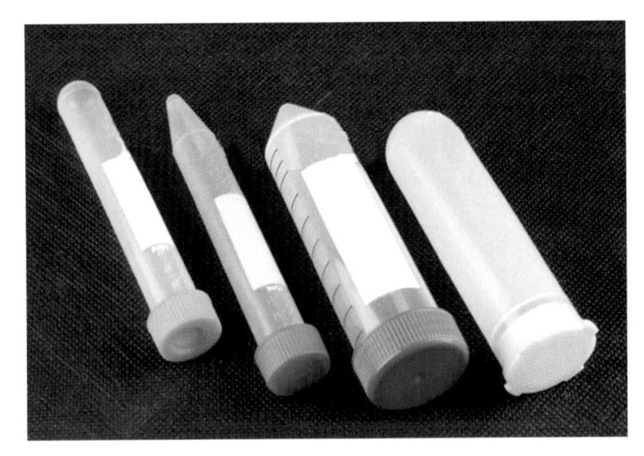

彩图 3-7　塑料离心管

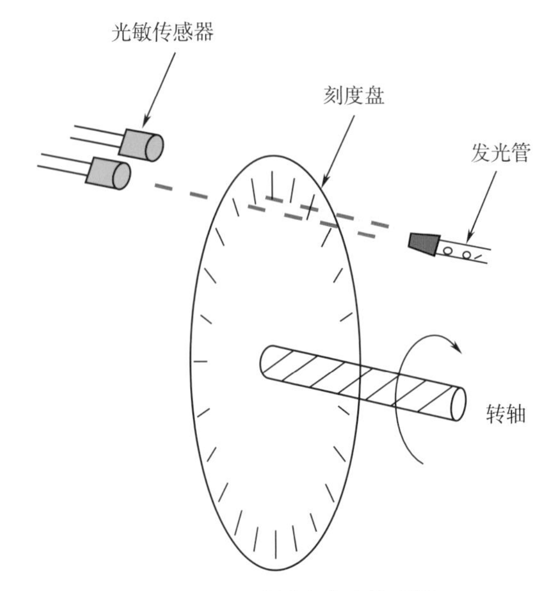

彩图 3-8　增量式光电编码器

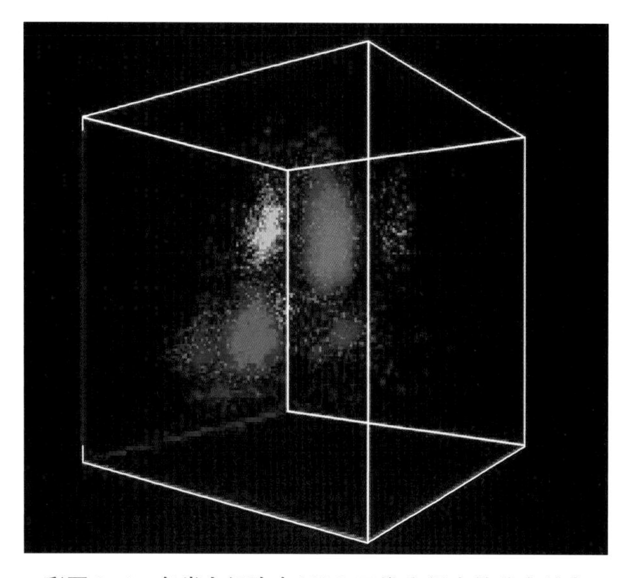

彩图 8–4　各类白细胞在 VCS 三维空间中的分布特点

图中粉色区域代表中性粒细胞区，蓝色区域代表淋巴细胞区，绿色区域代表单核细胞区，
红色区域代表嗜酸性粒细胞区

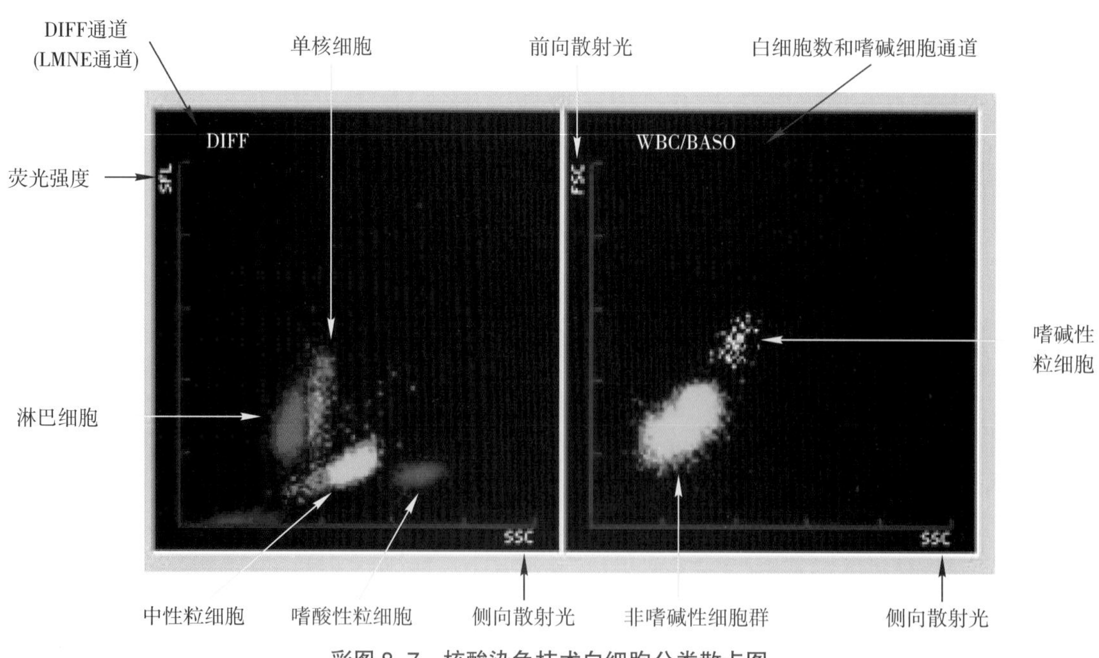

彩图 8–7　核酸染色技术白细胞分类散点图

左图为 DIFF 通道，以侧向散射光（SSC）为横坐标，以荧光强度（SFL）为纵坐标
右图为 BASO 通道，以侧向散射光（SSC）为横坐标，以前向散射光（FSC）为纵坐标

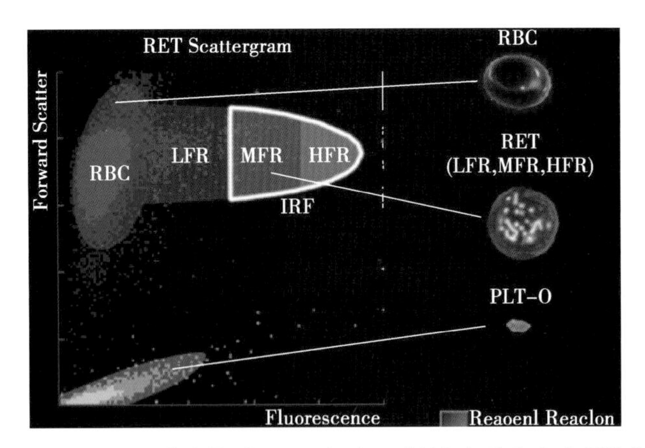

彩图 8-13-1　光学法检测网织红细胞、成熟红细胞和血小板散点图

以侧向荧光（fluorescence）RNA 强度为横坐标，前向散射光（forward scatter）为纵坐标。LFR：为低荧光强度网织红细胞区域，MFR 为中荧光强度网织红细胞区域，HFR 为高荧光强度网织红细胞区域。MFR 和 HFR 之和即反映未成熟的网织红细胞

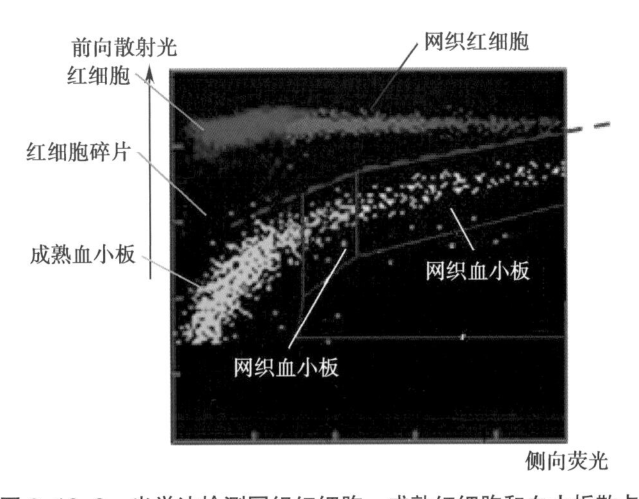

彩图 8-13-2　光学法检测网织红细胞、成熟红细胞和血小板散点图

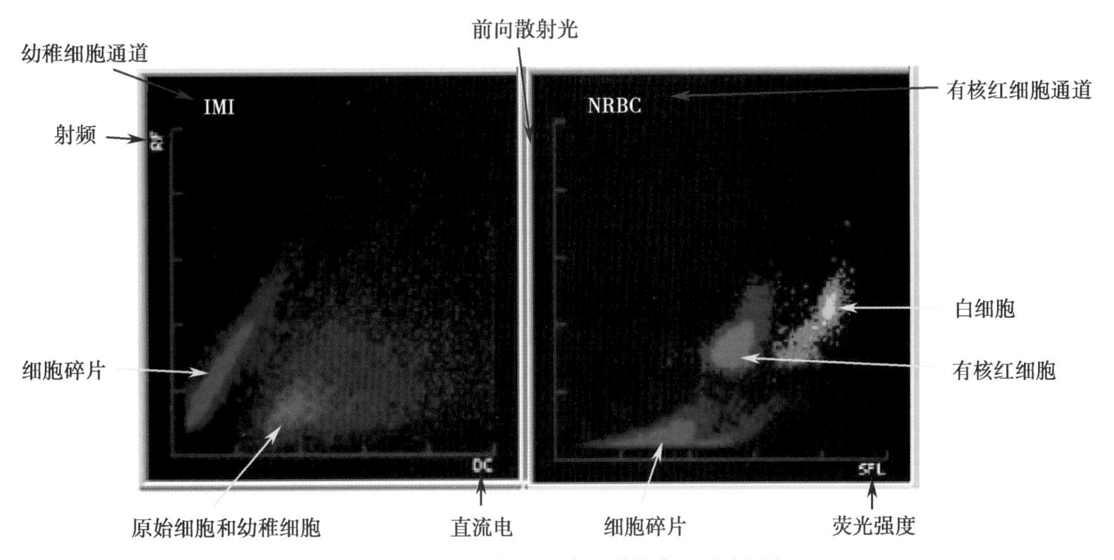

彩图 8-14　有核红细胞通道散点图（右图）

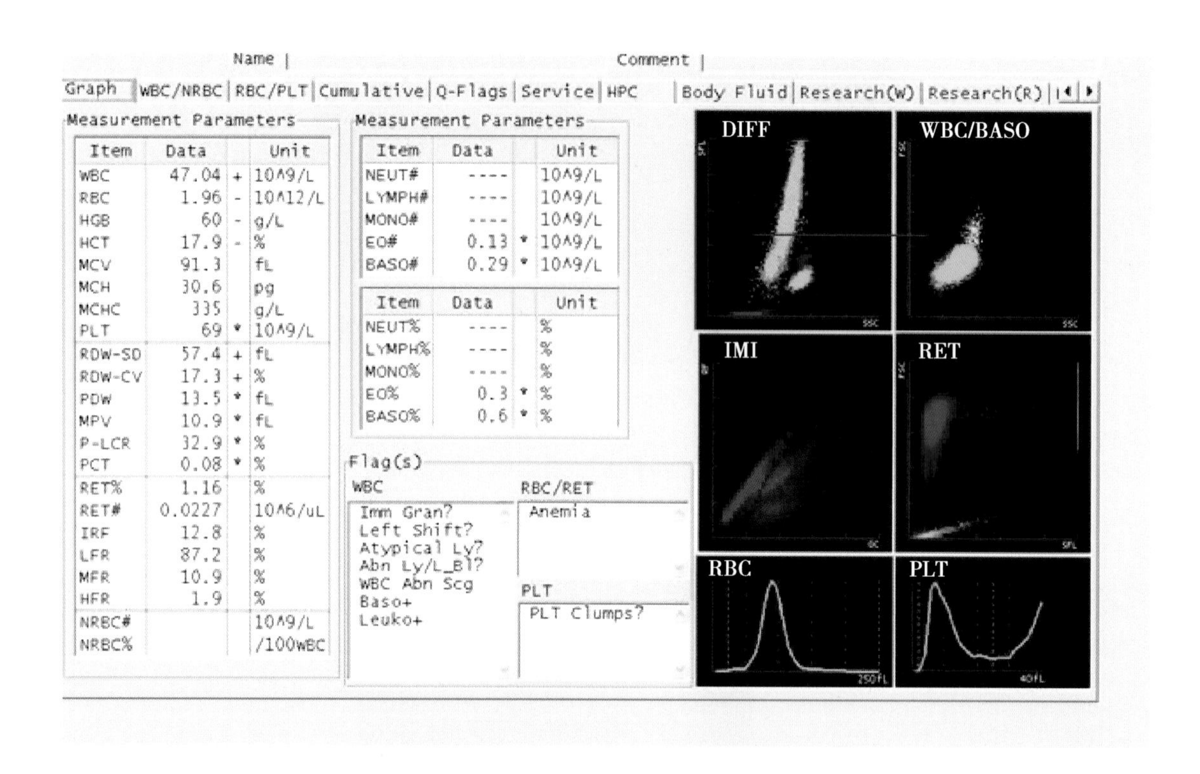

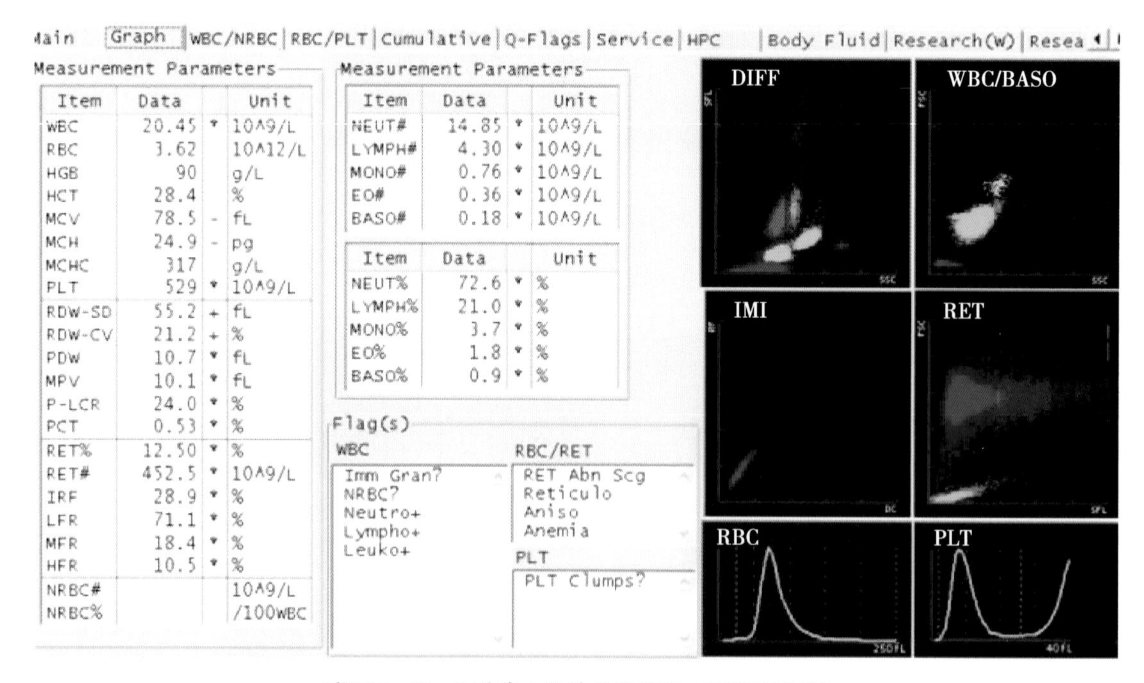

彩图 8-18　五分类血细胞分析仪散点图及直方图

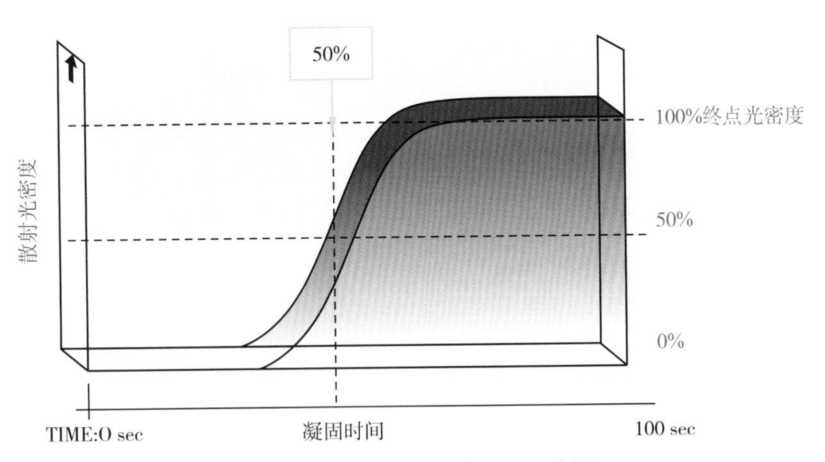

彩图 8-19 散射比浊法原理示意图

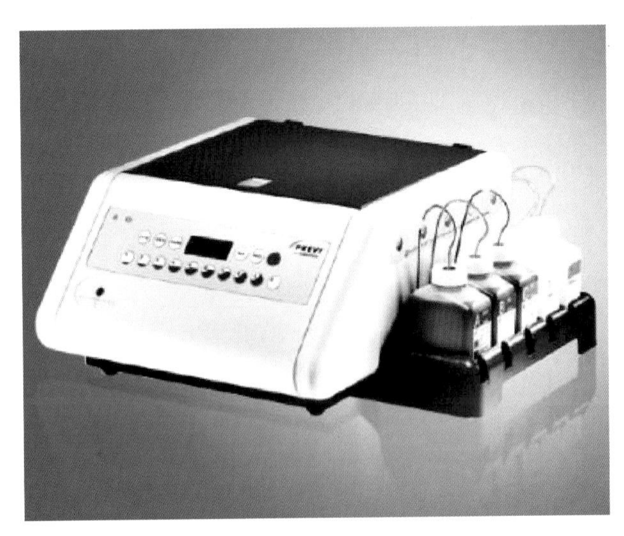

彩图 10-12 革兰自动染片机外观

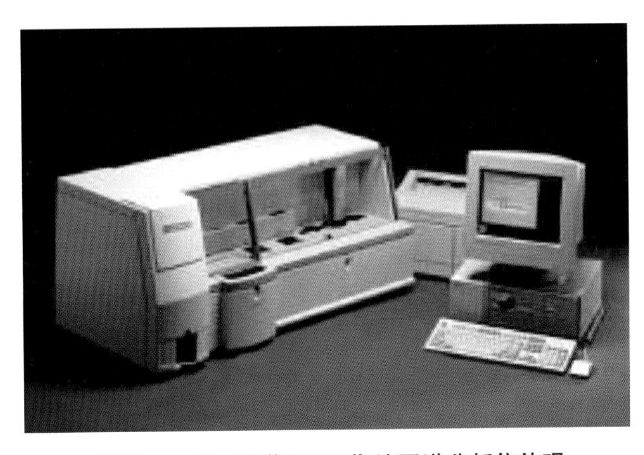

彩图 10-14 细菌 DNA 指纹图谱分析仪外观

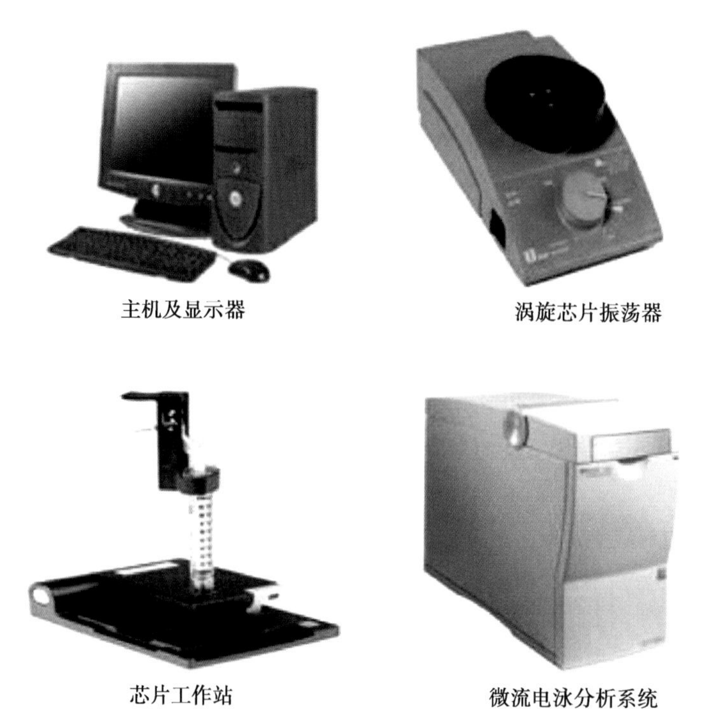

彩图 10-15　细菌 DNA 指纹图谱分析仪基本结构

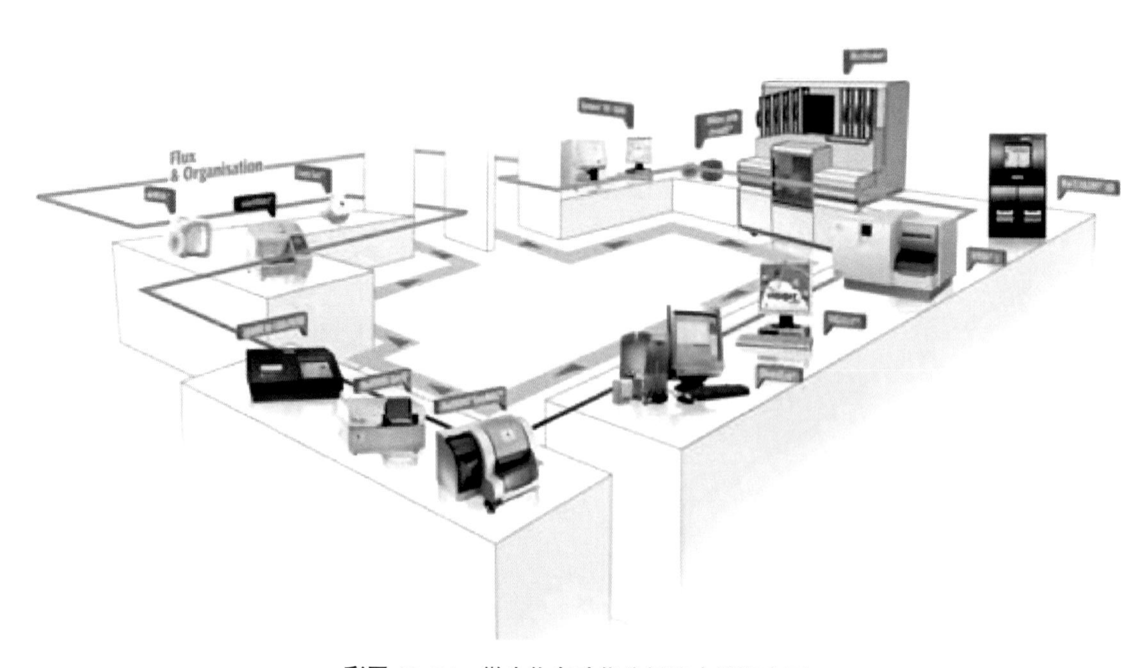

彩图 10-21　微生物自动化分析流水线概念图

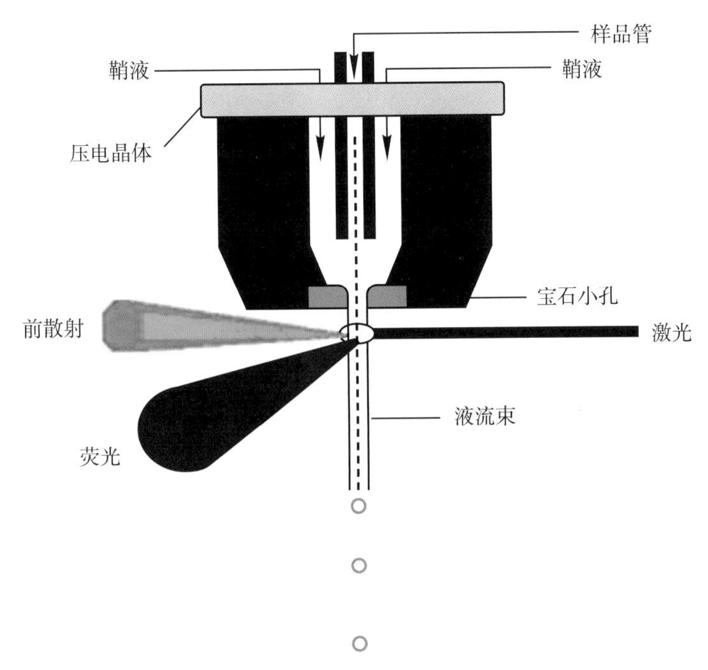

彩图 11-1　流式细胞仪的流动室示意图

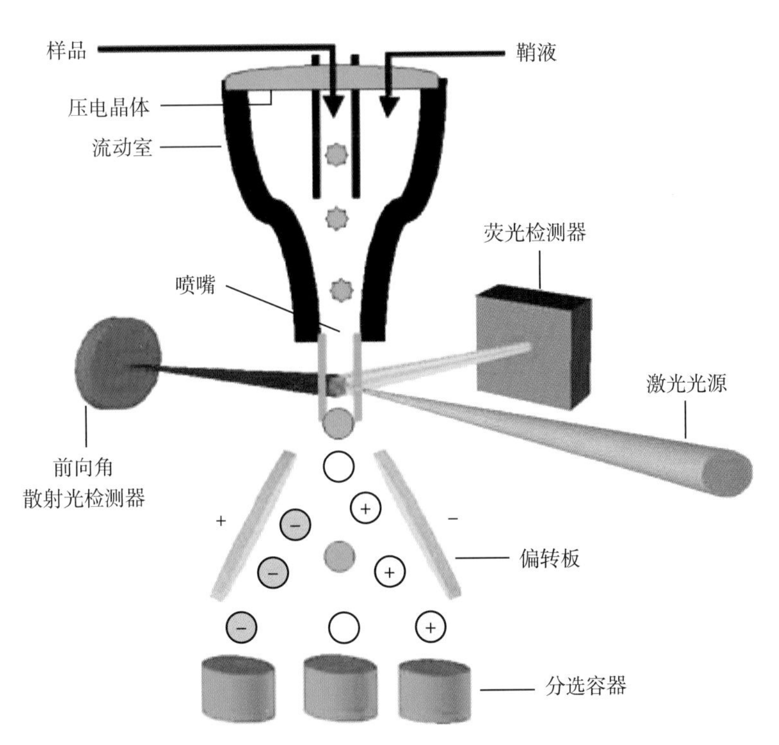

彩图 11-2　流式细胞仪工作原理示意图

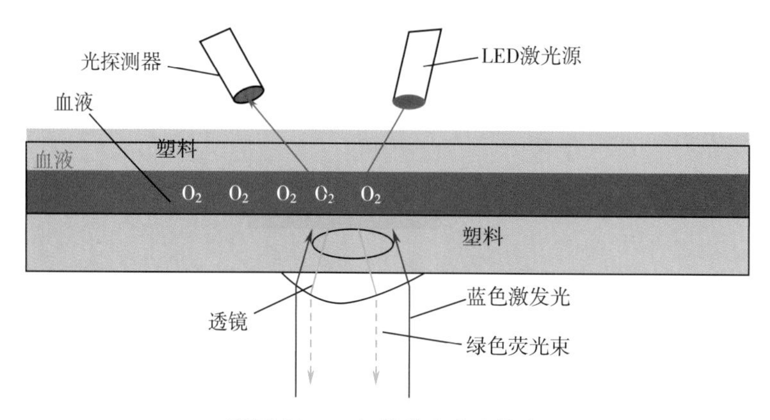

彩图 12-7　红外分光光度技术

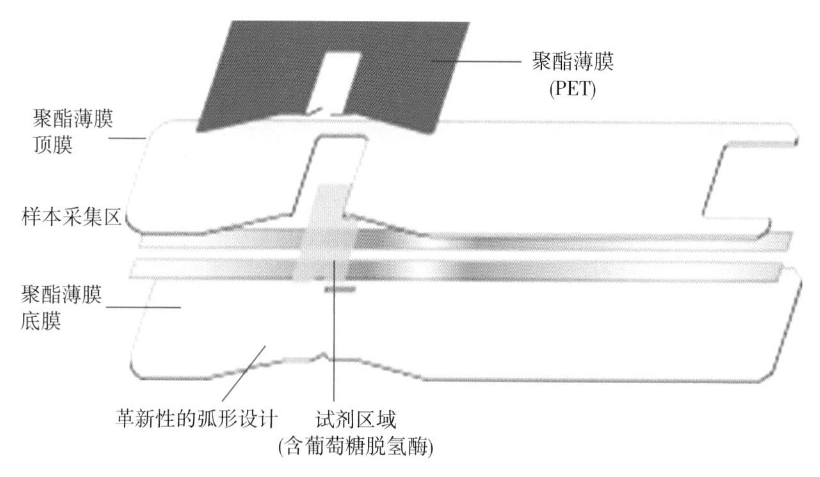

彩图 12-8　葡萄糖脱氢酶相关血糖分析仪所用试剂条结构示意图

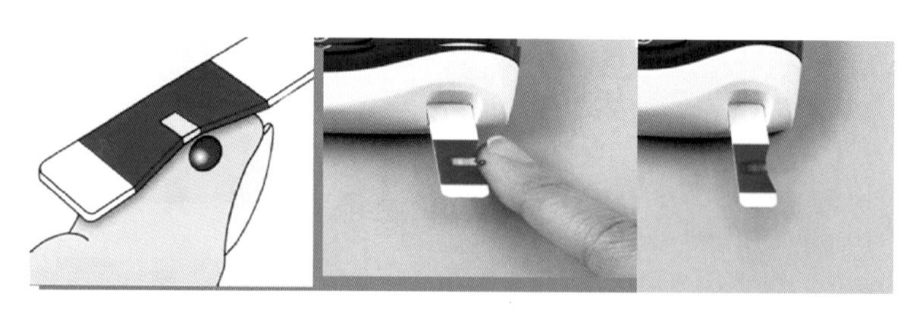

彩图 12-9　葡萄糖脱氢酶生物传感器技术标本采集操作示意图

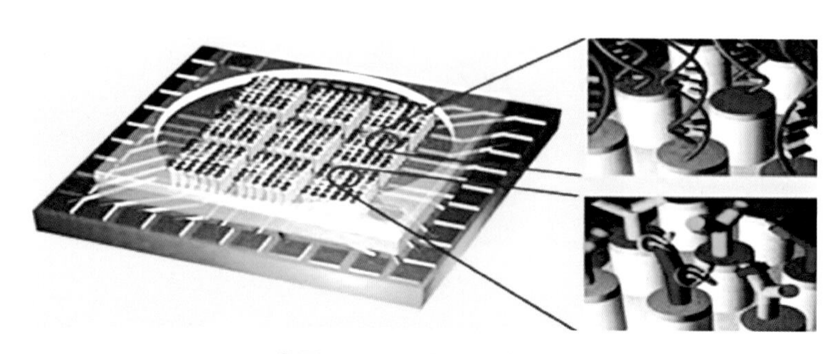

彩图 12-11　生物芯片技术